Christoph T. Sliwowski
Implantologie Step by Step

Meiner Mutter...

Implantologie *Step by Step*

Teil 2: Unterkiefer

Dr. med. dent. Christoph T. Sliwowski

Unter Mitarbeit von:
Dr. med. dent. Stefan Hümmeke

Übersetzung:
Marta Szumińska-Mrówka

Quintessenz Verlags–GmbH

Berlin, Chicago, Tokio, Barcelona, Istanbul, London, Mailand, Moskau,
Neu Delhi, Paris, Peking, Prag, São Paulo, Seoul, Warschau

Titel der polnischen Originalausgabe:
Implanty krok po kroku
Część 2: Żuchwa

Bibliografische Information Der Deutschen Bibliothek

Die Deutsche Bibliothek verzeichnet diese Publikation in der Deutschen Nationalbibliographie; detaillierte bibliografische Daten sind im Internet über <fttp://dnb.ddb.de> abrufbar.

Druck und Bindearbeiten: Druckerei zu Altenburg GmbH, Altenburg

ISBN 978-3-87652-448-1

Printed in Germany

INHALTSVERZEICHNIS

DIE AUTOREN 8
VORWORT 9
DANKSAGUNG 10

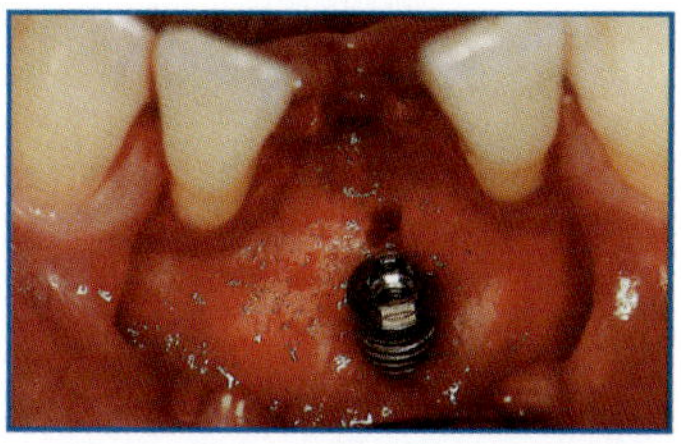

1 FRONTZAHNBEREICH 11

Diagnostik **13**

EINZELZAHNLÜCKE **17**

Typischer Behandlungsverlauf **18**
Spätimplantation mit Spätversorgung 18
Atypischer Behandlungsverlauf – schwierige Ausgangssituation **21**
Sofortimplantation nach Extraktion 21
Schmale und hohe Lücke zwischen den Nachbarzähnen 24
Schwierigkeiten und Komplikationen **25**
Horizontale Augmentation bei spitz auslaufendem Kieferkamm 25
Sofortversorgung **28**
Sofortimplantation und Sofortversorgung 28

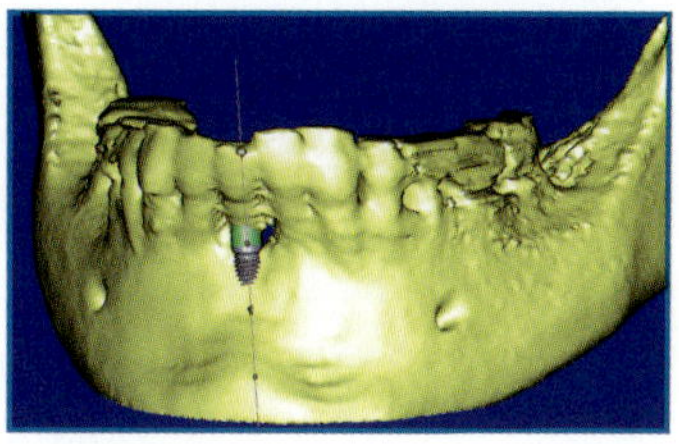

SCHALTLÜCKE **31**

Typischer Behandlungsablauf **31**
Ersatz von drei Schneidezähnen auf zwei Implantaten 31
Atypischer Behandlungsablauf – schwierige Ausgangssituation **35**
Präventive horizontale Augmentation 35
Schwierigkeiten und Komplikationen **39**
Stark beengte Platzverhältnisse (Grenzfall) 39
Implantation in einen ausgedehnten Knochendefekt 45

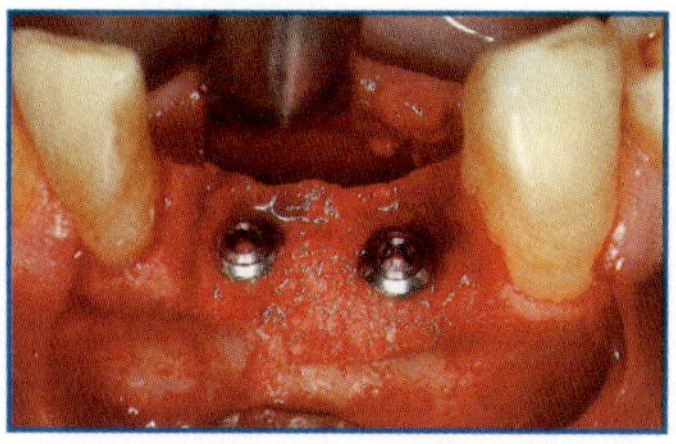

SOFORTVERSORGUNG **49**

Sofortbrücke auf provisorischen Implantaten 49
Sofortbrücke auf definitiven Implantaten – Neoss®-System 53
Provisorische Sofortbrücke auf den definitiven Implantaten – Brånemark System® 58
Lappenfreie Implantation und Augmentation mit Sofortversorgung 59

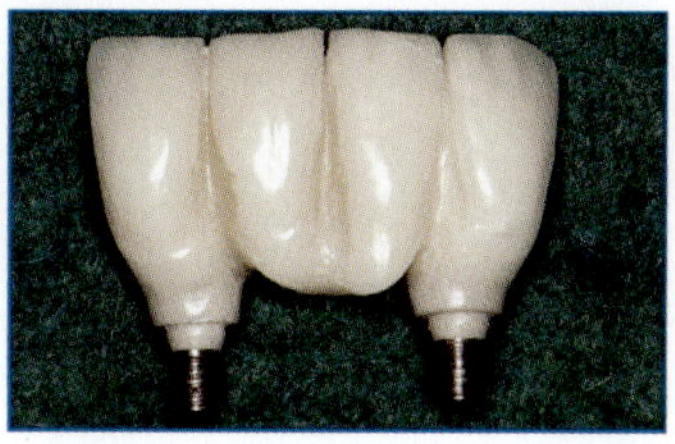

2 Seitenzahnbereich 63

Diagnostik **65**

Die Einzelzahnlücke 70

Typischer Behandlungsablauf **71**

Molarenersatz auf zwei Implantaten 71

Molarenersatz auf einem im Durchmesser vergrößerten Implantat 74

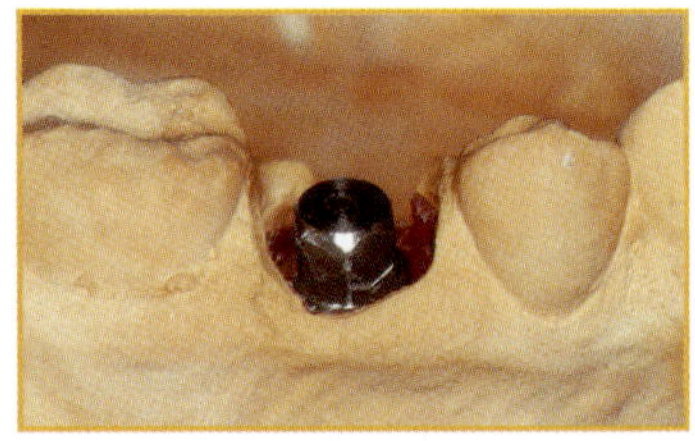

Atypischer Behandlungsverlauf – schwierige Ausgangssituation **76**

Intraoperative Registrierung der Implantatposition – SiP-Verfahren 76

Transgingivale Implantateinheilung 80

Schwierigkeiten und Komplikationen **83**

Fraktur eines nicht durchmesservergrößerten Implantates 83

Iatrogene Komplikation mit der Nervbeteiligung 87

Sofortversorgung **89**

Provisorische Sofortversorgung auf definitivem Implantat 89

Schaltlücke und Freiendsituation 92

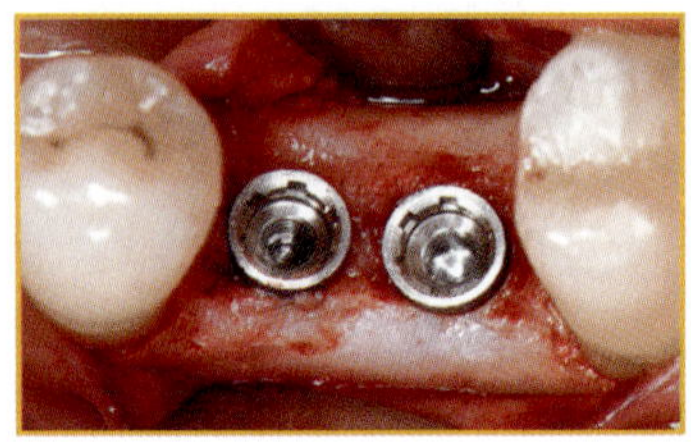

Typischer Behandlungsablauf **93**

Zementierte Suprakonstruktion auf individuellen Abutments 93

Verschraubte Brücken auf EsthetiCone®-Abutments 96

Atypischer Behandlungsverlauf – schwierige Ausgangssituation **99**

Implantation mit Augmentation und transgingivaler Einheilung 99

Schwierigkeiten und Komplikationen **102**

Fraktur eines Implantates bei zahnimplantatgetragener Brücke 102

Sofortversorgung 106

provisorische Implantate

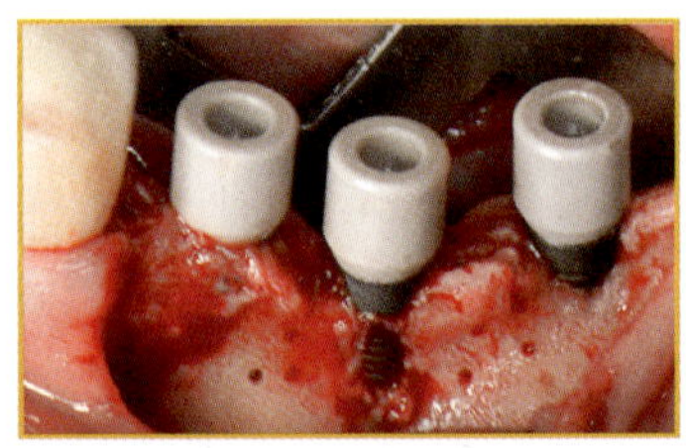

Typischer Behandlungsablauf **106**

Beidseitige Freiendsituation 106

Atypischer Behandlungsablauf **109**

Individualisierung provisorischer Implantate 109

Schwierigkeiten und Komplikationen **113**

Rettung eines Langzeitprovisoriums durch provisorisches Implantat 113

Gelockertes Blattimplantat 118

definitive Implantate

Sofortversorgung auf definitiven Implantaten **124**

Dreidimensionale Implantatplanung und operative Umsetzung 124

Stereolithografische Bohrschablonen 130

Implantation mit stereolithografischer Bohrschablone SurgiGuide® 133

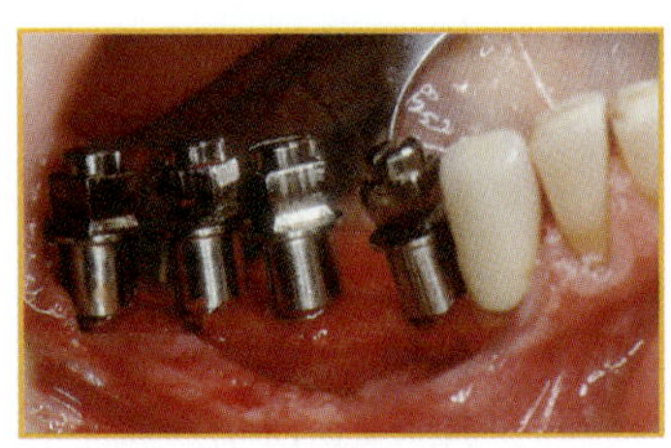

Navigationstechnik 137

Navigationsgestützte Implantation 140

3 Zahnloser Unterkiefer 145

Diagnostik 147

Intraforaminärer Bereich 152

Typischer Behandlungsablauf 153

Stegversorgung auf vier Implantaten 153

Teleskopversorgung auf vier Implantaten 156

Extensionsbrücke auf sechs Implantaten 159

Atypischer Behandlungsablauf – schwierige Ausgangssituation 164

Stegversorgung auf zwei Implantaten 164

Schwierigkeiten und Komplikationen 168

Mangelnde Stabilität der Prothese 168

Destruktion des Kieferkamms 171

Explantation eines fehlpositionierten Implantates 175

Sofortversorgung 180

provisorische Implantate

Typischer Behandlungsablauf 180

Sofortige Brückenversorgung auf provisorischen Implantaten 180

Atypischer Behandlungsverlauf 186

Vergleich provisorischer Implantatsysteme 186

Schwierigkeiten und Komplikationen 190

Fraktur eines provisorischen Implantates 190

Vorzeitiger Verlust provisorischer Implantate 195

definitive Implantate

Sofortversorgung definitiver Implantate (herausnehmbar) 200

Definitiver Steg 200

Provisorischer Steg 205

Heilungsdistanzhülsen 209

Brånemark Novum – Ein Sofort-Konzept (festsitzend) 213

Provisorische Brücke 219

Vollständige Rehabilitation 222

Typischer Behandlungsablauf 223

Festsitzende Brückenversorgung 223

Sofortversorgung auf provisorischen Implantaten 226

Atypischer Behandlungsablauf – schwierige Ausgangssituation 229

Sofortversorgung nach umfangreicher Sanierung 229

Selektive Extraktionen für optimale Positionierung 233

Schwierigkeiten und Komplikationen 239

Vorzeitige Lockerung provisorischer Implantate 239

Iatrogene Komplikation bei Explantation provisorischer Implantate 243

Sofortversorgung definitiver Implantate 248

Literatur 253

Materialliste 256

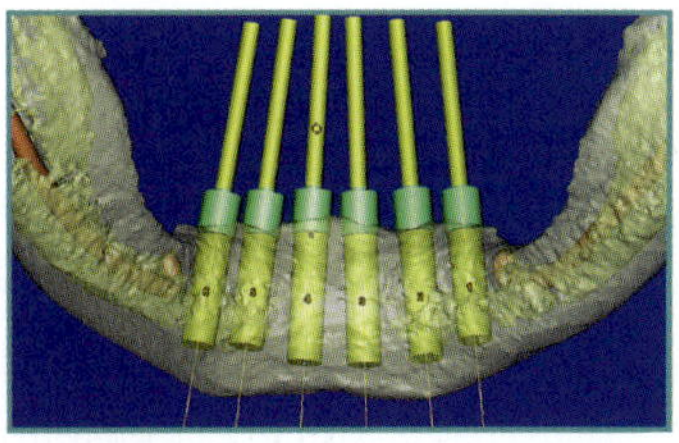

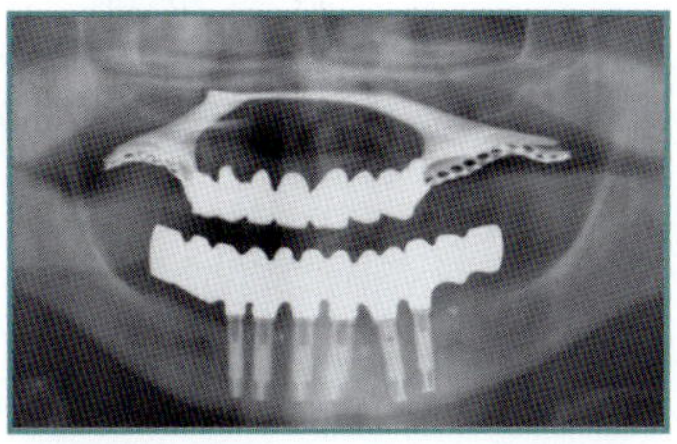

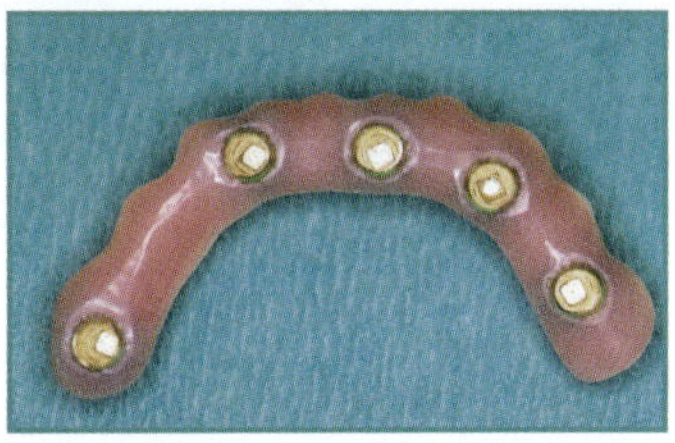

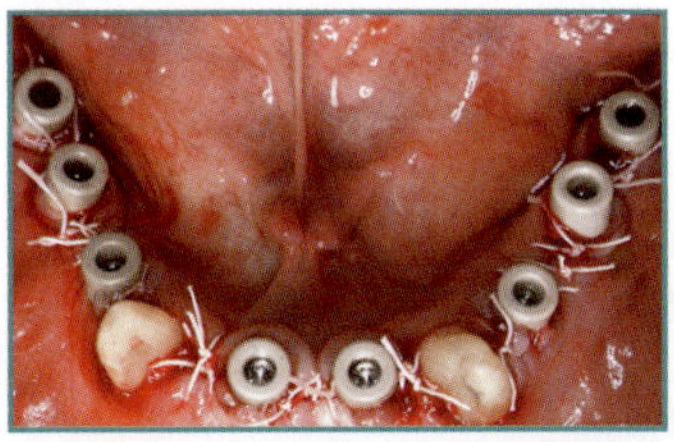

Die Autoren

Dr. med. dent. Christoph T. Sliwowski
absolvierte das Zahnmedizinstudium in Warschau, praktiziert seit 1987 in Deutschland. Seine Schwerpunkttätigkeit ist seit 1989 die Implantologie. Dr. Sliwowski promovierte zum Thema Implantologie bei Prof. Dr. Dr. Hubertus Spiekermann in Aachen. Seit 1998 leitet er die „Zahnklinik Rhein-Ruhr" – Spezialklinik für zahnärztliche Implantologie und Ästhetik in Mülheim. Umfangreiche Vortragstätigkeit bei Fortbildungsveranstaltungen, zahlreiche nationale und internationale Kongressbeiträge sowie diverse Publikationen zu implantologischen Themen. Dr. Sliwowski ist Mitglied in folgenden implantologischen Gesellschaften: DGI, DZOI, BDIZ-EDI, OSIS-EDI (Polen), aktives Mitglied der DGZI und Diplomate der ICOI sowie Spezialist für Implantologie von BDIZ-EDI und DGZI.

Dr. med. dent. Stefan Hümmeke
studierte von 1991 bis 1997 Zahnheilkunde an der Westfälischen Wilhelms-Universität in Münster. Seit Februar 2001 ist er Mitarbeiter der Abteilung für Mund-, Kiefer- und Gesichtschirurgie von Prof. Dr. Dr. E. Esser im Klinikum Osnabrück (Akademisches Lehrkrankenhaus der Universität Münster) und seit September 2003 Fachzahnarzt für Oralchirurgie. Seit Januar 2004 Oberarzt der Ambulanz und des implantologischen Zentrums am Klinikum Osnabrück mit Tätigkeitsschwerpunkt im Bereich der bildgebenden Diagnostik und operativen Umsetzung virtueller Implantatplanung durch Navigationschirurgie und stereolithografische Bohrschablonensysteme sowie vollkeramische Restaurationen. Umfangreiche Vortragstätigkeit bei Fortbildungsveranstaltungen, zahlreiche nationale und internationale Kongressbeiträge sowie diverse Publikationen zu implantologischen Themen.

Vorwort

Liebe Leserinnen, liebe Leser,

vor vier Jahren erschien der erste Band der Reihe „Implantologie Step by Step", der der Therapie des Oberkiefers gewidmet ist.

In der Zwischenzeit hat sich die Implantologie weiterentwickelt. Neue implantologische Systeme und neue Knochenaufbaumaterialien sind auf den Markt gekommen, manche therapeutische Konzepte haben sich aufgrund von neuen Erkenntnissen geändert. Vor allem aber haben die fortschrittlichen diagnostischen Möglichkeiten in Form von CT und DVT breiten Einzug in viele Praxen und Kliniken gehalten. Die 3-D-Planung mithilfe von immer besseren Computerprogrammen gehört nicht mehr der entfernten Zukunft, sondern zum Standardverfahren, zumindest bei problematischen und komplexen Eingriffen.

Vor Ihnen liegt jetzt der zweite Band, der sich mit der implantologischen Behandlung des Unterkiefers auseinandersetzt. Die zahnärztliche Implantologie hat – nicht zuletzt wegen der anatomischen Gegebenheiten und vorteilhafter Knochenstruktur – im Unterkiefer angefangen und war auch viele Jahre auf diesen Bereich begrenzt. Auch heute sind die Erfolgsraten für Implantationen im Unterkiefer signifikant höher als im Oberkiefer.

Einer der Gründe für die Implantation im Unterkiefer war das allen Praktikern bekannte Problem der fehlenden Stabilität einer unteren Prothese bei zahnlosen Patienten. Hier kann schon das Einsetzen von zwei Implantaten zu entscheidender Verbesserung der Prothesenstabilität führen.

Der Unterkiefer bietet auch bessere Voraussetzungen für die sofortige Belastung der Implantate und – was damit verbunden ist – für die maximale Straffung der Therapie. Das in den Achtzigerjahren von Dr. Philippe D. Ledermann klinisch dokumentierte Verfahren der Sofortbelastung kann als Ausgangspunkt für moderne Implantationstechniken wie Brånemark Novum, Teeth-in-an-Hour, SurgiGuide und Nobel Guide gesehen werden. Bei entsprechenden anatomischen Voraussetzungen bieten diese Techniken die Möglichkeit, einzeitig und fast atraumatisch vor allem den zahnlosen Unterkiefer zu versorgen. Für die Patienten bedeutet das weniger Stress und viel mehr Komfort bei der Behandlung.

Das Buch beschreibt Schritt für Schritt die therapeutischen Konzepte und Behandlungsabläufe bei unterschiedlichen Ausgangssituationen. Die Aufteilung in Diagnostik, einfache und problematische Therapie sowie Probleme und Komplikationen ist ähnlich wie im ersten Band beibehalten worden. Durch das rasant wachsende Interesse an der Sofortversorgung und -belastung ist zusätzlich ein Teil des Buches diesem Thema gewidmet. Eine Modifikation stellt die Übersicht der diagnostischen Mittel und des Therapieplans am Anfang jeden beschriebenen Falls dar. Am Ende werden die zeitlichen Angaben über den tatsächlichen Verlauf der Behandlung angegeben.

Abschließend möchte ich mich ganz herzlich bei allen Leserinnen und Lesern für das große Interesse am ersten Buch bedanken. Allen Kolleginnen und Kollegen wünsche ich viel Erfolg und Zufriedenheit bei der Therapie ihrer Patienten.

Die Implantologie entwickelt sich nach wie vor sehr intensiv und jeder von uns wirkt bei dieser Entwicklung mit.

Christoph T. Sliwowski
Mülheim an der Ruhr, März 2007

DANKSAGUNG

Einen ganz besonderen Dank möchte ich meinem Coautor, Dr. Stefan Hümmeke, für die inhaltliche und formale Mitgestaltung des Buches sowie für seinen Beitrag zu technischen und diagnostischen Möglichkeiten der digitalen Volumentomografie aussprechen.

Meiner Frau Dr. Beata Sliwowska möchte ich für die Unterstützung beim Schreiben dieses Buches und die mehrfachen Korrekturen des Manuskriptes herzlich danken.

Mein Geschäftspartner Dr. Michael Weber hat die meisten Behandlungspläne mitgestaltet und den überwiegenden Teil der prothetischen Versorgungen durchgeführt. Er hat mich während dieser Zeit auch bei der Führung der Klinik entlastet, dafür danke ich ihm.

Meinen Kollegen, den Prothetikern Dr. Roland Althoff, Dr. Gregor Cwajgart, Dr. Uwe Hildebrand, Dr. Hubertus Klaus und dem Zahnarzt Markus Peters danke ich für die gute Zusammenarbeit und hoffe, dass sie ebenfalls so viel Freude und Zufriedenheit erfahren haben wie ich.

Ich danke meinen Assistentinnen Sahra Osmani, Caroline Wojtynowski, Dorothea Vogel und Christel Kloster für das Engagement und die aktive Hilfe nicht nur bei Operationen, sondern auch bei der Durchführung der fotografischen und radiologischen Dokumentation.

Unsere Implantatkoordinatorinnen Andrea Graf und Andrea Terjung-Jahn haben für die Überwachung der Behandlungsabläufe und die Pflege der Patientenkontakte einen Dank verdient.

Ich danke unserem Zahntechnikerteam unter der Führung von Horst Mosch: Fernando Abrantes, Ute Olbers, Ivonne Lewik, Marlena Nankiewicz, Michaela Schlosser, Angela Althoff und Angelika Bange für die sorgfältige Planung und gewissenhafte Durchführung der prothetischen Arbeiten.

Den Zahntechnikern Olaf van Iperen, Gerhard Makowski, Willi Knepper und Jochen Essl danke ich für die fruchtbare Mitarbeit.

Der Direktion der Verlagsniederlassung von Quintessenz in Warschau, Herrn Ireneusz Czyżewski und Frau Iwona Koziel, danke ich für das große Engagement, ohne das dieses Buch nicht hätte entstehen können.

Christoph T. Sliwowski

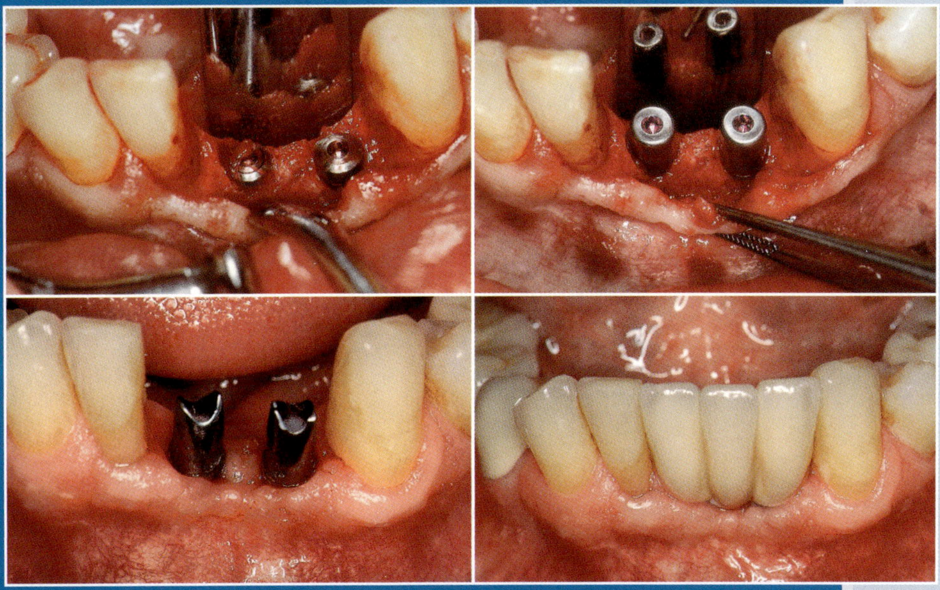

Frontzahnbereich

KAPITEL

1

Frontzahnbereich

Der Frontzahnbereich stellt im Unterkiefer für den Implantologen das angenehmste Operationsgebiet dar. Hauptfaktoren, die dazu beitragen, sind: guter Zugang und eine gute Übersicht über das Operationsareal, in der Regel ausreichendes Knochenangebot, keine sensiblen anatomischen Strukturen, geringeres Risiko von ästhetischen Problemen als im Oberkiefer und eine geringere funktionelle Belastung der Implantate. Problematisch kann jedoch vor allem der kleinere Durchmesser der unteren Inzisiven im Vergleich zu Standardimplantaten sein. Vor allem ist es schwierig, einen oder zwei nebeneinanderstehende Schneidezähne zu ersetzen.

3-D-Diagnostik und Planung – zwei unterschiedliche Ausgangssituationen

Ausgeprägte Kieferkammatrophie

Die präoperative Diagnostik beinhaltet im Wesentlichen die Röntgen- und Modellanalyse. Auf der standardmäßig durchgeführten OPG-(Orthopantomogramm)-Aufnahme sind die anatomischen Strukturen im Frontzahnbereich häufig unscharf dargestellt, sodass sie in den meisten Fällen um eine Einzelzahnaufnahme ergänzt werden muss. Eine wesentlich zuverlässigere Planung wird durch eine CT-(Computertomografie) oder DVT-(Digitale Volumentomografie)-Diagnostik ermöglicht. Beide Verfahren bieten eine überlagerungsfreie, metrisch exakte Darstellung der Region, die eine präzise dreidimensionale Planung erlauben.

Eine DVT-Aufnahme ermöglicht ebenso eine bildhafte Übersicht der Gesamtsituation als auch eine sehr detaillierte Planung. Die Übersicht ist auf der 3-D-Rekonstruktion am besten zu sehen. Im vorgestellten Fall ist der Zahn 41 weit von dem Kieferkamm entfernt und hängt locker nur in dem Weichgewebe (Abb. 1). Der entstandene Knochendefekt erscheint entsprechend umfangreich und es ist davon auszugehen, dass eine Augmentation not-

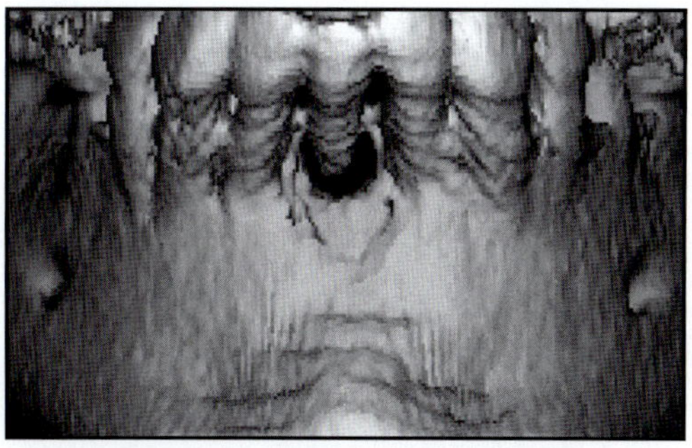

Abb. 1 3-D-Rekonstruktion. Der Zahn 41 wird nur noch von Weichgewebe gehalten.

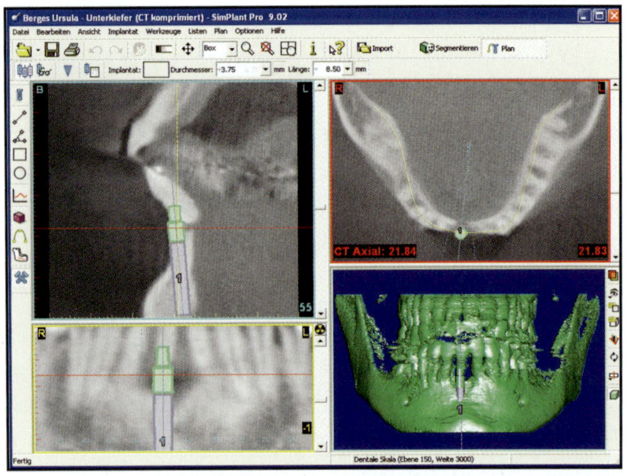

Abb. 2 Implantatplanung im SimPlant®-Programm. Ansicht in drei Ebenen und 3-D-Rekonstruktion.

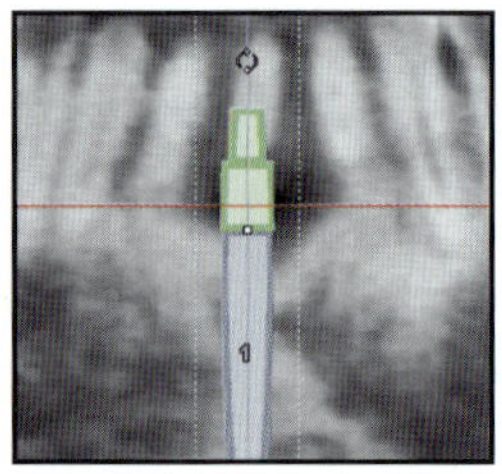

Abb. 3 Panoramaschnitt. Virtuell inseriertes 3,75 x 18 mm Brånemark®-Implantat mit einer 5-mm-CeraOne®-Distanzhülse

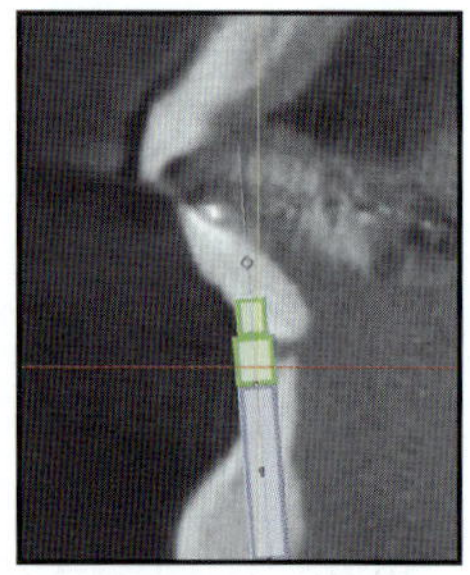

Abb. 4 Querschnitt (Cross-sectional). Schmaler Kieferkamm – Knochendefizit von vestibulär.

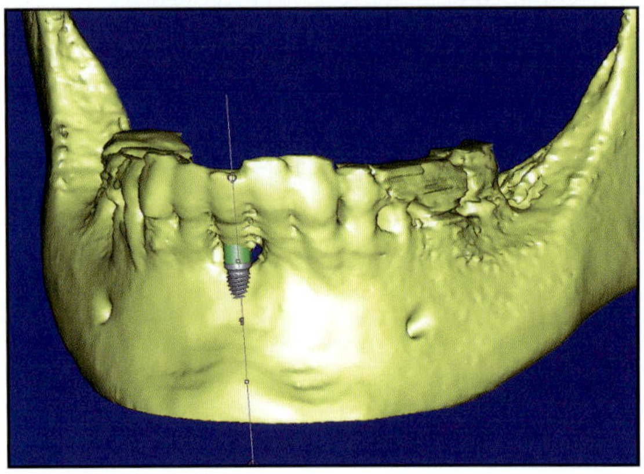

Abb. 5 3-D-Rekonstruktion. Darstellung der Implantatposition.

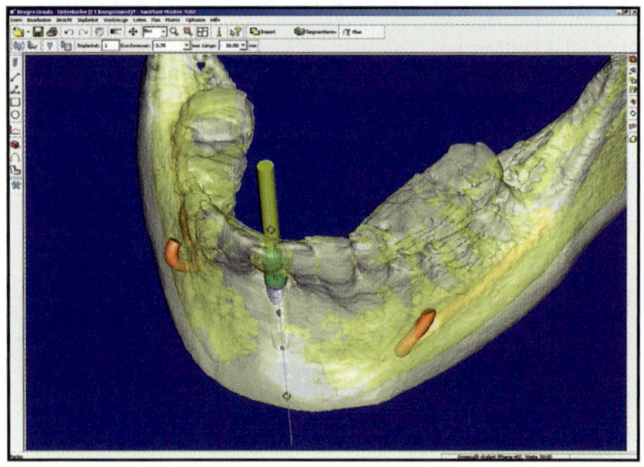

Abb. 6 Halbtransparente 3-D-Rekonstruktion mit markierten Nerven und Längachse des Implantates.

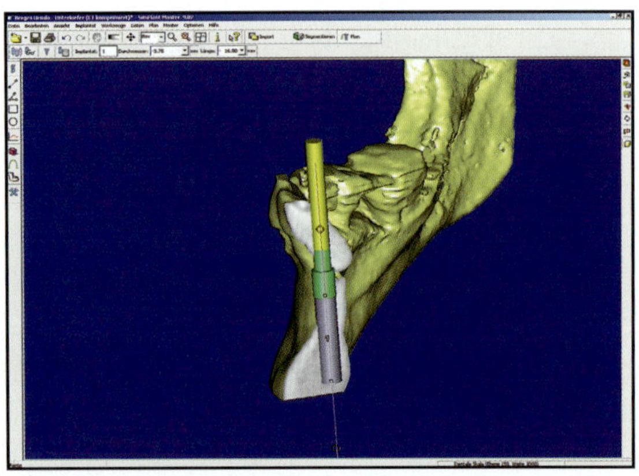

Abb. 7 3-D-Darstellung vom Querschnitt.

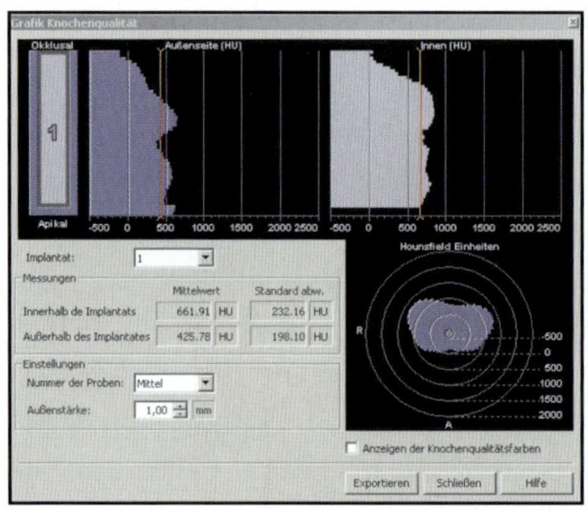

Abb. 8 Knochendichtemessung um das geplante Implantat.

wendig wird. Die Lücke nach dem Verlust des Zahnes 31 ist ganz geschlossen, sodass, obwohl beide mittlere Inzisiven fehlen, nur ein Schneidezahn ersetzt werden kann. Der Abstand der Nachbarzahnwurzeln zueinander ist relativ groß, sodass in mesiodistaler Richtung ausreichend Platz zur Verfügung steht (Abb. 1). Für die detaillierte Planung werden die Daten in ein Planungsprogramm, hier SimPlant®, eingespielt. Im SimPlant®-Programm kann das vorgesehene Implantat aus einer Bibliothek

(Sammlung von allen gängigen Implantattypen) entnommen und im Kiefer platziert werden. Ebenfalls kann ein Abutment nach der Implantatpositionierung ausgewählt und auf das Implantat platziert werden. Das vorhandene Knochenangebot erlaubt die Wahl eines 18 mm langen Brånemark-Implantates mit 3,75 mm Durchmesser. Das Implantat samt dem Abutment (hier CeraOne® Höhe 5 mm) ist in allen drei Dimensionen und der 3-D-Rekonstruktion zu sehen (Abb. 2). Der Abstand des Implantates zu den Nachbarzähnen ist auf den nacheinanderfolgenden Panoramaschnitten am besten zu beurteilen (Abb. 3). Die wichtigste Darstellung für die Planung jedes einzelnen Implantates ist der Querschnitt (Crosssectional), auf dem die Breite des Kieferkammes zu sehen ist (Abb. 4). Das transversale und das vertikale Knochenangebot können exakt beurteilt und dadurch eine Prognose für die Primärstabilität des Implantates gemacht werden. Eventuell vorhandene Knochendefizite werden hierauf erkannt und die Notwendigkeit einer Augmentation wird bereits in der Planungsphase deutlich. Die 3-D-Rekonstruktion erlaubt eine gute Übersichtsdarstellung über das vorhandene Knochenangebot und die Positionierung des Implantates (Abb. 5). Um die Lage des Implantates zu dem Nerv (der manuell markiert werden muss) besser beurteilen zu können, bietet sich die halbtransparente Darstellung oder vollständige Ausblendung der Knochenstruktur an (Abb. 6). Das durch das Implantat geschnittene Modell lässt sich beliebig drehen und aus allen Perspektiven die geplante Positionierung des Implantates darstellen (Abb. 7). Die Funktion der Knochendichtemessung gibt eine gute Orientierung über die zu erwartende Knochenqualität am Implantationsort (Abb. 8). Aufgrund der schlechteren Detaildarstellung im Vergleich zum CT ist diese Auswertung bei DVT-Aufnahmen jedoch nur begrenzt anwendbar.

Behandlungsablauf siehe Seite 25

Platzmangel, geringer Abstand zu den Nachbarzähnen

In diesem Fall ist der Zahn 31 aufgrund einer schmerzhaften internen Resorption nicht erhaltungsfähig, sodass er extrahiert werden muss. Die interne Resorption wird in allen Ebenen auf der DVT-Aufnahme bestätigt. Die Breite der Lücke kann außer der radiologischen Diagnostik auch auf dem Modell nach Radierung des Zahnes 31 sehr genau ausgemessen werden (Abb. 1). Die Planung des Implantates erfolgt in dem SimPlant®-Programm (Abb. 2). Wegen des Platzmangels wird eines der schmalsten erhältlichen Implantate, Nobel Direct, mit einem Durchmesser von 3 mm und 16 mm Länge gewählt. Dieses Implantat wird virtuell in dem Kiefer platziert. Die Planung erfolgt in allen drei Ebenen

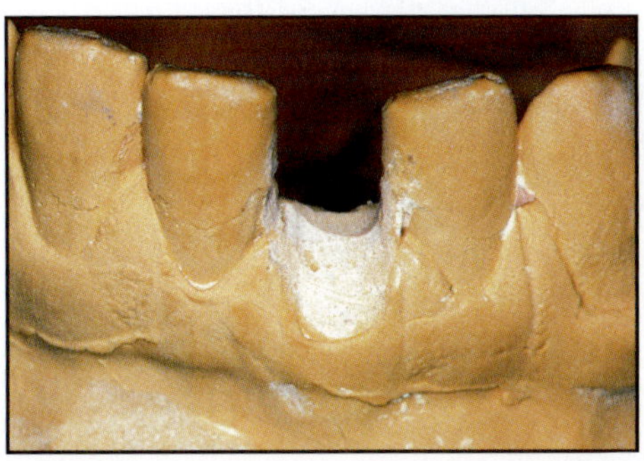

Abb. 1 Modellanalyse nach Radieren des Zahnes 31.

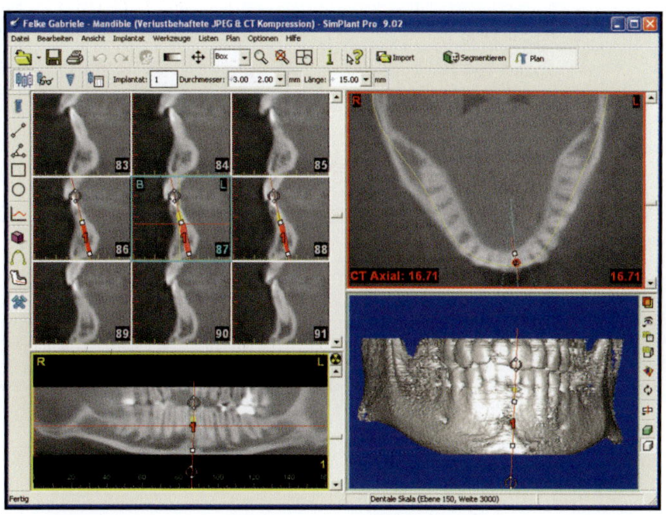

Abb. 2 SimPlant®-Planung.

und anhand der 3-D-Rekonstruktion. Eine bildhafte Darstellung von dem platzierten Implantat und dessen Relation zu den Nachbarstrukturen, vor allem zu den Zähnen, wird auf der transparenten 3-D-Rekonstruktion deutlich (Abb. 3). Die Panoramaschnitte lassen die Problemzonen entlang der Wurzel gut beurteilen (Abb. 4).

Es ist von Vorteil, die räumliche Darstellung noch auf den horizontalen Schnitten (axiale) Schritt für Schritt zu überprüfen (Abb. 5). Die in den meisten Fällen wichtigste in der Aussage – transversale Schnitt (Crosssectional) – bestätigt in diesem Fall die ausreichende Dimensionierung des Kieferkammes (Abb. 6).

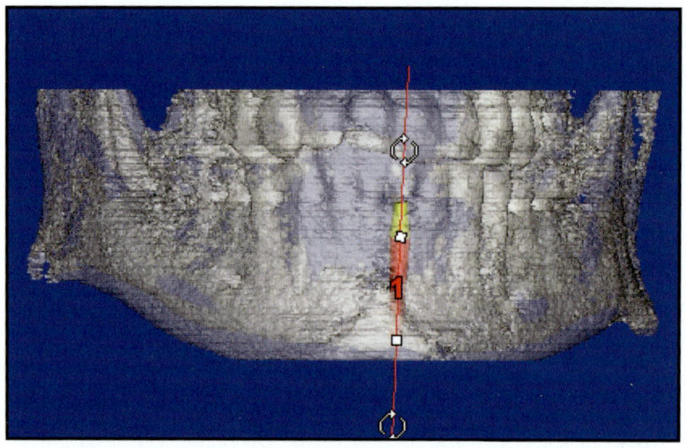

Abb. 3 Halbtransparente 3-D-Rekonstruktion mit geplantem Implantat.

Behandlungsablauf siehe Seite 28

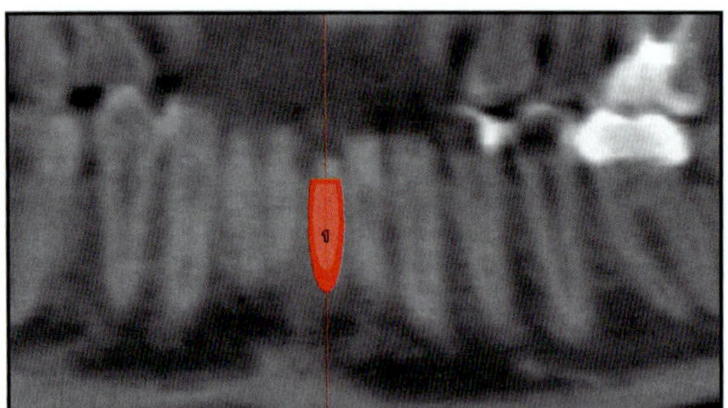

4

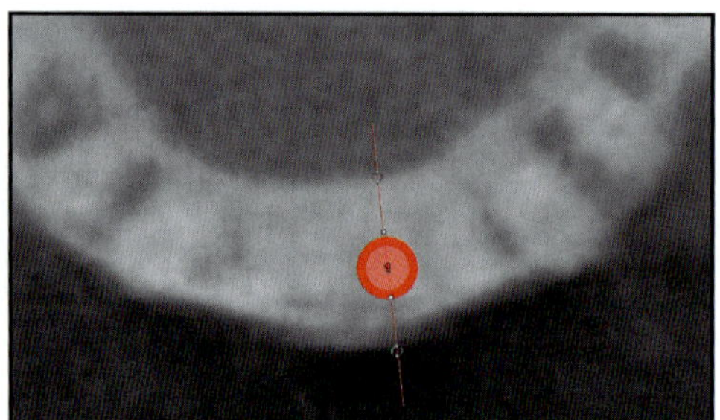

5

Abb. 4 Panoramaschnitt. Prüfung des Abstandes zu den Nachbarzähnen auf den aufeinanderfolgenden Schichten (von vestibulär nach lingual).

Abb. 5 Axialschnitt. Prüfung des Abstandes zu den Nachbarzähnen auf den aufeinanderfolgenden Schichten (von apikal nach koronal).

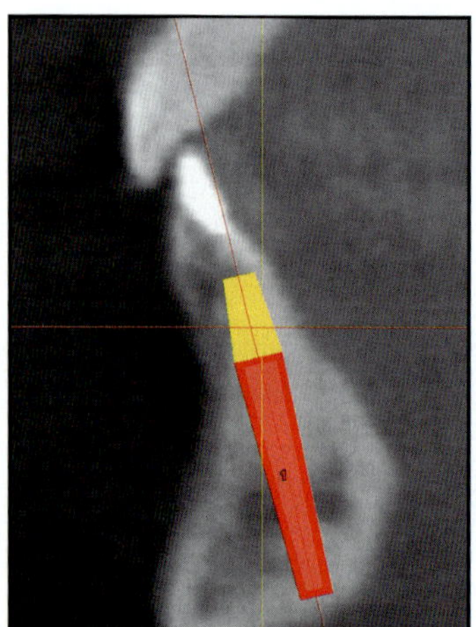

6

Abb. 6 Querschnitt (Crosssectional). Ausrichtung des Implantates unter anatomischen und funktionellen Gesichtspunkten.

Einzelzahnlücke

Die implantologische Rehabilitation einer Einzelzahnlücke im Unterkieferfrontzahnbereich nach Verlust eines einzelnen unteren Inzisivus erfordert neben einem speziellen Instrumentarium von dem Implantologen ein besonders hohes Maß an Präzision. In den meisten Fällen ist die resultierende Lücke sehr schmal und der vorhandene Platz zwischen den Wurzeln der Nachbarzähne extrem gering. Eine iatrogene Verletzung der Nachbarzähne lässt sich nur durch eine detaillierte präoperative radiologische Diagnostik und sehr sorgfältiges operatives Vorgehen vermeiden.

Aufgrund der beengten Platzverhältnisse sind im Durchmesser reduzierte Implantate wie z. B. Narrow Platform® (NP Ø 3,0 und 3,3 mm) und Nobel Direct® (Ø 3,0 mm) von der Firma Nobel Biocare® oder Micro Mini® (Ø 3,25 mm) von der Firma 3 I® in besonderer Weise geeignet, um das Risiko der Schädigung der Wurzeln der Nachbarzähne zu minimieren.

Für die Implantation sind Langschaftbohrer, Gewindeschneider und Schraubendreher in Überlänge bzw. Bohrerverlängerungen erforderlich, die zwischen den Nachbarzähnen in der schmalen Lücke bis in die Tiefe reichen (siehe S. 24). Bohrschablonen kommen aufgrund der beengten Platzverhältnisse nur in seltenen Fällen zur Anwendung.

Das Einzelzahnimplantat kann im Frontzahnbereich direkt nach der Extraktion des Zahnes erfolgen (Sofortimplantation) oder nach dem vollständigen Ausheilen der Alveole (Spätimplantation). Um eine Sofortimplantation durchführen zu können, muss zum einen eine ausreichende Knochenmenge von einer guten Qualität vorhanden sein, um das Implantat primärstabil zu verankern, zum anderen dürfen keine akuten Entzündungen vorhanden sein.

Nach der Implantation kann das Implantat mit einer Deckschraube versehen werden und subgingival einheilen oder für eine transgingivale Einheilung mit einer Heilungsdistanzhülse versehen werden. Im Falle einer Sofortimplantation hilft eine Heilungsdistanzhülse die anatomischen Strukturen wie Gingivalrand und interdentale Papillen zu erhalten.

Anstelle einer Heilungsdistanzhülse kann diese Funktion auch eine Interimskrone auf einem provisorischen Abutment erfüllen. Das Provisorium muss aber vollständig aus der Okklusion und Artikulation herausgenommen werden.

Präoperative Diagnostik siehe S. 13

Typischer Behandlungsverlauf

Spätimplantation mit Spätversorgung

Ausgangssituation

Der Patient ist nach dem Verlust des Zahnes 32 seit vielen Jahren unversorgt geblieben (Abb. 1). Trotz der leichten mesialen Angulation der Zahnkrone 31 und der verringerten Platzverhältnisse im apikalen Bereich (Abb. 2) ist das Platzangebot für die Insertion eines Narrow-Platform®-Implantates (NP Ø 3,3 mm) gerade noch ausreichend.

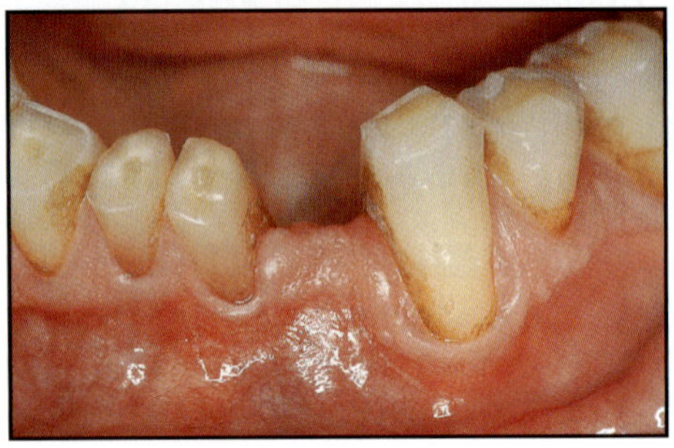

Abb. 1 Fehlender Zahn 32.

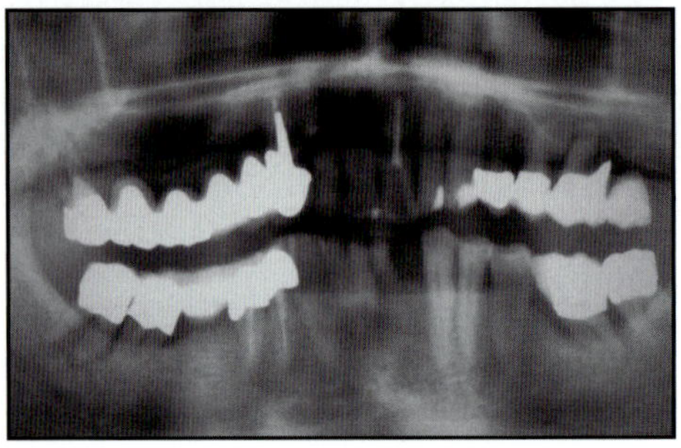

Abb. 2 OPG vor Behandlungsbeginn.

Diagnostische Mittel

- Klinische Untersuchung
- OPG
- Modellanalyse

Therapieplan

- Spätimplantation, subgingivale Einheilung
- Sekundäre Freilegung
- Zementierte Keramikkrone auf einem Einzelzahnimplantat

Implantation

Es muss zuerst zugegeben werden, dass durch ein Versehen der Zahnstein vor der Implantation nicht entfernt wurde. Mit einem Richtungsindikator wird nach Präparation des Implantatbettes die korrekte Positionierung und Ausrichtung überprüft (Abb. 3). Trotz Verwendung eines im Durchmesser redu-

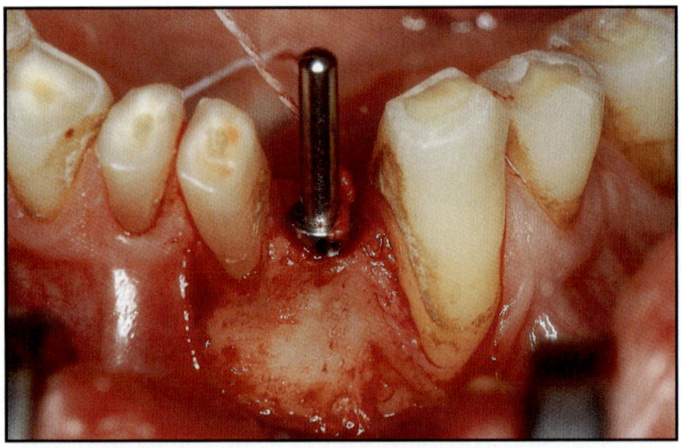

Abb. 3 Präparation des Implantatbettes regio 32.

zierten 15 mm langen NP-Implantates ist der verbleibende Abstand zu den Nachbarzähnen sehr gering (Abb. 4). Das Implantat wird mit einer Deckschraube versehen, um das Gewinde und den Kopf des Implantates vom Einwachsen des Knochens zu schützen (Abb. 5).

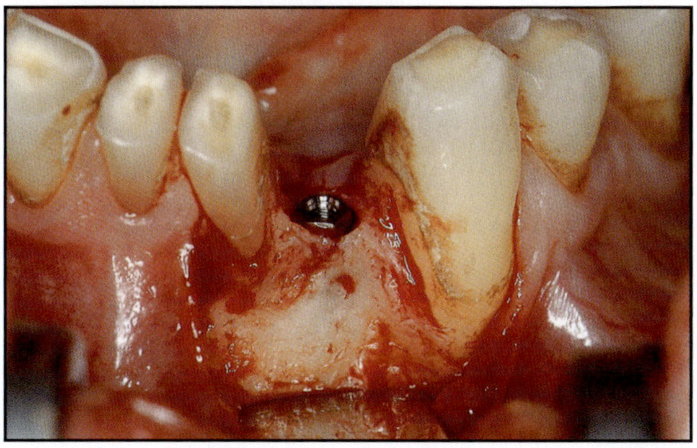

Abb. 4 Inseriertes NP-Implantat regio 32.

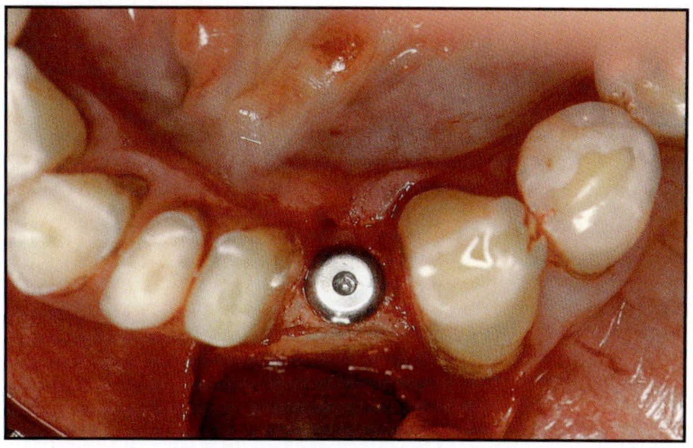

Abb. 5 Linguovestibuläre Positionierung des Implantates.

Freilegung und prothetische Versorgung

Nach vier Monaten erfolgt die Freilegung durch eine krestale Inzision (Abb. 6 und 7). Die prothetische Versorgung besteht aus einer zementierten Krone auf einem konfektionierten CeraOne®-

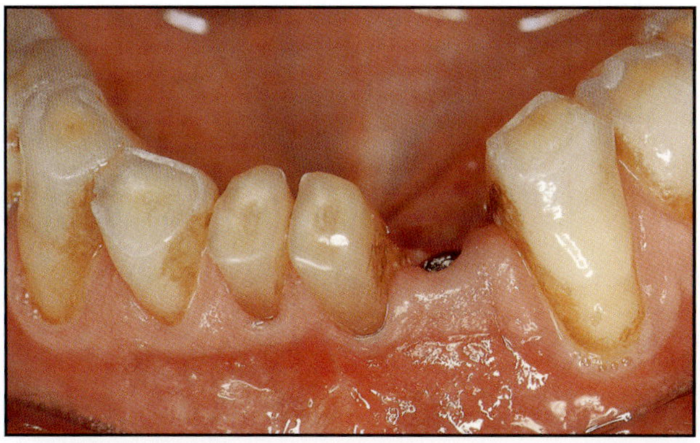

Abb. 6 Klinische Situation vor der Freilegung.

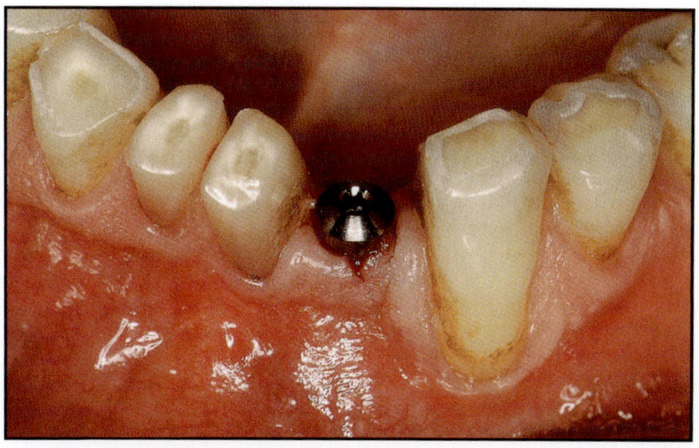

Abb. 7 Freigelegtes Implantat.

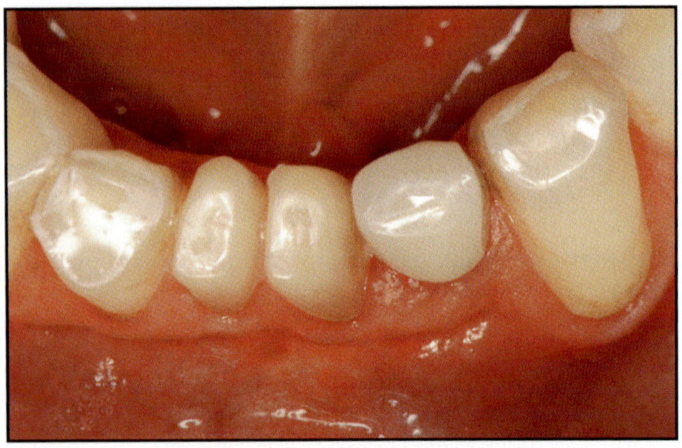

Abb. 8 Klinische Situation nach sechs Jahren in Funktion.

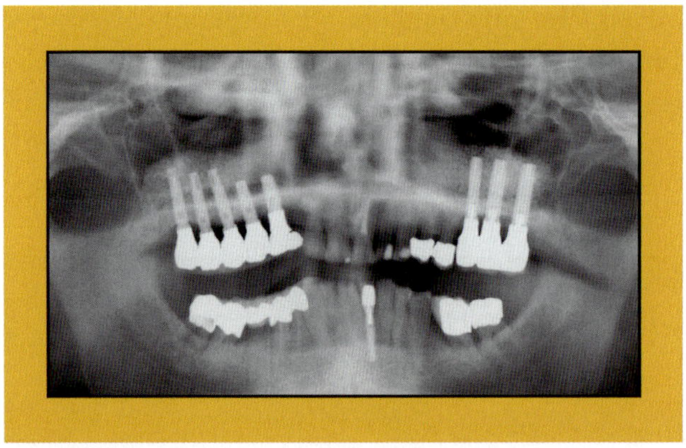

Abb. 9 OPG sechs Jahre nach Abschluss der Behandlung im UK und OK.

Abutment. Die Abschlussfotos (Abb. 8 und 9) zeigen die klinische Situation und radiologische Kontrolle sechs Jahre nach der prothetischen Versorgung. Bei den folgenden Nachkontrollen wurde der Zahnstein regelmäßig entfernt. Die auf der OPG-Kontrollaufnahme sichtbare implantatprothetische Rehabilitation der beidseitigen Freiendsituation im Oberkiefer erfolgte nach Sinusbodenelevation mit einem rein implantatgetragenen Zahnersatz (Abb. 9). (siehe Teil I S. 122). Weiterhin ist eine implantologische Behandlung in beiden Seitenzahnbereichen im Unterkiefer geplant.

Behandlungsablauf:

Implantation – 4 Monate bis zur Freilegung – 3 Wochen bis zur Abdrucknahme und Fertigstellung

Chirurgie:	Prothetik:	Zahntechnik:
Dr. Christoph T. Sliwowski	Dr. Michael Weber	Horst Mosch

Atypischer Behandlungsverlauf – schwierige Ausgangssituation

Sofortimplantation nach Extraktion

Ausgangssituation

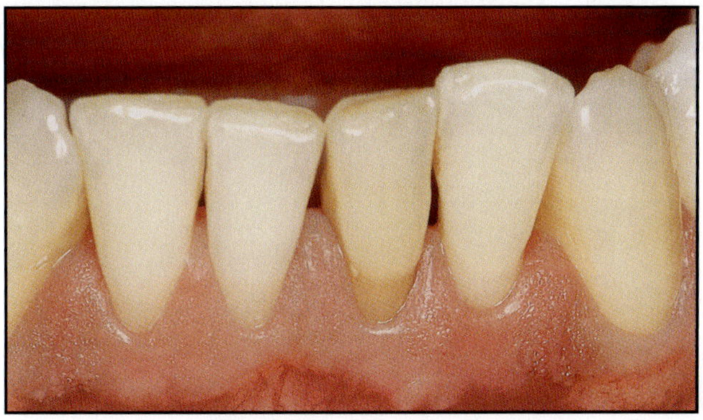

Abb. 1 Nicht mehr erhaltungsfähiger Zahn 32.

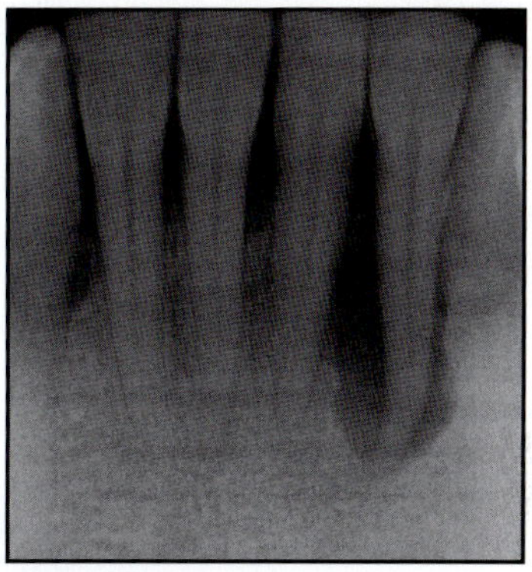

Abb. 2 Parodontaler Knochendefekt bis zum Apex.

Der klinisch kaum auffällige, aber stark gelockerte Zahn 32 ist aufgrund eines bis zum Apex reichenden parodontalen Knochendefektes nicht mehr zu erhalten (Abb. 1 und 2).

Diagnostische Mittel

- Klinische Untersuchung
- OPG
- Einzelzahnfilm
- Modellanalyse

Therapieplan

- Extraktion, Sofortimplantation mit Augmentation
- Sekundäre Freilegung
- Zementierte Keramikkrone auf einem Einzelzahnimplantat

Extraktion und Implantation

Nach Extraktion des Zahnes und Bildung eines Mukoperiostlappens zeigt sich ein ausgedehnter knöcherner Defekt, der zu einer freiliegenden Wurzeloberfläche auch an Zahn 31 geführt hat (Abb. 3). Zentral in diesen Defekt und den darunterliegenden Kieferkamm wird ein 21 mm

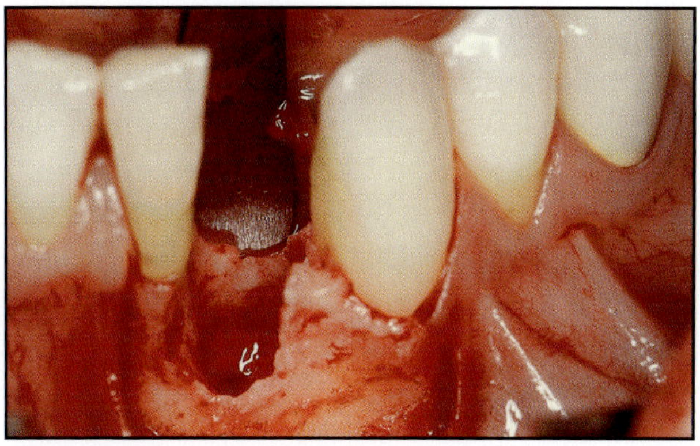

Abb. 3 Dargestellter dreiwandiger Knochendefekt.

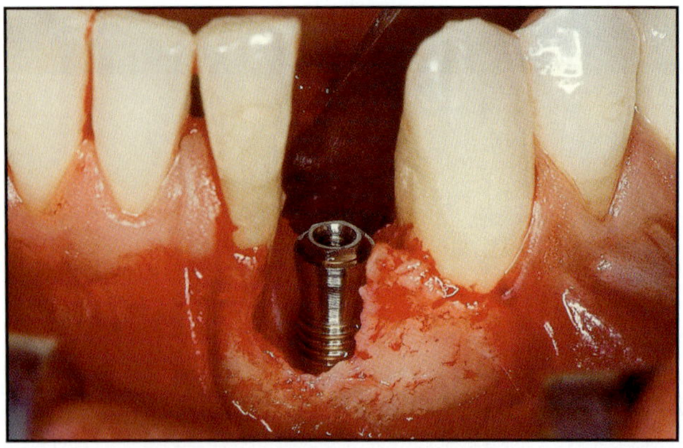

Abb. 4 Inseriertes Implantat.

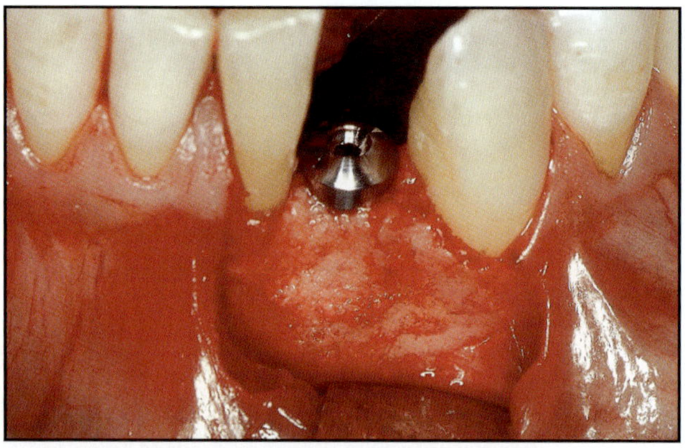

Abb. 5 Augmentation mit Knochenspänen.

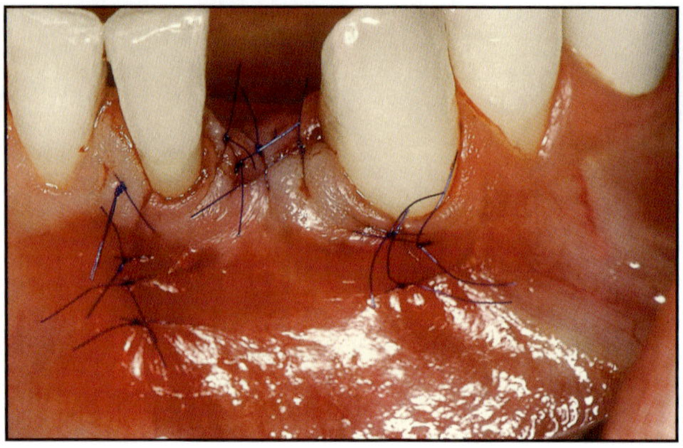

Abb. 6 Wundverschluss mit 6.0-Naht.

langes RP-Implantat (Ø 3,75 mm) mit konischem Halsbereich inseriert (Abb. 4).

Anstelle der Deckschraube wird als Platzhalter eine 2 mm hohe Heilungsdistanzhülse auf das Implantat aufgeschraubt. Die verbliebenen Spalträume des Knochendefektes werden mit den bei der Implantatbettpräparation gesammelten Bohrspänen aufgefüllt (Abb. 5). Der speicheldichte Wundverschluss erfolgt nach Periostschlitzung und Mobilisierung eines Trapezlappens mit monofiler, mikrochirurgischer 6.0-Naht (Abb. 6). Auf die Verwendung einer Membran kann bei dem vorliegenden dreiwandigen Knochendefekt verzichtet werden.

ACHTUNG:

Die Entscheidung für ein im Halsbereich konisches RP-Implantat erfolgt aufgrund der besseren Kongruenz zu den Rändern des Knochendefektes. Die außerordentliche Länge des Implantates von 21 mm ist von großem Vorteil, um die bei einer Sofortimplantation sehr wichtige Verankerung im basalen Knochen zu gewährleisten und somit eine ausreichende Primärstabilität zu erzielen.

Freilegung und prothetische Versorgung

Nach der fünfmonatigen Einheilungsphase wird das Implantat freigelegt und die Heilungsdistanzhülse gegen eine höhere ausgetauscht (Abb. 7). Die OPG-Aufnahme zeigt zu dem Zeitpunkt eine stabile Verankerung des Implantates im Knochen sowie gute Regeneration des einstigen Knochendefektes (Abb. 8). Das Implantat wird mit einer CeraOne®-Distanzhülse versehen und mit einer Vollkeramikkrone prothetisch versorgt. Aufgrund des sehr geringen Abstands zwischen Implantat und Nachbarzahn 31 sowie mangels Knochen vor der Implantation (siehe Abb. 4) ist die Ausbildung einer Papille in dem Zwischenraum nicht möglich. Für den Patienten stellt dies aber selbst beim herzhaften Lachen keine Beeinträchtigung dar (Abb. 9 und 10).

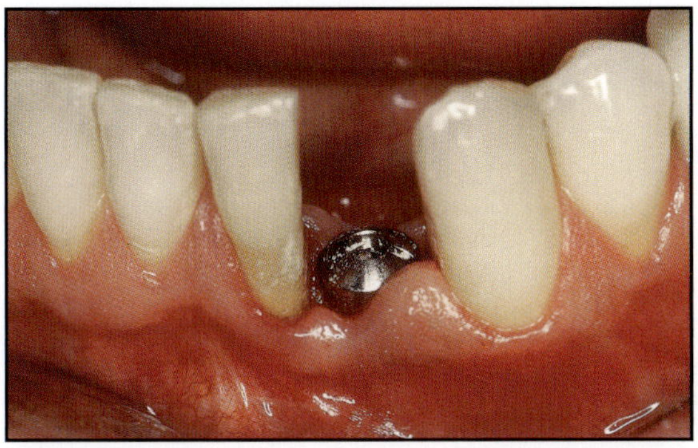

Abb. 7 Retraktion der Gingiva und Papille 31-32.

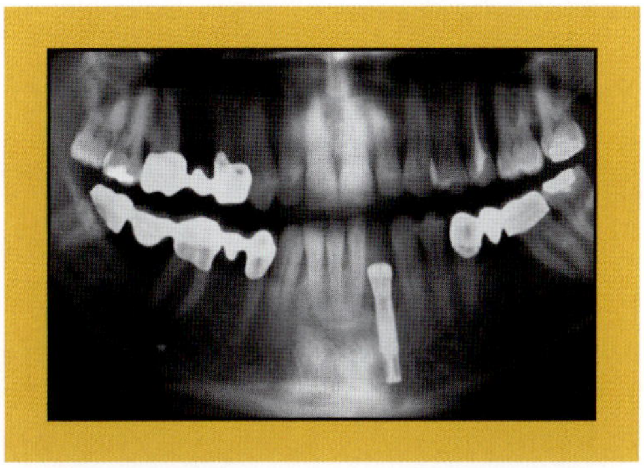

Abb. 8 OPG vor der prothetischen Versorgung.

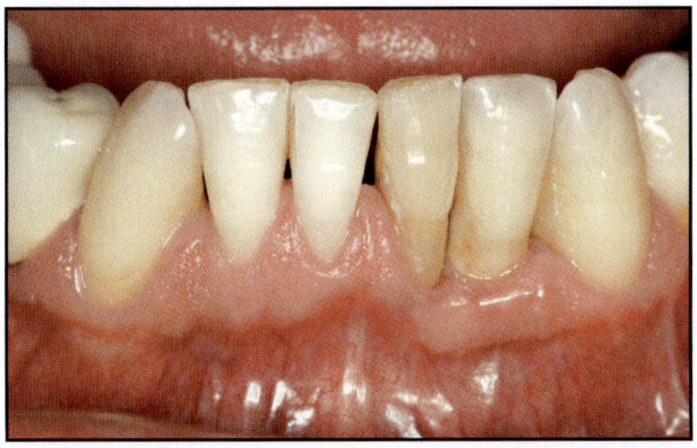

Abb. 9 Klinische Situation vier Jahre nach der Versorgung.

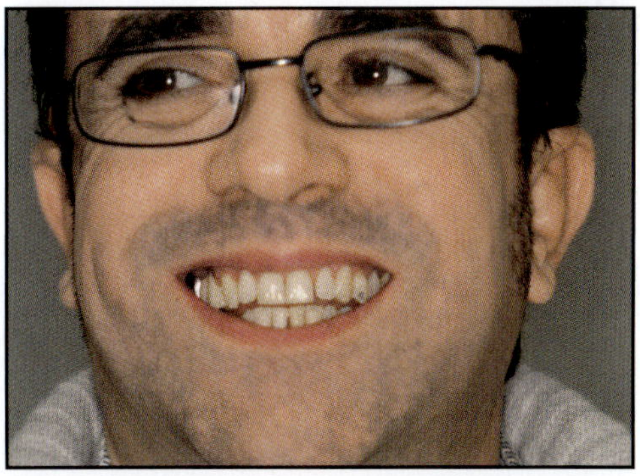

Abb. 10 Patient vier Jahre nach der Versorgung.

Behandlungsablauf:
Implantation – 5 Monate bis zur Freilegung – 2 Wochen bis zur Abdrucknahme und Fertigstellung

Chirurgie:	Prothetik:	Zahntechnik:
Dr. Christoph T. Sliwowski	Dr. Roland Althoff	Ivonne Lewik

Schmale und hohe Lücke zwischen den Nachbarzähnen

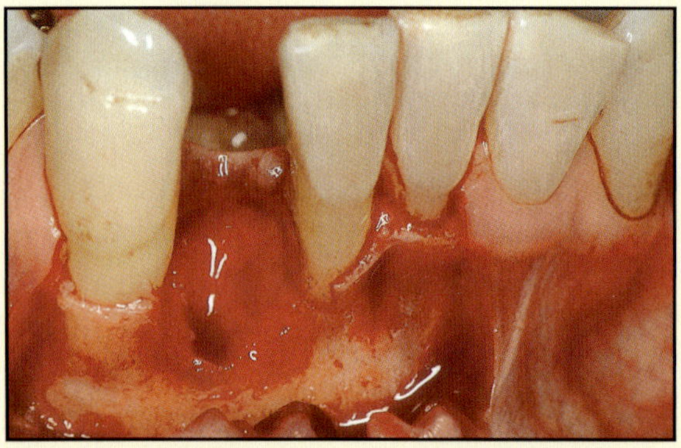

Abb. 1 Darstellung des dreiwandigen Defektes.

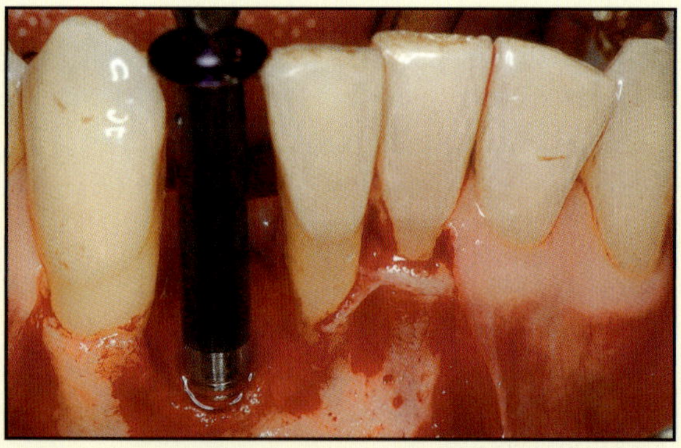

Abb. 2 Insertion des Micro-Mini-Implantates von 3i™ mit extralangem Einbringpfosten.

Die Einzelzahnlücke nach dem Verlust eines Schneidezahnes ist sowohl im Kronen- als auch im Wurzelbereich sehr schmal (Abb. 1). Aufgrund des begrenzten Platzangebotes sollen die im Durchmesser reduzierten Implantate inseriert werden, was die Verletzungsgefahr der Nachbarzähne minimiert. Bei der Präparation des Implantatbettes müssen extralange Bohrer und Gewindeschneider (bzw. mit einer Bohrerverlängerung) verwendet werden. Für die Insertion des Implantates ist ebenfalls ein extralanger Einbringpfosten notwendig (Abb. 2).

Die Präparation des Implantatbettes erfolgt mittig zwischen den Nachbarzähnen in Verlängerung der Alveole. Die Lücke ist ausreichend breit, um ein Micro-Mini-Implantat von 3 i™ mit 3,25 mm Durchmesser mit einem extralangen Einbringpfosten zu inserieren (Abb. 2). Nach der Insertion (Abb. 3) wird auf dem Implantat eine Deckschraube oder eine provisorische Distanzhülse zur Aufnahme der Sofortkrone aufgeschraubt, was ebenfalls extralange Schraubenzieher erfordert (Abb. 4).

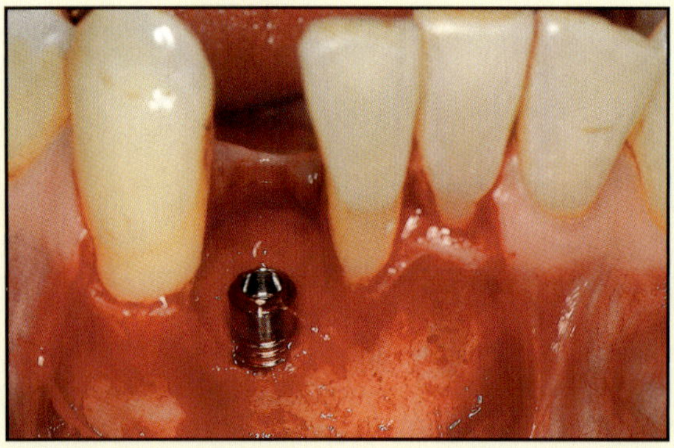

Abb. 3 Inseriertes Implantat.

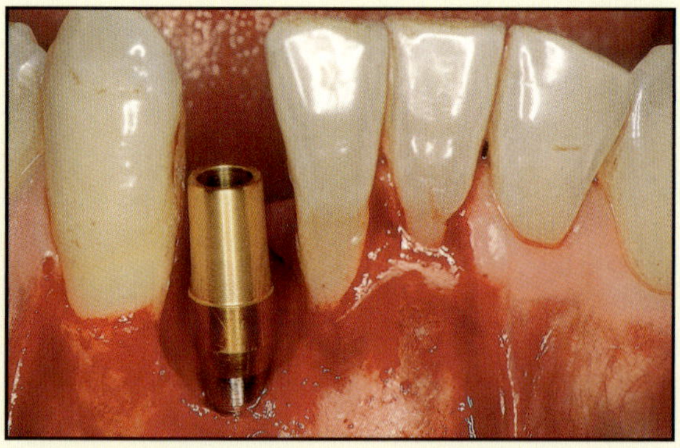

Abb. 4 Provisorische Distanzhülse.

Schwierigkeiten und Komplikationen

Horizontale Augmentation bei spitz auslaufendem Kieferkamm

Diagnostik siehe Seite 13

Ausgangssituation

Bei der Patientin sind lediglich drei untere Inzisiven nach dem Lückenschluss von Zahn 31 vorhanden (Abb. 1) Der Zahn 41 ist zudem stark parodontal geschädigt und hält nur noch über adhäsive Kompositschienung an den Nachbarzähnen (siehe Abb. 1, Seite 13). Eine Zone fixierter Gingiva fehlt vollständig.

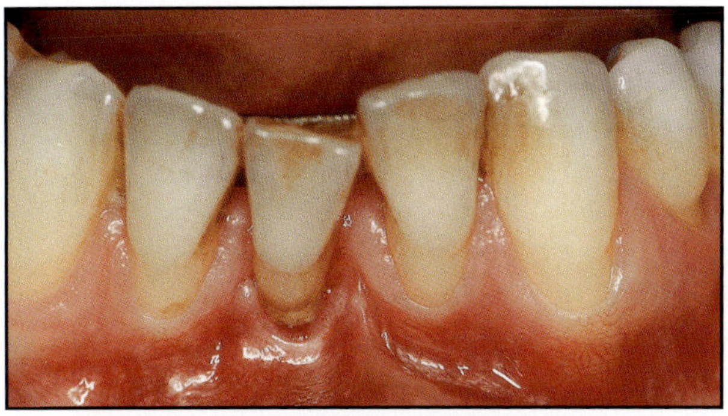

Abb. 1 Zahn 41 wird nur durch Ligatur gehalten.

Diagnostische Mittel

- Klinische Untersuchung
- DVT
- SimPlant®-Planung
- Modellanalyse

Therapieplan

- Extraktion, Sofortimplantation, implantatgetragene Einzelzahnkrone
- Vollkeramikkrone auf der CeraOne®-Distanzhülse

Extraktion und Implantation

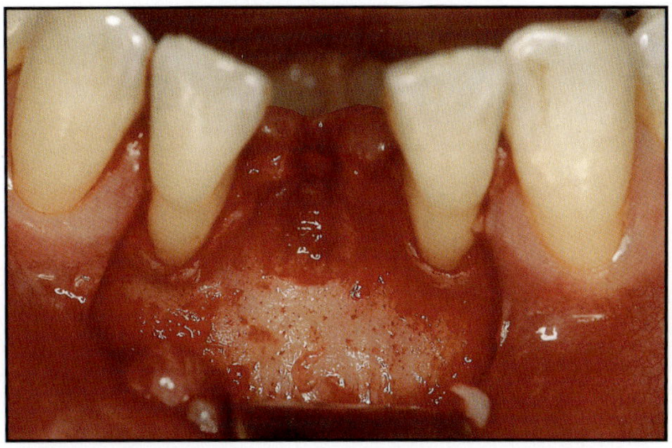

Abb. 2 Darstellung des einwandigen Defektes.

Nach Entfernung des Zahnes wird ein breiter Mukoperiostlappen zwischen 32 und 42 gebildet (Abb. 2). Die Lücke ist für ein RP Ti-Unite Implantat (Ø 3,75 mm) von Nobel Biocare® ausreichend breit. Das 18 mm lange Implantat wird inseriert und eine 5 mm hohe CeraOne®-Distanzhülse mit dem geforderten 32-N/cm-Drehmoment aufgeschraubt. Um die Kontur des Kieferkammes wiederherzustellen und die freiliegenden Gewinde-

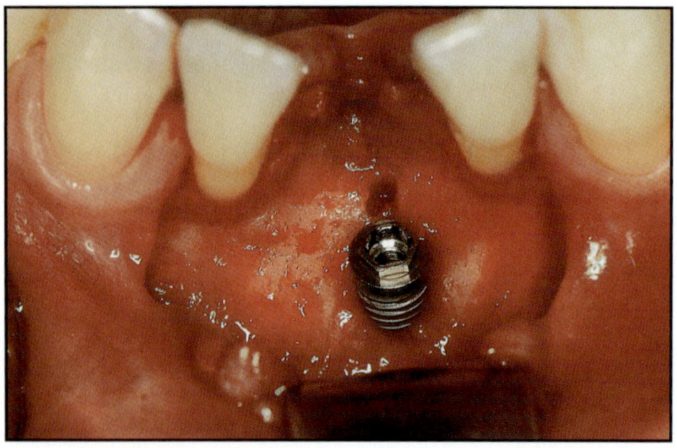

Abb. 3 Inseriertes Ti-Unite-Implantat.

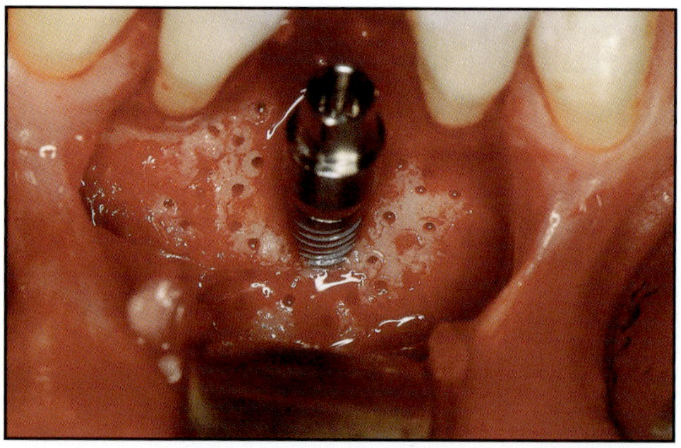

Abb. 4 Perforationen der Kortikalis für bessere Revaskularisation; aufgeschraubte CeraOne®-Distanzhülse.

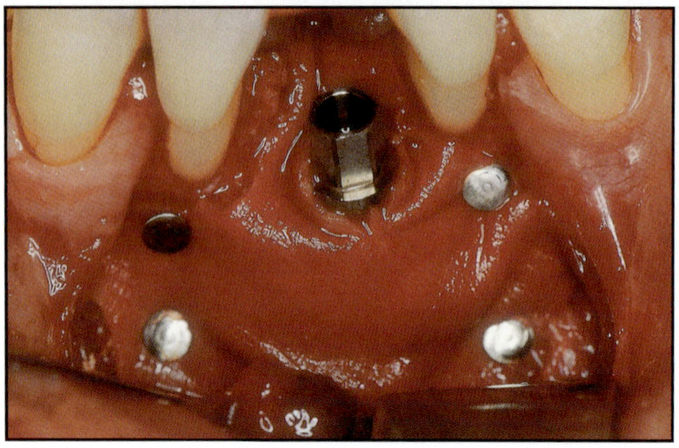

Abb. 5 Fixierte BioGide®-Membran.

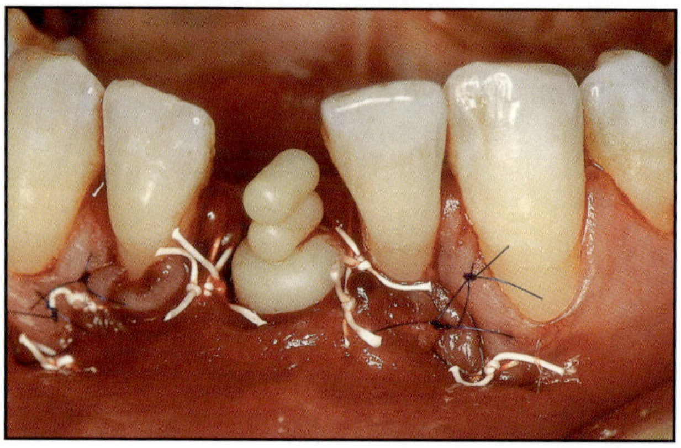

Abb. 6 Nahtverschluss und aufgestecktes provisorisches Käppchen.

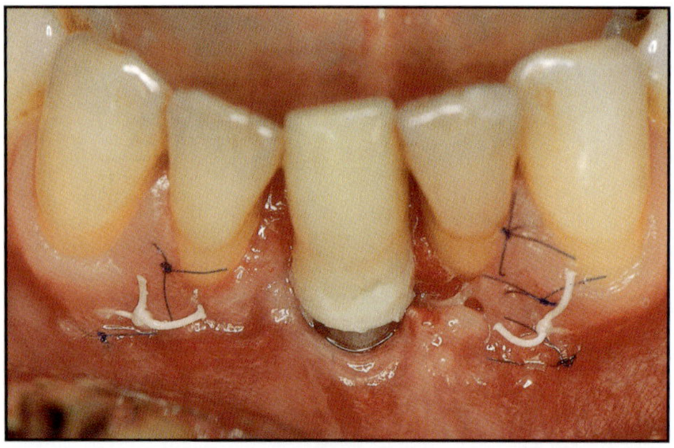

Abb. 7 Provisorische Sofortkrone.

gänge des Implantates zu bedecken, ist eine Augmentation erforderlich (Abb. 3). Zur Förderung der Revaskularisation des Augmentates wird die vestibuläre Kortikalis mit einem dünnen Spiralbohrer mehrfach perforiert (Abb. 4). Die bei der Präparation des Implantatbetts gesammelten Knochenspäne werden mit Knochenaufbaumaterial (BioOss®) gemischt und in den Defekt eingebracht. Die Stabilisierung des Augmentats erfolgt über eine resorbierbare Kollagenmembran (BioGide®), welche mit Titannägelchen fixiert wird (Abb. 5). Die Augmentation wird sowohl horizontal als auch vertikal überextendiert, um den späteren Resorptionsverlust zu kompensieren. Nach speicheldichtem Nahtverschluss des Operationsareals wird auf die CeraOne®-Distanzhülse ein provisorisches Käppchen aufgesteckt (Abb. 6) und eine provisorische Sofortkrone ohne funktionelle Belastung angefertigt (Abb. 7).

Schaltlücke

Sind im Bereich der Unterkieferfront mehrere Zähne verloren gegangen, so hängt die Schwierigkeit einer Implantatbehandlung wesentlich von der Breite der daraus resultierenden Lücke ab. Im Falle des Verlustes von drei oder vier Schneidezähnen kann zumeist eine funktionell und ästhetisch befriedigende Versorgung auf zwei Implantaten erfolgen. Eine therapeutisch wesentlich schwierigere Situation resultiert, wenn zwei nebeneinanderstehende Schneidezähne verloren gegangen sind und die Lücke für ein Implantat zu breit, aber für zwei Implantate zu schmal ist. Die Insertion eines einzelnen Implantates und der darauf folgende Aufbau beider fehlender Zähne ist sowohl ästhetisch als auch funktionell ungünstig. In diesen Fällen sollte als Alternative zur implantatprothetischen Versorgung die Eingliederung einer Klebebrücke in Erwägung gezogen werden.

Typischer Behandlungsablauf

Ersatz von drei Schneidezähnen auf zwei Implantaten

Ausgangssituation

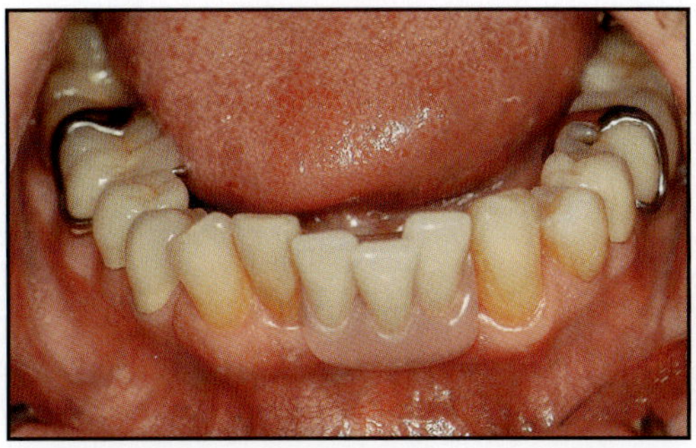

Nach Extraktion der Schneidezähne 31, 32 und 41 ist der Patient vorübergehend mit einer Modellgussprothese versorgt (Abb. 1).

Abb. 1 Provisorische Versorgung mit Modellgussprothese.

Diagnostische Mittel

- Klinische Untersuchung
- OPG
- Modellanalyse

Therapieplan

- Implantation von zwei Implantaten
- Sekundäre Freilegung
- Prothetische Versorgung durch eine dreigliedrige Brücke

Implantation

Die Implantation erfolgt sechs Wochen nach der Extraktion (Abb. 2). Zu diesem Zeitpunkt zeigen sich nach Mobilisation des Mukoperiostlappens die noch nicht ausgeheilten Extraktionsalveolen (Abb. 3). Nach Aufbereitung der Implantatlager regio 32 und 41 (Abb. 4) werden zwei Replace-Select®-Implantate (Nobel Biocare®) mit 3,5 mm Durchmesser inseriert (Abb. 5). Um die Implantate prothetisch korrekt positionieren zu können, ist eine vertikale Augmentation erforderlich. Anstelle der Deckschrauben werden 2 mm hohe Heilungsdistanzhülsen eingegliedert, um eine Stützung des Augmentats zu gewährleisten (Abb. 6). Die periimplantären Knochendefekte werden mit den gesammelten Bohrspänen aufgefüllt (Abb. 7). Die postoperative Röntgenkontrolle zeigt die Lage-

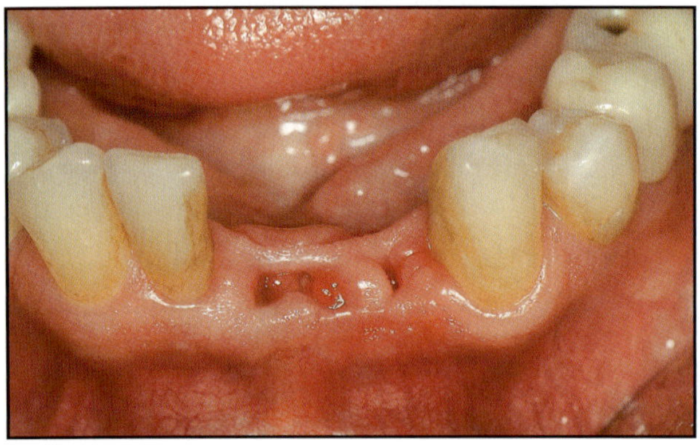

Abb. 2 Schaltlücke regio 32-41.

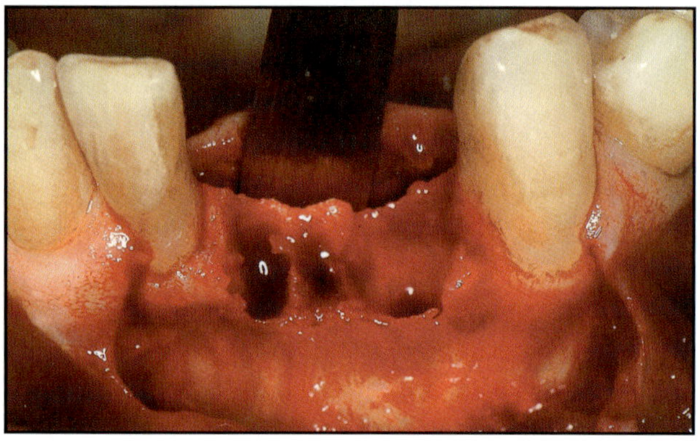

Abb. 3 Nicht ausgeheilte Alveolen.

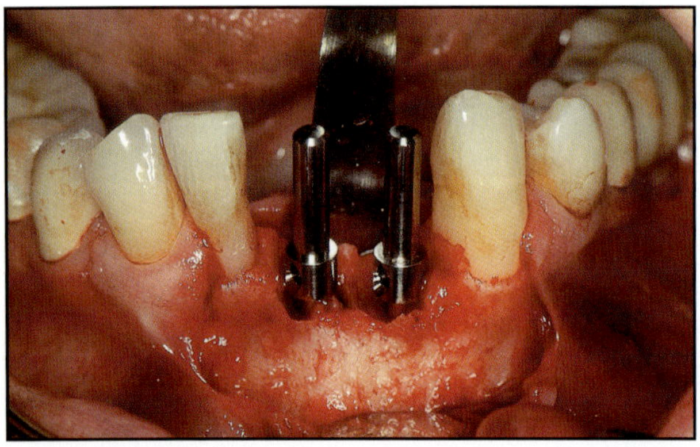

Abb. 4 Präparation der Implantatbetten.

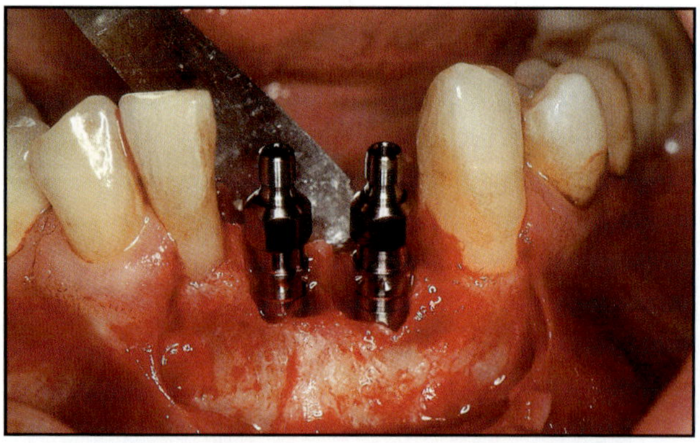

Abb. 5 Insertion der Replace-Select®-Implantate.

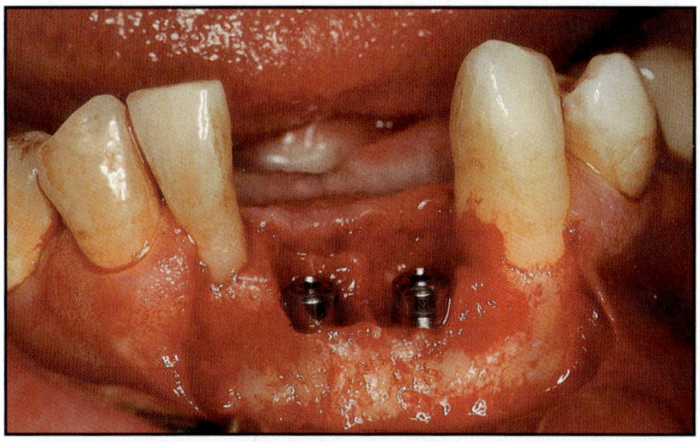

Abb. 6 Aufgeschraubte Heilungsdistanzhülsen.

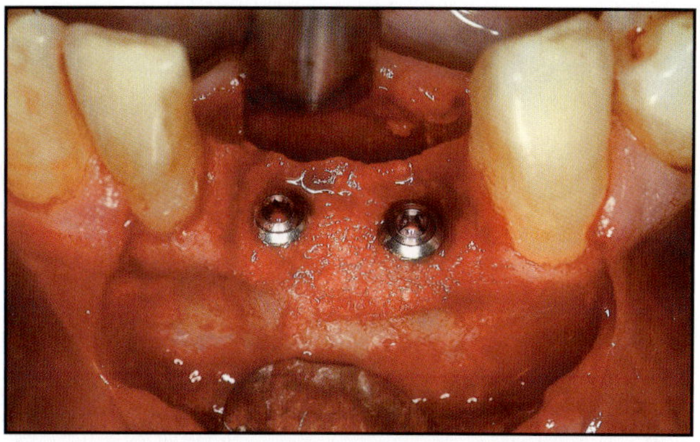

Abb. 7 Augmentation.

beziehung der Implantate in Relation zu den Wurzeln der Nachbarzähne (Abb. 8). Es ist schon der dritte implantologische Eingriff bei dem Patienten. Zuerst wurde der Zahn 36 durch eine Krone auf zwei Implantaten ersetzt und danach die Implantation und Augmentation auf beiden Seiten im Oberkiefer durchgeführt.

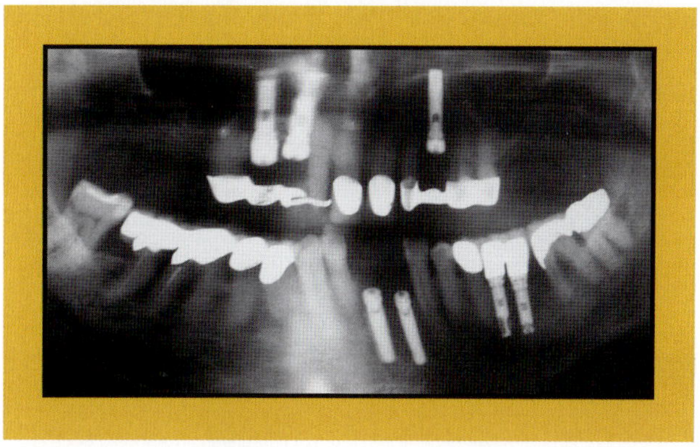

Abb. 8 OPG-Kontrolle.

Freilegung und prothetische Versorgung

Fünf Monate nach der Implantatinsertion (Abb. 9) zeigt sich bei der Freilegung eine gute knöcherne Regeneration besonders im Bereich des Implantates 41 (Abb. 10). Zur vollständigen Freilegung des Implantates 41 muss sogar überschüssiger Knochen vorsichtig mit einer Fräse abgetragen werden (Abb.

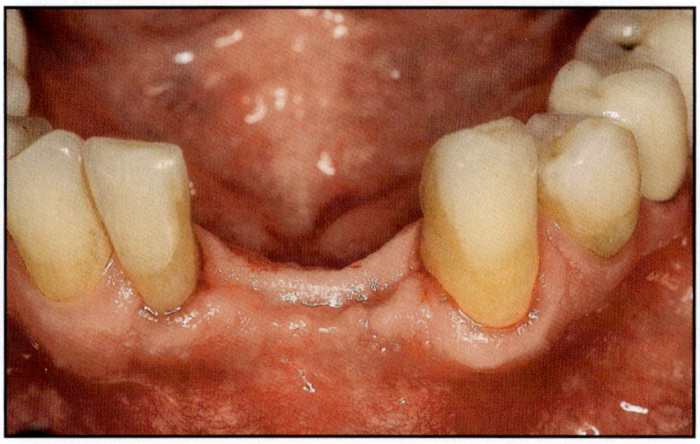

Abb. 9 Situation vor der Freilegung.

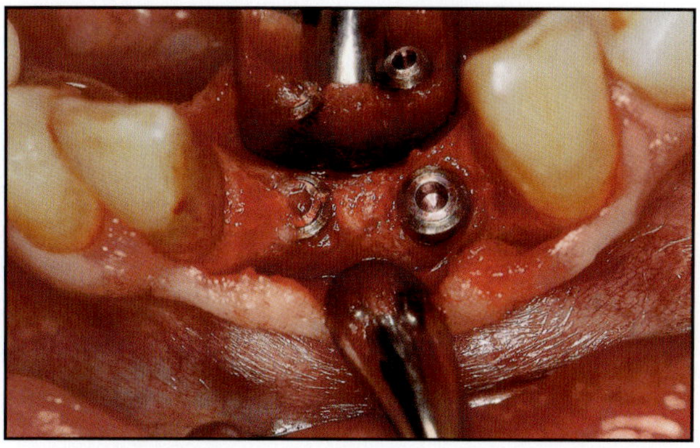

Abb. 10 Implantat 41 mit Knochen überwachsen.

11). Die stützenden 2-mm-Heilungsdistanzhülsen werden gegen 5-mm-Heilungsdistanzhülsen ausgetauscht (Abb. 12). Nach Rückgang der operationsbedingten Schwellung der Gingiva erfolgt die Abdrucknahme und Anfertigung individueller Abutments (Abb. 13). Die metallkeramische Brücke zum Ersatz der drei fehlenden Schneidezähne wird mit Temp Bond® zementiert (Abb. 14).

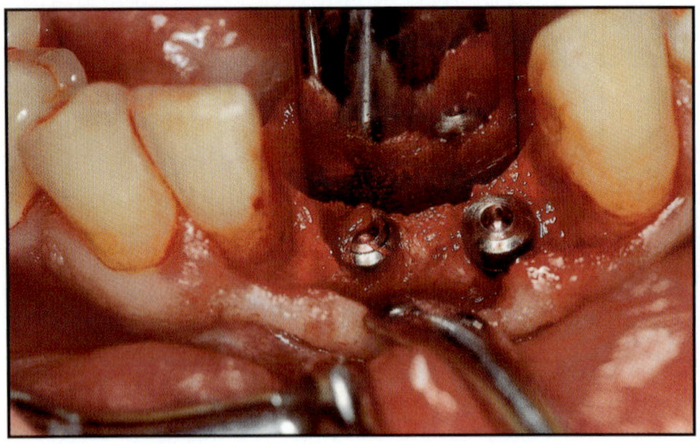

Abb. 11 Implantat 41 nach modellierender Osteoplastik.

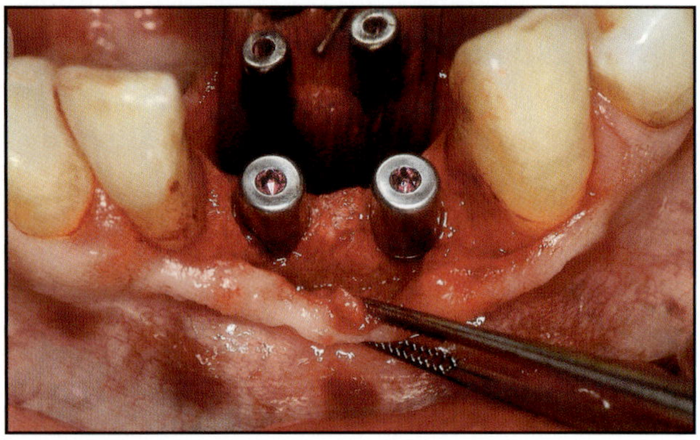

Abb. 12 5 mm hohe Heilungsdistanzhülsen.

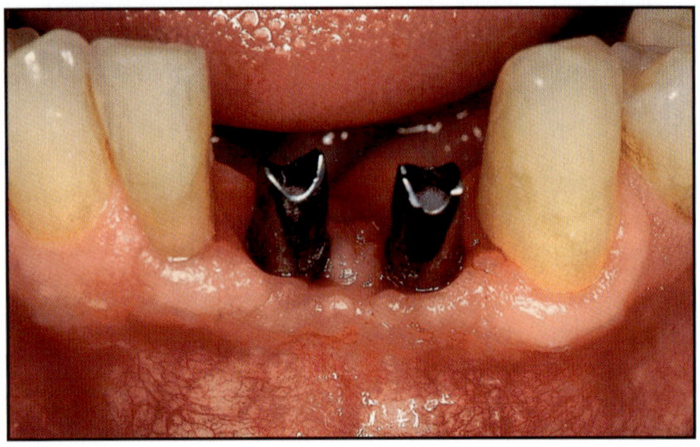

Abb. 13 Individuelle Abutments.

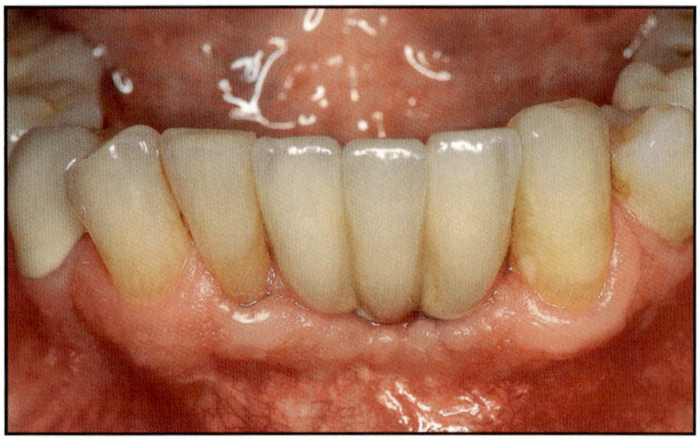

Abb. 14 Metallkeramische Brücke.

Behandlungsablauf:

Extraktion – sechs Wochen bis zur Implantation – 5 Monate bis zur Freilegung – 3 Wochen bis zur Abdrucknahme und Fertigstellung

Chirurgie:	Prothetik:	Zahntechnik:
Dr. Christoph T. Sliwowski	Dr. Roland Althoff	Horst Mosch

Atypischer Behandlungsablauf – schwierige Ausgangssituation

Präventive horizontale Augmentation

Ausgangssituation

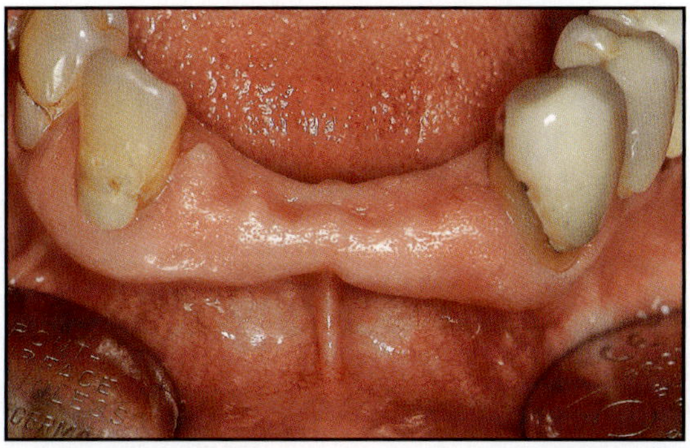

Nach Verlust aller vier Schneidezähne ist die implantologische Versorgung der resultierenden Schaltlücke 32-42 durch eine implantatgetragene Brücke vorgesehen (Abb. 1). Die klinische Diagnostik ergibt eine horizontale Atrophie im Bereich der Schaltlücke, die wahrscheinlich eine Augmentation erforderlich machen wird.

Abb. 1 Klinische Ausgangssituation.

Diagnostische Mittel

- Klinische Untersuchung
- OPG
- Modellanalyse

Therapieplan

- Insertion von zwei Implantaten mit simultaner Augmentation
- Sekundäre Freilegung
- Prothetische Versorgung durch eine verschraubte Brücke

Implantation und Augmentation

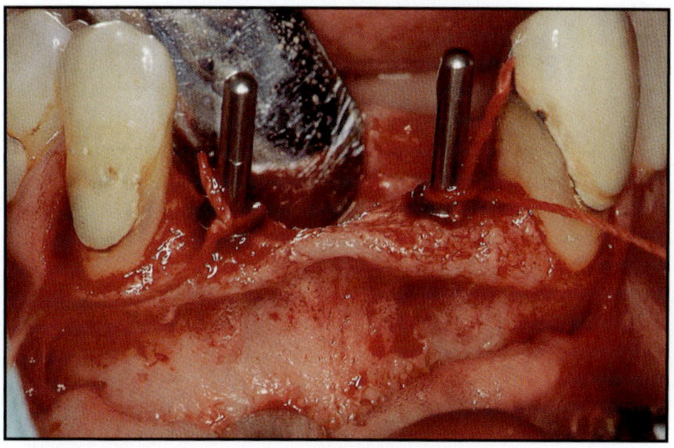

Abb. 2 Präparation der Implantatbetten.

Nach Darstellung des knöchernen Alveolarkammes erfolgt die Präparation der beiden Implantlager regio 32 und 42 mit anschließender Insertion von zwei Brånemark-System®-RP-Implantaten (Ø 3,75 mm) (Abb. 2). Aufgrund einer Einziehung des Alveolarfortsatzes vestibulär ist die bedeckende

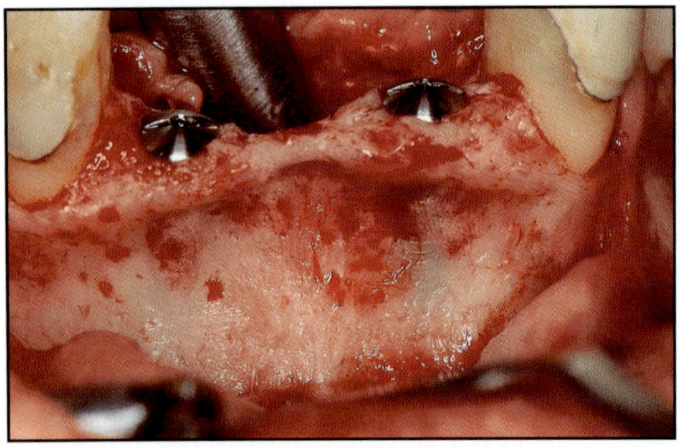

Abb. 3 Durchschimmernde Implantate.

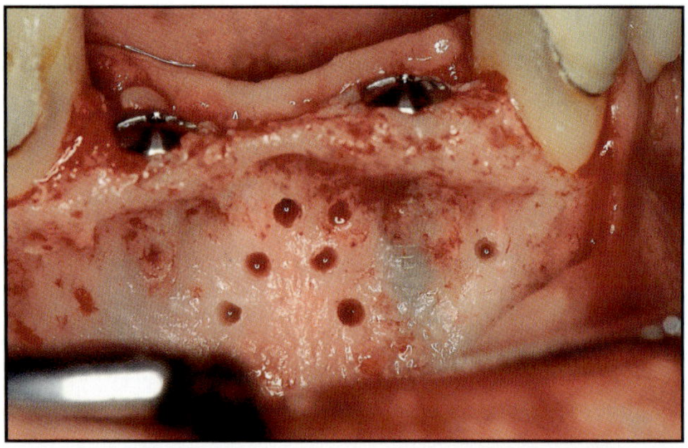

Abb. 4 Perforation der Kortikalis zur besseren Revaskularisation.

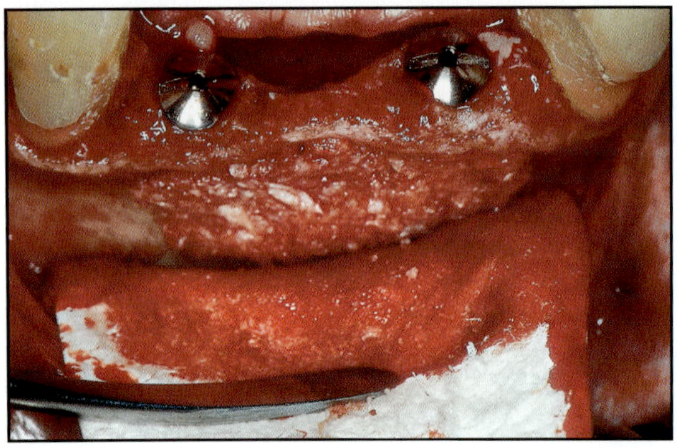

Abb. 5 Als erste Schicht auf dem Knochen aufgetragene Knochenspäne.

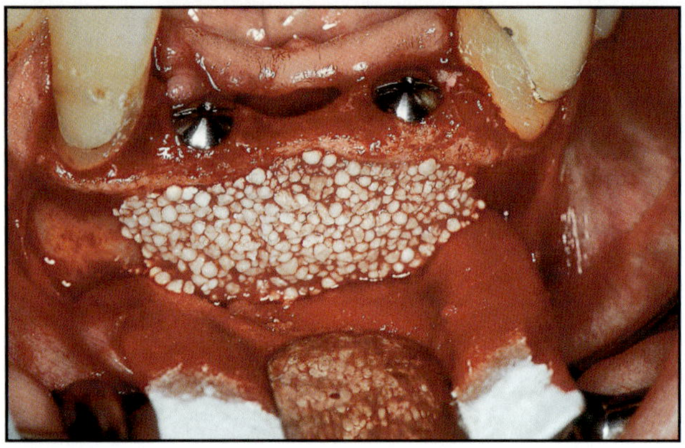

Abb. 6 Knochenaufbaumaterial als Platzhalter.

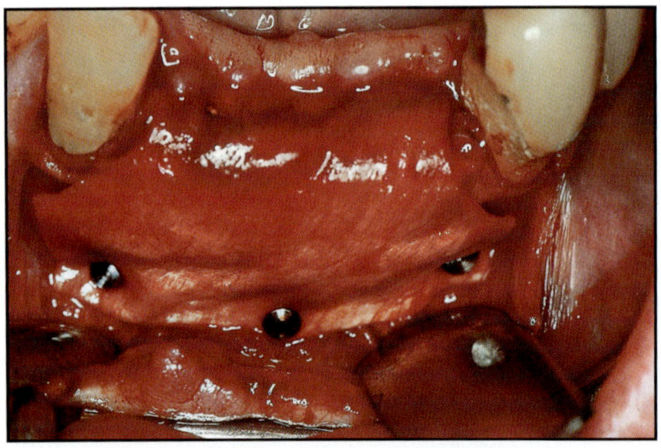

Abb. 7 Mit Nägelchen fixierte Membran.

knöcherne Lamelle teilweise so dünn, dass einige Gewindegänge durchschimmern (Abb. 3). Um einer späteren Resorption der dünnen Knochenlamelle vorzubeugen, wird in diesem Bereich eine Augmentation durchgeführt. Kleine Perforationen der Kortikalis erleichtern die Revaskularisierung des Augmentats (Abb. 4). Eine resorbierbare BioGide®-Membran wird zunächst apikal mit drei Titannägeln befestigt und als erste Schicht direkt auf den Knochen die gesammelten Bohrspäne aufgetragen (Abb. 5). Als Resorptionsschutz und zur Steigerung des Augmentatvolumens erfolgt die Auflagerung von alloplastischem Knochenaufbaumaterial (Cerasorb®) (Abb. 6). Die Membran wird über das Augmentat adaptiert und zur weiteren Fixierung lingual unter das Periost geschoben (Abb. 7). Aufgrund der Volumenzunahme ist für einen spannungsfreien Wundverschluss eine Periostschlitzung erforderlich.

Freilegung und prothetische Versorgung

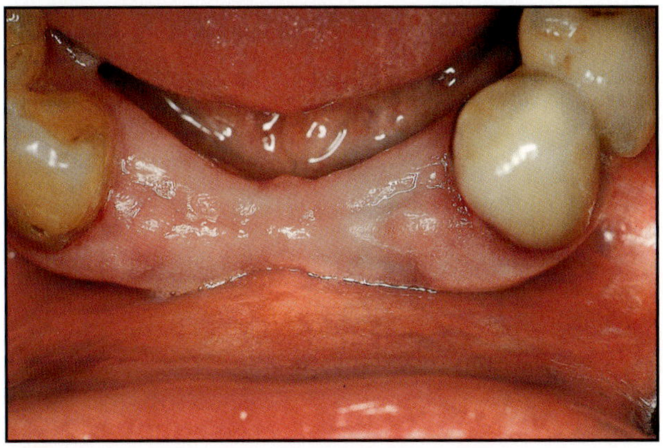

Abb. 8 Klinische Situation vor der Freilegung.

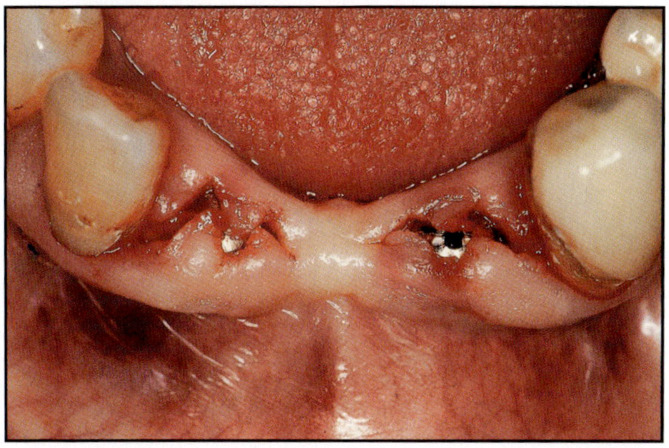

Abb. 9 Schonende Schnittführung nach der Kosinuskurven-Technik.

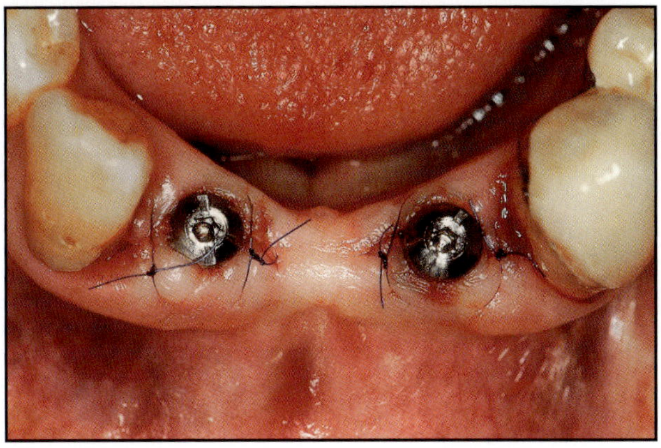

Abb. 10 Durchmesserreduzierte Heilungsdistanzhülsen.

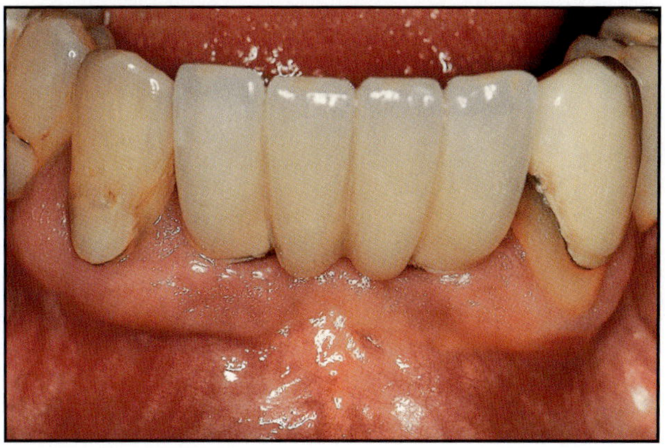

Abb. 11 Prothetische Versorgung.

Nach komplikationsloser fünfmonatiger Einheilungszeit (Abb. 8) wird für die Freilegung die gewebeschonende Schnittführung gemäß der Kosinuskurven-Technik (siehe Teil I, Seite 92) gewählt (Abb. 9). Nach Insertion durchmesserreduzierter Heilungsdistanzhülsen (Ø 4,1 mm) zur schrittweisen Konturierung der periimplantären Gingiva erfolgt der Wundverschluss mit mikrochirurgischer 6.0-Einzelknopfnaht (Abb. 10).

Die prothetische Versorgung der Implantate erfolgt mit einer verschraubten Brücke mit den Brückengliedern 31 und 41 (Abb. 11).

Die Abbildung 12 zeigt den zufriedenen Patienten nach Eingliederung der Suprakonstruktion. Die Abschlussfotos zeigen die stabile gingivale und knöcherne Situation sieben Jahre später (Abb. 13 und 14). Eine Neuanfertigung der ästhetisch störenden prothetischen Versorgung im Seitenzahnbereich des 3. Quadranten wurde von dem Patienten bislang nicht gewünscht.

Abb. 12 Zufriedener Patient.

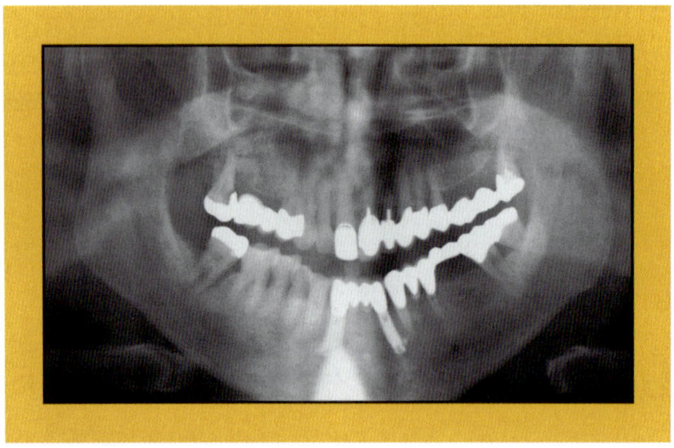

Abb. 13 OPG nach sieben Jahren.

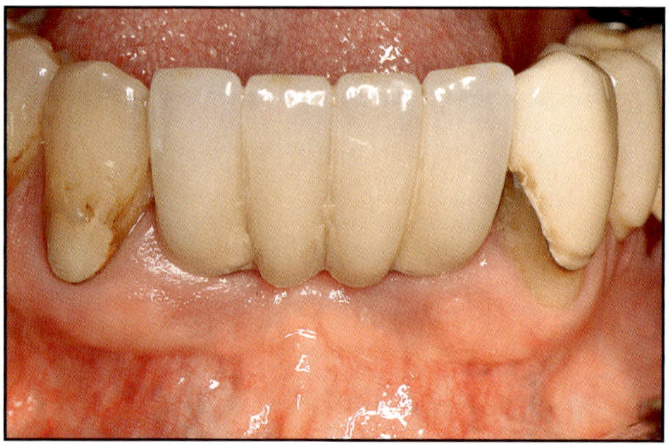

Abb. 14 Klinische Situation nach sieben Jahren.

Behandlungsablauf:
Implantation – 5 Monate bis zur Freilegung – 2 Wochen bis zur Abdrucknahme und Fertigstellung

Chirurgie:	Prothetik:	Zahntechnik:
Dr. Christoph T. Sliwowski	Dr. Michael Weber	Fernando Abrantes

Schwierigkeiten und Komplikationen

Stark beengte Platzverhältnisse (Grenzfall)

Ausgangssituation

Bei dem 52-jährigen Patienten ist es zu dem Verlust der beiden mittleren unteren Schneidezähne gekommen (Abb. 1). Die klinische und radiologische Diagnostik zeigt, dass die Lücke für zwei der schmalsten seinerzeit erhältlichen Implantate (Nobel Biocare® NP Ø 3,0 mm) gerade ausreichend sein würde, aber die geforderten Mindestabstände zwischen den Implantaten und den Nachbarzähnen nicht eingehalten werden können.

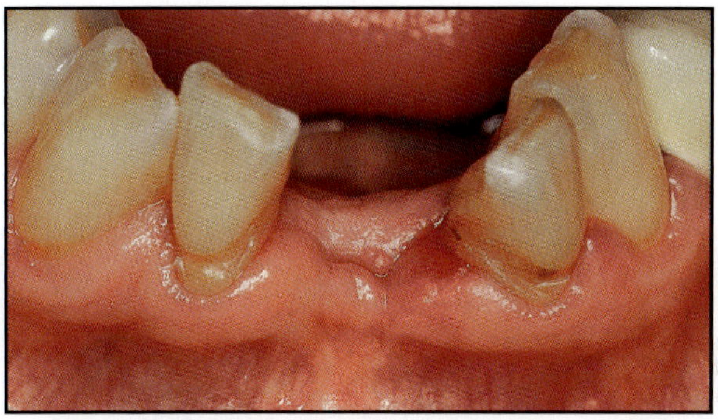

Abb. 1 Fehlende mittlere Inzisiven.

Diagnostische Mittel

- Klinische Untersuchung
- OPG
- Zahnfilm
- CT
- SimPlant®-Planung
- Modellanalyse

Therapieplan

- Insertion von zwei NP Implantaten; Registrierung der Implantatpositionen im SiP-Verfahren (s.u.); subgingivale Einheilung
- Eingliederung einer provisorischen prothetischen Versorgung bei der Freilegung der Implantate
- Zwei Verbundkronen auf den STR-Distanzhülsen

Achtung:

Die Versorgung über ein einzelnes zentrales Implantat ist ästhetisch ungünstig und führt häufig zu Komplikationen im Sinne von Lockerungen der Abutmentschraube.

Implantation und Registrierung der Implantatpositionen

Die Darstellung des OP-Situs erfolgt über krestale Inzision mit intrasulkulärer Fortführung des Schnittes einschließlich der intradentalen Papillen bis zu den Eckzähnen, um auf vertikale Entlastungsinzisionen verzichten zu können. Wie geplant, können dann bei sehr beengten Platzverhältnissen zwei Narrow-Platform®-Implantate (damals Ø 3,0 mm) inseriert werden (Abb. 2). Die Registrierung der Implantatpositionen erfolgt mit dem Simpler-in-Practice-Verfahren (siehe Teil I, S. 26). Die Registrierpfosten werden aufgesteckt (Abb. 3) und die Übertragungsschablone so angepasst, dass sie keinen Kontakt zu den Registrierpfosten hat (Abb. 4). Zur Stabilisierung wird die Übertragungsschablone mit TempBond® auf den Nachbarzähnen fixiert und die Registrierpfosten mit Pattern Resin® einpolymerisiert (Abb. 5). Der Verschluss der Implantate mit den Deckschrauben gestaltet sich aufgrund des fehlenden

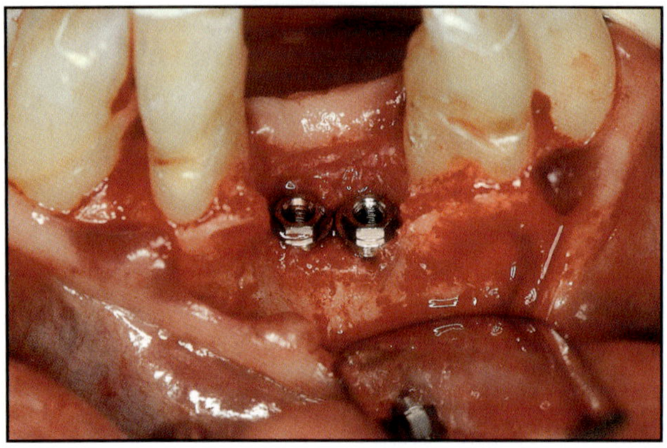

Abb. 2 Inserierte zwei NP-Implantate.

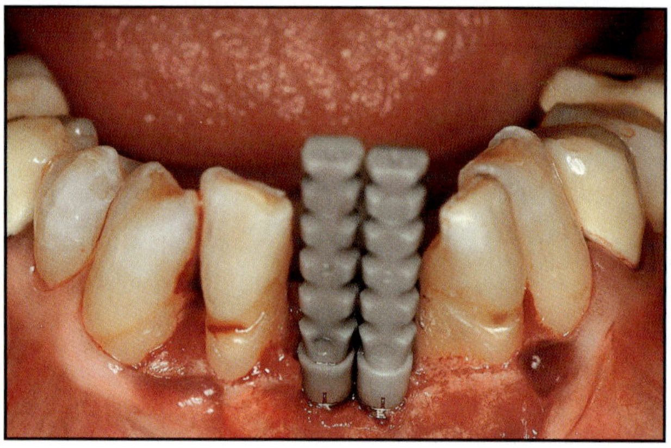

Abb. 3 Aufgesteckte Registrierpfosten.

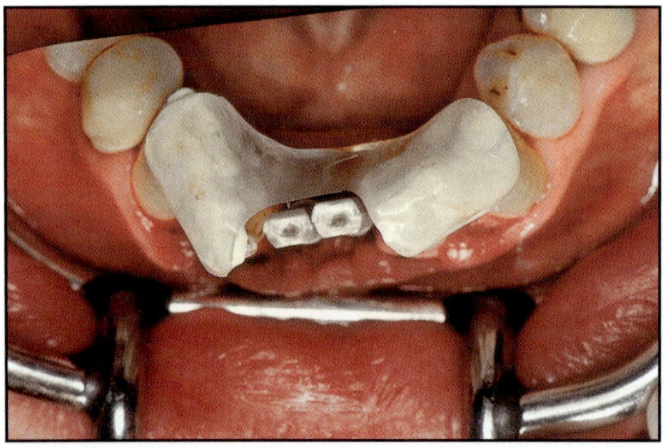

Abb. 4 Abstand zwischen Registrierpfosten und Übertragungsschablone.

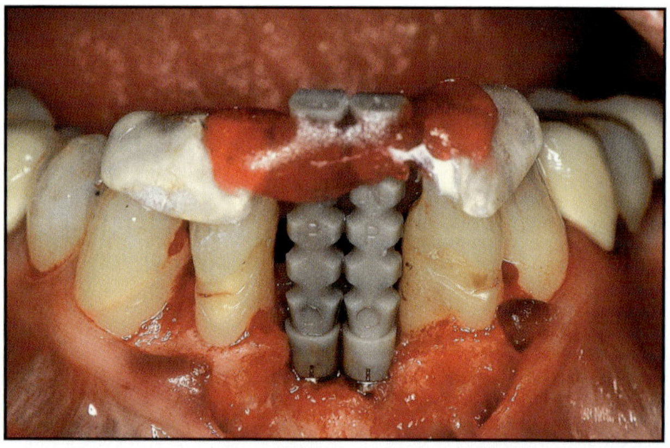

Abb. 5 Verbindung der Teile mit Pattern Resin®.

Abstandes der Implantate zueinander schwierig und macht die Individualisierung einer Deckschraube erforderlich. Da die Deckschrauben einen geringfügig größeren Durchmesser als die Implantate haben, stößt die Deckschraube 41 an die zuerst eingebrachte Deckschraube 31 an (Abb. 6) und lässt sich nicht vollständig einbringen.

Dies gelingt erst nach Beschleifen der ersten Deckschraube (Abb. 7). Die gesammelten Bohrspäne werden vestibulär aufgelagert und die Wunde mit 4.0-Gore®-Naht verschlossen (Abb. 8).

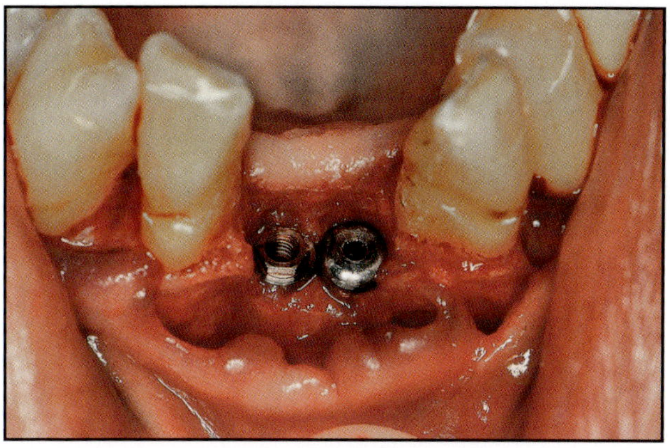

Abb. 6 Deckschraube 31 mesial beschliffen.

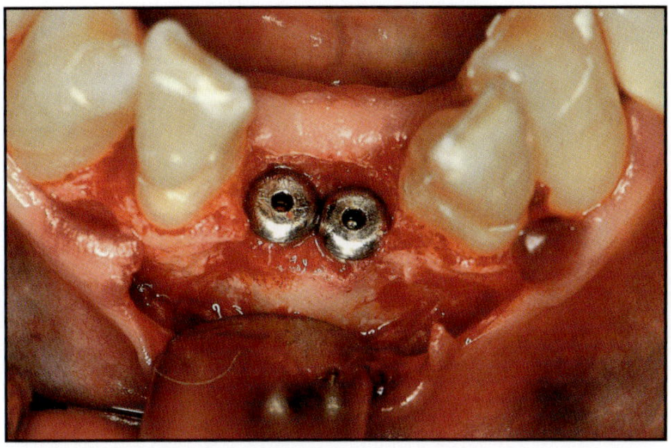

Abb. 7 Nicht veränderte Deckschraube 41.

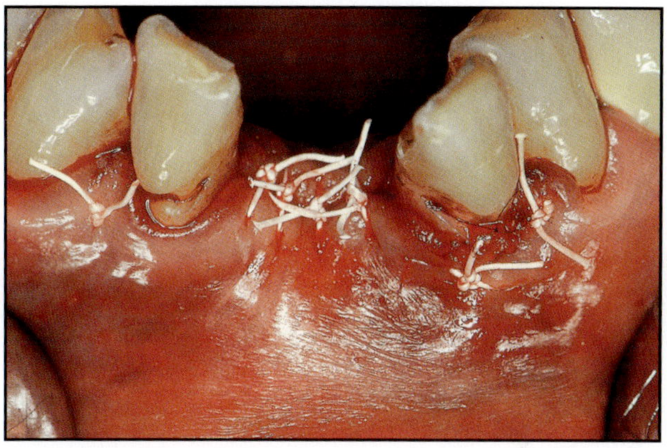

Abb. 8 Nahtverschluss.

Laborverfahren

Mithilfe des Registrats (Abb. 9) lassen sich Kronen anfertigen, die unmittelbar nach der Freilegung eingegliedert werden können. Die Modellimplantate werden auf dem Arbeitsmodell mit dem Registrat

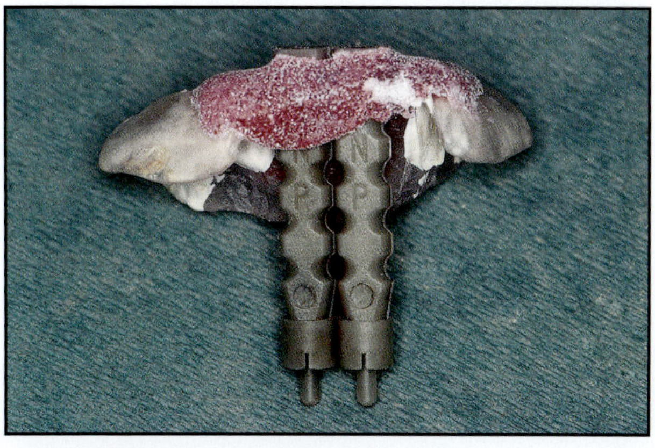

Abb. 9 Registrierschablone.

sekundär eingebracht (Abb. 10) (siehe Teil I, Seite 21) und ein Modell mit Zahnfleischmaske erstellt (Abb. 11). Auch die bereits sehr schmalen STR-Distanzhülsen (single-tooth replacement, s. Teil I S. 28) müssen im Approximalbereich stark reduziert werden, da sie sonst aneinanderstoßen (Abb. 12 und 13). Die prothetische Versorgung besteht aus zwei Verbundkronen (Abb. 14) und kann durch dieses Verfahren bereits vor der Freilegung der Implantate angefertigt werden.

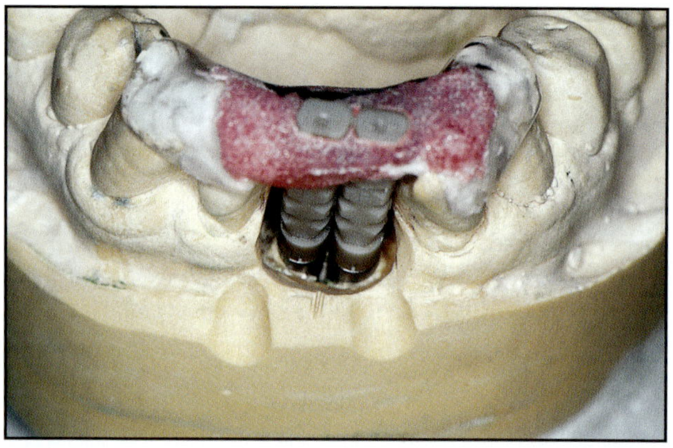

Abb. 10 Positionierung der Modellimplantate.

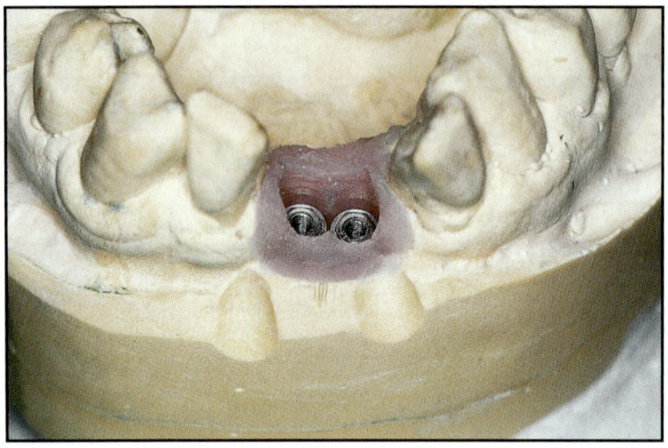

Abb. 11 Meistermodell.

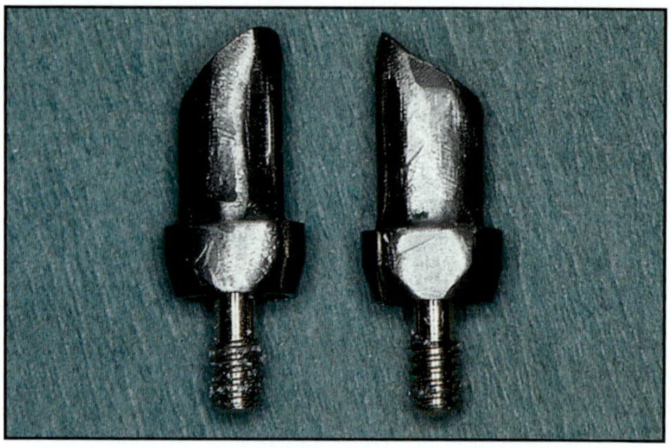

Abb. 12 Individualisierte STR-Distanzhülsen.

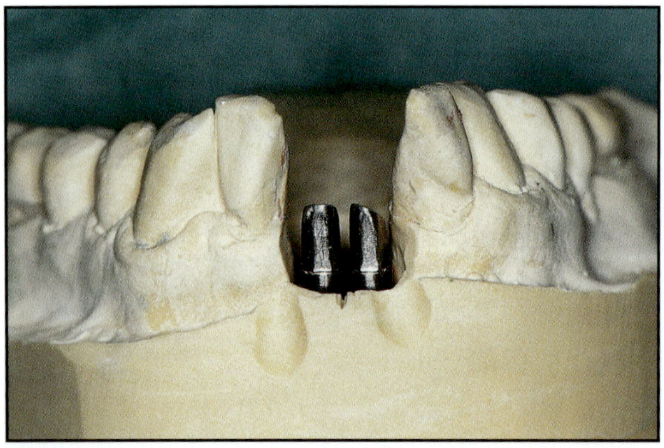

Abb. 13 STR-Distanzhülsen auf dem Modell.

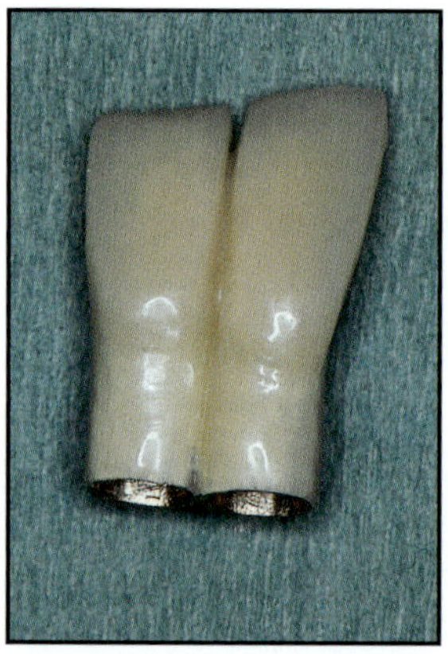

Abb. 14 Verbundkronen.

ACHTUNG:

Aus Platzgründen musste auf eine Separierung zwischen den Implantaten und Anlage eines Putzkanals verzichtet werden.

Freilegung

Nach fünfmonatiger gedeckter Einheilung (Abb. 15) werden die Implantate über eine krestale Schnittführung freigelegt. Hierbei wird erkennbar, dass eine knöcherne Regeneration bis über die Deckschrauben stattgefunden hat (Abb. 16). Der überschüssige Knochen wird mit einer Fräse vorsichtig abgetragen (Abb. 17). Zunächst muss dann die Deckschraube an 41 gelöst werden, da sich die Deckschraube von Implantat 31 sonst nicht drehen lässt (Abb. 18). Die vorbereiteten Distanzhülsen werden mithilfe eines Positionierungsschlüssels (Transfers) auf die Implantate aufgeschraubt (Abb. 19 und 20).

Achtung:

Nach Eingliederung der Distanzhülsen wird mit Zahnseide überprüft, ob diese nicht aneinanderstoßen.

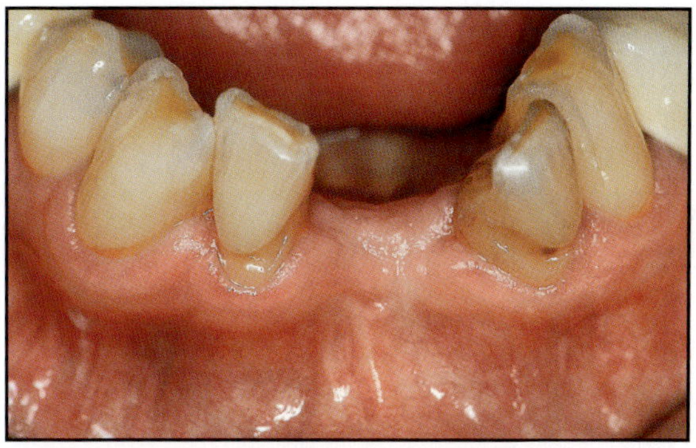

Abb. 15 Situation vor der Freilegung.

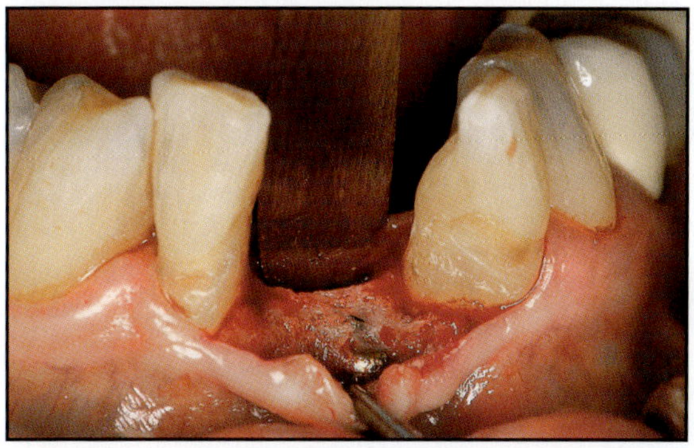

Abb. 16 Vom Knochen überwachsene Deckschrauben.

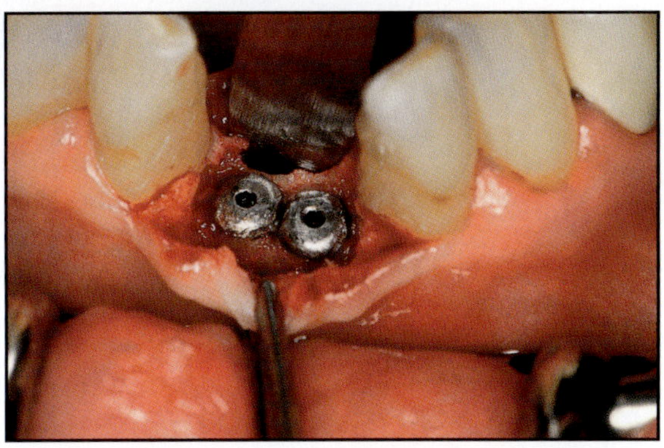

Abb. 17 Freigefräste Deckschrauben.

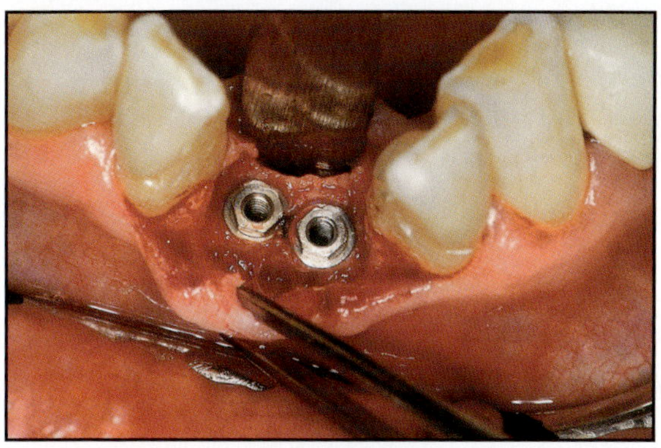

Abb. 18 Richtige Reihenfolge beim Abschrauben. Zuerst Entfernung der Deckschraube 41, dann 31.

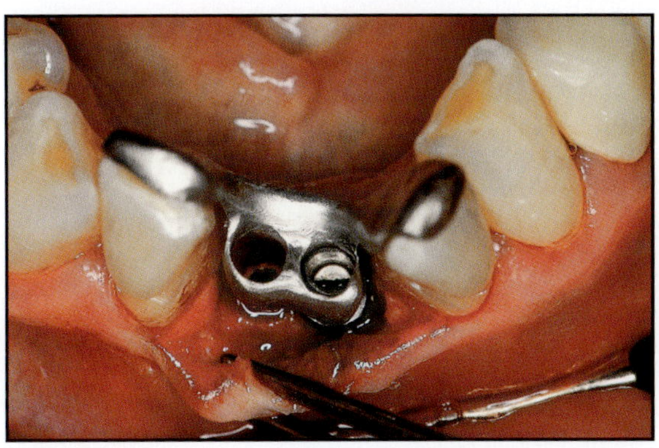

Abb. 19 Transfer für die Positionierung der Abutments.

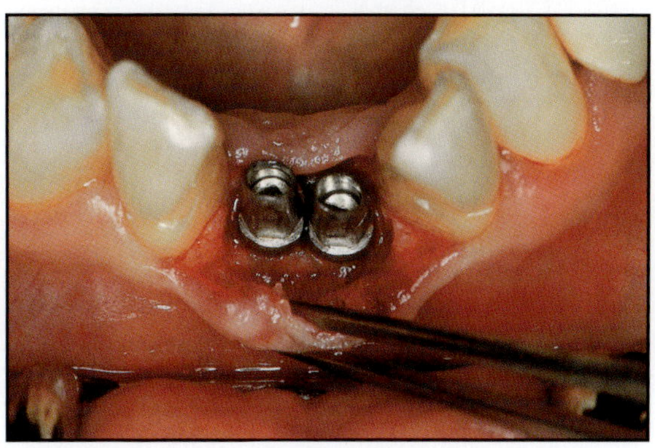

Abb. 20 Aufgeschraubte STR-Abutments.

Prothetische Versorgung

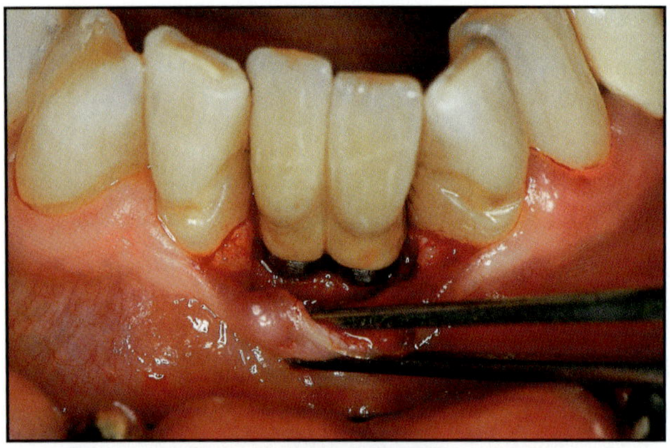

Abb. 21 Eingesetzte Verbundkronen.

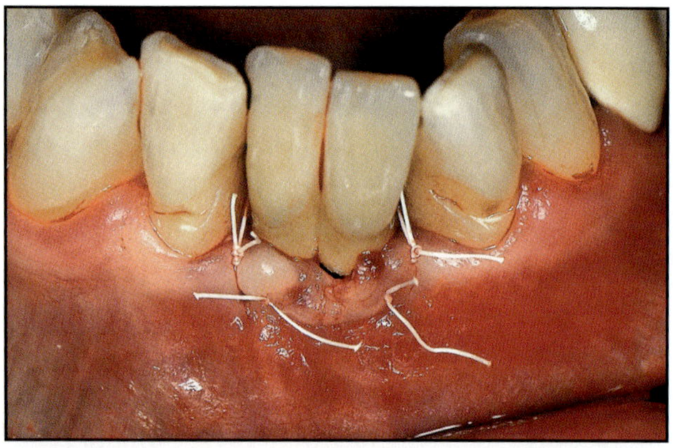

Abb. 22 Nahtverschluss.

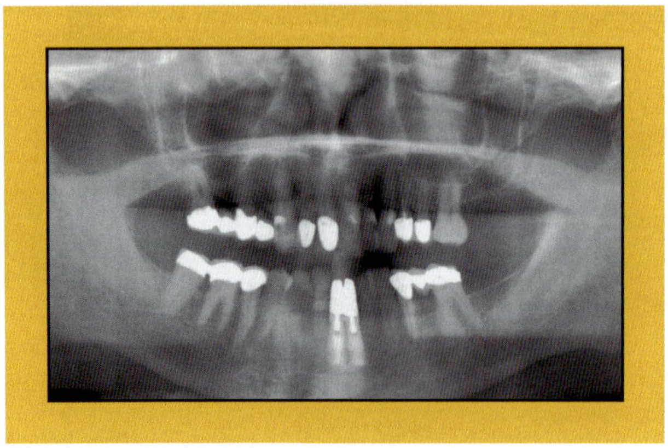

Abb. 23 Stabile Knochensituation nach acht Jahren.

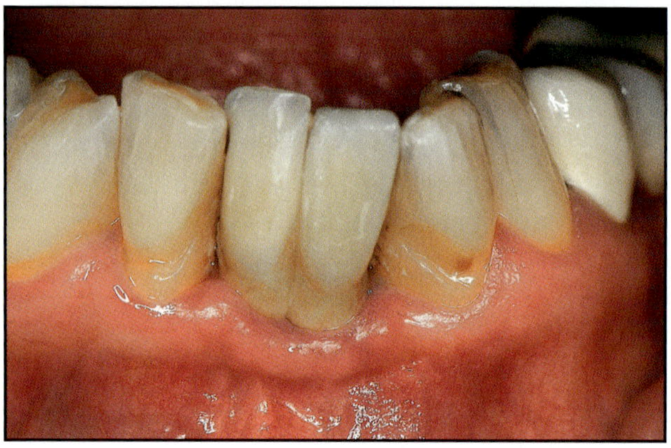

Abb. 24 Klinische Situation nach acht Jahren.

Die Verbundkronen werden mit Temp Bond® zementiert und Zementüberschüsse unter visueller Kontrolle entfernt (Abb. 21). Der Wundverschluss erfolgt mit 5.0-Gore®-Naht (Abb. 22). Die Röntgenkontrollaufnahme und das klinische Abschlussfoto zeigen trotz begründeter Befürchtungen wegen des Platzmangels eine stabile knöcherne Situation und reizlose periimplantäre gingivale Verhältnisse nach acht Jahren funktioneller Belastung (Abb. 23 und 24).

Behandlungsablauf:
Implantation – 5 Monate bis zur Freilegung und Eingliederung der prothetischen Versorgung

Chirurgie und Prothetik:

Dr. Christoph T. Sliwowski

Zahntechnik:

Horst Mosch

Implantation in einen ausgedehnten Knochendefekt

Ausgangssituation

Bei der Patientin liegt eine größere Schaltlücke von Zahn 34 bis 42 vor (Abb. 1). Besonders regio 31-34 ist klinisch und radiologisch ein ausgedehnter vertikaler Knochendefekt, der eine Augmentation erforderlich macht, erkennbar (Abb. 1 und 2).

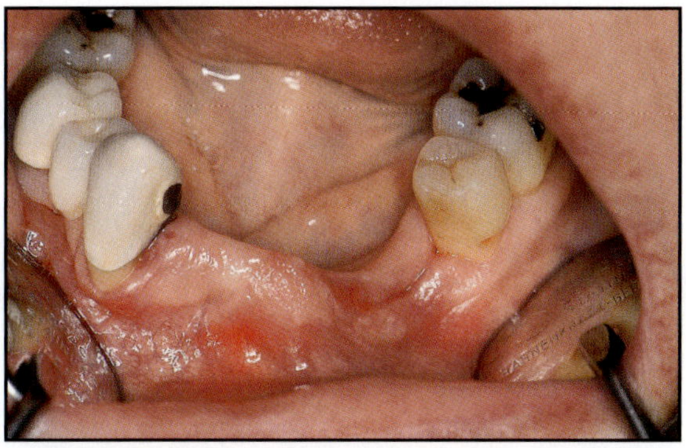

Abb. 1 Schaltlücke regio 34-42.

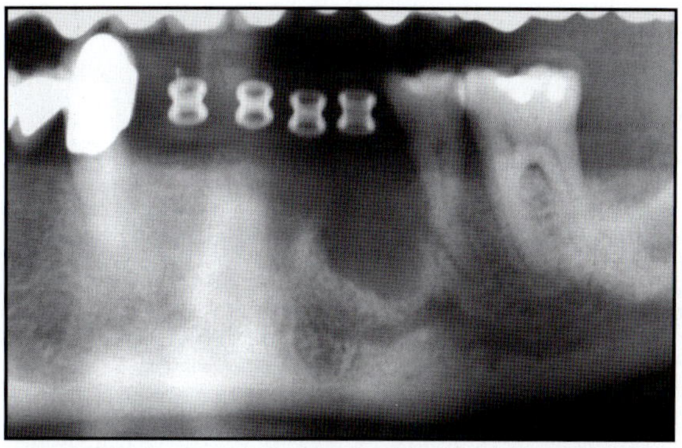

Abb. 2 Großer Knochendefekt regio 31-34.

Diagnostische Mittel

- Klinische Untersuchung
- OPG mit Schablone
- Modellanalyse

Therapieplan

- Insertion von vier Implantaten mit simultaner Augmentation
- Sekundäre Freilegung
- Prothetische Versorgung durch eine transokklusal verschraubte Brücke

Implantation und Augmentation

Nach krestaler Schnittführung mit vertikaler Entlastungsinzision am Zahn 35 erfolgt die Präparation des Mukoperiostlappens zur Darstellung des Defektes (Abb. 3). Gemäß der Planung erfolgt die Präparation der vier Implantatlager, wobei die Bohrspäne zur späteren Augmentation gesammelt werden. Mit Richtungsindikatoren erfolgt die Kontrolle der korrekten Positionierung und

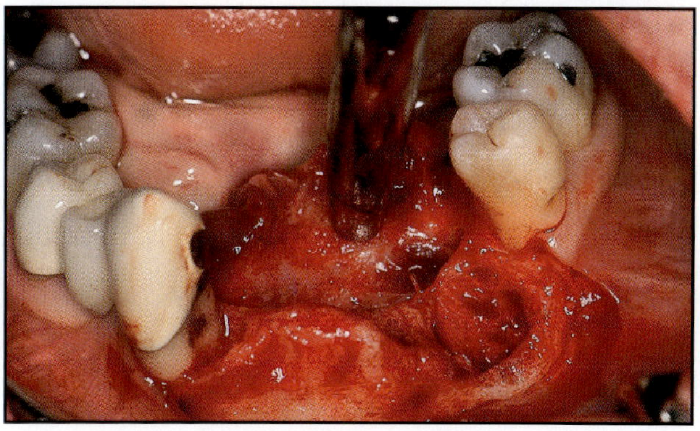

Abb. 3 Darstellung des Knochendefektes.

Ausrichtung der Implantatachsen (Abb. 4). Die Implantate werden inseriert, wobei die Implantate regio 33 und 32 aufgrund des Knochendefektes etwas tiefer positioniert werden, um eine zu ausgeprägte vertikale Augmentation mit einem gesteigerten Komplikationsrisiko zu vermeiden (Abb. 5). Da die Bohrspäne allein zur Defektauffüllung nicht ausreichen, wird zusätzlich Knochenaufbaumaterial (BioOss®) zur Augmentation des dreidimensionalen Defektes verwendet (Abb. 6). Aufgrund der zu erwartenden Resorption erfolgt eine Überkonturierung der Augmentation, sodass die Implantate 33, 32 und 41 vollständig von dem Augmentat überdeckt werden. Um eine Stabilisierung des partikulären Augmentats zu gewährleisten, erfolgt die Abdeckung durch eine resorbierbare BioGide®-Kollagenmembran. Diese wird zusätzlich mit Titannägelchen fixiert (Abb. 7).

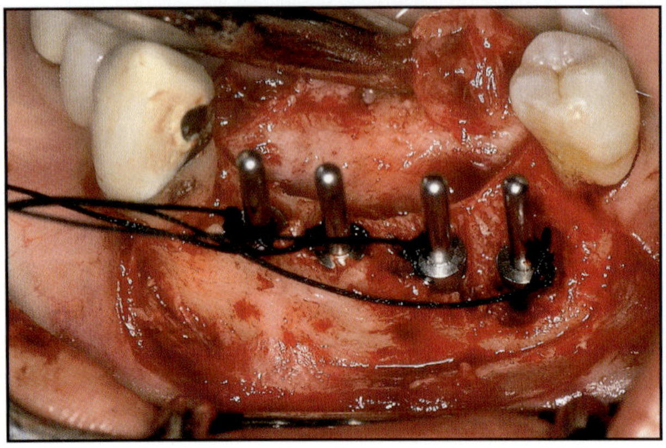
Abb. 4 Präparation der Implantatbetten.

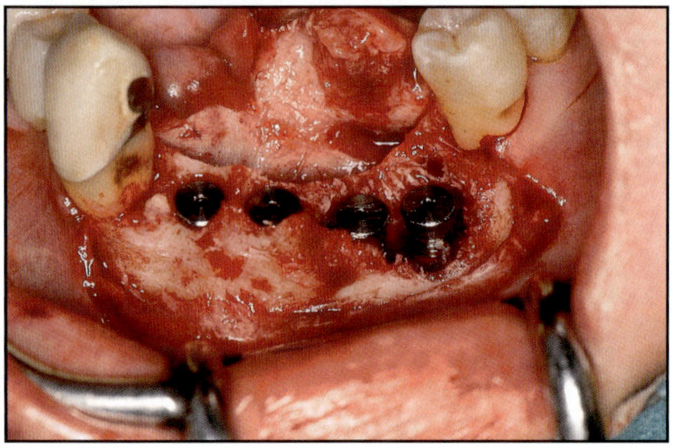
Abb. 5 Insertion der Implantate.

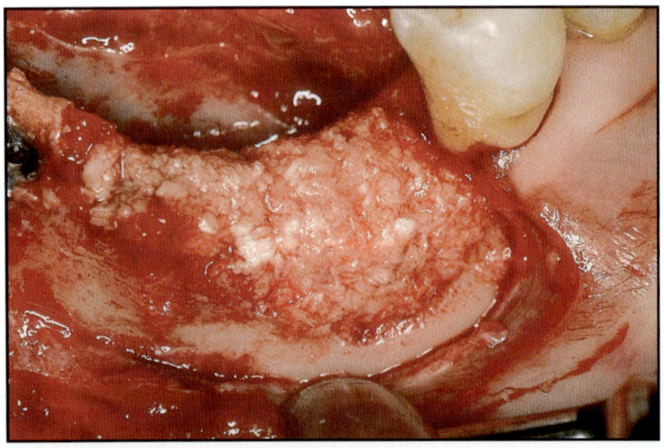
Abb. 6 Augmentation mit gesammelten Knochenspänen.

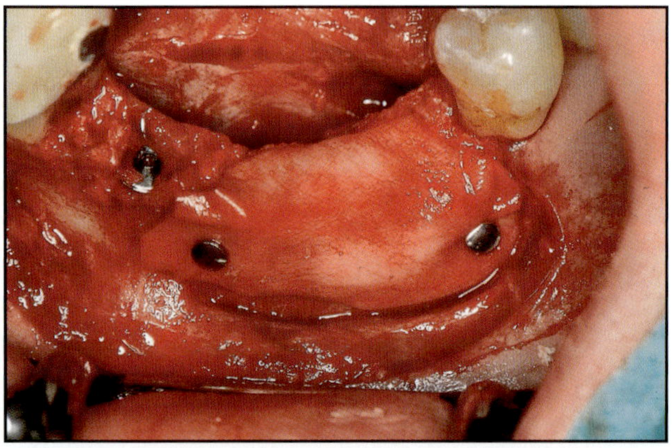
Abb. 7 Fixierung der BioGide®-Membran mit Nägelchen.

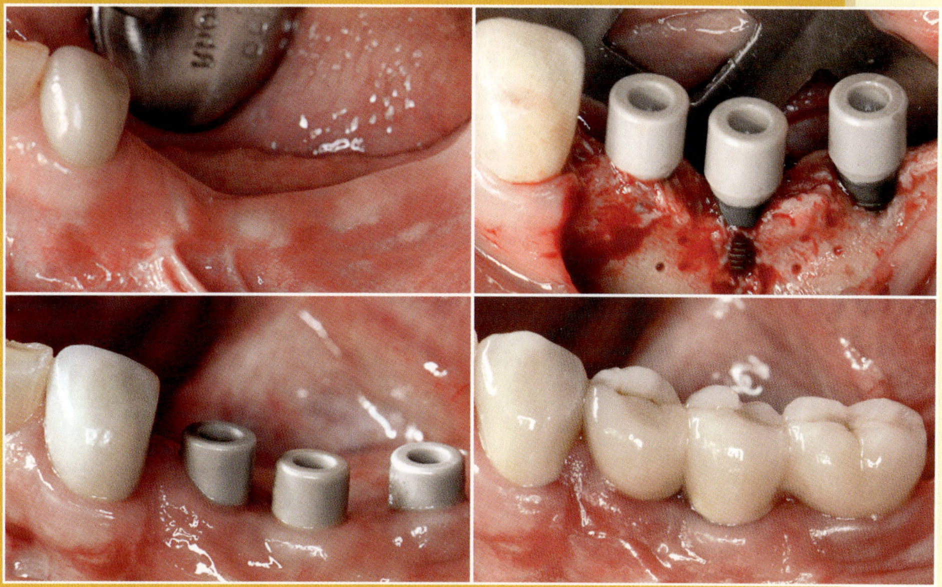

Seitenzahn-bereich

KAPITEL

2

Seitenzahnbereich

Der Unterkieferseitenzahnbereich erfordert sowohl aus medizinischen als auch aus forensischen Gründen eine äußerst sorgfältige, nachvollziehbare präoperative Diagnostik. Vor allem der Nervus alveolaris inferior ist bei der Implantation im Unterkieferseitenzahnbereich potenziell gefährdet. Eine Schädigung des Nerven hat für den Patienten äußerst unangenehme Folgen, da er nicht nur die Zähne des Unterkiefers mit Gefühl versorgt, sondern auch die Unterlippe sensibel innerviert und somit im Falle einer Schädigung eine persistierende Gefühlsstörung der Unterlippe resultieren kann. Da der Nerv bereits auf jede Berührung und Druck mit Funktionsausfällen reagieren kann, fordern die meisten Autoren bei der Implantation einen Mindestabstand von 2 mm einzuhalten. Die vertikale Lage des Nervenkanals ist normalerweise auf der OPG-Aufnahme erkennbar. Das OPG stellt die anatomischen Strukturen jedoch überlagernd dar, sodass eine exakte dreidimensionale Lagediagnostik allein anhand dieser Aufnahme nicht möglich ist. Erst Computertomografie (CT) oder digitale Volumentomografie (DVT) erlauben die präzise dreidimensionale Lagebestimmung.

Konventionelle Diagnostik

Nach der klinischen Untersuchung beginnt die erweiterte Diagnostik mit der Modellanalyse. Die Modelle werden einartikuliert und der zu ersetzende Zahn in einem Wax-up aufgestellt (Abb. 1). Hierzu wird üblicherweise ein Prothesenzahn herangezogen.

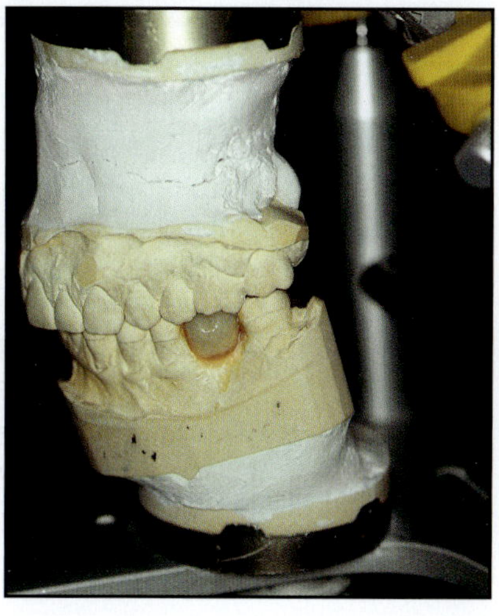

Abb. 1 Einartikulierte Modelle.

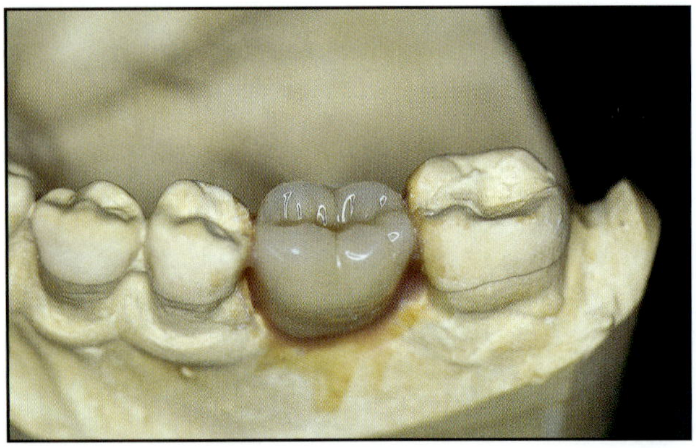

Abb. 2 Wax-up.

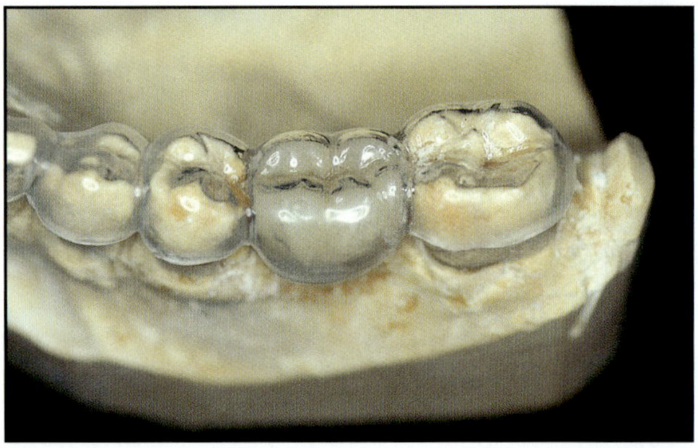

Abb. 3 Modell mit Tiefziehfolie.

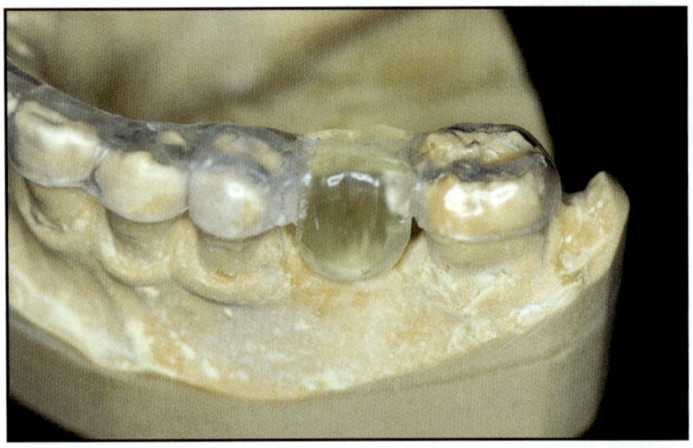

Abb. 4 Mit Kunststoff aufgefüllte Impression.

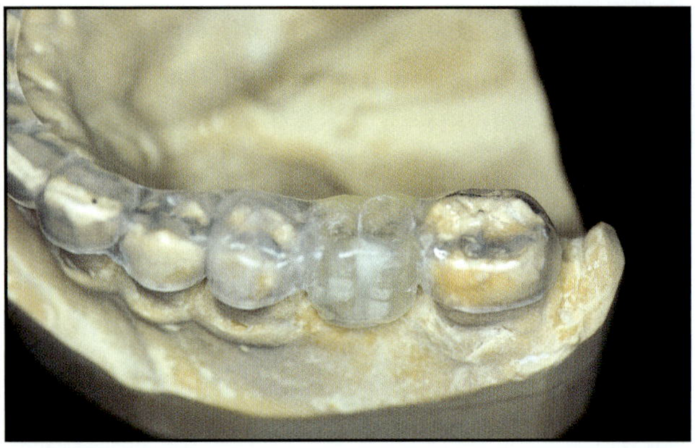

Abb. 5 Festlegung der Implantatpositionen.

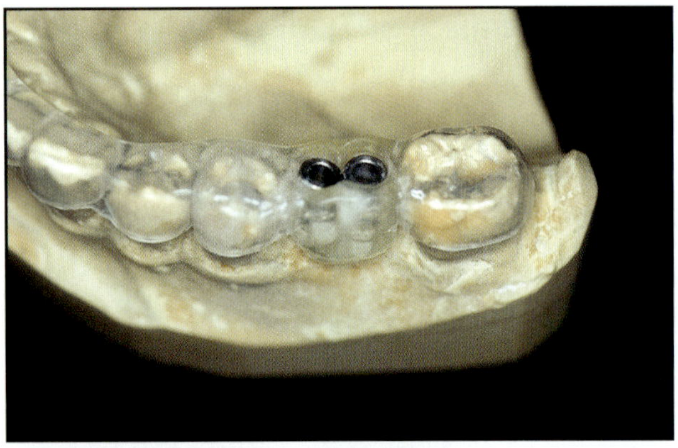

Abb. 6 Röntgenologische Schablone mit Titanhülsen.

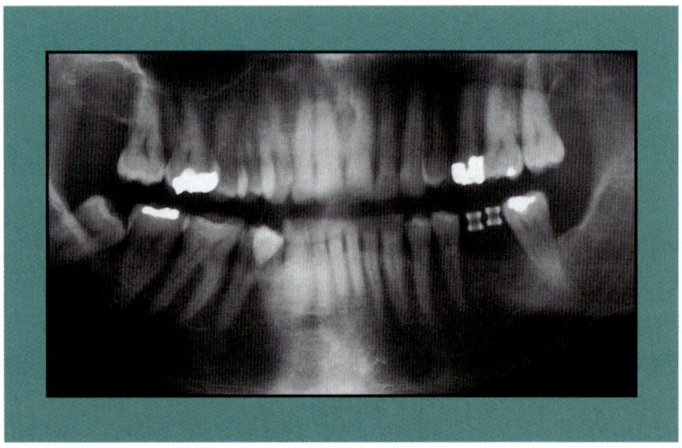

Abb. 7 OPG-Messaufnahme mit Schablone.

ACHTUNG:

Ist die Breite der Lücke gut ausreichend für einen Molarenzahn, bzw. bleibt approximal noch weiterer Platz, gehen die Überlegungen eher in Richtung zwei Implantate (Abb. 2). Passt ein Molarenzahn nicht in die Lücke bzw. muss erst beschliffen werden, reicht in der Regel ein Implantat aus.

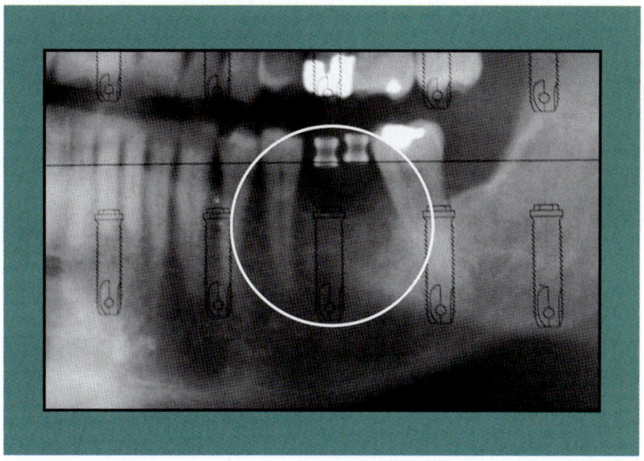

Abb. 8 Vermessung der Implantatlängen mit der Messfolie.

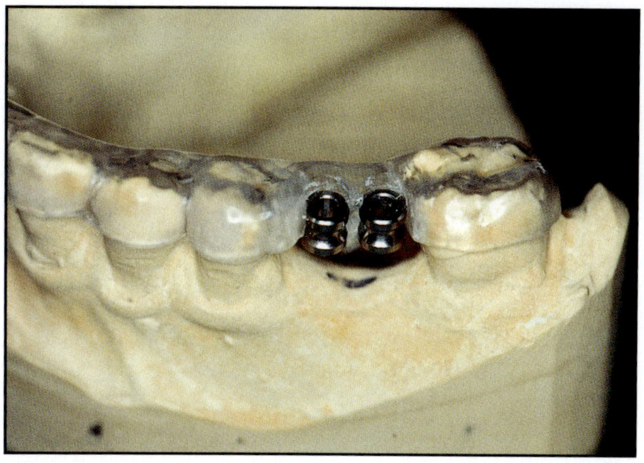

Abb. 9 Abgetragene vestibuläre Wand in der Schablone.

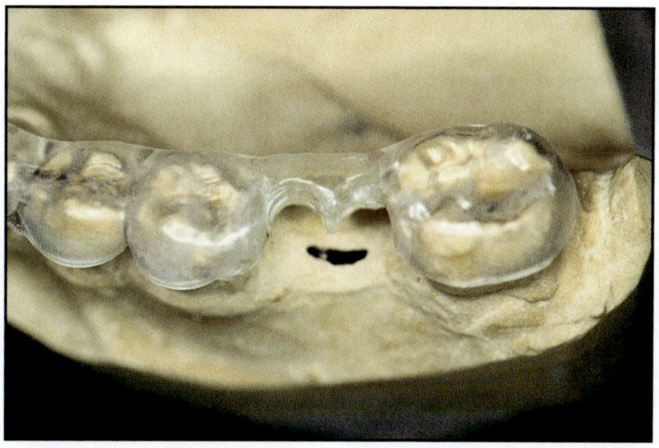

Abb. 10 Chirurgische Schablone ohne Hülsen.

Zur Herstellung einer Röntgenschablone wird über das Modell mit dem aufgestellten Zahn eine Tiefziehfolie gezogen (Abb. 3). Der Prothesenzahn wird dann entfernt und die Impression mit Kunststoff aufgefüllt (Abb. 4). Die Implantatachsen werden nun gemäß den prothetischen Erfordernissen festgelegt (Abb. 5) und genormte Titanhülsen mit Wachs oder Kunststoff eingearbeitet (Abb. 6). Mit dieser Diagnostikschablone wird ein OPG angefertigt. Sowohl die genaue Implantatposition (Abb. 7) als auch der Vergrößerungsfaktor der Röntgenaufnahme (geräteabhängig zwischen 1,25 und 1,35) lassen sich so ermitteln. Mithilfe einer Messfolie wird das zur Verfügung stehende Knochenangebot mit einem Sicherheitsabstand von 2 mm zum Canalis mandibularis ermittelt (Abb. 8). Nach Anfertigung der Röntgenaufnahme wird die Röntgenschablone in eine chirurgische Schablone umgearbeitet. Hierzu wird die vestibuläre Wand des Kunststoffzahnes abgetragen (Abb. 9) und die Titanhülsen werden entfernt. Die linguale Wand mit den halbrunden Einbuchtungen zeigt eindeutig die Positionen der Implantate, behindert aber nicht den Zugang zum Operationsfeld (Abb. 10).

Das weitere Verfahren S. 71

3-D-Diagnostik und SimPlant®- Planung

Eine Übersicht über die anatomische Situation ist schon auf dem Panoramabild zu sehen (Abb. 1). Die 3-D-Diagnostik und Planung ist auf der DVT-Aufnahme jedoch wesentlich präziser und verlässlicher. Die dritte Dimension, die Breite des Kieferkammes ist auf den Querschnitten (Crosssectional) zu sehen (Abb. 2). Auf diesen Schnitten wird die Ausrichtung der Implantate in orovestibulärer Dimension durchgeführt, während die Ausrichtung in mesiodistaler Richtung in der Regel anhand der Panoramaschicht durchgeführt wird. Anhand der Messungen wird für den Ersatz des Zahnes 45 ein 13 mm langes WP-Implantat mit 5 mm Durchmesser geplant. Zur direkten provisorischen Versorgung ist eine 1 mm hohe CeraOne®-Distanzhülse als Verbindungselement zu der provisorischen Krone geplant. Die detaillierte Planung wird in dem SimPlant®-Programm durchgeführt. Das WP-Implantat wird aus der Bibliothek genommen (in diesem Fall hellblau), in dem Kiefer virtuell platziert und in allen Ebenen justiert (Abb. 3). Auf dem Implantat wird ebenfalls virtuell das CeraOne®-Abutment (Farbe

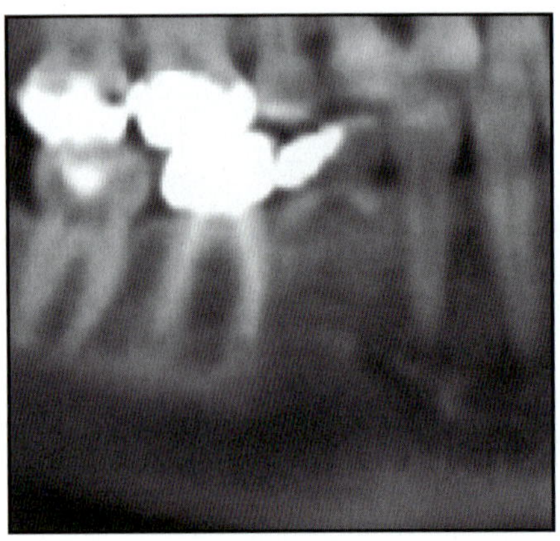

Abb. 1 Ausschnitt der Panorama-Röntgenaufnahme.

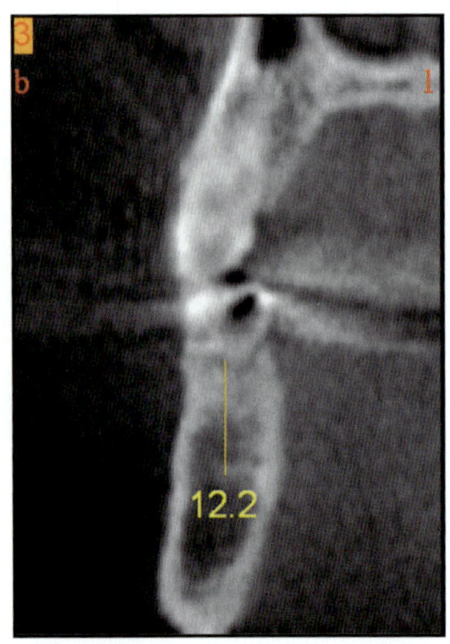

Abb. 2 Querschnitt durch den Kiefer (Crosssectional).

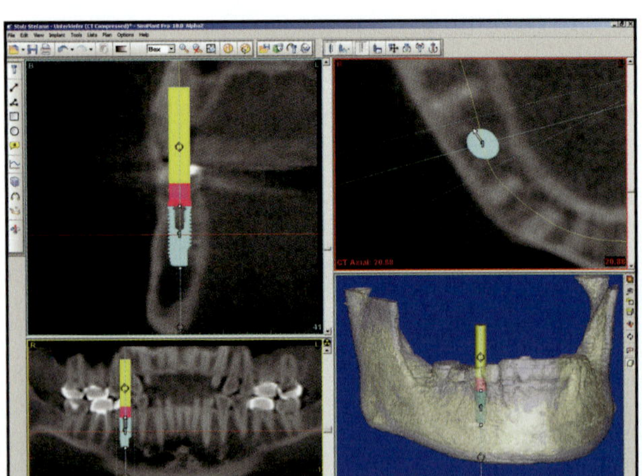

Abb. 3 SimPlant®-Planung.

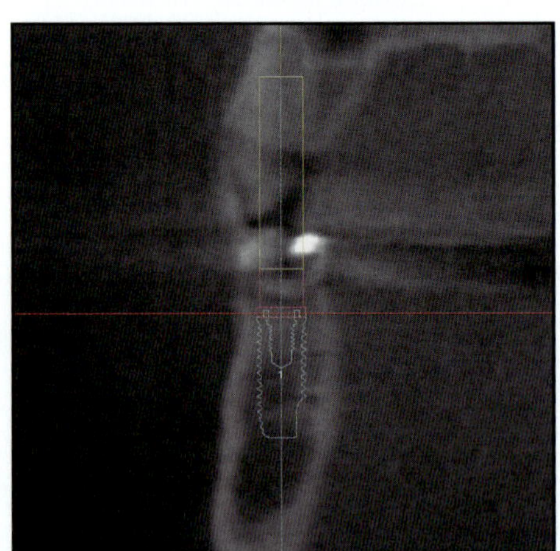

Abb. 4 Umriss des geplanten Implantats auf dem Querschnitt.

Molarenersatz unter hygienischen Gesichtspunkten

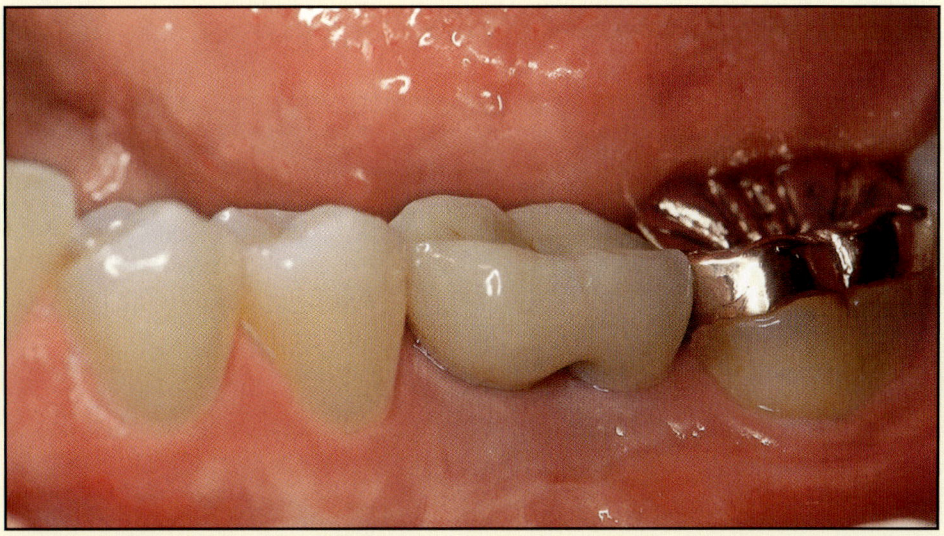

Abb. 1 Putzkanal für Interdentalbürste.

Zur langfristigen Sicherung des Erfolges ist es im Falle einer Implantatversorgung sehr wichtig, dass sowohl die Implantate als auch die prothetische Krone und die Nachbarzähne immer sauber gehalten werden. Um eine optimale Hygienefähigkeit der Implantatversorgung zu gewährleisten, wird die Krone mit einem Putzkanal zur Reinigung mit Interdentalbürsten ausgestattet (Abb. 1).

AUSGANGSSITUATION

In regio 46 ist nur noch die distale Wurzel des Zahnes vorhanden (Abb. 1). Der Zahn 45 ist bei fehlendem 44 (mit Lückenschluss) mit der Krone nach mesial geneigt und zudem an der Wurzelspitze nach distal gekrümmt, sodass bei Verwendung von zwei Implantaten ein Risiko der Wurzelschädigung bestehen würde (Abb. 2). Die persistierende Wurzel hat die Breite des Kieferkammes sehr gut erhalten, sodass die Insertion eines WP-Implantats (Ø 5 mm) geplant werden kann.

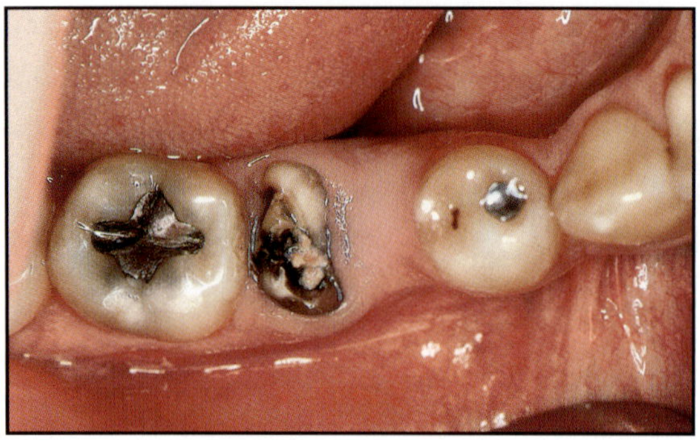

Abb. 1 Verbliebene distale Wurzel.

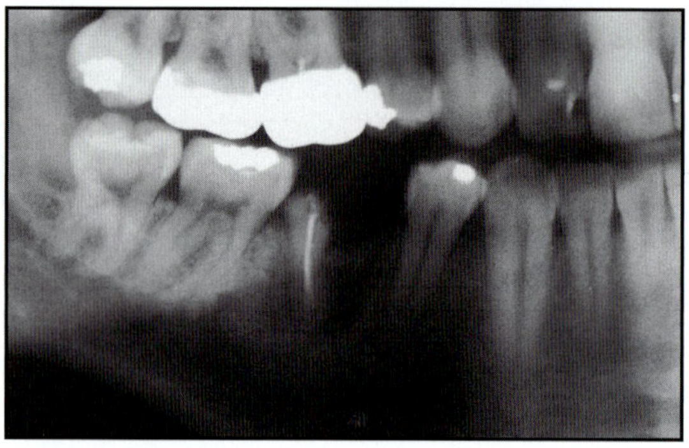

Abb. 2 Präoperative OPG-Aufnahme mit verbliebener Wurzel.

DIAGNOSTISCHE MITTEL

- Klinische Untersuchung
- OPG
- Modellanalyse

THERAPIEPLAN

- Extraktion, Insertion eines WP-Implantates
- Sekundäre Freilegung
- Prothetische Versorgung durch eine zementierte VMK-Krone auf einer CeraOne®-Distanzhülse

Implantation, Freilegung und prothetische Versorgung

Die Implantation erfolgt im Sinne einer Sofortimplantation unmittelbar nach der schonenden Entfernung der Wurzel in die vorhandene Alveole (Abb. 3). Der Mukoperiostlappen wird zur Darstellung der Alveole nur minimal mobilisiert und eine halboffene Einheilung durchgeführt (Abb. 4).

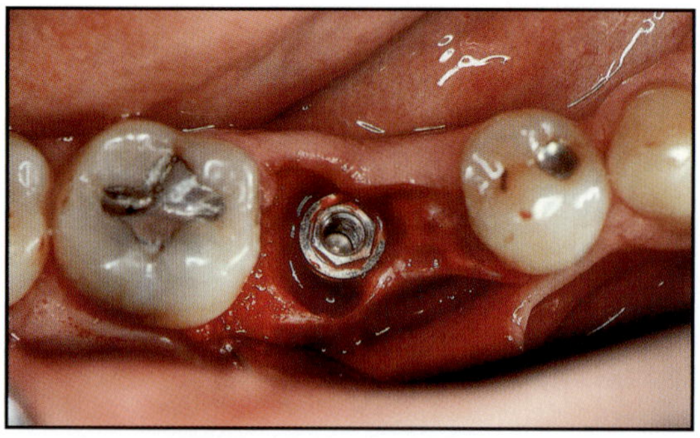

Abb. 3 Insertion eines WP-Implantates direkt nach der Extraktion.

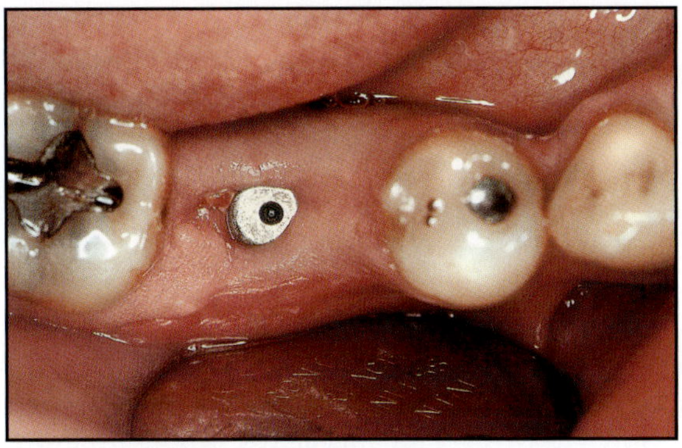

Abb. 4 Halboffene Einheilung.

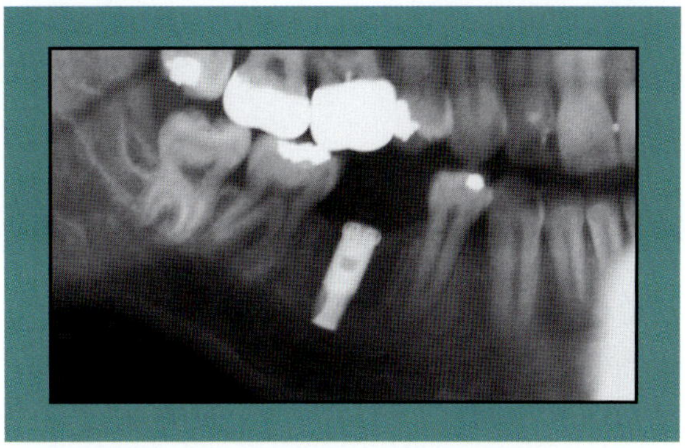

Abb. 5 Röntgenkontrolle nach Implantation.

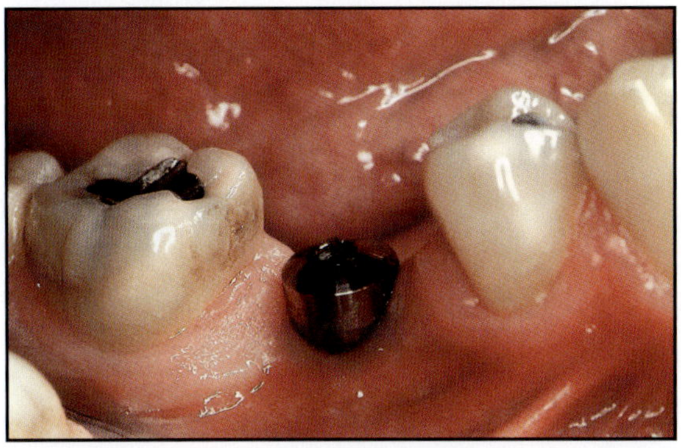

Abb. 6 Verlust der befestigter Gingiva.

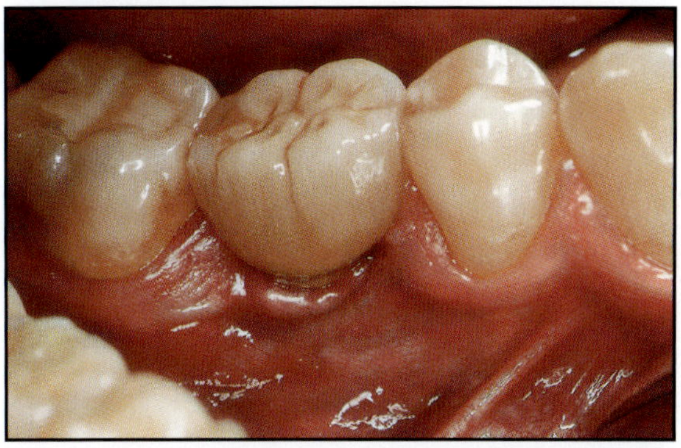

Abb. 7 Zementierte VMK-Krone auf CeraOne®-Abutment.

Auf der postoperativen Röntgenaufnahme wird die mittige Ausrichtung des Implantats und der Sicherheitsabstand zum Nerv und dem Zahn 45 erkennbar (Abb. 5). Die vollständige Freilegung und Eingliederung der Heilungsdistanzhülse erfolgt nach fünf Monaten. Trotz des schonenden Umgangs mit den Weichgeweben ist vestibulär die Zone befestigter Gingiva verschwunden (Abb. 6). Die prothetische Versorgung erfolgt mit einer konfektionierten CeraOne®-Distanzhülse und einer zementierten VMK-Krone. Zeitgleich mit der prothetischen Versorgung wurden die Amalgamfüllungen an den Nachbarzähnen durch Kompositfüllungen ersetzt (Abb. 7). Aufgrund der fehlenden Zone der befestigten Gingiva kommt es gelegentlich zu Entzündungsreaktionen (Periimplantitis). Als Therapiealternative kommt ein Bindegewebstransplantat aus dem Gaumen in Frage.

Behandlungsablauf:

Extraktion und Implantation – 5 Monate bis zur Freilegung – 3 Wochen bis zur Abdrucknahme und Fertigstellung

Chirurgie:
Dr. Christoph T. Sliwowski

Prothetik:
Dr. Uwe Hildebrand

Zahntechnik:
Horst Mosch

Atypischer Behandlungsverlauf – schwierige Ausgangssituation

Intraoperative Registrierung der Implantatposition – SiP-Verfahren

Ausgangssituation

Die implantologische Versorgung einer Einzelzahnlücke im Prämolarenbereich erfolgt generell mit nur einem Implantat, wobei der Durchmesser des Implantats abhängig von der Größe der Lücke und der Breite des Alveolarfortsatzes ist. In diesem Fall ist zum Ersatz des Zahnes 35 ein WP-Implantat vorgesehen (Ø 5 mm) (Abb. 1). Die mögliche Implantatlänge wird durch eine Röntgenmessaufnahme mit Schablone ermittelt (Abb. 2).

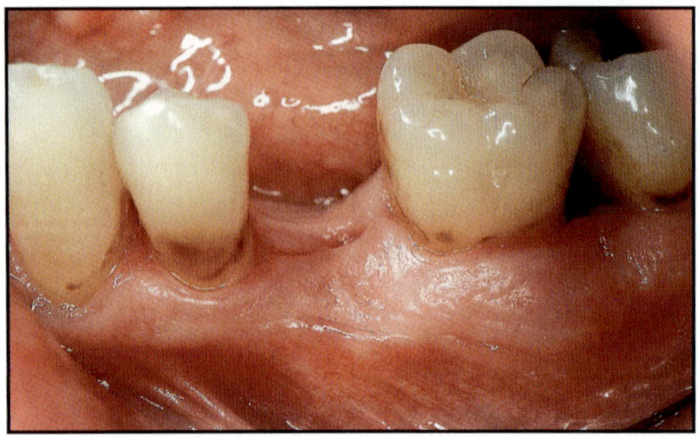

Abb. 1 Fehlender Zahn 35.

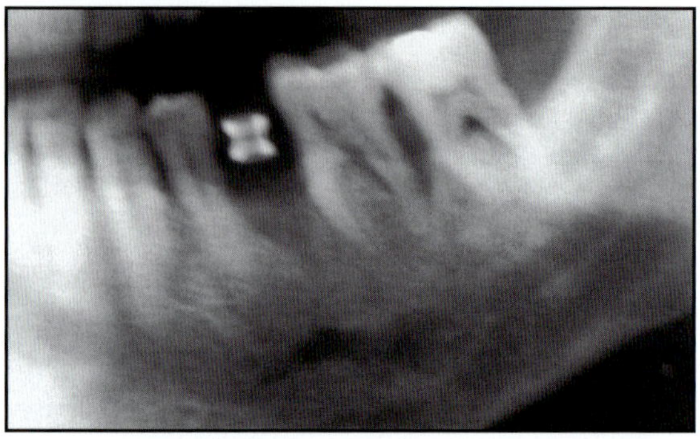

Abb. 2 Röntgenmessaufnahme mit Schablone.

Diagnostische Mittel

- Klinische Untersuchung
- OPG mit Schablone
- Modellanalyse

Therapieplan

- Insertion eines WP-Implantates; Registrierung der Implantatposition
- Freilegung und prothetische Versorgung durch eine zementierte VMK-Krone auf einer individualisierten Distanzhülse

Implantation und Registrierung der Implantatposition

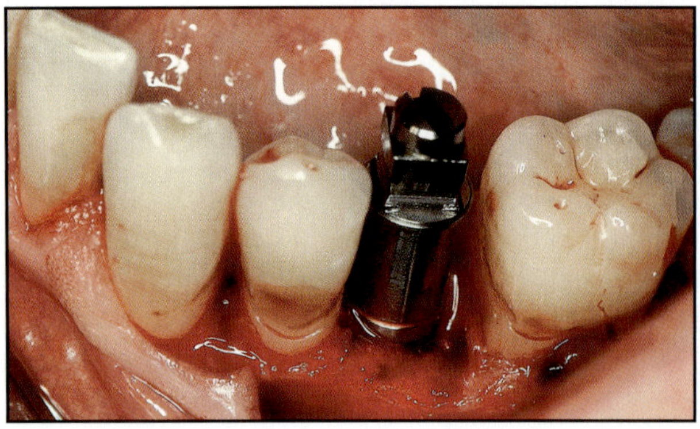

Abb. 3 Insertion des WP-Implantates mit einem 12 mm langen Einbringpfosten.

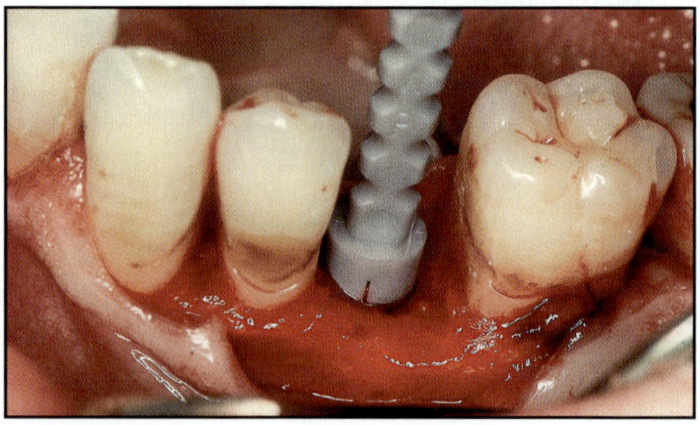

Abb. 4 Aufgesteckter WP-Registrierpfosten.

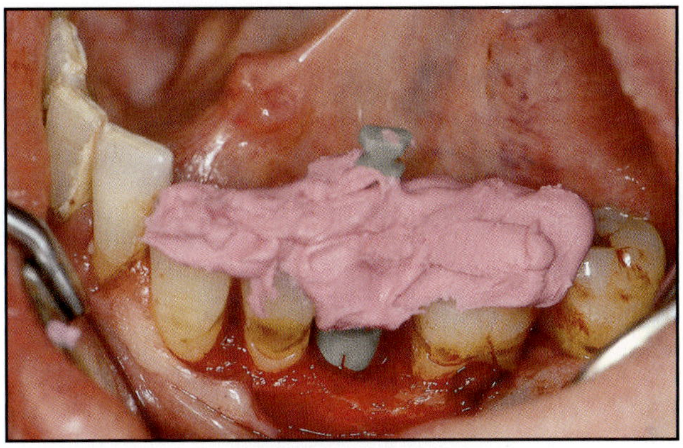

Abb. 5 Registrierung mit Silikonmasse.

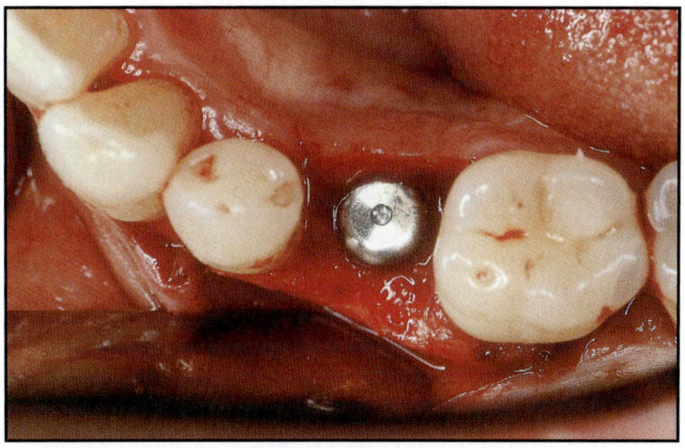

Abb. 6 Linguovestibuläre Implantatposition.

Nach Präparation des Implantatbetts wird das WP-Implantat mit einem längeren (12 mm) Einbringpfosten inseriert (Abb. 3). Um das Implantat direkt nach der Freilegung prothetisch versorgen zu können und somit die Gesamtbehandlungszeit zu verkürzen, wird nach der Insertion die Registrierung der Implantatposition nach dem SiP-Verfahren durchgeführt (Simpler in Practice; siehe Teil I, Seite 19). Hierzu wird nach der Insertion der Einbringpfosten abgeschraubt und gegen einen Registrierpfosten ausgetauscht (Abb. 4). Die Registrierung der Implantatposition zu den Nachbarzähnen erfolgt mit einer Silikonregistriermasse (Abb. 5). Anschließend wird das Implantat mit einer Deckschraube verschlossen (Abb. 6) und die Inzision speicheldicht vernäht.

Laborverfahren

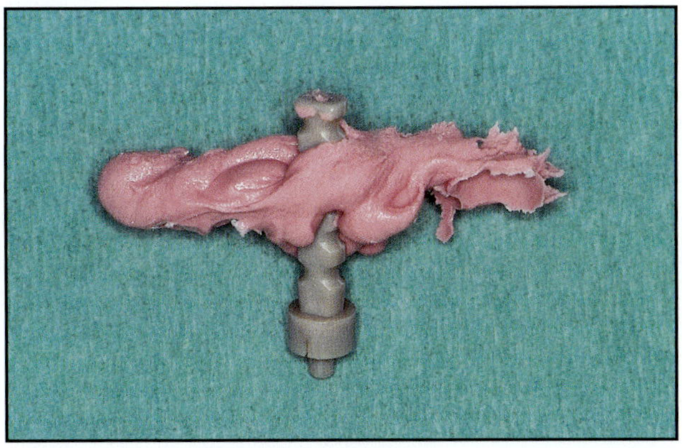

Abb. 7 Registrierschlüssel (Transfer).

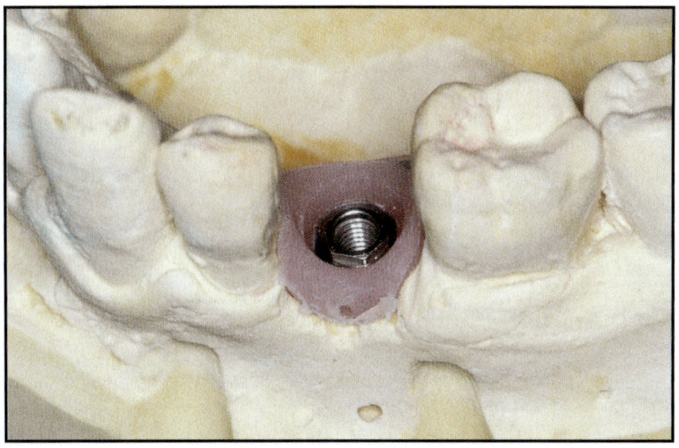

Abb. 8 Meistermodell mit dem sekundär eingebauten Implantat.

Die exakte Position des Implantates lässt sich mit dem Registrierschlüssel direkt auf das präoperativ angefertigte Meistermodell übertragen (Abb. 7). Um die Weichgewebskontur festzuhalten, wird eine Gingivamaske angefertigt (Abb. 8). Im Labor wird ein TiAdapt-

Abutment auf das Modell aufgeschraubt und individuell beschliffen (Abb. 9). Auf dem individualisierten Abutment wird eine Krone angefertigt, die unmittelbar nach der Freilegung und Konditionierung der Gingiva zementiert wird (Abb. 10).

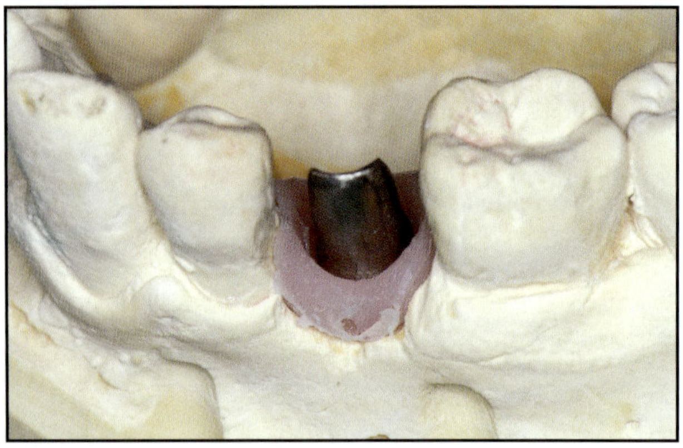

Abb. 9 Präpariertes TiAdapt-Abutment.

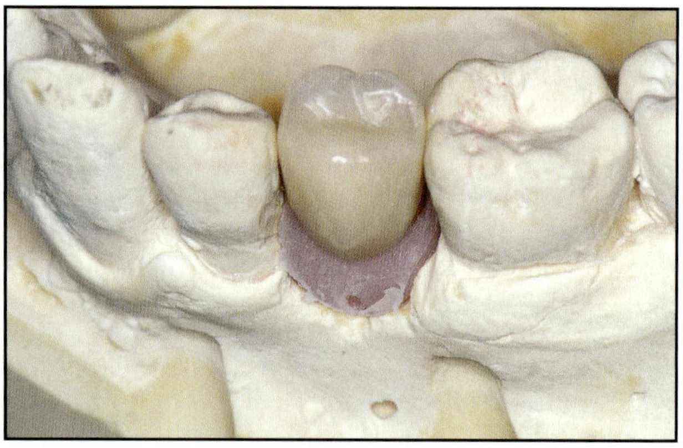

Abb. 10 Mit Kunststoff verblendete Krone.

Freilegung und prothetische Versorgung

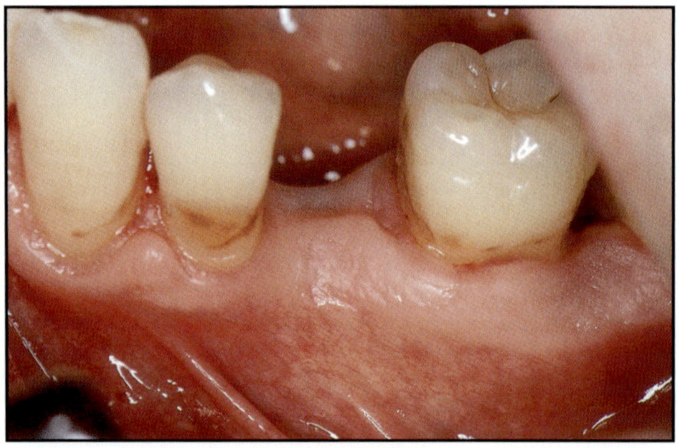

Abb. 11 Situation vor der Freilegung.

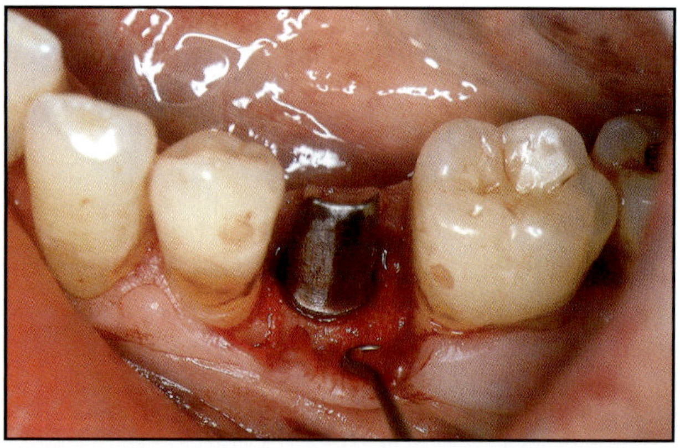

Abb. 12 Freigelegtes Implantat und aufgeschraubtes TiAdapt-Abutment.

Nach der fünfmonatigen Phase der Osseointegration (Abb. 11) wird das Implantat freigelegt. Die Schnittführung erfolgt krestal leicht nach lingual versetzt, um vestibulär die Zone fixierter Gingiva zu verbreitern. Das individuelle TiAdapt-Abutment wird aufgeschraubt und die Abutmentschraube mit den vorgesehenen 32 N/cm festgezogen (Abb.12). Bereits vor dem Wundverschluss wird die Krone mit TempBond® eingesetzt, um die Zementüberschüsse unter Sichtkontrolle entfernen zu können (Abb. 13).

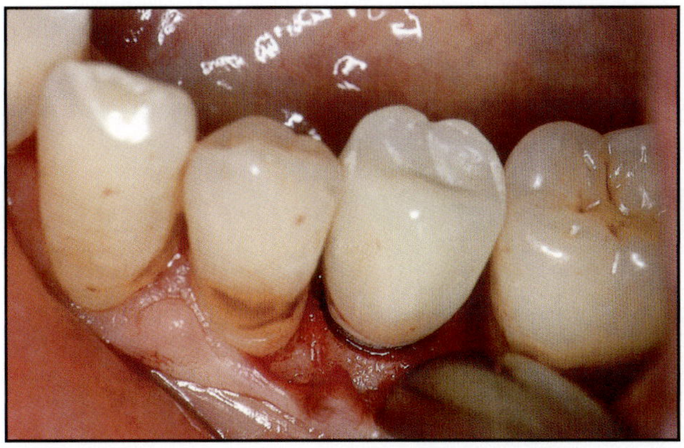

Abb. 13 Provisorisch zementierte Krone.

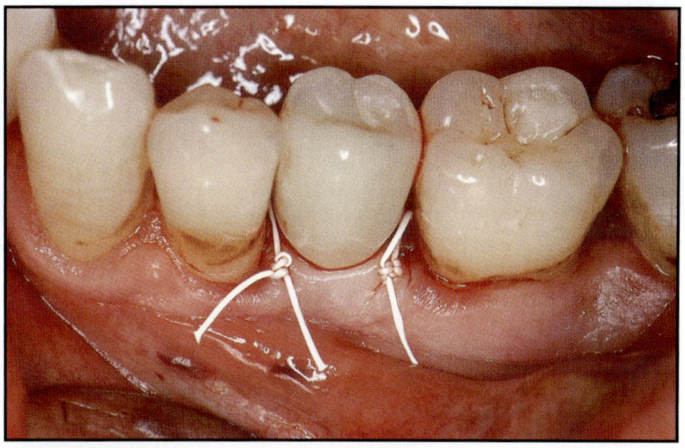

Abb. 14 Nahtverschluss.

Der Mukoperiostlappen wird mit Gore®-Naht um die Krone adaptiert (Abb.14). Die Röntgenkontrolle zeigt eine gute Osseointegration des Implantates und die genaue Passung des prothetischen Aufbaus (Abb. 15).

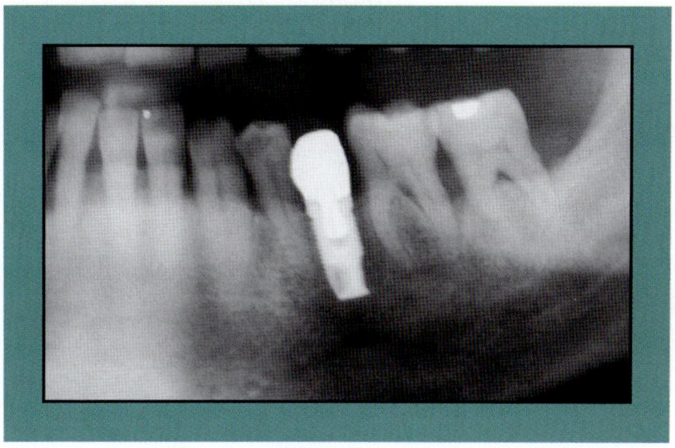

Abb. 15 Röntgenkontrolle nach der prothetischen Versorgung.

Behandlungsablauf:

Implantation – 5 Monate bis zur Freilegung und Eingliederung der Krone

Chirurgie:	Prothetik:	Zahntechnik:
Dr. Christoph T. Sliwowski	Dr. Roland Althoff	Ivonne Lewik

AUSGANGSSITUATION

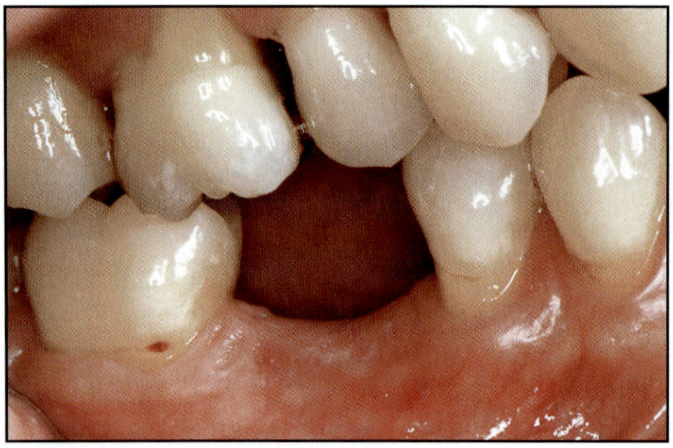

Abb. 1 Klinische Ausgangssituation – mäßige Kieferkammatrophie.

Bei dem 36-jährigen Patienten mit fehlendem Zahn 46 wird eine mäßige Kieferkammatrophie diagnostiziert (Abb. 1) Die Lücke im Wurzelbereich ist ausreichend groß, um zwei Implantate inserieren zu können (Abb. 2). Die gut erhaltene Breite des Kieferkammes, die auf dem Querschnitt der Tomografie deutlich dargestellt wird (Abb. 3), erlaubt eine optimale Positionierung der Implantate in orovestibulärer Richtung.

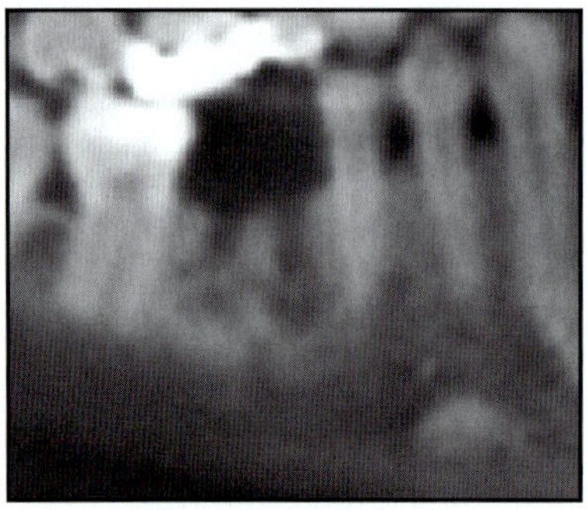

Abb. 2 Panoramaschnitt – Lücke für zwei Implantate.

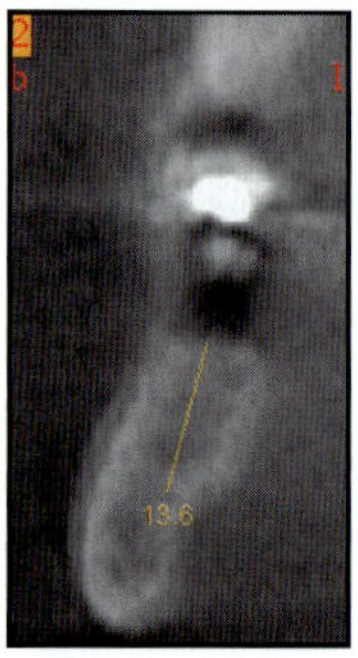

Abb. 3 Querschnitt im Bereich des mesialen Implantates.

DIAGNOSTISCHE MITTEL

- Klinische Untersuchung
- DVT
- SimPlant®-Planung
- Modellanalyse

THERAPIEPLAN

- Insertion von zwei Implantaten, transgingivale Einheilung
- Prothetische Versorgung durch eine VMK-Krone auf individuellen Abutments

Implantation

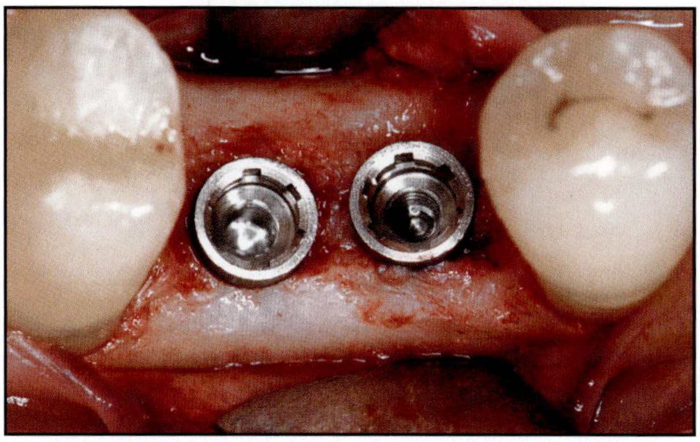

Abb. 4 Inserierte zwei Neoss®-Implantate.

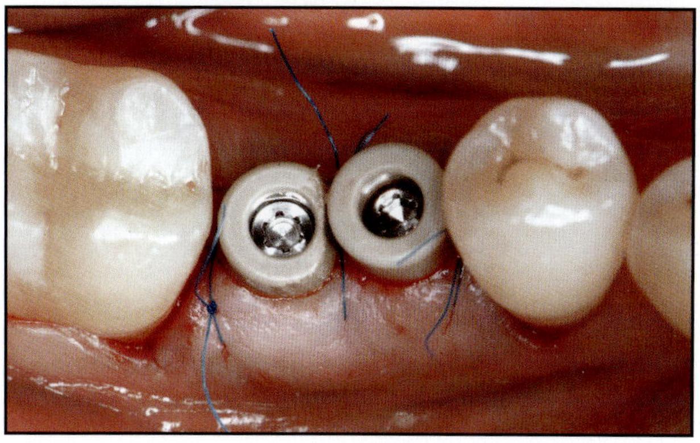

Abb. 5 Aufgeschraubte Heilungsdistanzhülsen mit Reduktion der distalen Distanzhülse.

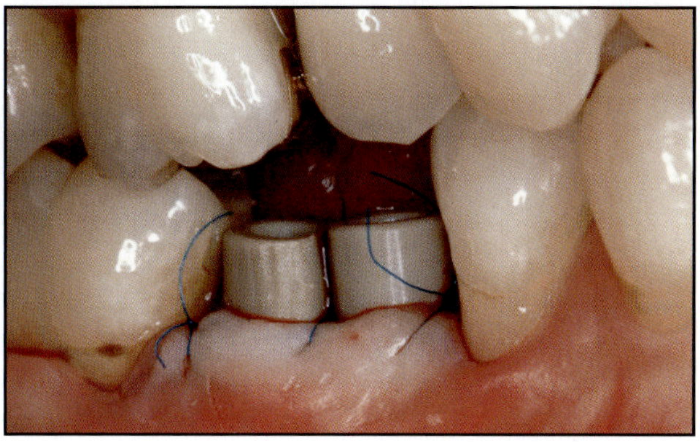

Abb. 6 Ausreichender Platz bis zur Gegenbezahnung.

ACHTUNG:

Bei guter Knochenqualität und ausreichender Primärstabilität können die Implantate direkt mit Heilungsdistanzhülsen versehen werden und transgingival einheilen. Bei schlechter Knochenqualität empfiehlt es sich, die Implantate gedeckt einheilen zu lassen und erst nach ca. 4 – 6 Monaten sekundär freizulegen.

In Lokalanästhesie werden zwei Neoss®-Implantate in die Lücke 46 inseriert (Abb. 4). Die Implantate werden auf die gewünschte Tiefe eingesetzt und der noch vorhandene muldenförmige Kieferkammdefekt mit den gesammelten Knochenspänen aufgefüllt. Anschließend werden auf die Implantate die PEEK (Polyetheretherketon)-Heilungsdistanzhülsen aufgeschraubt. Aufgrund der beengten Platzverhältnisse und Konvergenz der Implantate muss eine Heilungsdistanzhülse einseitig beschliffen werden (Abb. 5). Wichtig ist, dass weder Kontakt zwischen den Heilungshülsen untereinander noch zu den Nachbarzähnen als auch kein Okklusionskontakt zur Gegenkieferbezahnung vorhanden ist, um die Implantate vor unerwünschter Belastung zu schützen (Abb. 6).

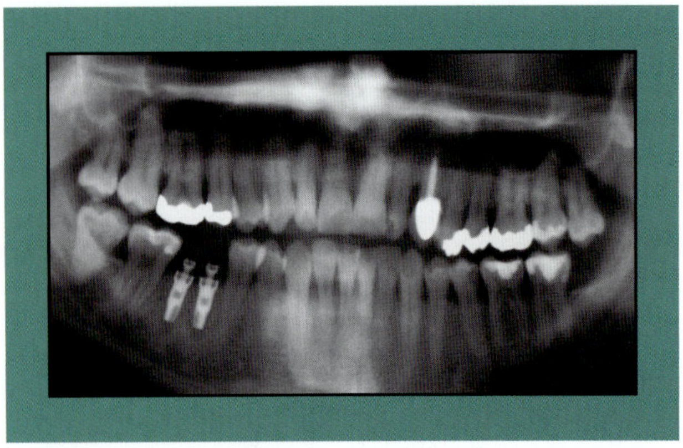

Abb. 7 Postoperative Röntgenkontrolle.

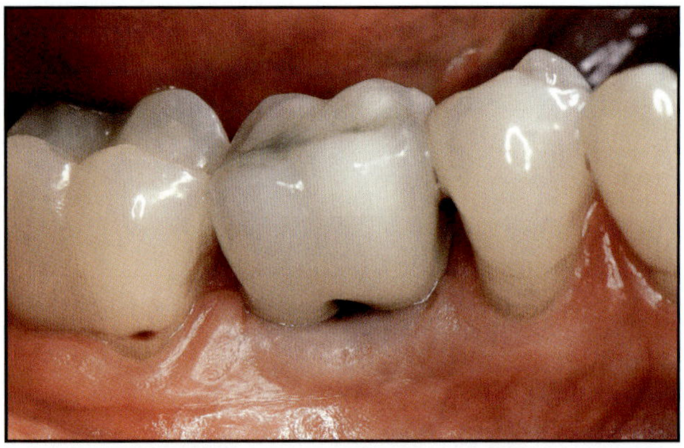

Abb. 8 Verschraubte VMK-Krone auf den individuellen Abutments mit Putzkanal.

Die postoperative OPG-Aufnahme zeigt die Positionierung der Implantate zu den Nachbarzähnen und einen ausreichenden Abstand zum Nervus alveolaris inferior (Abb. 7). Das Abschlussfoto zeigt die transokklusal verschraubte VMK-Krone, die vorher auf den individuellen Abutments zementiert wurde (Abb. 8).

Behandlungsablauf:
Implantation – 5 Monate bis zur Abdrucknahme und Fertigstellung

Chirurgie:	Prothetik:	Zahntechnik:
Dr. Christoph T. Sliwowski	Dr. Uwe Hildebrand	Ute Olbers

Fraktur eines nicht durchmesservergrößerten Implantates

Ausgangssituation

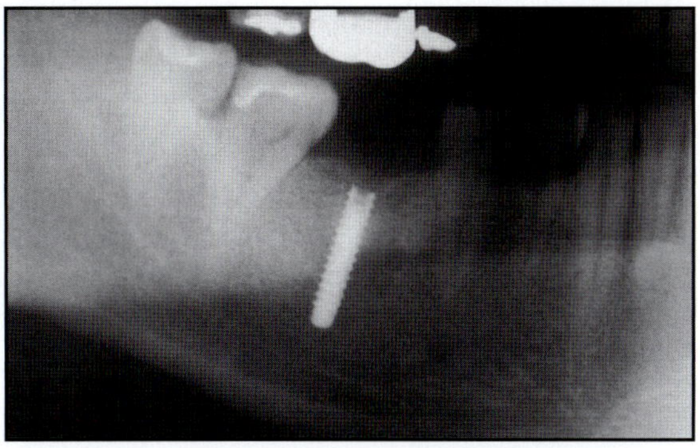

Abb. 1 Frakturiertes Straumann®-Implantat.

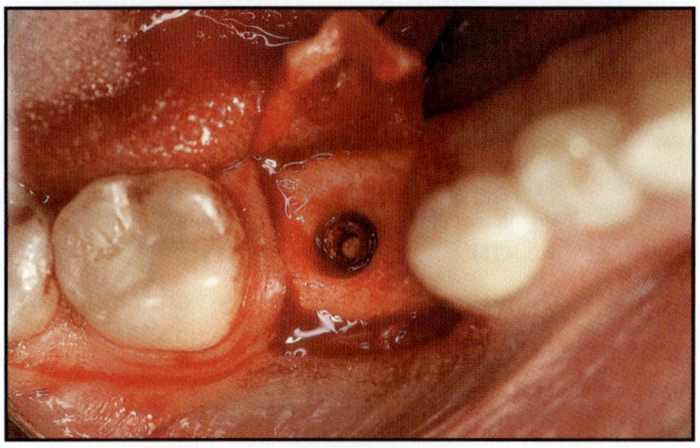

Abb. 2 Bruchstelle unterhalb des Knochenniveaus.

Zum Ersatz des Molaren 46 wurde alio loco ein 16 mm langes, nicht durchmesservergrößertes Straumann®-Implantat inseriert und mit einer Krone prothetisch versorgt. Anamnestisch berichtete der Patient über rezidivierende Lockerungen der Abutmentschraube. Schließlich ist es nach ca. einjähriger Tragedauer zur Fraktur des Implantates unterhalb des Knochenniveaus gekommen (Abb. 1 und 2), sodass die Explantation erforderlich wird. Die maximale Ausnutzung des vertikalen Knochenangebotes durch Verwendung eines 16-mm-Implantates kompliziert die Explantation erheblich. Zur Explantation muss das bis in unmittelbare Nervnähe reichende Implantat vollständig umfräst werden, sodass eine Gefahr der Nervschädigung besteht.

Achtung:

Die Verwendung einer genormten Trepanfräse, mit möglichst kleinem Durchmesser, minimiert den resultierenden Knochendefekt. Zur Orientierung ist es bei Verwendung einer Trepanfräse hilfreich, z. B. eine Abdruckpfostenschraube als Richtungsindikator auf das Implantat zu schrauben. In diesem Fall war dies aber aufgrund des vollständig frakturierten Gewindes nicht mehr möglich.

Diagnostische Mittel

- Klinische Untersuchung
- OPG
- Modellanalyse

Therapieplan

- Explantation des gebrochenen Implantates und Augmentation des Knochendefektes
- Insertion von zwei Implantaten
- Sekundäre Freilegung
- Zementierte VMK-Krone auf zwei Implantaten und individuellen Abutments.

Explantation und Augmentation

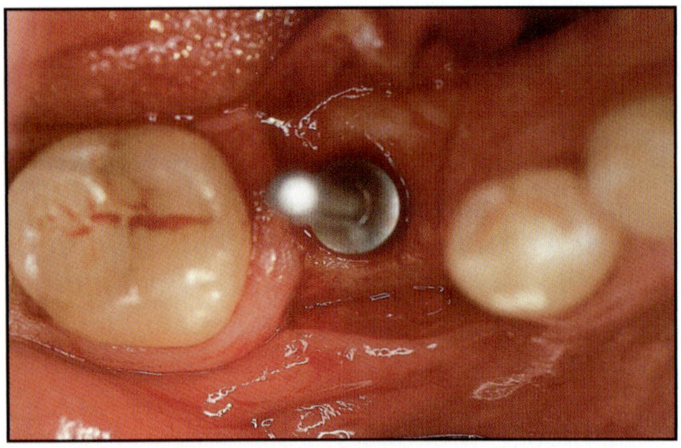

Abb. 3 Aufgesetzte Trepanfräse.

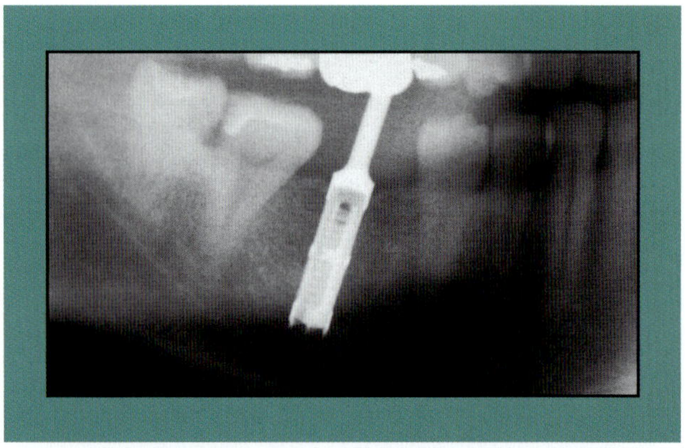

Abb. 4 Röntgenkontrolle mit der versenkten Trepanfräse.

Abb. 5 Im Verhältnis zum Implantatdurchmesser überdimensionierte Krone.

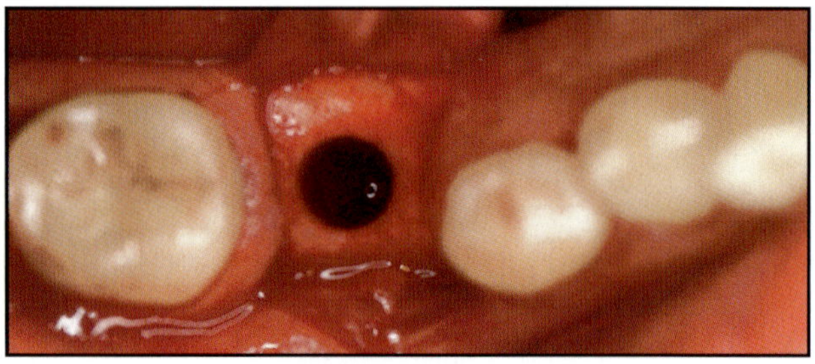

Abb. 6 Knochendefekt nach der Explantation.

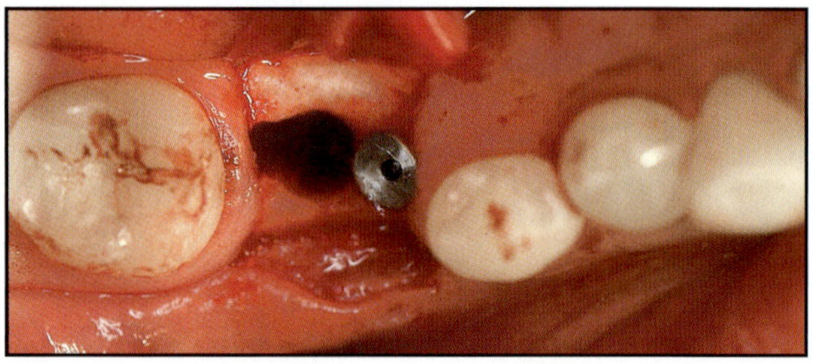

Abb. 7 Das inserierte mesiale Implantat.

Nach vestibulärer Schnittführung wird der abpräparierte Lappen mit einer einfachen Naht an den Prämolaren im dritten Quadranten fixiert, um freie Sicht auf das Operationsareal zu ermöglichen. Die Festlegung der Bohrtiefe erfolgt zunächst nach den präoperativen Messungen der Röntgenaufnahme. Durch eine intraoperative Röntgenaufnahme mit der versenkten Trepanfräse kann die Bohrtiefe zusätzlich kontrolliert werden (Abb. 3 und 4). Nach vollständigem Umfräsen des Implantates kann dieses schließlich durch vorsichtige Luxation mit einem Hebel entfernt werden. Die frakturierten Elemente des Implantates, mit der über ein Abutment verschraubten Kronenkonstruktion, deuten auf eine Ermüdungsfraktur des im Durchmesser zu schwach dimensionierten Implantates hin (Abb. 5). Der resultierende Knochendefekt verhindert die zeitgleiche Nachimplantation in diesem Bereich (Abb. 6). Mesial des Defektes wird daher zunächst ein einzelnes RP-Implantat inseriert (Abb. 7) und der Knochendefekt mit Knochenersatzmaterial (BioOss®) augmentiert.

Nachimplantation

Die Röntgenkontrolle und die klinische Inspektion nach sechs Monaten zeigen bereits eine deutliche Reossifikation im Bereich der Augmentation (Abb. 8 und 9), sodass ein zweites Brånemark-System®-Implantat inseriert werden kann (Abb. 10). Die Positionierung des neuen distalen Implantates zu dem Nachbarzahn und dem mesialen Implantat ist auf der Röntgenaufnahme erkennbar (Abb. 11).

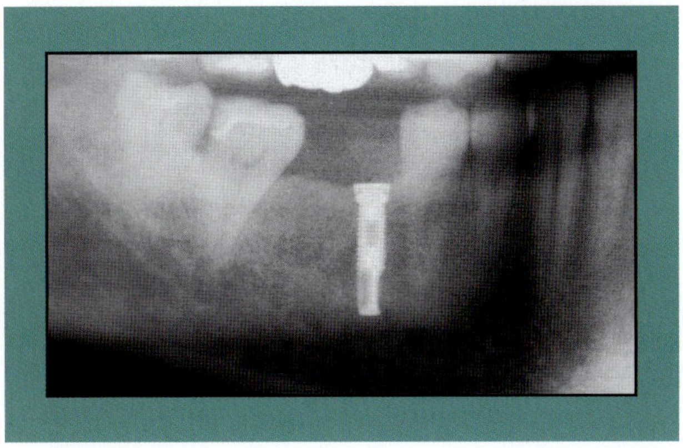

Abb. 8 Präoperative Röntgenkontrolle.

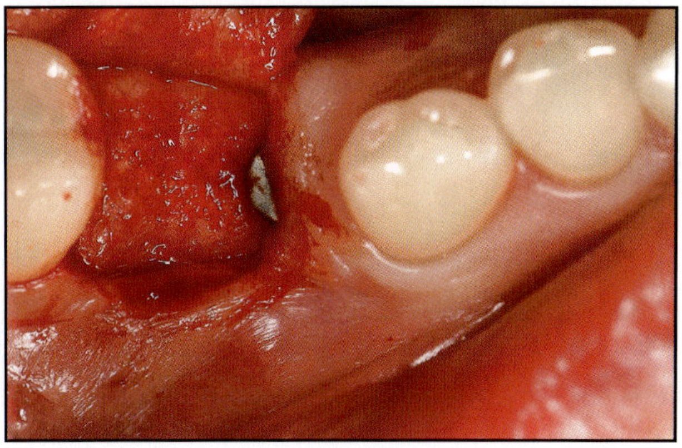

Abb. 9 Regenerierter Knochendefekt.

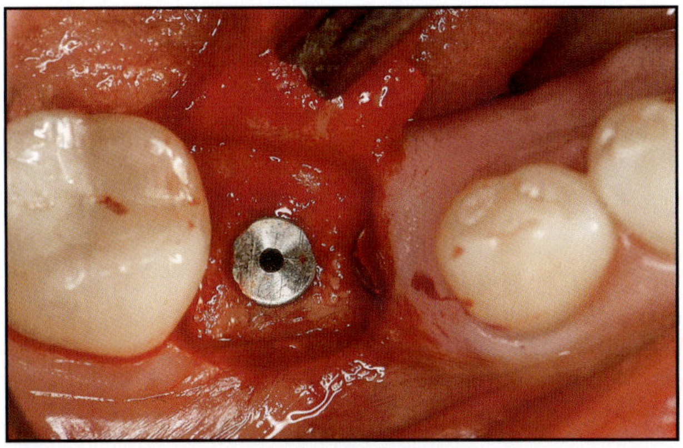

Abb. 10 Inseriertes distales Implantat.

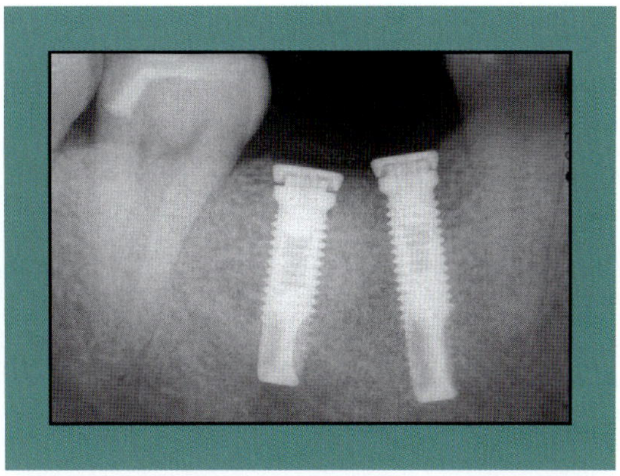

Abb. 11 Röntgenkontrolle nach der Implantation.

Freilegung und prothetische Versorgung

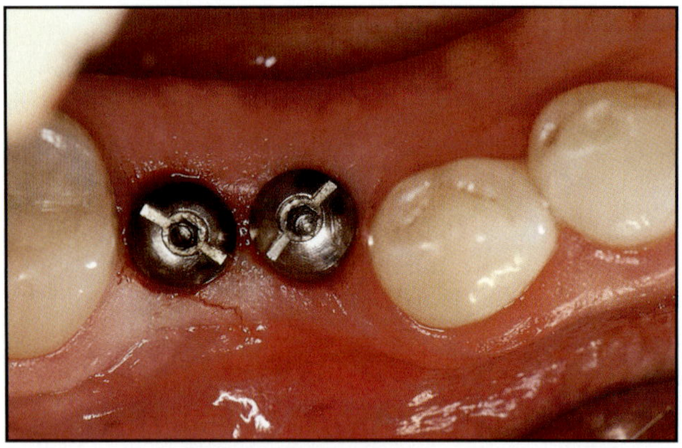

Abb. 12 Freigelegte Implantate.

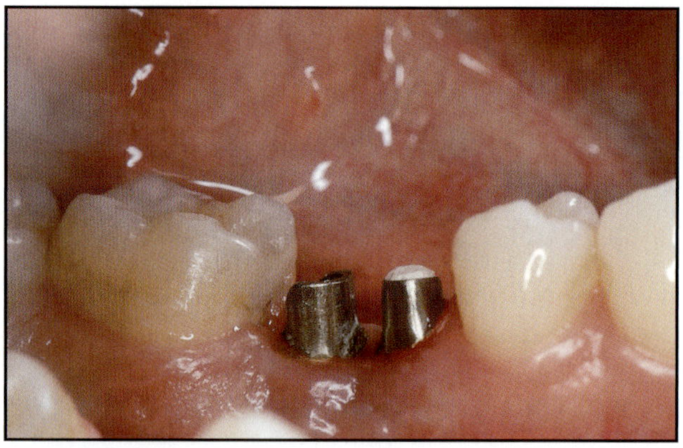

Abb. 13 Individuelle Abutments.

Nach weiteren sechs Monaten erfolgt die Freilegung der Implantate (Abb. 12). Die prothetische Versorgung erfolgt durch eine verblockte Krone auf zwei individuellen Abutments (Abb. 13). Die klinische Situation sieben Jahre nach Eingliederung der Restauration zeigt stabile und reizlose periimplantäre Verhältnisse (Abb. 14).

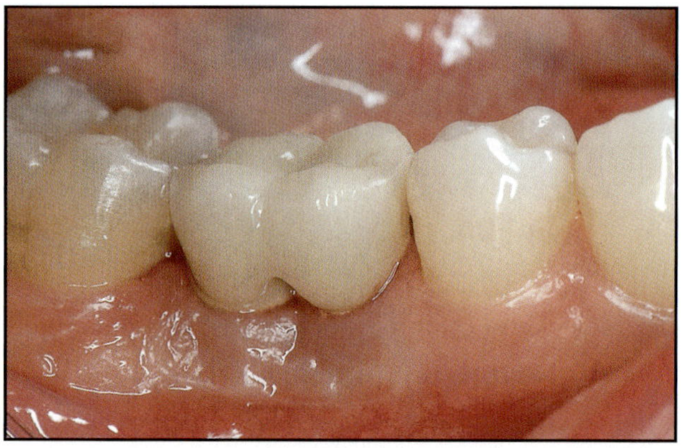

Abb. 14 VMK-Krone nach sieben Jahren in Funktion.

Behandlungsablauf:

Explantation, Augmentation und Teilimplantation – 6 Monate bis zur Nachimplantation – 6 Monate bis zur Freilegung – 3 Wochen bis zur Abdrucknahme und Fertigstellung

Chirurgie:	Prothetik:	Zahntechnik:
Dr. Christoph T. Sliwowski	Dr. Uwe Hildebrand	Fernando Abrantes

Iatrogene Komplikation mit der Nervbeteiligung

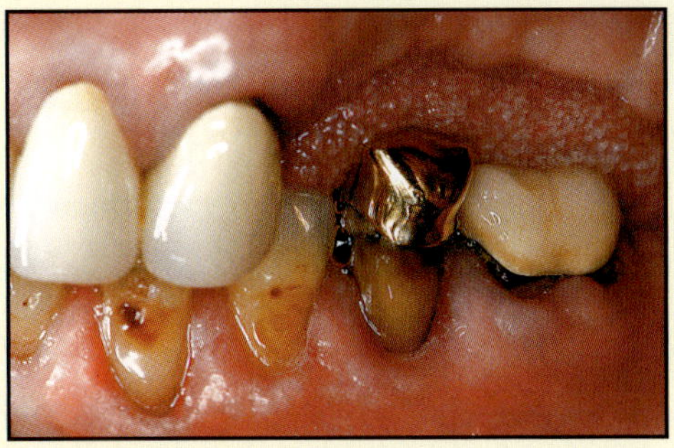

Abb. 1 Elongation des Zahnes 35.

Aufgrund fehlender Bezahnung im Oberkiefer links elongierte bei der Patientin der Zahn 35 (Abb. 1). Die Breite des Kieferkammes ist dank des noch erhaltenen Zahnes 35 gut erhalten und ermöglicht eine optimale Platzierung des Implantates in orovestibulärer Dimension. Da der Zahn, wie radiologisch erkennbar, nicht mehr fest verankert ist, scheint eine atraumatische Extraktion möglich zu sein. Bei der Analyse und virtuellen Implantatplanung mit dem SimPlant®-Planungsprogramm ergibt sich ein ausreichendes Knochenangebot für die Insertion eines 13 mm langen Implantates mit 4,5 mm Durchmesser unter Einhaltung des geforderten 2 mm Sicherheitsabstandes zum Nerven (Abb. 2). Auch auf dem Querschnitt scheint

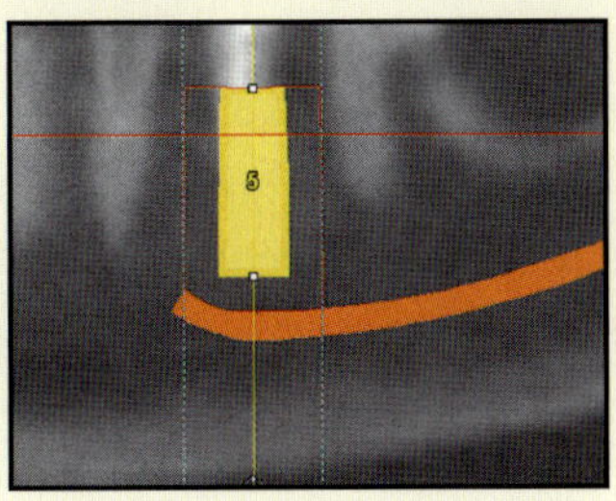

Abb. 2 SimPlant®-Planung.

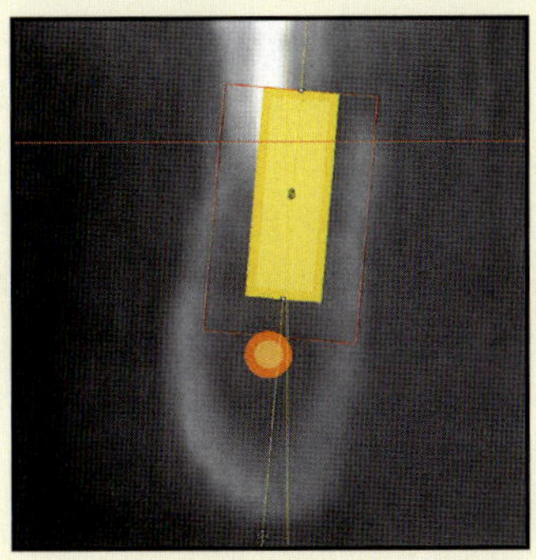

Abb. 3 Geplantes Implantat auf der Querschnittsdarstellung.

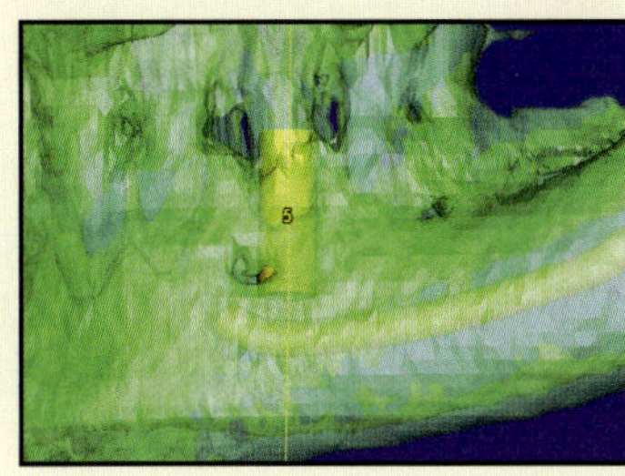

Abb. 4 Halbtransparente 3-D-Rekonstruktion.

der Abstand zum Nerv ausreichend zu sein (Abb. 3). Nur die 3-D-Rekonstruktion weckt Zweifel bezüglich der Höhe der erhaltenen vestibulären Lamelle (Abb. 4). Genau wie in der Planung wird direkt nach der Extraktion das vorgesehene Implantat in die Alveole inseriert (Abb. 5). Da die Implantation direkt nach der Extraktion erfolgt, fehlt vestibulär eine eindeutig definierte Knochenhöhe, die eine Übertragung der virtuellen Planung auf das Operationsfeld ermöglichen würde. Dieser Mangel ist höchstwahrscheinlich die Ursache für die eingetretene Komplikation. Nach der Insertion wird der vestibuläre Knochendefekt mit den gesammelten Knochenspänen aufgefüllt. Der Mukoperiostlappen wird so weit mobilisiert, dass ein speicheldichter Wundverschluss, ohne Verwendung einer Membran, mit Gore®- und Surgipro®-Naht erfolgen kann (Abb. 6). Zur postoperativen Kontrolle wird eine DVT-Aufnahme angefertigt. Die Panoramadar-

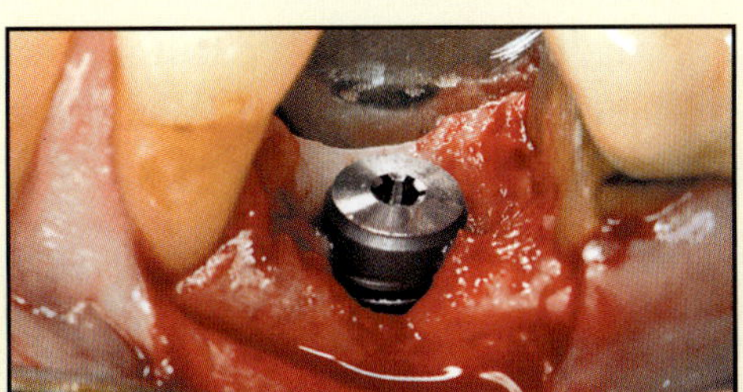

Abb. 5 Implantation direkt nach der Extraktion.

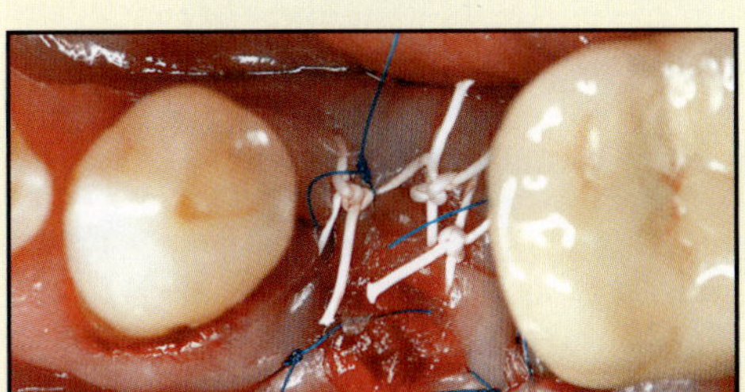

Abb. 6 Nahtverschluss.

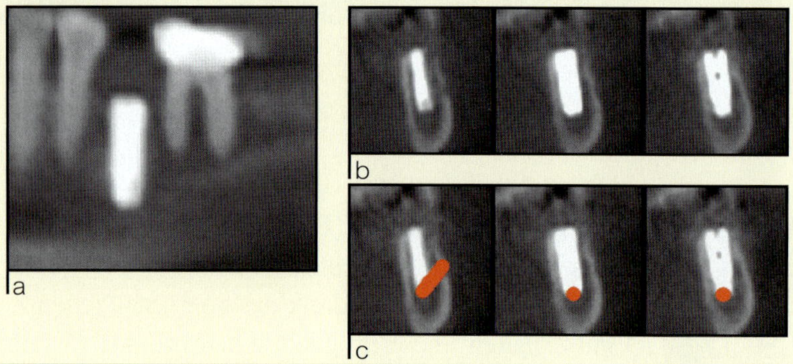

Abb. 7a Panoramadarstellung.

Abb. 7b Querschnitt.

Abb. 7c Kollision des Implantates mit dem Nerv.

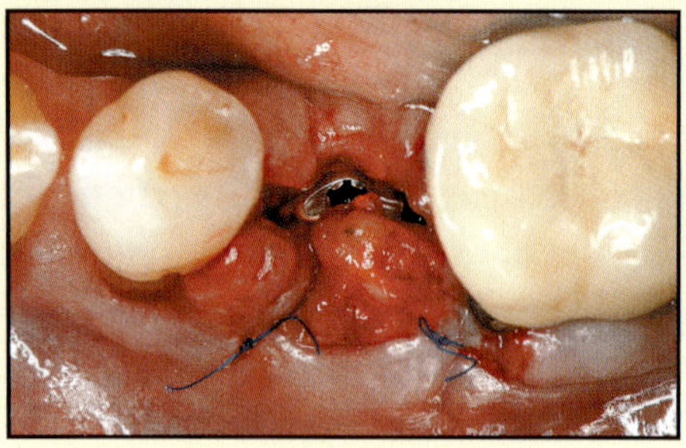

Abb. 8 Partielle Wiedereröffnung.

stellung suggeriert bereits, dass das Implantat tiefer gesetzt wurde als geplant (Abb. 7a). Diese Komplikation wird auf den Querschnitten (Abb. 7b) noch deutlicher. Besonders nach roter Markierung des Nervs wird sichtbar, wie stark und wo das Implantat mit dem Nervkanal kollidiert (Abb. 7c). Um eine dauerhafte Nervschädigung zu vermeiden, muss der Nerv schnellstmöglich entlastet werden. Am nächsten Tag (Patientin bestätigt andauernde Anästhesie) wird das Operationsareal partiell wieder eröffnet (Abb. 8) und das Implantat um zwei Umdrehungen herausgedreht (Abb. 9). Zur Kontrolle wird eine erneute DVT-Aufnahme angefertigt und zur Erzielung einer höchstmöglichen diagnostischen Präzision in einer Schichtdicke von 0,3 mm rekonstruiert. Die Panoramaschicht zeigt die nun günstigere Lokalisation des Implantates direkt über dem Foramen mentale (Abb. 10a) und auch die Crosssectionals, mit und ohne Nervmarkierung, bestätigen das Verschwinden des Implantats aus dem Kanal (Abb. 10b und 10c). In den meisten ähnlichen Fällen kommt das Gefühl in der Unterlippe spätestens nach einigen Monaten zurück, obwohl es auch passieren kann, dass der Schaden irreversibel bleibt und der Patient für den Rest seines Lebens kein, oder ein unangenehm taubes Gefühl in der Unterlippe zurückbehält. Bei dieser Patientin trat eine Besserung der Sensibilität bereits nach drei Wochen ein und das volle Gefühl kam nach vier Monaten zurück.

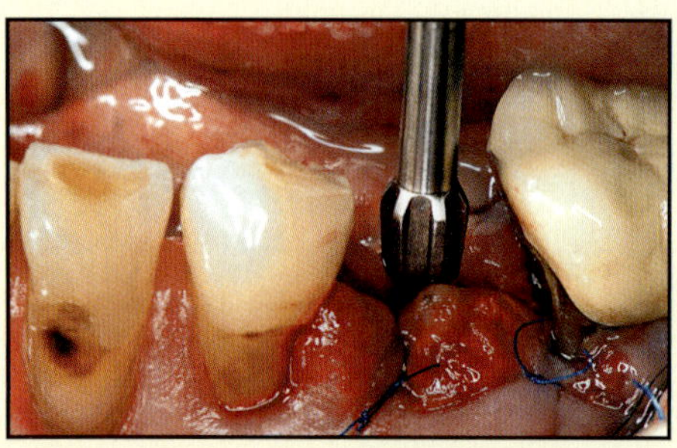

Abb. 9 Herausdrehen des Implantates um zwei Umdrehungen.

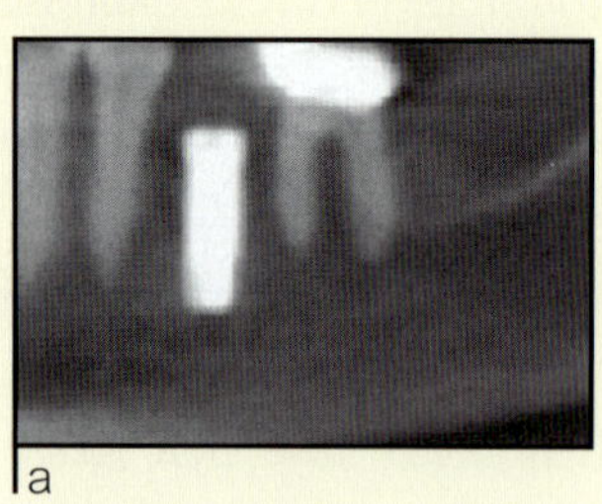

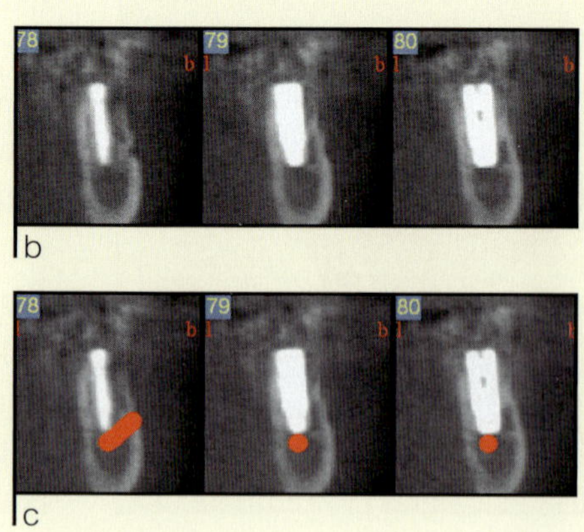

Abb. 10a Verbesserung der Implantatposition.

Abb. 10b und 10c Querschnitte.

Sofortversorgung

Bei der Versorgung einer Einzelzahnlücke ist die provisorische Versorgung aus Platzgründen nicht über die Insertion weiterer provisorischer Implantate möglich, sodass die provisorische Sofortversorgung direkt auf dem definitiven Implantat durchgeführt werden muss. Voraussetzung für eine erfolgreiche Sofortversorgung ist ein qualitativ und quantitativ gutes Knochenlager zur sicheren primärstabilen Verankerung des Implantates. Funktionelle Überlastungen der Krone in der Einheilphase (drei bis sechs Monate) müssen unbedingt vermieden werden.

Provisorische Sofortversorgung auf definitivem Implantat

Fortsetzung der Diagnostik S. 68

Ausgangssituation

Der dunkel verfärbte persistierende Milchzahn 85 der 28-jährigen Patientin ist nicht mehr erhaltungsfähig (Abb. 1). Der Erhalt des Milchzahnes bis zur Implantatversorgung wirkt aber einer Atrophie entgegen, sodass sowohl Höhe als auch Breite des Alveolarfortsatzes zum Zeitpunkt der Implantation optimal erhalten sind. Das Implantat wird direkt nach der Extraktion inseriert und mit einer provisorischen Krone versehen.

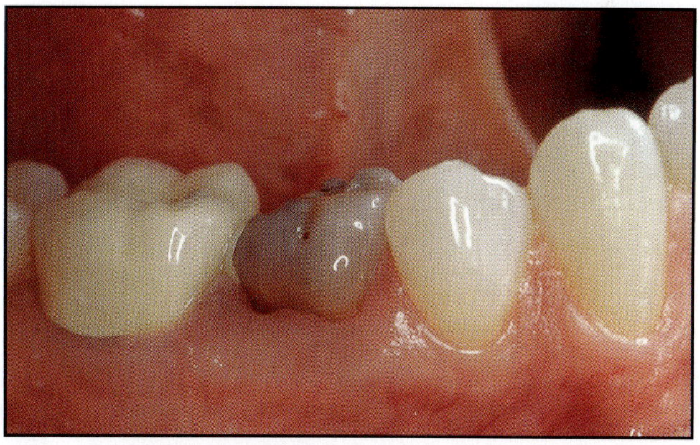

Abb. 1 Verbliebener Milchzahn 85.

Diagnostische Mittel

- Klinische Untersuchung
- DVT
- SimPlant®-Planung
- Modellanalyse

Therapieplan

- Extraktion des Milchzahnes und Sofortimplantation eines WP-Implantates. Direkte Eingliederung einer provisorischen Krone nach der Implantation
- Prothetische Versorgung durch eine zementierte VMK-Krone

Laborverfahren

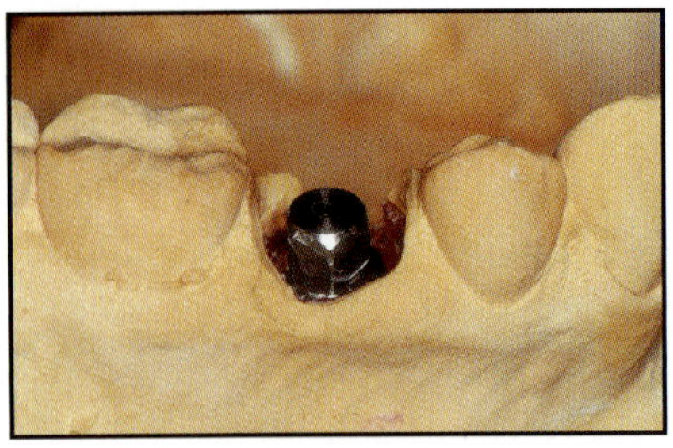

Abb. 2 In Gipsmodell eingearbeitete CeraOne®-Modelldistanzhülse.

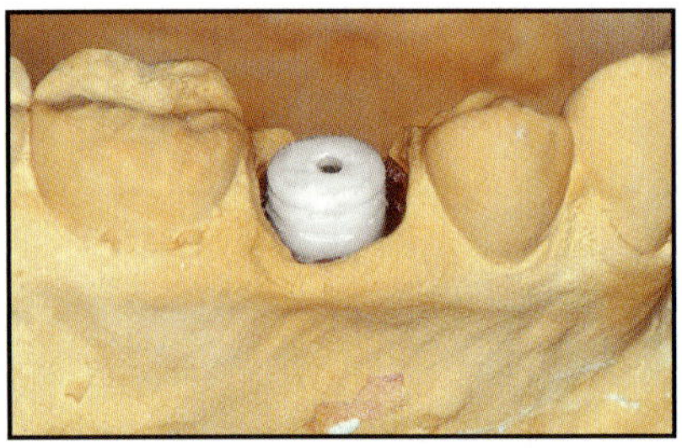

Abb. 3 Gekürzte Kunststoffkappe.

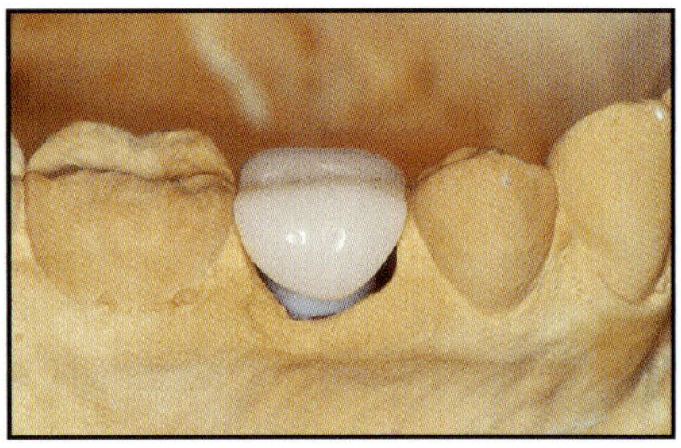

Abb. 4 Provisorische Krone.

Auf dem Situationsmodell wird der zu extrahierende Zahn 85 radiert und ein Implantatanalog oder Abutmentanalog gemäß der dreidimensionalen radiologischen Diagnostik (siehe Diagnostik, Seite 68) auf Basis einer DVT (digitalen Volumentomografie) in das Modell inseriert (Abb. 2). Das Knochenangebot und die Breite der Lücke erlauben die Platzierung eines WP-Implantates mit 5 mm Durchmesser. Zur provisorischen prothetischen Sofortversorgung wird eine CeraOne®-Distanzhülse mit Kunststoffkappe im Labor vorbereitet (Abb. 3) und eine Kunststoffkrone als Eierschalenprovisorium angefertigt (Abb. 4). Die provisorische Krone soll im Mund nach der Insertion des Implantates auf der Kunststoffkappe einpolymerisiert werden.

Extraktion, Implantation und provisorische Versorgung

Die Extraktion des Milchzahnes erfolgt unmittelbar vor der Implantation. Nach den ersten Bohrungen mit 2-und-3mm-Bohrern erfolgen die Kontrollen der Positionierung und Ausrichtung des Implantatlagers mit einem Richtungsindikator (Abb. 5). Die weitere Aufbereitung des Implantatlagers erfolgt bis Ø 4,3 mm. Nach abschließender Verwendung eines Gewindeschneiders, aufgrund der vorliegenden dichten Knochenstruktur, wird das WP-Implantat (Ø 5 mm) inseriert (Abb. 6).

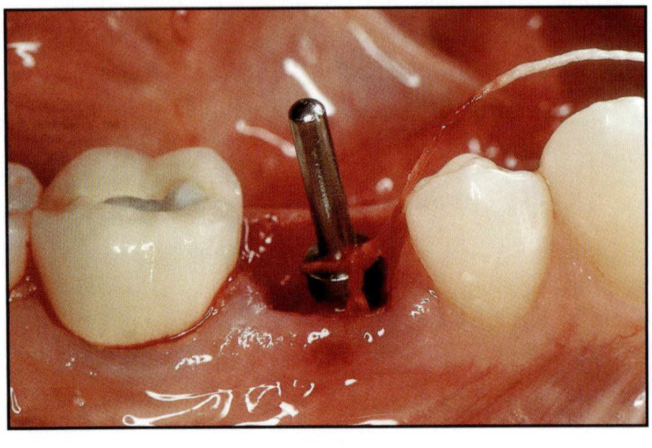

Abb. 5 Prüfung der Ausrichtung.

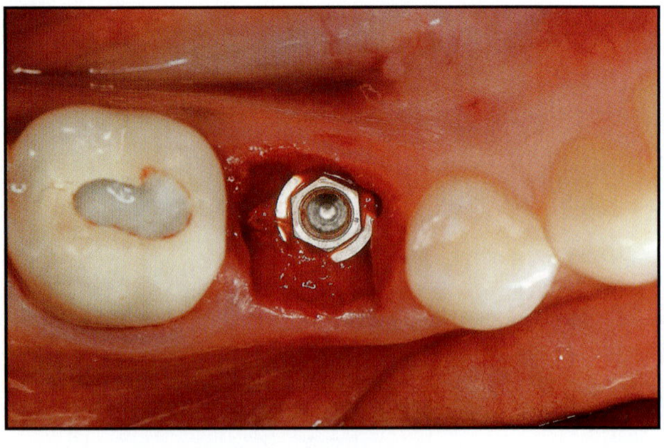

Abb. 6 Inseriertes WP-Implantat.

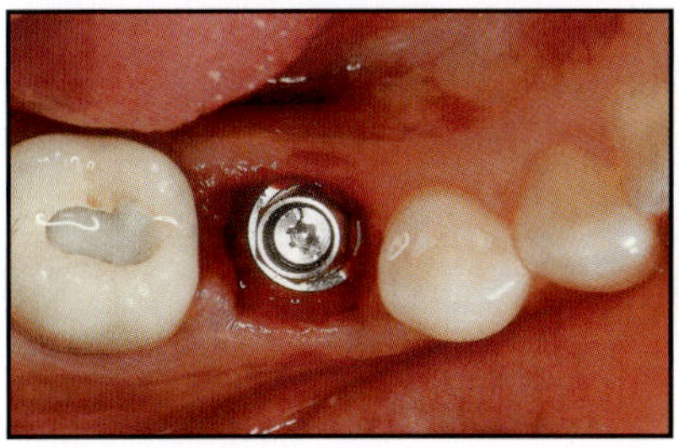

Abb. 7 Aufgeschraubte CeraOne®-Distanzhülse.

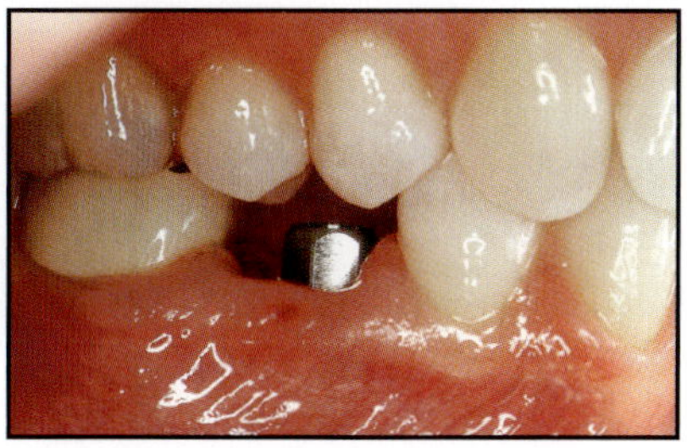

Abb. 8 Ausreichende okklusale Distanz.

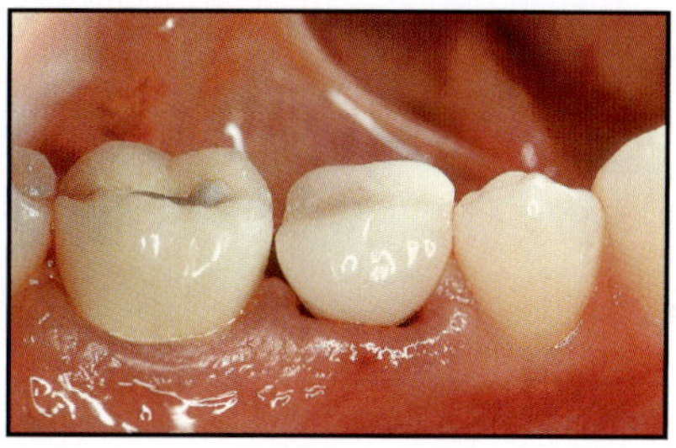

Abb. 9 Eingesetzte provisorische Krone.

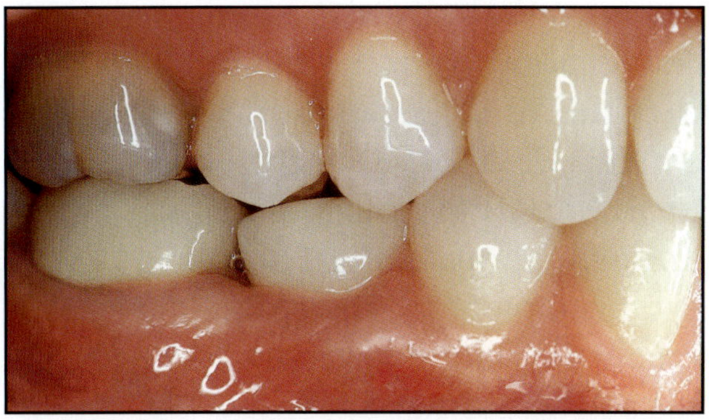

Abb. 10 Provisorische Krone außer Okklusion und Artikulation.

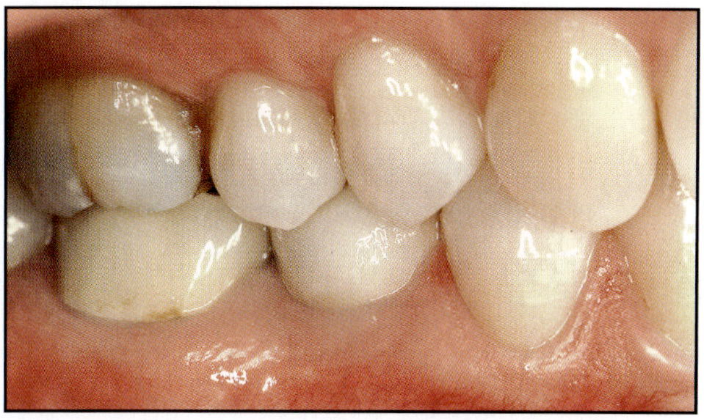

Abb. 11 VMK-Krone nach drei Jahren in Funktion.

Die CeraOne®-Distanzhülse wird aufgeschraubt (Abb. 7). Wichtig ist, dass für die provisorische Krone okklusal ausreichend Abstand (mindestens 2 mm) zum Antagonisten zur Verfügung steht (Abb. 8). Das vorbereitete Eierschalenprovisorium wird mit schnellhärtendem autopolymerisierendem Kunststoff gefüllt und eingegliedert. Nach dem Ausarbeiten wird die provisorische Krone mit TempBond® zementiert (Abb. 9). Die Abschlussbilder zeigen die klinische Situation fünf Monate nach der Implantation und drei Jahre nach der Eingliederung der definitiven prothetischen Versorgung (Abb. 10 und 11).

Behandlungsablauf:

Implantation und Sofortversorgung – 5 Monate bis zur Abdrucknahme und Fertigstellung

Chirurgie und provisorische Krone:
Dr. Christoph T. Sliwowski

Prothetik:
Dr. Uwe Hildebrandt

Zahntechnik:
Ivonne Lewik

Schaltlücke und Freiendsituation

Viele Patienten haben Zahnlücken auf beiden Seiten im Unterkiefer, wobei es sich um Schaltlücken oder Freiendsituationen handeln kann. Im Falle einer Freiendsituation kommt ohne Implantate keine festsitzende prothetische Versorgung in Frage. Die Zahl der Implantate richtet sich nach der Größe einer Lücke, wobei für jeden zu ersetzenden Zahn ein Implantat empfohlen wird. Im Falle einer Freiendsituation werden mindestens zwei, besser drei Implantate empfohlen. Die Suprakonstruktionen auf drei und mehr Implantaten zeigen deutlich weniger Komplikationen als solche auf nur zwei Implantaten. Es handelt sich sowohl um biologische Komplikationen (Knochenabbau bei überbelasteten Implantaten) als auch um mechanische Komplikationen (Lockerung oder Brüche der Befestigungsschrauben oder sogar Implantatbrüche). Der Mindestabstand von 3 mm zwischen den Implantaten soll aber eingehalten werden.

Diagnostik und Planung im Fall einer großen Schaltlücke oder einer Freiendsituation müssen mindestens ebenso sorgfältig wie bei einer Einzelzahnimplantation im seitlichen Unterkiefer durchgeführt werden. Bei dieser Indikation werden in der Regel zwei bis vier Implantate inseriert, wobei jedes Einzelne zu einer Schädigung des Nervus alveolaris inferior führen kann. Als minimale bildgebende Diagnostik ist eine Röntgenmessaufnahme (OPG) mit einer Schablone und darin als Messkörper eingearbeiteten Titanhülsen zu sehen. Die Herstellung der Schablone wurde bereits in Band 1 auf den Seiten 85 – 87 ausführlich beschrieben. Schwierige anatomische Situationen, besonders mit einem grenzgradigen Knochenangebot, können auch eine dreidimensionale CT- oder DVT-Diagnostik erforderlich machen; diese Verfahren sind im Seitenzahnbereich in den meisten Fällen empfehlenswert.

Typischer Behandlungsablauf

Zementierte Suprakonstruktion auf individuellen Abutments

Ausgangssituation

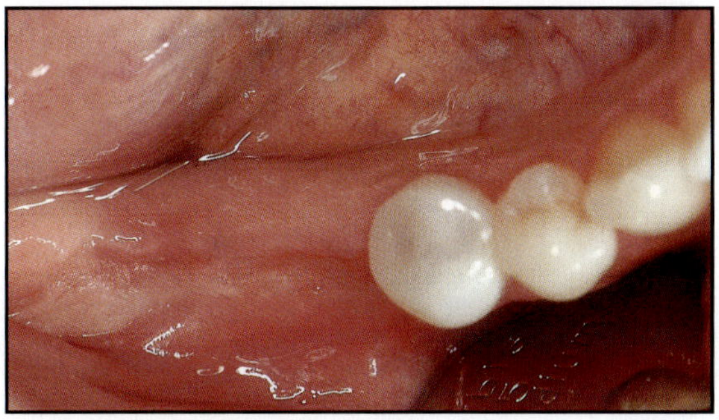

Abb. 1 Freiendsituation rechts.

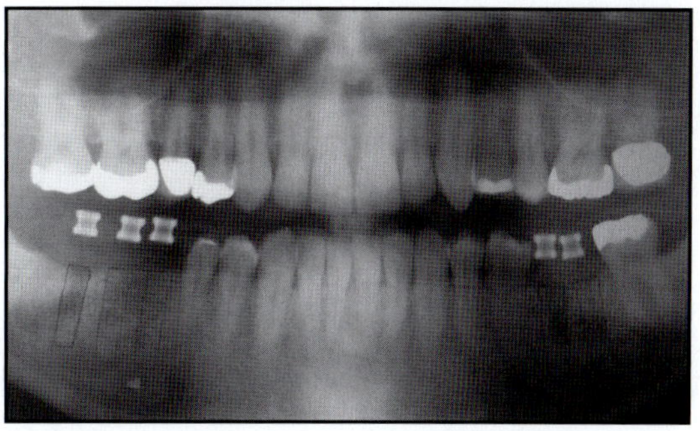

Abb. 2 OPG-Messaufnahme mit Schablone.

Patient mit einer Freiendsituation im Unterkiefer rechts. Die fehlenden Molaren 46 und 47 sollen durch eine Implantatversorgung ersetzt und in gleichem Zusammenhang der Zahn 45 mit einer neuen Krone versorgt werden (Abb. 1). Die klinische und radiologische Diagnostik ergibt ein ausreichendes Knochenangebot im Molarenbereich, sodass eine Verbundkronenkonstruktion auf drei Implantaten geplant wird (Abb. 2).

Diagnostische Mittel

- Klinische Untersuchung
- OPG mit Schablone
- Modellanalyse

Therapieplan

- Insertion von drei Implantaten, subgingivale Einheilung
- Freilegung
- Prothetische Versorgung durch eine zementierte VMK-Brücke auf individuellen Abutments

Achtung:

Um eine okklusale Überlastung zu vermeiden und die Suprakonstruktion an den Implantatdurchmesser anzupassen, propagieren einige Autoren „Prämolarisation“, d. h. Prämolarenform für die prothetische Versorgung im Molarenbereich, wobei normalerweise drei Prämolaren als Ersatz von zwei Molaren notwendig sind.

Implantation

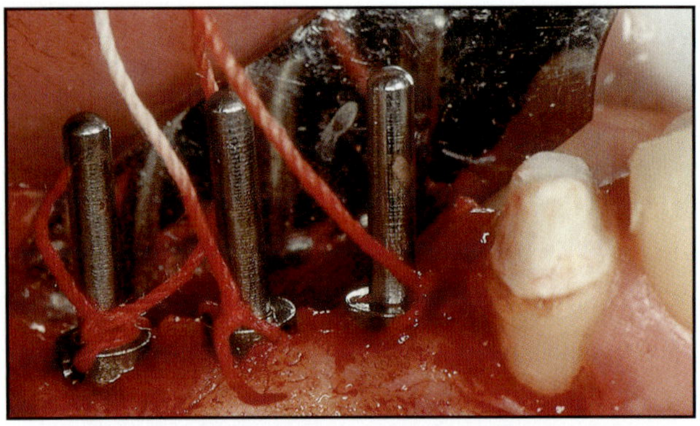

Abb. 3 Präparierte Implantatbetten mit den Richtungsindikatoren.

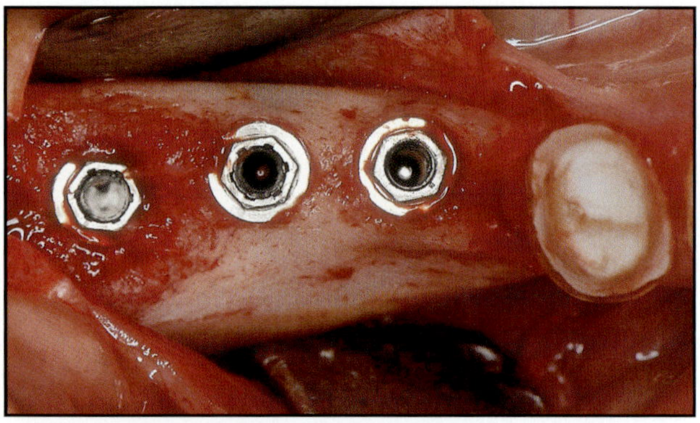

Abb. 4 Inserierte Implantate.

Die Implantatbetten im Molarenbereich werden präpariert und die korrekte Ausrichtung mit Richtungsindikatoren überprüft (Abb. 3). Trotz leichter vestibulärer Atrophie lassen sich drei MK-III-Implantate fast mittig in den Kieferkamm inserieren (Abb. 4). Um eine sichere Osseointegration zu gewährleisten, werden die Implantate vor dem Wundverschluss mit Deckschrauben versehen und heilen sechs Monate subgingival ein (Abb. 5).

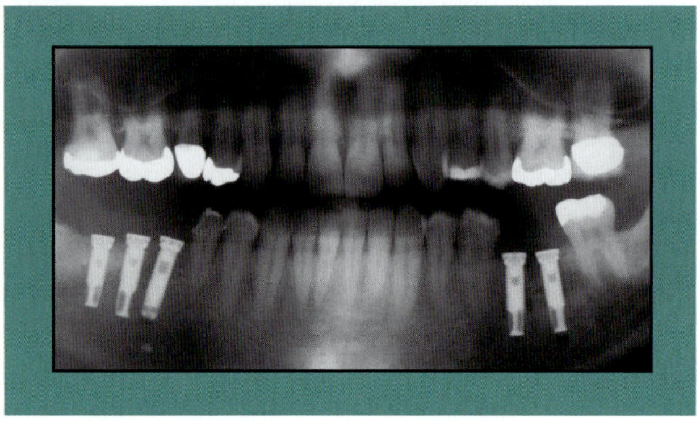

Abb. 5 OPG-Kontrolle nach der Implantation.

ACHTUNG:

Direkt nach der Implantation soll eine Röntgenkontrolle erfolgen, um die Lage der Implantate zu dem Nerv und zu den Wurzeln der Nachbarzähne zu prüfen.

Freilegung und prothetische Versorgung

Aufgrund einer vestibulär sehr schmalen Zone fixierter Gingiva (Abb. 6) erfolgt bei der Freilegung die Schnittführung leicht lingual der Kieferkammmitte, sodass keratinisierte Gingiva nach

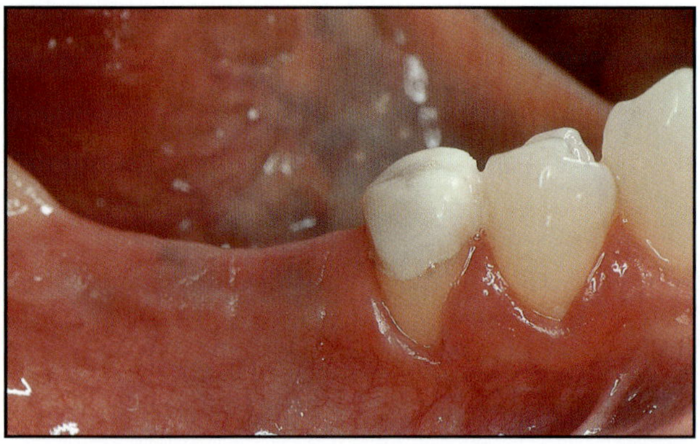

Abb. 6 Gedeckte Einheilung der Implantate.

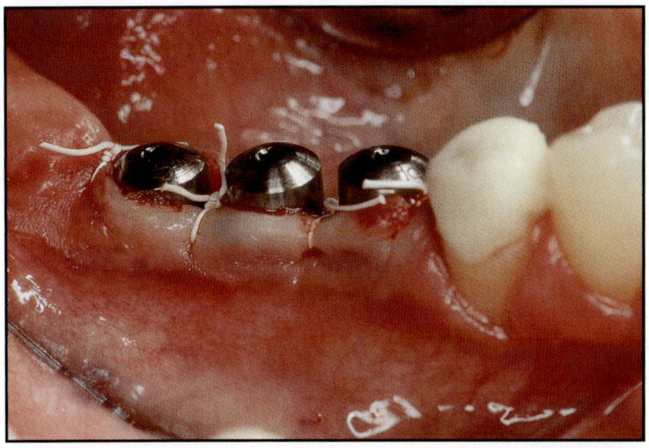

Abb. 7 Freilegung.

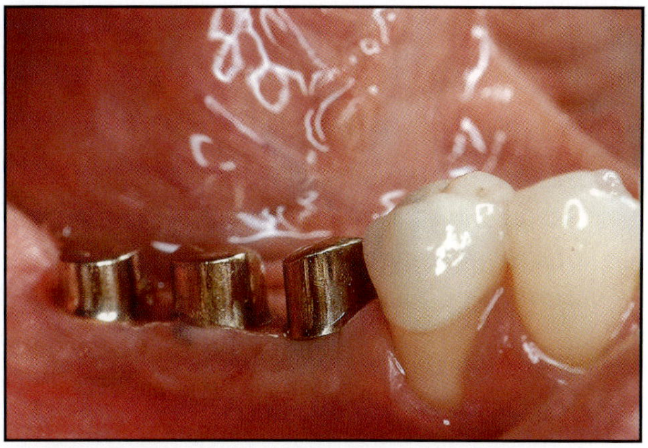

Abb. 8 Aufgeschraubte individuelle Abutments.

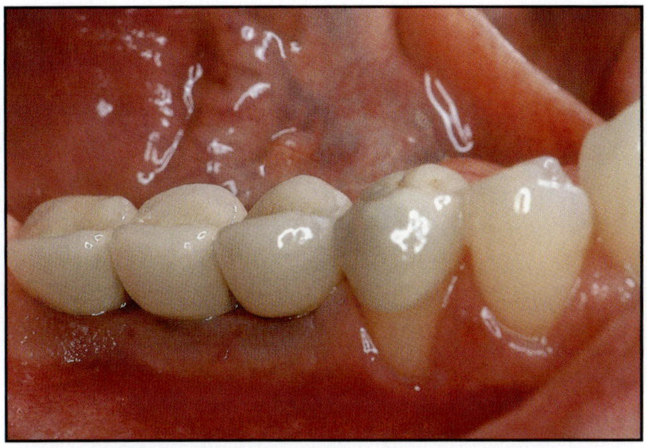

Abb. 9 Eingesetzte Verbundkronen.

ACHTUNG:

Nach der Freilegung sollte die vollständige Abheilung und Stabilisierung der periimplantären Weichgewebe abgewartet werden und die Abdrucknahme erst ca. drei bis vier Wochen nach Freilegung erfolgen. Die prothetische Versorgung kann über individuelle Abutments, die als Zementierpfosten dienen, oder eine verschraubte Kronenkonstruktion erfolgen.

vestibulär verlagert wird und es in diesem Bereich zu einer verbreiterten Zone fixierter Gingiva kommt (Abb. 7). Nach Abdrucknahme werden im Labor individuelle Zementierpfosten erstellt (Abb. 8), auf denen dann eine metallkeramische Verbundkronenkonstruktion zementiert wird. Ebenso erfolgt die Versorgung des Zahnes 45 mit einer neuen Krone (Abb. 9).

Behandlungsablauf:
Implantation – 6 Monate bis zur Freilegung – 3 Wochen bis zur Abdrucknahme und Fertigstellung

Chirurgie:
Dr. Christoph T. Sliwowski

Prothetik:
Dr. Michael Weber

Zahntechnik:
Horst Mosch

AUSGANGSSITUATION

Patient mit einer Freiendsituation auf der rechten Seite und einer Schaltlücke links. Der letzte Zahn links (37) hat eine grosse, undichte Amalgamfüllung und wird zusammen mit der prothetischen Versorgung der Implantate überkront (Abb. 1). Die verbliebene Wurzel des Zahnes 35 wurde sechs Wochen vor der Implantation extrahiert.

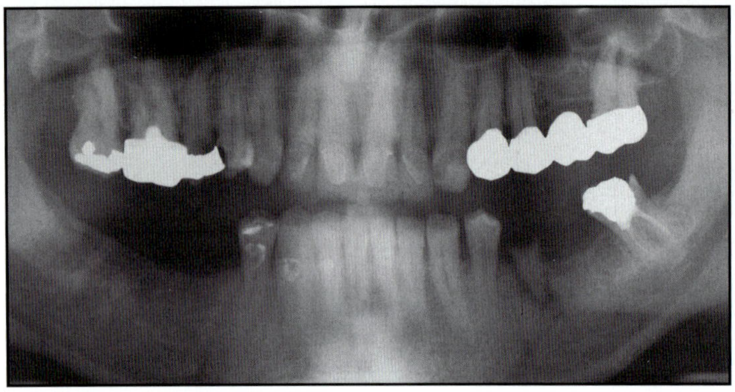

Abb. 1 OPG-Ausgangsaufnahme.

DIAGNOSTISCHE MITTEL

- Klinische Untersuchung
- OPG
- Modellanalyse

THERAPIEPLAN

- Implantatinsertion, subgingivale Einheilung
- Freilegung
- Transokklusal verschraubte Brücken auf EsthetiCone®-Distanzhülsen

Implantation

In diesem Fall sind zum Ersatz der beiden Molaren 46 und 47 drei Implantate und für den Ersatz des Prämolaren 45 ein weiteres Implantat inseriert worden (Abb. 2).

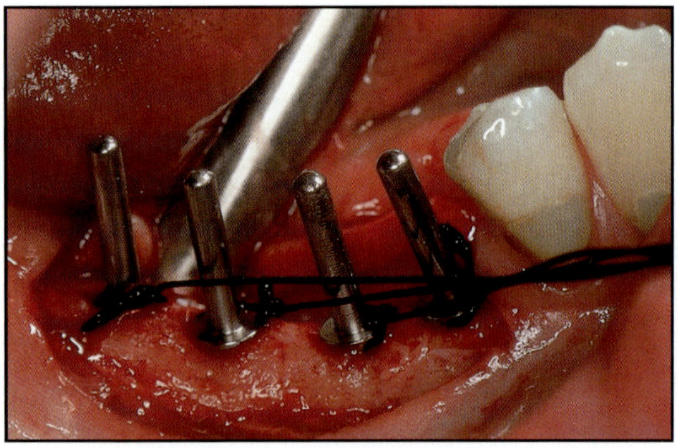

Abb. 2 Prüfung der Ausrichtung der Implantate.

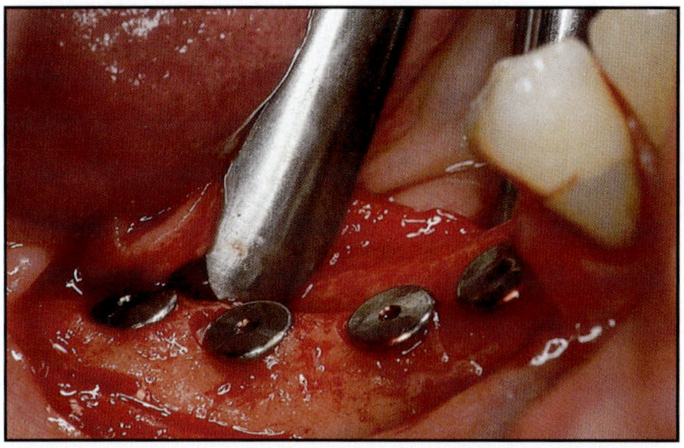

Abb. 3 Inserierte vier Implantate auf der rechten Seite.

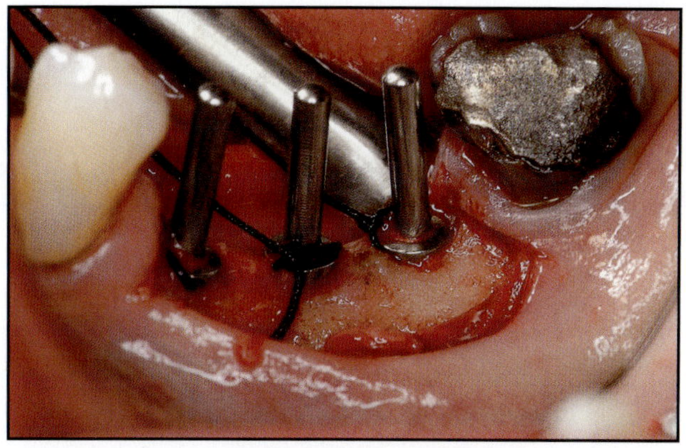

Abb. 4 Präparierte Implantatbetten links.

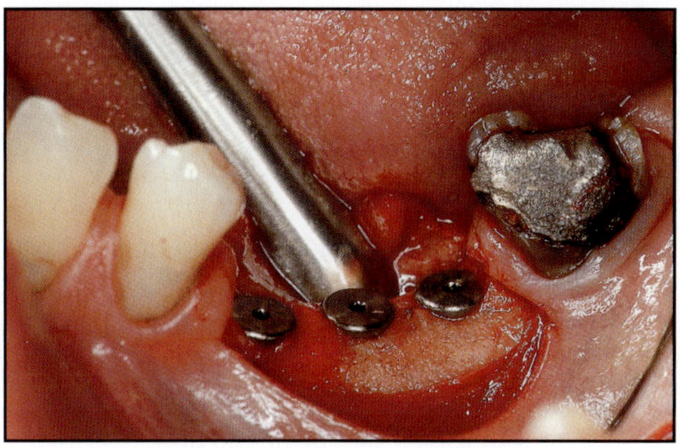

Abb. 5 Inserierte drei Implantate links.

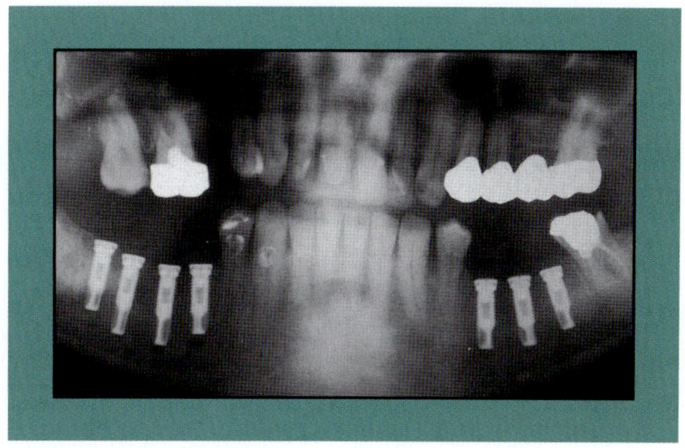

Abb. 6 Röntgenkontrolle unmittelbar nach der Implantation.

Die vier MK-II-Implantate werden bis zum bündigen Abschluss mit dem krestalen Niveau des Kieferkammes inseriert (Abb. 3). Auf der linken Seite werden im Bereich der Schaltlücke 35, 36 drei Implantate inseriert (Abb. 4 und 5). Der prothetische Aufbau des Zahnes 37 mit einer Einzelzahnkrone wird zusammen mit der Versorgung der Implantate durchgeführt. Direkt nach der Implantation wird die Lage der Implantate zum Nerv mit einem OPG überprüft (Abb. 6).

Freilegung und prothetische Versorgung

Die Freilegung der Implantate erfolgt fünf Monate nach der Insertion. Die vier Implantate auf der rechten Seite werden mit EsthetiCone®-Distanzhülsen versehen und eine transokklusal verschraubte Verbundkronenkonstruktion eingegliedert (Abb. 7). Aufgrund

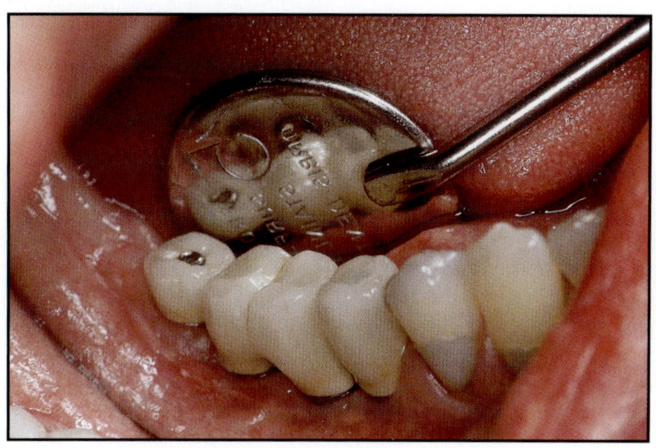

Abb. 7 Verbundkronen auf der rechten Seite.

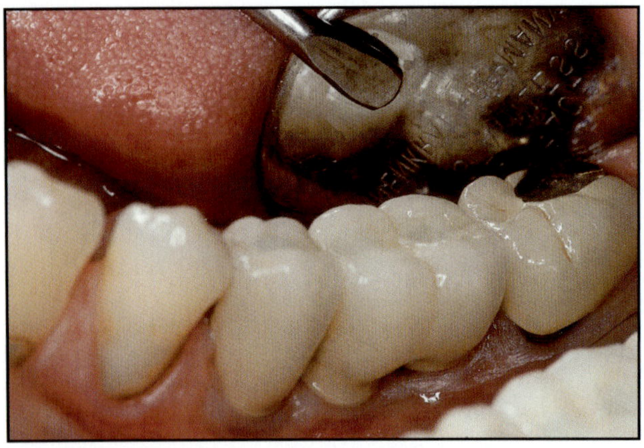

Abb. 8 Prothetische Versorgung links.

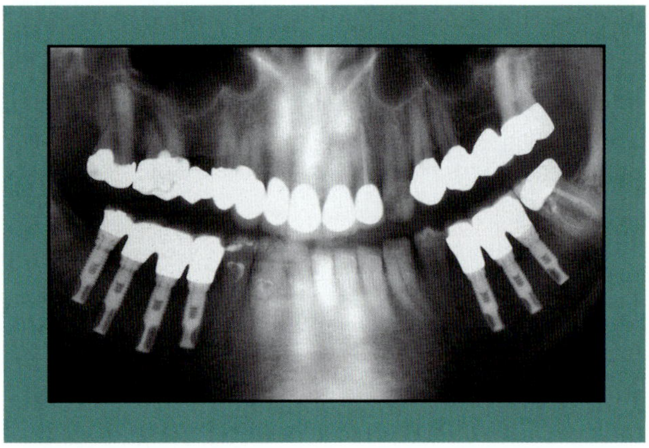

Abb. 9 Stabile knöcherne Verhältnisse nach acht Jahren.

der geringen interokklusalen Distanz ergibt sich an dem Implantat regio 47 kein ausreichend langer okklusaler Schraubenkanal, sodass ein Verschluss mit einer Kompositfüllung nicht möglich ist. In analoger Weise erfolgt die prothetische Versorgung auf der linken Seite. Der Zahn 37 wird mit einer zementierten VMK-Krone versorgt (Abb. 8). Die OPG-Aufnahme acht Jahre nach der prothetischen Rehabilitation zeigt stabile knöcherne Verhältnisse (Abb. 9).

ACHTUNG:

Nach Möglichkeit sollen zahn- und implantatgetragene Einheiten aufgrund der unterschiedlichen biomechanischen Eigenschaften von Zähnen und Implantaten getrennt werden. Eine Verbindung (auch über Geschiebe) ist nicht sinnvoll.

Behandlungsablauf:

Implantation – 5 Monate bis zur Freilegung – 4 Wochen bis zur Abdrucknahme und Fertigstellung

Chirurgie:	Prothetik:	Zahntechnik:
Dr. Christoph T. Sliwowski	Dr. Michael Weber	Fernando Abrantes

Atypischer Behandlungsverlauf – schwierige Ausgangssituation

Implantation mit Augmentation und transgingivaler Einheilung

Ausgangssituation

Patientin mit dem endständigen Zahn 43 wünscht eine Verlängerung der Zahnreihe bis zum Molarenbereich. Die klinische Untersuchung zeigt sowohl vertikal als auch horizontal eine mittelstark ausgeprägte Kieferkammatrophie im vierten Quadranten (Abb. 1). Die OPG- und DVT-Aufnahmen zeigen neben der Atrophie einen ausgeprägten Knochendefekt regio 45 (Abb. 2 und 3).

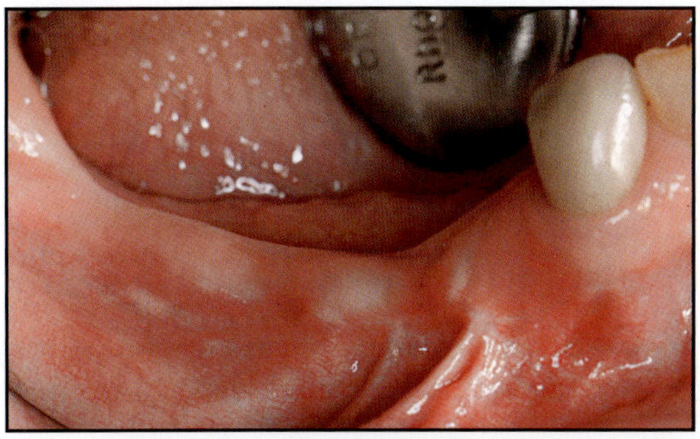

Abb. 1 Ausgangsaufnahme. Freiendsituation rechts.

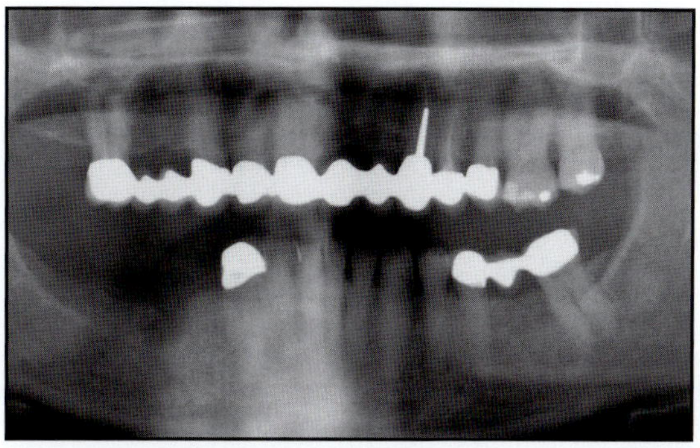

Abb. 2 OPG-Röntgenaufnahme.

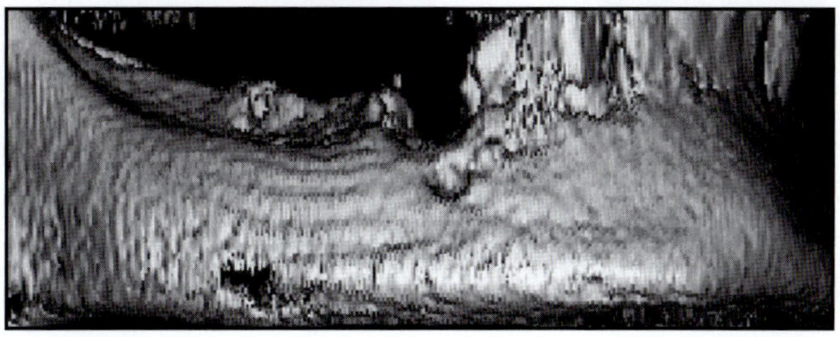

Abb. 3 3-D-Rekonstruktion.

Diagnostische Mittel

- Klinische Untersuchung
- OPG
- DVT
- SimPlant®-Planung
- Modellanalyse

Therapieplan

- Insertion von drei definitiven Implantaten, Augmentation, transgingivale Einheilung
- Versorgung mit einer zementierten VMK-Brücke auf individuellen Distanzhülsen

Implantation, Augmentation und prothetische Versorgung

Nach dem Aufklappen werden drei Implantatbetten regio 44, 45 und 46 präpariert und drei Neoss®-Implantate inseriert. Nur die Implantate 44 und 46 sind ausreichend von lingual mit Knochen bedeckt, wobei Implantat 45 sowohl vestibulär als auch lingual Knochendefizite aufweist. Um die Höhenunterschiede auszugleichen, wird ein Kompromiss geschlossen. Das vollständig versenkte Implantat 44 liegt etwas höher als Implantat 45, wobei letztes trotz der tieferen Lage aus dem Knochendefekt ziemlich herausragt (Abb. 4). Das Implantat 46 wird in üblicher Tiefe eingesetzt und erfordert nur eine geringfügige Augmentation. Auf alle Implantate werden die Heilungsdistanzhülsen aufgesetzt und für eine bessere Revaskularisation die Kortikalis an mehreren Stellen perforiert (Abb. 5). Die gesammelten Knochenspäne werden vestibulär, vor allem regio 45, auf dem Kieferkamm aufgelagert und mit einer Tutodent®-Membran abgedeckt. Das Zahnfleisch wird um die Abutments herumgelagert und mit der Gore®-Naht fixiert (Abb. 6). Die postoperative OPG-Aufnahme zeigt die Positionierung der Implantate und deren Lage zum Nervus alveolaris inferior (Abb. 7).

Drei Monate nach der Implantation zeigt sich klinisch eine reizlose periimplantäre Gingiva-

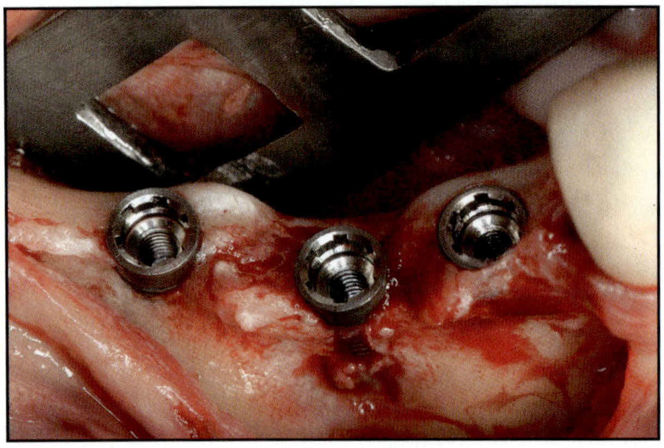

Abb. 4 Inserierte drei Neoss®-Implantate.

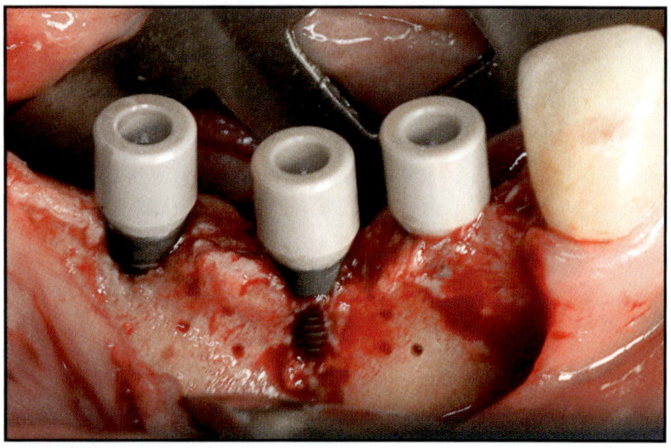

Abb. 5 Aufgeschraubte Heilungsdistanzhülsen. Perforationen der Kortikalis.

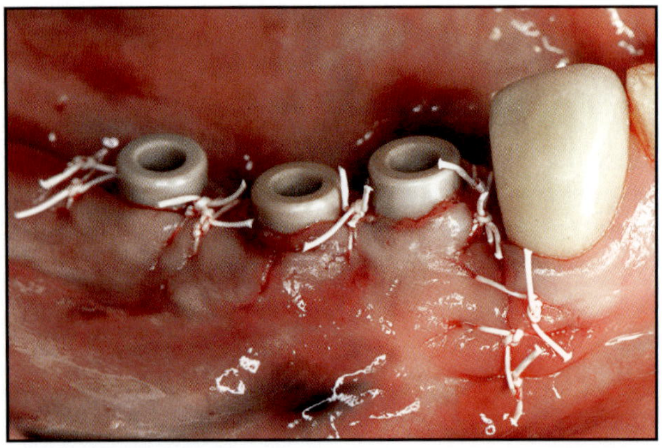

Abb. 6 Dichter Nahtverschluss nach der Augmentation.

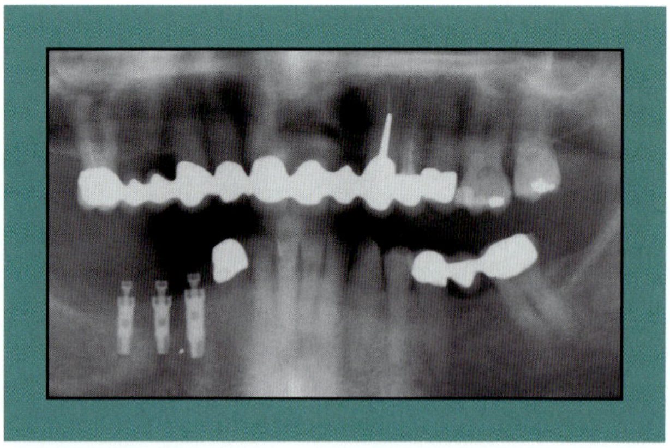

Abb. 7 Röntgenkontrolle nach der Implantation.

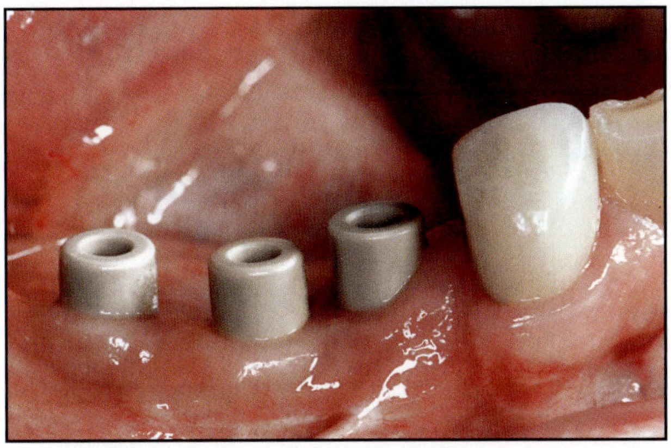

Abb. 8 Stabilisierung der Schleimhautsituation nach drei Monaten.

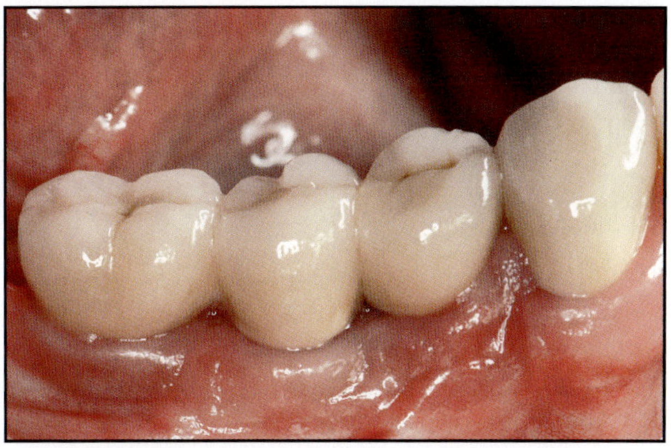

Abb. 9 Eingesetzte VMK-Brücke auf den individuellen Abutments.

Abb. 10 Patientin nach Abschluss der Behandlung.

situation, obwohl ein leichtes Gewebedefizit regio 45 anzumerken ist (Abb. 8). Der Abstand der Heilungsdistanzhülsen zur Gegenbezahnung muss in dieser Zeit ausreichend sein um eine okklusale Belastung auszuschließen. Sechs Monate nach der Implantation werden die individuellen Abutments aufgeschraubt, auf denen dann die VMK-Verbundkronen zementiert werden (Abb. 9). Die Patientin ist nicht nur mit dem Endergebnis zufrieden, sondern auch damit, dass dieses mit nur einem einzigen chirurgischen Eingriff erreicht wurde (Abb. 10).

Behandlungsablauf:

Implantation und Augmentation – 6 Monate bis zur Abdrucknahme und Eingliederung der Suprakonstruktion

Chirurgie:

Dr. Christoph T. Sliwowski

Prothetik:

Dr. Michael Weber

Zahntechnik:

Ute Olbers

Fraktur eines Implantates bei zahnimplantatgetragener Brücke

Ausgangssituation

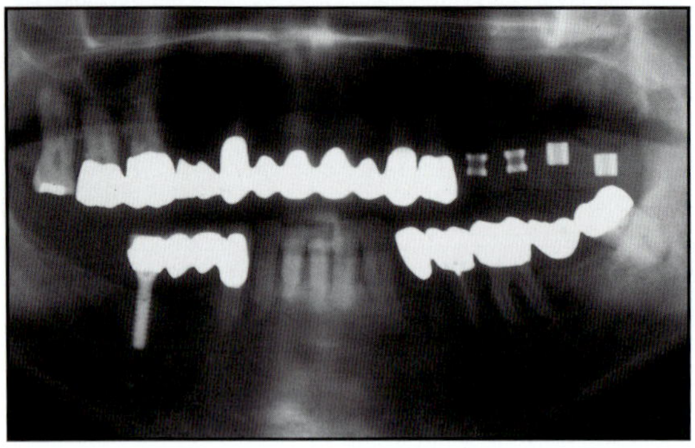

Abb. 1 Unstabile implantologische Versorgung im dritten Quadranten.

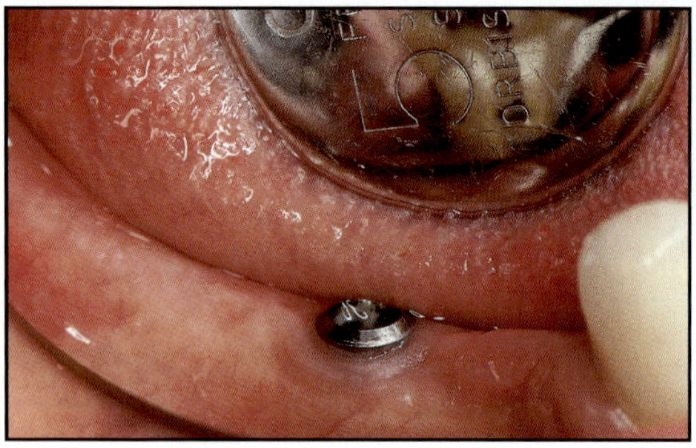

Abb. 2 Abgebrochene Befestigungsschraube.

Alio loco wurde bei der Patientin die Freiendsituation im rechten Unterkiefer mit einer Hybridbrücke vor zwei Jahren prothetisch versorgt (Abb. 1). In der Zwischenzeit kam es bereits mehrfach zu Schraubenlockerungen an dem Implantat. Die Befestigungsschraube der Hybridbrücke ist im Implantat frakturiert worden (Abb. 2) und die Versuche des behandelnden Überweisers, das Schraubenfragment aus dem Implantat herauszudrehen bzw. zu fräsen, waren erfolglos. Da eine weitere Verwendbarkeit des Implantates somit ausgeschlossen war, musste mit der Patientin eine Neuversorgung besprochen werden. Aufgrund der schlechten Erfahrung mit der zahnimplantatgetragenen Hybridbrücke ist eine rein implantatgetragene Versorgung mit verblockten Verbundkronen nach Explantation des frakturierten Straumann®-Implantates geplant.

Diagnostische Mittel

- Klinische Untersuchung
- OPG
- Modellanalyse

Therapieplan

- Explantation des gebrochenen Implantates, Insertion von drei bzw. vier Implantaten und Augmentation, subgingivale Einheilung
- Freilegung
- Versorgung der Freiendsituation mit transokklusal verschraubter Brücke

Implantation, Explantation und Augmentation

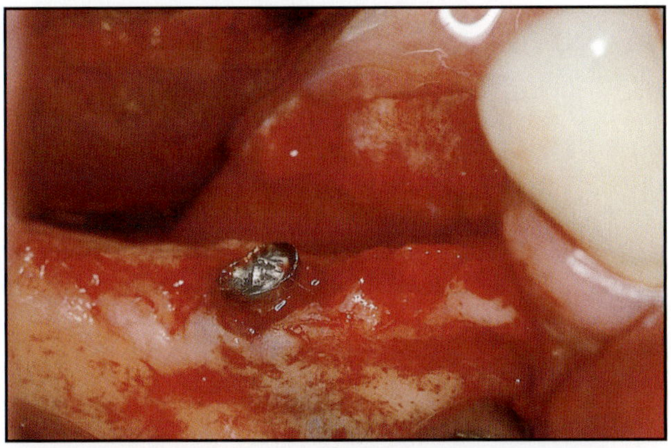

Abb. 3 Abgetrennter Implantatkopf.

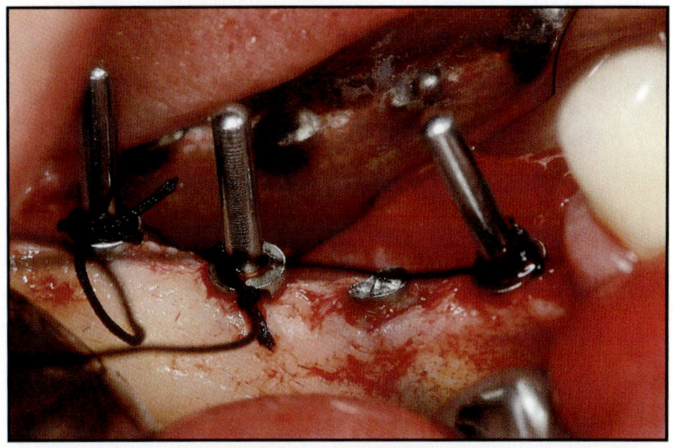

Abb. 4 Präparierte Implantatbetten für RP-Implantate.

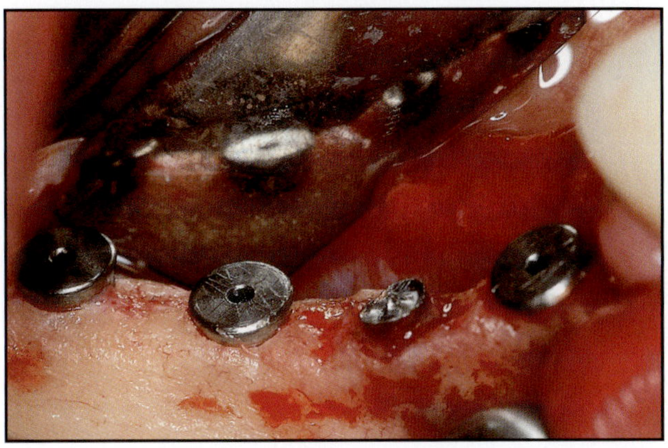

Abb. 5 Bündig mit Knochenniveau inserierte Implantate.

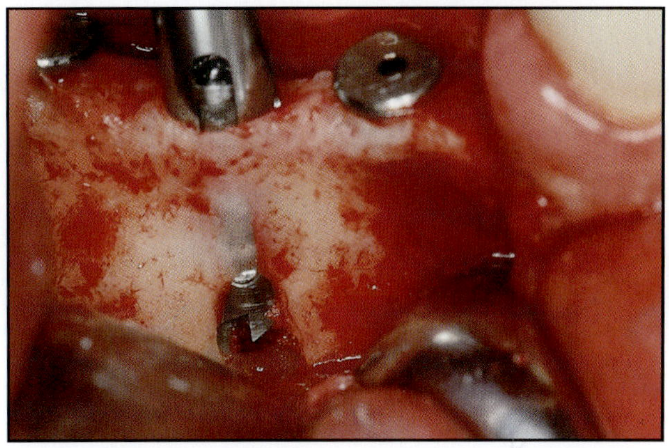

Abb. 6 Apikale Fenestration.

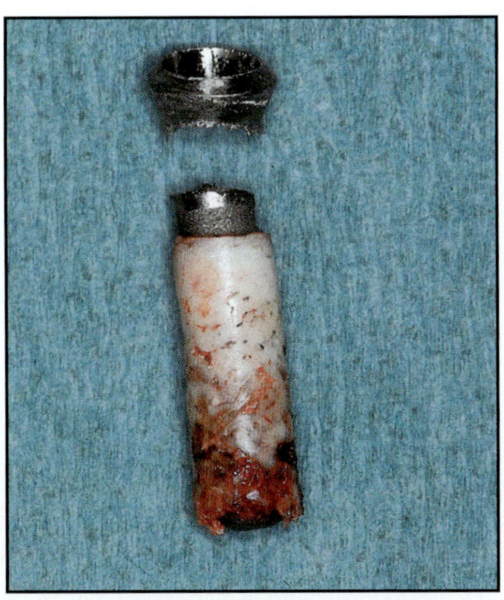

Abb. 7 Das ausgefräste Implantat.

Nach krestaler Schnittführung und Darstellung des OP-Situs wird das verbreiterte Kopfteil („Tulpe“) des ITI-Straumann®-Implantates abgetrennt (Abb. 3), um zur Explantation eine Trepanfräse mit möglichst geringem Durchmesser verwenden zu können. Zunächst erfolgt die Insertion von einem RP-Implantat regio 44 und zwei weiterer RP-Implantate regio 46 und 47 (Abb. 4 und 5). Der Körper des frakturierten Implantates schimmert teilweise durch den nur sehr dünnen bedeckenden vestibulären Knochen, was die Einschätzung der Lage des Implantates vereinfacht. Die genaue Lokalisation der Implantatspitze erfolgt über einen vestibulären Zugang auf Höhe des Apex des Implantates. Die Explantation erfolgt nun durch Umfräsen mit einer genormten Trepanfräse (Abb. 6). Nach Explantation zeigt sich die vollständige Osseointegration des Implantates (Abb. 7). Ebenso

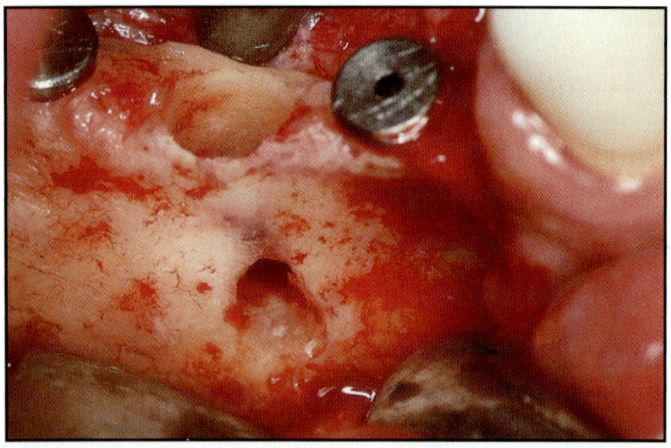

Abb. 8 Knochendefekt mit erhaltener vestibulärer Lamelle.

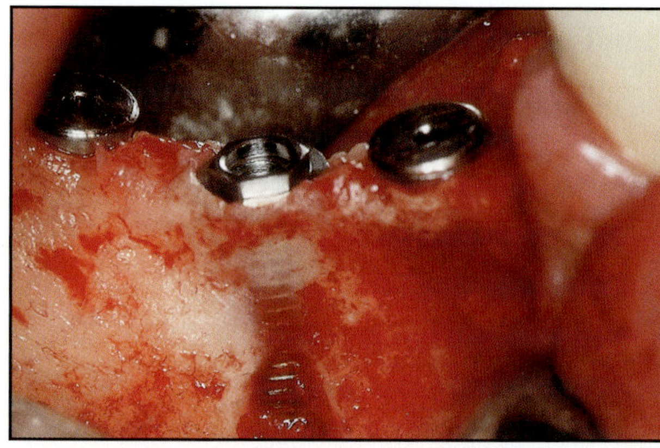

Abb. 9 Inseriertes WP-Implantat.

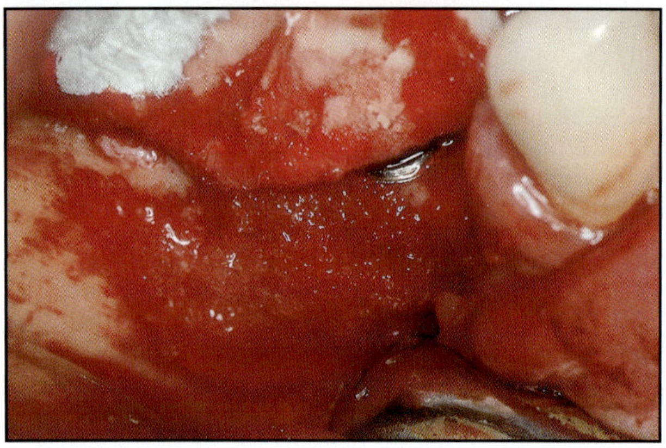

Abb. 10 Augmentation mit Knochenspänen.

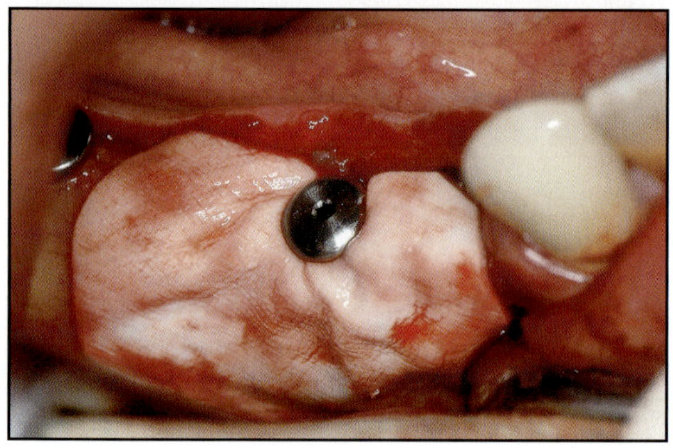

Abb. 11 Mit Deckschraube befestigte BioGide®-Membran.

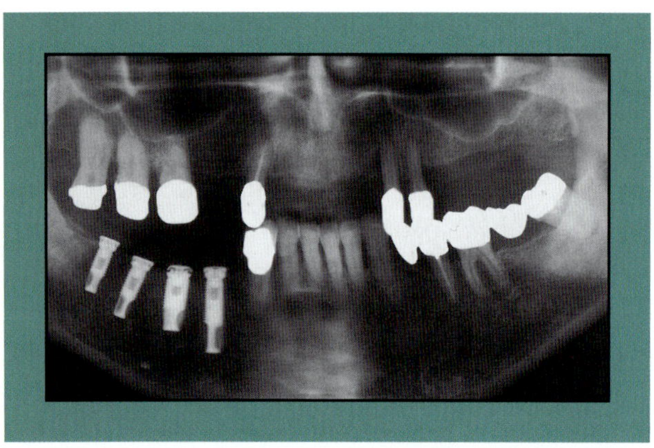

Abb. 12 Postoperative Röntgenkontrolle.

wird der unterschiedliche Durchmesser von Implantatkörper und Implantatkopf deutlich. Durch eine vorsichtige Vorgehensweise konnte die vestibuläre Knochenlamelle fast vollständig erhalten bleiben (Abb. 8). Um in dem entstandenen Defekt eine ausreichende Primärstablität mit dem neuen Implantat zu erzielen, wird ein WP-Implantat (Ø 5 mm) inseriert (Abb. 9). Der dünne vestibuläre Knochen ebenso wie die vestibuläre Zugangskavität werden mit den gesammelten Knochenspänen augmentiert (Abb. 10) und mit einer BioGide®-Membran, die durch die Deckschraube an dem WP-Implantat fixiert wird, abgedeckt (Abb. 11). Infolge dieser augmentativen Maßnahmen ist für den dichten Wundverschluss eine Periostschlitzung erforderlich. Die postoperative Kontrollaufnahme zeigt die Lage der Implantate zueinander und zum Nervus alveolaris inferior (Abb. 12).

Freilegung und prothetische Versorgung

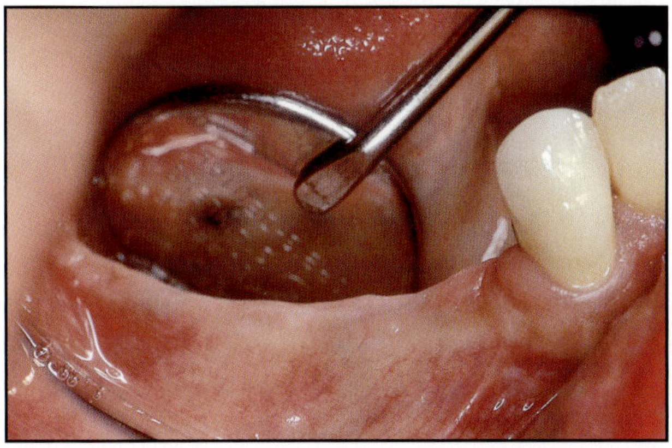

Abb. 13 Komplikationsfreie subgingivale Einheilung.

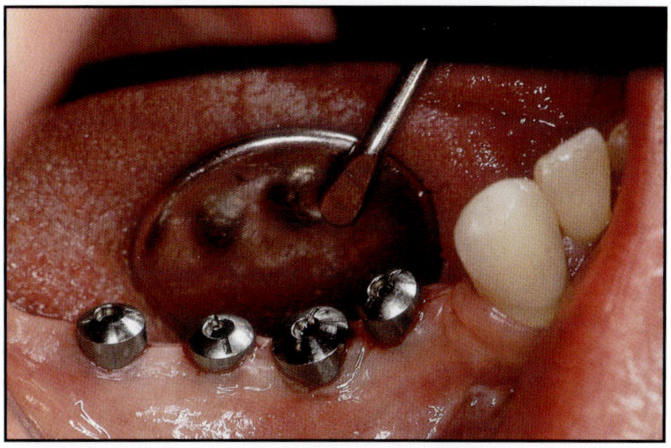

Abb. 14 Freilegung.

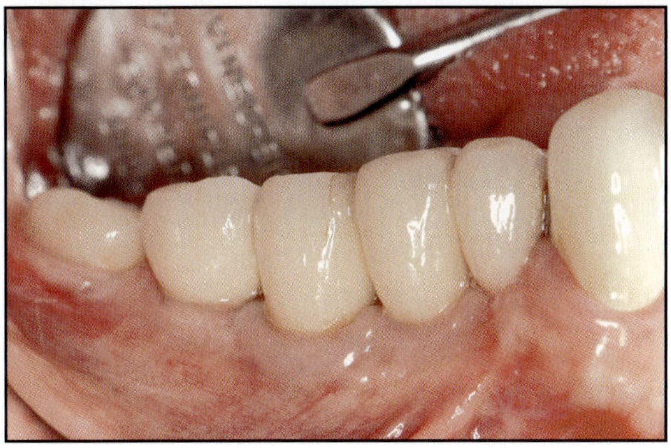

Abb. 15 Klinische Situation nach zehn Jahren.

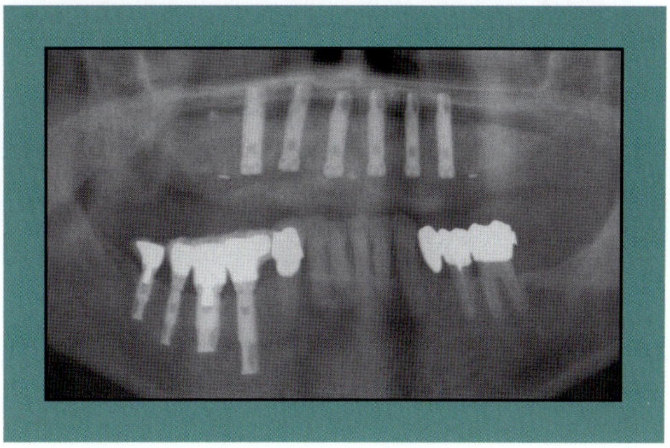

Abb. 16 OPG-Kontrolle nach zehn Jahren.

Nach einer komplikationslosen Einheilzeit von sechs Monaten (Abb. 13) erfolgt die Freilegung der Implantate und Eingliederung von Healing-abutments (Abb. 14). Die Abdrucknahme wird nach vollständiger Abheilung der Gingiva durchgeführt und eine transokklusal verschraubte Verbundkronenkonstruktion angefertigt. Die Abschlussaufnahmen zeigen die stabile und reizlose klinische sowie radiologische Situation zehn Jahre nach der Eingliederung (Abb. 15 und 16).

Behandlungsablauf:

Explantation und Implantation mit Augmentation – 6 Monate bis zur Freilegung – 3 Wochen bis zur Abdrucknahme und Fertigstellung

Chirurgie:	Prothetik:	Zahntechnik:
Dr. Christoph T. Sliwowski	Dr. Michael Weber	Horst Mosch

Sofortversorgung auf provisorischen Implantaten

Typischer Behandlungsablauf

Beidseitige Freiendsituation

Ausgangssituation

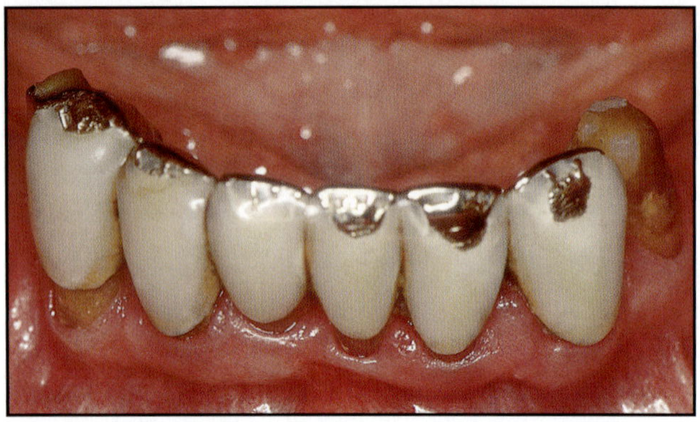

Abb. 1 Beidseitige Freiendsituation im Unterkiefer mit insuffizientem Frontzahnersatz.

Patientin mit einer beidseitigen Freiendsituatioin im Unterkiefer bei einer erhaltungswürdigen Frontbezahnung 34-43, aber insuffizientem, erneuerungsbedürftigem Zahnersatz (Abb. 1). Auf beiden Seiten werden rein implantatgetragene Brücken geplant. Eine festsitzende provisorische Versorgung, auch während der Einheilphase, ist über provisorische Implantate vorgesehen.

Diagnostische Mittel

- Klinische Untersuchung
- OPG
- DVT
- SimPlant®-Planung
- Modellanalyse

Therapieplan

- Insertion von drei definitiven Implantaten auf jeder Seite und von provisorischen Implantaten mit Sofortversorgung, subgingivale Einheilung
- Freilegung
- Versorgung mit zementierten VMK-Brücken auf individuellen Distanzhülsen

Implantation

Nach Abnahme des alten Zahnersatzes werden zunächst im rechten Unterkiefer drei Brånemark-Implantate inseriert (Abb. 2).

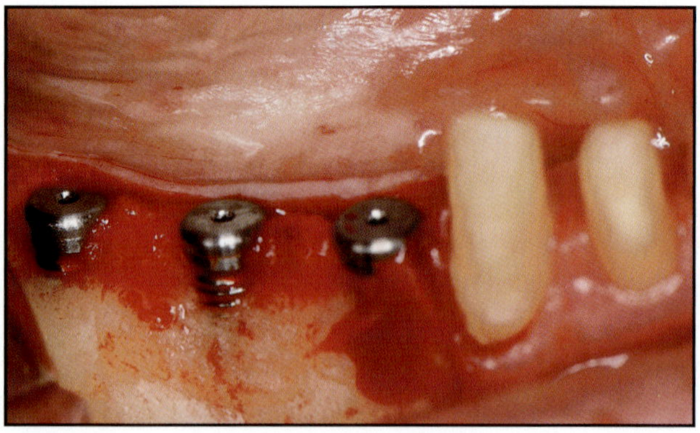

Abb. 2 Inserierte drei definitive RP-Implantate.

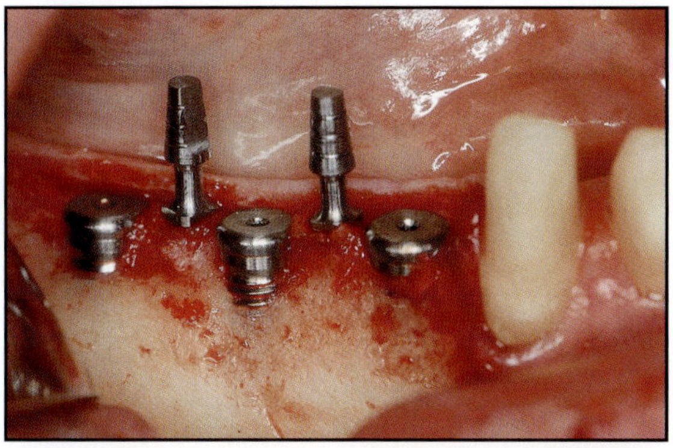

Abb. 3 Eingesetzte zwei provisorische IPI®-Implantate.

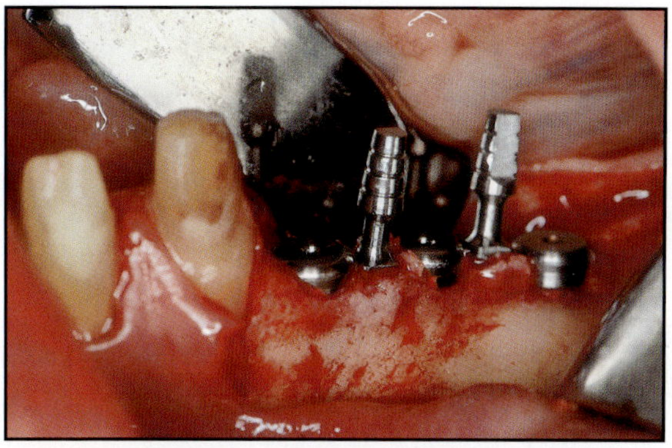

Abb. 4 Implantation auf der linken Seite.

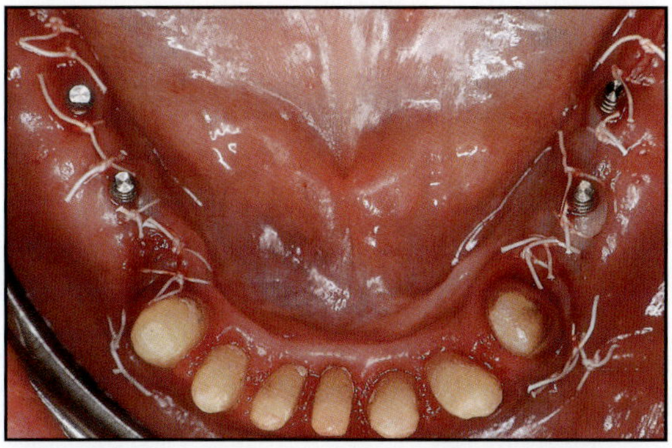

Abb. 5 Ausrichtung der provisorischen Implantate.

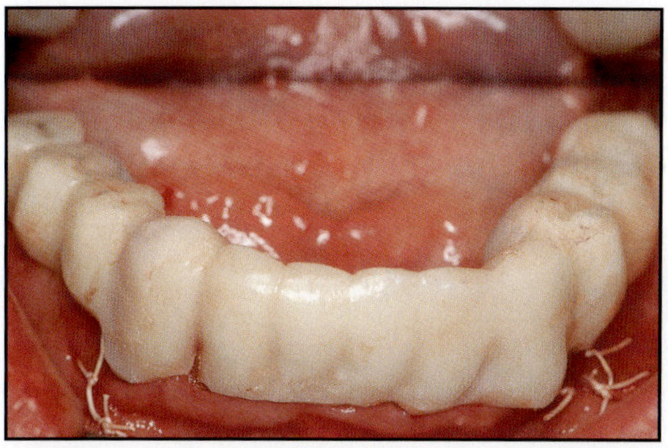

Abb. 6 Schnelles Sofortprovisorium.

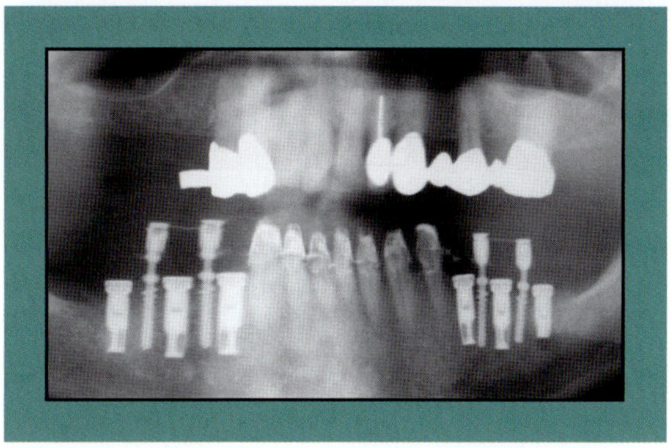

Abb. 7 Röntgenkontrolle nach der Implantation.

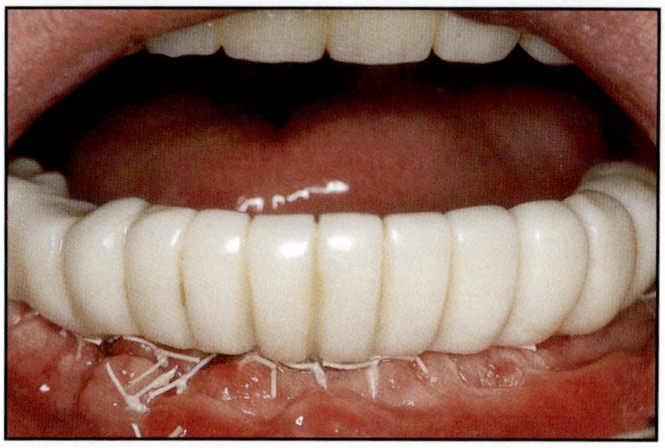

Abb. 8 Langzeitprovisorium.

Um eine provisorische Sofortversorgung zu ermöglichen, werden zwischen die definitiven Implantate zwei provisorische Implantate gesetzt (Abb. 3). Die 14 mm langen provisorischen Implantate werden hierzu apikal ca. 2 mm gekürzt, um eine Schädigung des Nervus alveolaris inferior zu vermeiden (s. Röntgenkontrolle Abb. 7). In gleicher Weise erfolgt die Versorgung auf der linken Seite (Abb. 4). Die gesammelten Knochenspäne werden vestibulär aufgelagert und die Operationsgebiete dicht vernäht (Abb. 5). Mit einer vorbereiteten Tiefziehfolie wird direkt im Anschluss an die Operation ein Sofortprovisorium aus Trim® erstellt und eingegliedert (Abb. 6). Die postoperative Aufnahme zeigt die Ausrichtung der Implantate sowie deren Lage zu den darunterliegenden Nerven (Abb. 7). Eine Woche später wird das Sofortprovisorium gegen ein in der Zwischenzeit im Labor gefertigtes metallverstärktes Langzeitprovisorium ausgetauscht (Abb. 8). Das Langzeitprovisorium wird von den sieben erhaltenen Frontzähnen sowie den provisorischen Implantaten regio 35, 36 und 45, 46 getragen.

Freilegung und prothetische Versorgung

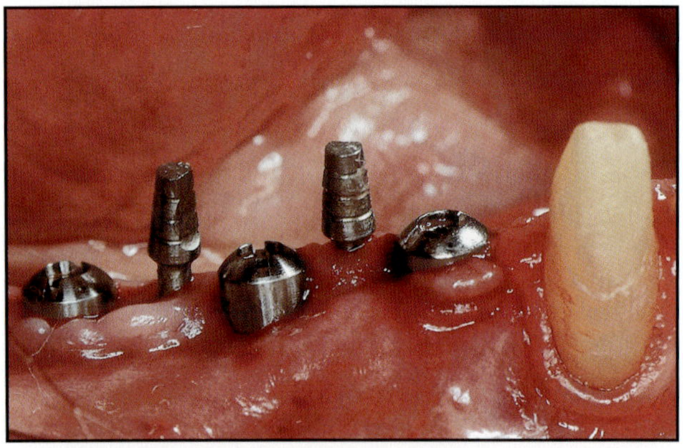

Abb. 9 Freigelegte definitive Implantate.

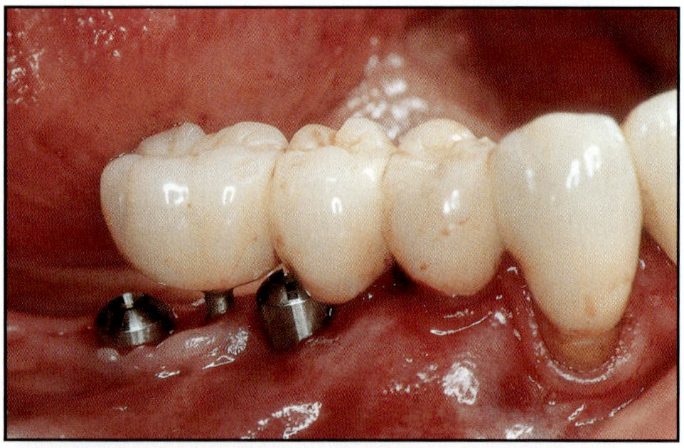

Abb. 10 Umgearbeitetes Langzeitprovisorium.

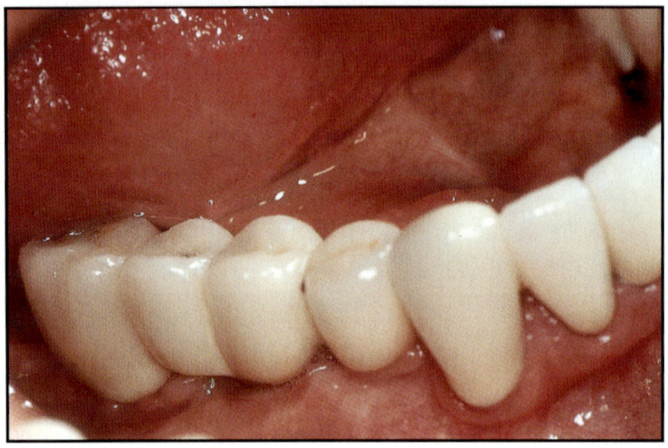

Abb. 11 Prothetisch versorgte rechte Seite.

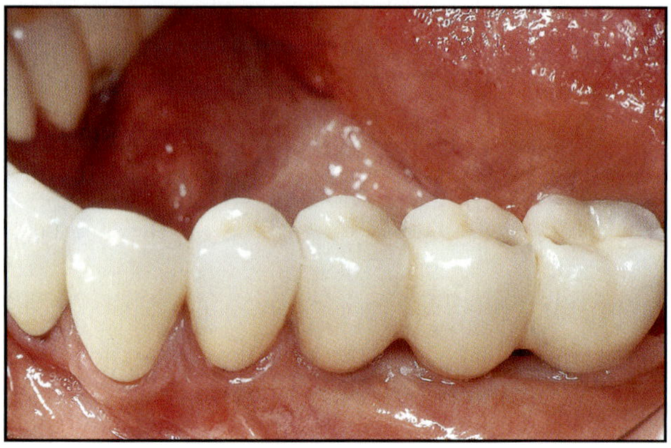

Abb. 12 Ansicht der linken Seite.

Nach fünfmonatiger Einheilzeit erfolgt die Freilegung der definitiven Implantate (Abb. 9). Nach Eingliederung der Heilungsdistanzhülsen muss das Langzeitprovisorium von basal her leicht reduziert werden, um einen Kontakt mit den Healingabutments zu vermeiden (Abb. 10). Die definitive Versorgung besteht aus zementierten Brücken, die nach dem Anguss-Coping-Verfahren (s. Teil I, Seite 102) hergestellt werden (Abb. 11 und 12). Die Versorgung der Frontzähne erfolgt über eine konventionelle metallkeramische Kronenkonstruktion, die nicht mit den implantatgetragenen Brücken verbunden wird.

Behandlungsablauf:

Implantation und Sofortversorgung – 5 Monate bis zur Freilegung – 3 Wochen bis zur Abdrucknahme und Fertigstellung

Chirurgie:	Protheik:	Zahntechnik:
Dr. Christoph T. Sliwowski	Dr. Michael Weber	Ivonne Lewik

Individualisierung provisorischer Implantate

Ausgangssituation

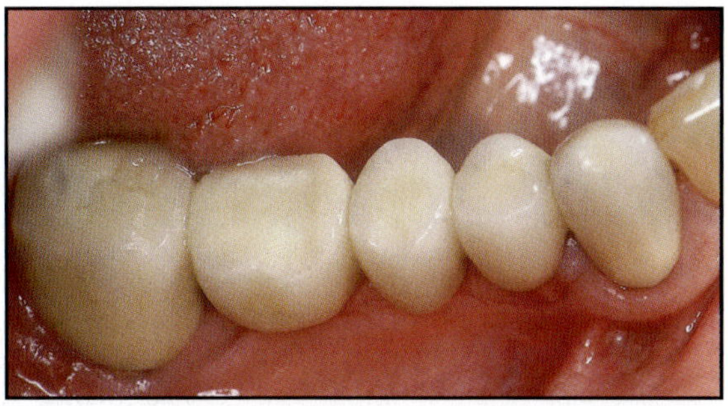

Abb. 1 Klinische Ausgangssituation. Nichterhaltungsfähige Brücke 43-48.

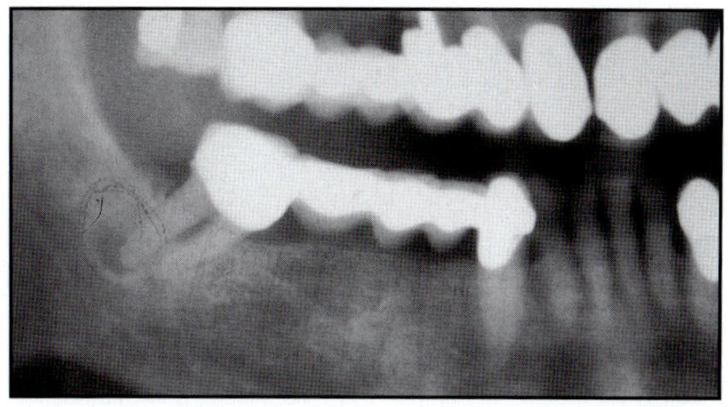

Abb. 2 Apikale Ostitis an dem distalen Brückenpfeiler 48.

Die Patientin wurde vor vielen Jahren im 4. Quadranten mit einer Brücke 43-48 prothetisch versorgt (Abb. 1). Aufgrund einer apikalen Ostitis ist der Zahn 48 jedoch nicht mehr zu erhalten und muss extrahiert werden (Abb. 2). Die Patientin wünscht eine festsitzende Neuversorgung auch für die Einheilzeit der definitiven Implantate.

Diagnostische Mittel

- Klinische Untersuchung
- OPG
- Modellanalyse

Therapieplan

- Extraktion mit Sofortimplantation von drei bis vier definitiven und zwei provisorischen Implantaten; Sofortversorgung
- Freilegung
- Definitive Versorgung durch eine rein implantatgetragene transokklusal verschraubte VMK-Brücke

Extraktion und Implantation

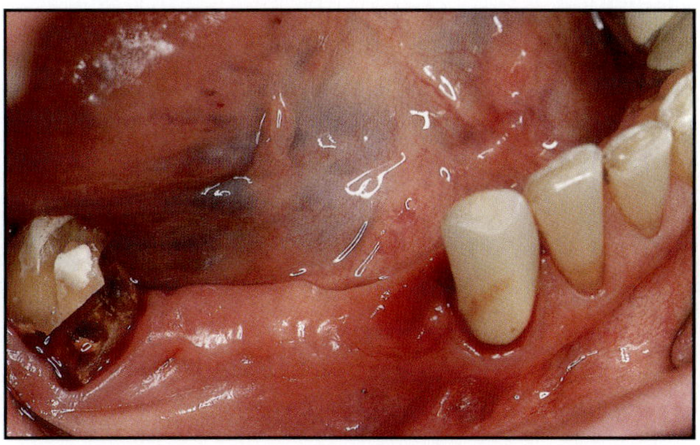

Abb. 3 Entfernung der Brücke und des Zahnes 48.

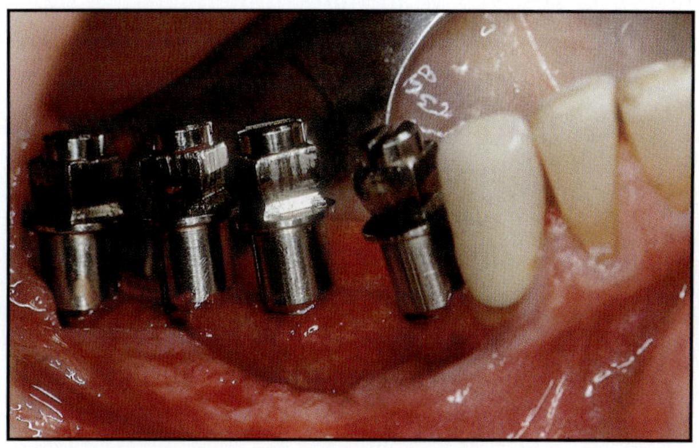

Abb. 4 Insertion von vier RP-Implantaten.

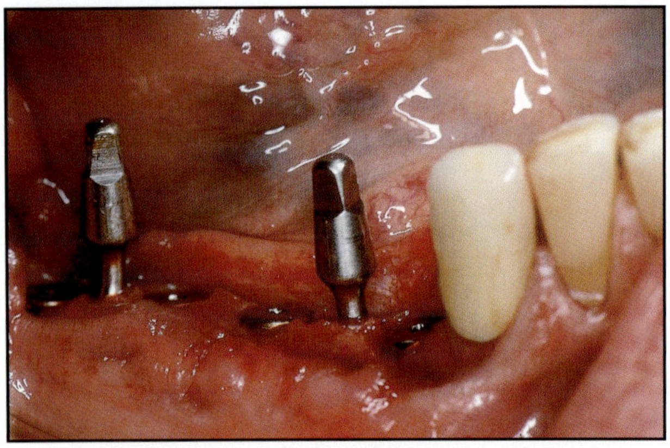

Abb. 5 Insertion von zwei KSI-Bauer Schrauben®.

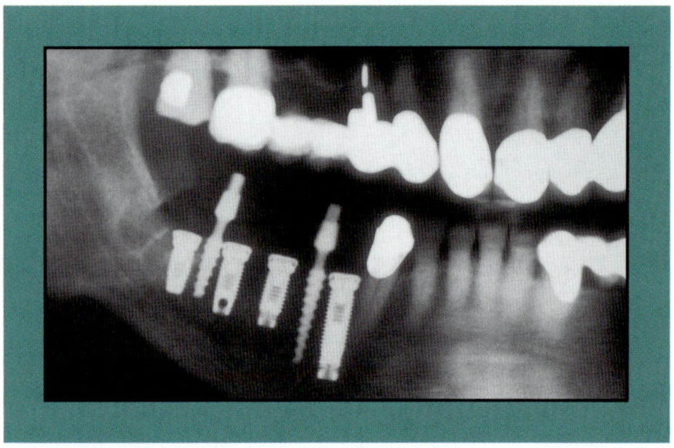

Abb. 6 Postoperative Röntgenkontrolle.

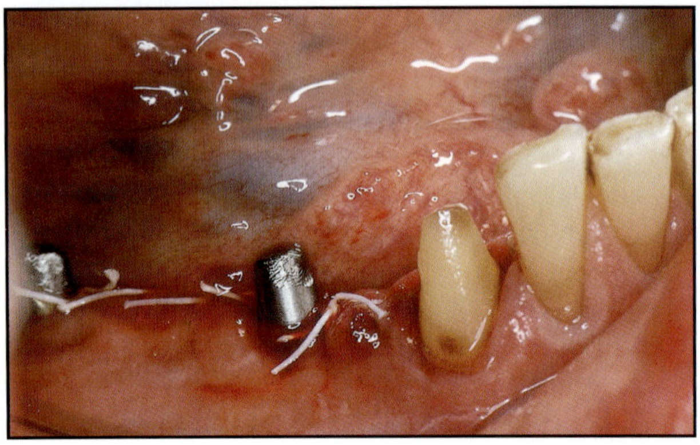

Abb. 7 Individualisieren der Köpfe der provisorischen Implantate.

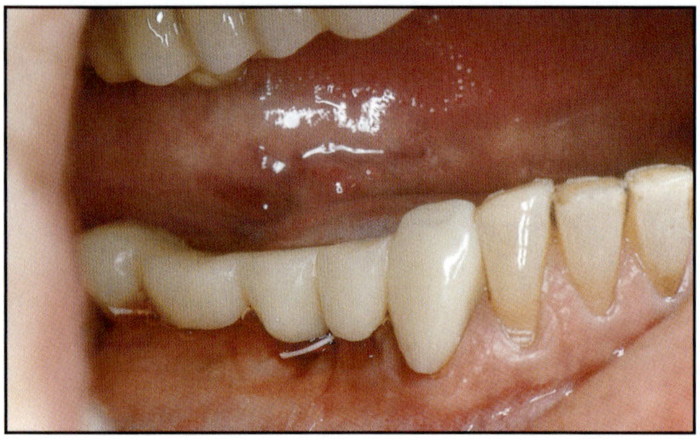

Abb. 8 Langzeitprovisorium.

Nach Trennung und Abnahme der Brücke erfolgt die schonende Entfernung des Zahnes 48 (Abb. 3) und unmittelbar im Anschluss an die Extraktion die Insertion von vier Brånemark-Implantaten in regio 44-47 (Abb. 4). Zusätzlich werden zwischen die definitiven Implantate zwei provisorische Implantate (KSI-Bauer-Schrauben®) gesetzt (Abb. 5). Das distale provisorische Implantat muss vor der Insertion apikal mit einem Seitenschneider gekürzt werden, um die Gefahr einer Nervschädigung zu minimieren (Abb. 6). Ebenso müssen die provisorischen Implantate okklusal gekürzt werden, um eine Interferenz mit der Gegenbezahnung zu vermeiden (Abb. 7). Um die Stabilität des Langzeitprovisoriums zu erhöhen, wird die Krone an Zahn 43 abgenommen und eine metallverstärkte provisorische Brücke mit den beiden provisorischen Implantaten und dem Zahn 43 als Pfeiler angefertigt (Abb. 8).

Freilegung, Bissnahme und Laborverfahren

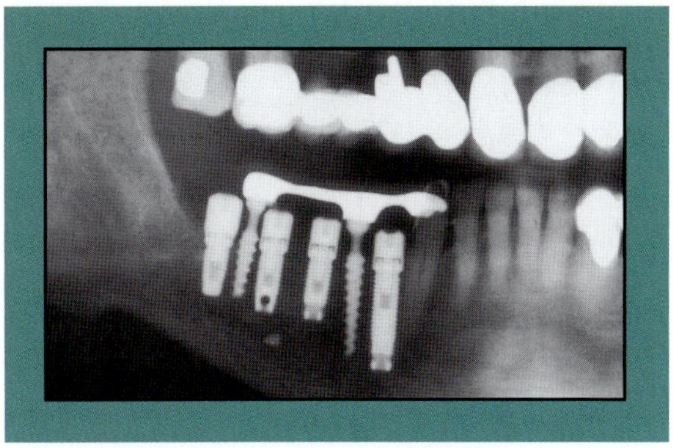

Abb. 9 Röntgenkontrolle nach Freilegung.

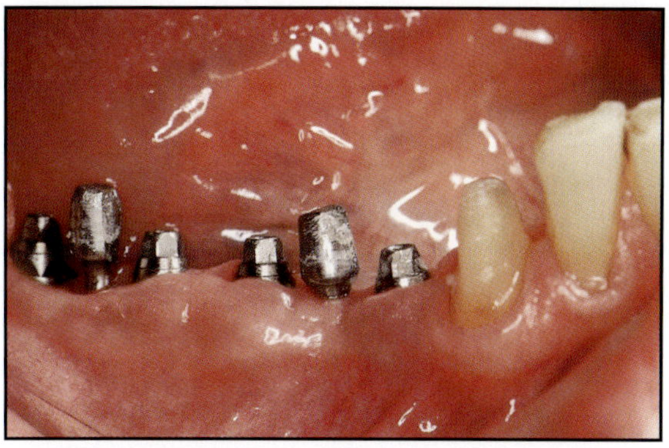

Abb. 10 Montage der EsthetiCone®-Abutments.

Nach fünfmonatiger Einheilzeit werden die Implantate freigelegt und aufgrund der beengten Platzverhältnisse mit im Durchmesser reduzierten Healingabutments (4,1 mm) versehen (Abb. 9). Nach kleineren Korrekturen kann das Langzeitprovisorium weiter getragen werden. Bis zur Abdrucknahme wird die vollständige Abheilung der periimplantären Weichgewebe abgewartet. Zur Anfertigung einer transokklusal verschraubten Brücke werden EsthetiCone®-Distanzhülsen aufgeschraubt (Abb. 10). Nach der Abdrucknahme erfolgt auf dem Meistermodell unter Berücksichtigung der provisorischen Implantate die Anfertigung einer verschraubbaren Bissschablone (Abb. 11). Mit Pattern Resin® ist auf der verschraubten Bissschablone eine sehr präzise Bissnahme möglich (Abb. 12). Zudem kann mit der Bissschablone die Präzision des Meistermodells überprüft werden (Abb. 13) und die Modelle einartikuliert werden. Die provisorischen Implantate werden auf dem Meistermodell radiert und in einem Schritt die definitive Brücke fertiggestellt (Abb. 14 und 15).

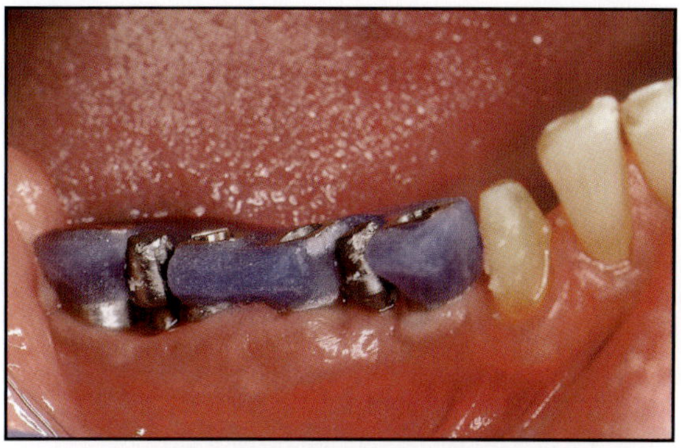

Abb. 11 Verschraubte Bissschablone.

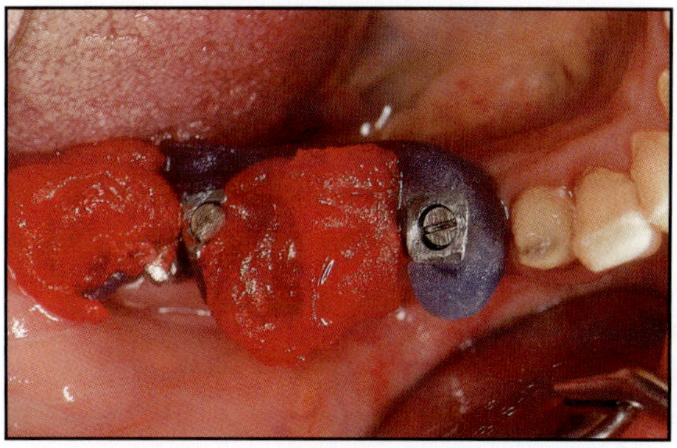

Abb. 12 Stabile Bissnahme.

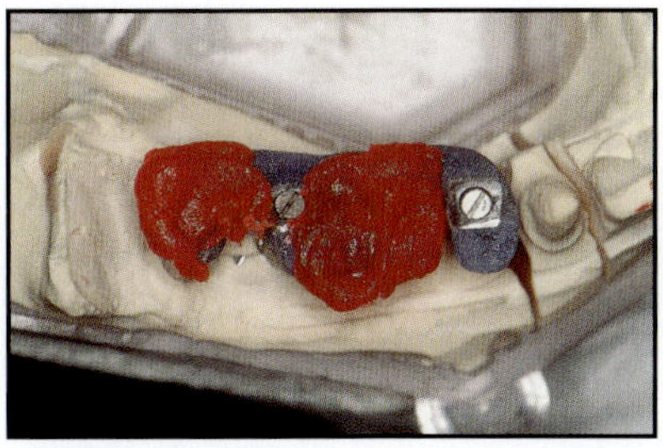

Abb. 13 Bissnahme auf dem Modell.

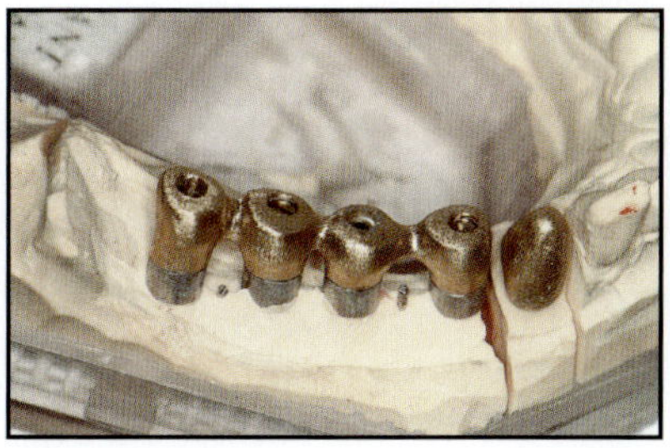

Abb. 14 Metallgerüst.

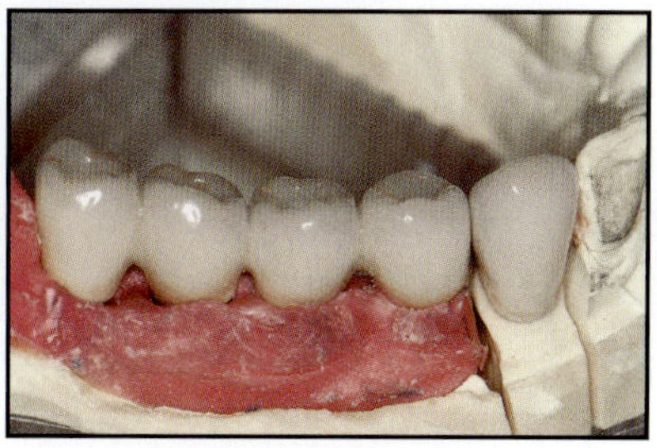

Abb. 15 Fertige prothetische Versorgung.

Explantation der provisorischen Implantate und Eingliederung der prothetischen Versorgung

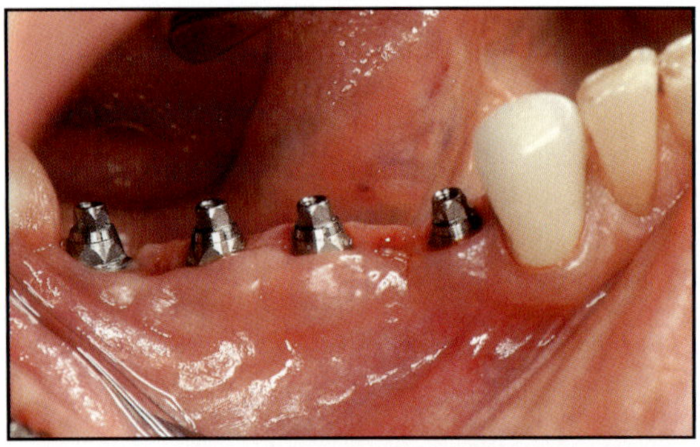

Abb. 16 Explantation der provisorischen Implantate.

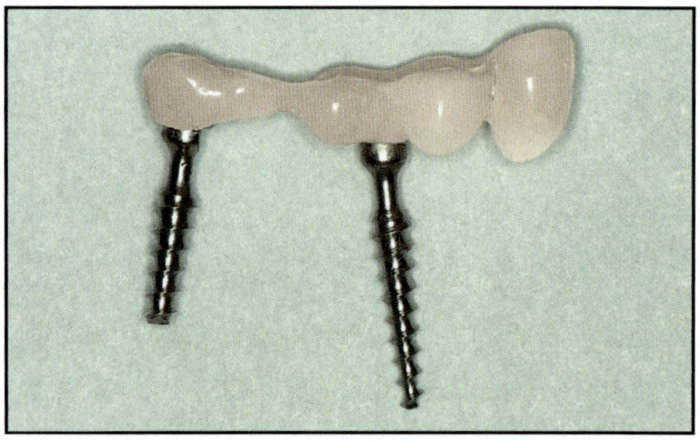

Abb. 17 Komplette provisorische Versorgung.

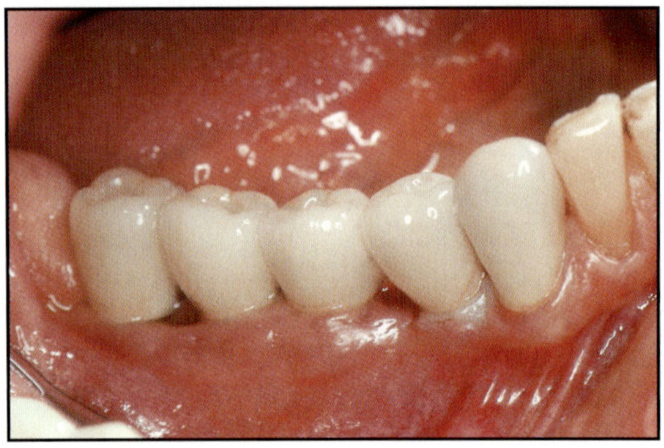

Abb. 18 Transokklusal verschraubte Brücke.

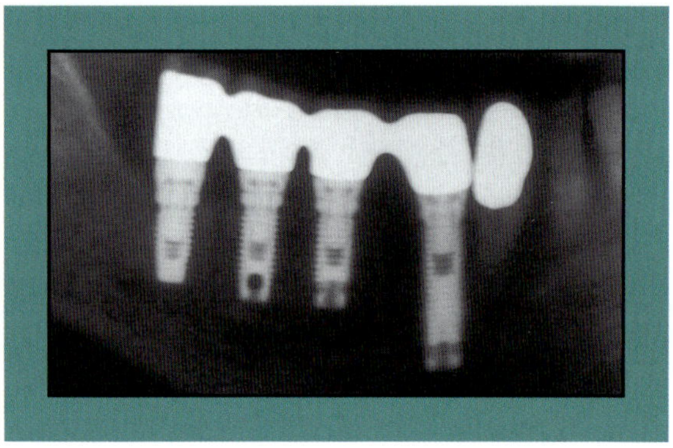

Abb. 19 OPG nach Abschluss der Behandlung.

Da die Köpfe der provisorischen Implantate beschliffen wurden, ist deren Entfernung mit dem Einbringschlüssel nicht mehr möglich, und nur mit großer Mühe lassen sich die provisorischen Implantate mit einer Zange wieder herausdrehen (Abb. 16). Die komplette provisorische Versorgung nach Entfernung der KSI-Bauer-Schrauben® ist auf Abb. 17 zu sehen, wobei die apikale Kürzung des distalen Implantates zu beachten ist. Nach transokklusaler Verschraubung der definitiven Brücke sind von den provisorischen Implantaten nur noch leichte Spuren direkt nach der Explantation zu sehen (Abb. 18). Die Röntgenkontrollaufnahme bestätigt den präzisen Sitz der Suprakonstruktion (Abb. 19).

Behandlungsablauf:

Implantation – 5 Monate bis zur Freilegung – 4 Wochen bis zur Abdrucknahme und Fertigstellung

Chirurgie:	Prothetik:	Zahntechnik:
Dr. Christoph T. Sliwowski	Dr. Michael Weber	Fernando Abrantes

Rettung eines Langzeitprovisoriums durch provisorisches Implantat

Ausgangssituation

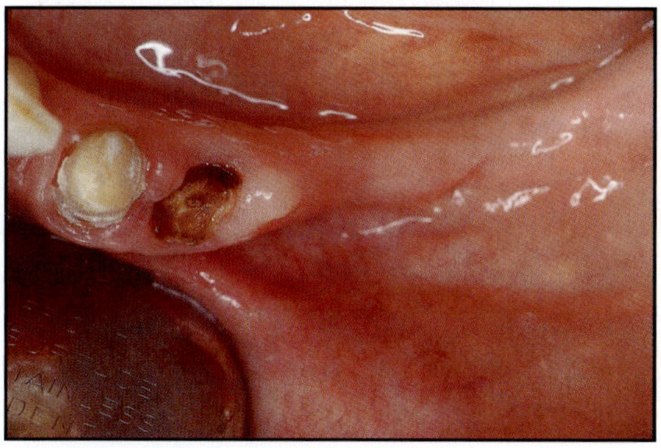

Abb. 1 Freiendsituation im Unterkiefer links.

Die klinische Ausgangssituation bei einer rauchenden Patientin (ca. 20 Zigaretten am Tag) ist gekennzeichnet durch eine Extensionsbrücke auf den Zähnen 34 und 35 mit Anhänger 36. Der Zahn 33 fehlt, die Lücke ist jedoch fast geschlossen. Zahn 35 ist unter der Brücke tief kariös zerstört und daher nicht erhaltungsfähig (Abb. 1). Die Patientin wünscht einen festsitzenden Ersatz auch für die Phase der Einheilung, sodass eine Interimsversorgung auf provisorischen Implantaten vorgesehen ist.

Diagnostische Mittel

- Klinische Untersuchung
- OPG
- DVT
- SimPlant®-Planung
- Modellanalyse

Therapieplan

- Extraktion, Insertion von vier definitiven Implantaten und provisorischen Implantaten mit Sofortversorgung, Augmentation, subgingivale Einheilung
- Freilegung
- Versorgung mit zementierter VMK-Brücke auf individuellen Distanzhülsen

Extraktion und Implantation

Der Kieferkamm ist extrem schmal, was nach dem Aufklappen noch deutlicher wird (Abb. 2).

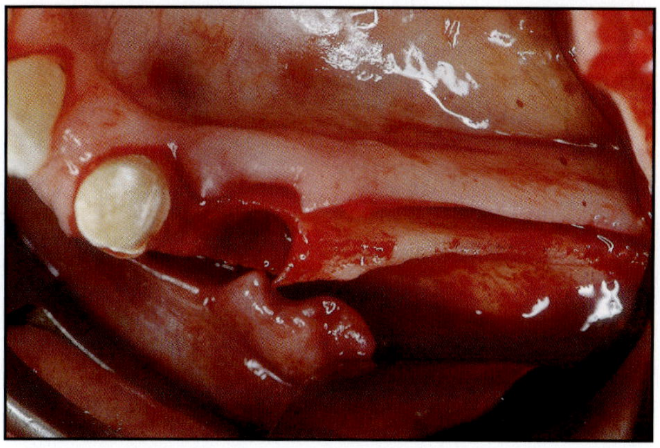

Abb. 2 Extrem schmaler Kieferkamm.

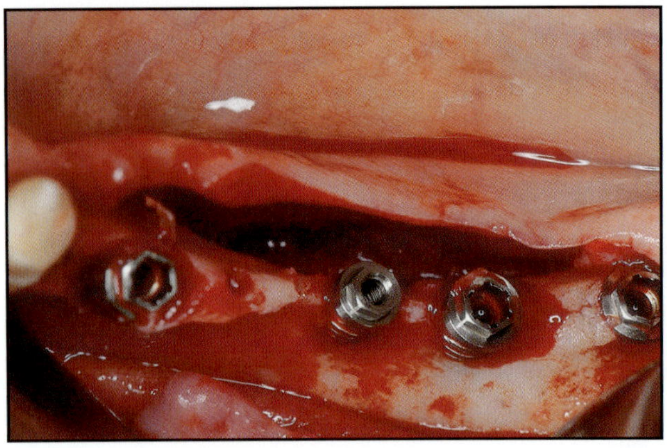

Abb. 3 Insertion von vier Brånemark-Implantaten.

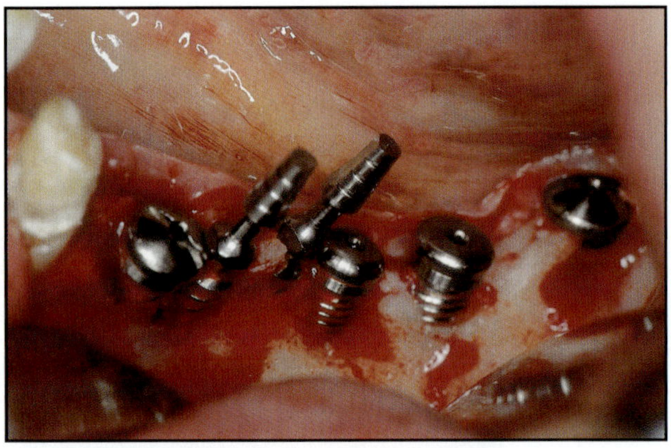

Abb. 4 Zwei IPI® an der dünnsten Stelle des Kieferkammes.

Die Wurzel des Zahnes 35 wird schonend extrahiert und in die Alveole das erste Implantat inseriert (Abb. 3). Drei weitere Implantate werden im Molarenbereich bei hier etwas breiterem Kieferkamm platziert. Für das mesiale Implantat regio 36 ist das transversale Platzangebot lediglich für ein durchmesserreduziertes NP-Implantat (Ø 3,3 mm) ausreichend, während im distalen Bereich zwei RP-Implantate (Ø 3,75 mm) verwendet werden können. Die beiden provisorischen IPI®-Implantate werden aufgrund des kleinen Durchmessers regio 35/36 bei hier vorliegendem extrem schmalem Kieferkamm inseriert (Abb. 4).

Augmentation und Sofortversorgung

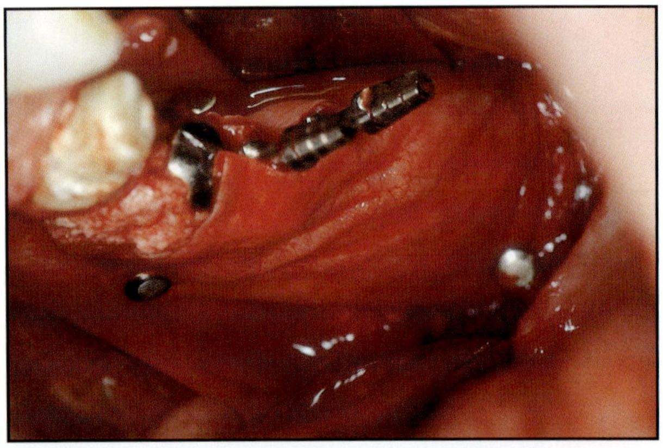

Abb. 5 Laterale Augmentation.

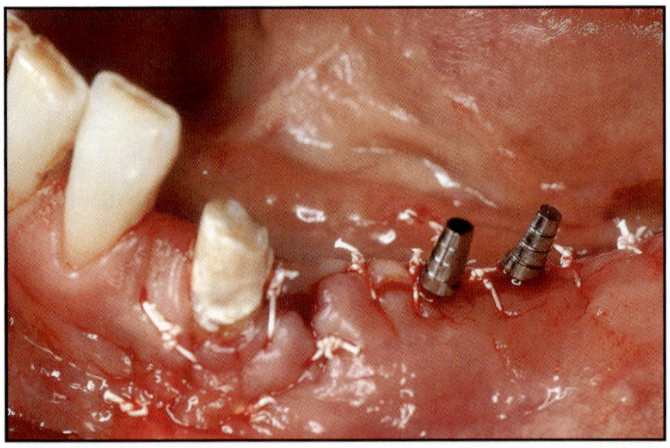

Abb. 6 Dichter Nahtverschluss.

Nach der Implantation wird der Kieferkamm vestibulär mit einem Gemisch aus BioOss® und den gesammelten Bohrspänen augmentiert und mit einer BioGide® Membran abgedeckt (Abb. 5). Die Membran wird mit Titannägelchen fixiert und das Operationsgebiet nach Periostschlitzung dicht vernäht (Abb. 6).

Unmittelbar im Anschluss an die Operation wird mit einer vorbereiteten Tiefziehschiene eine provisorische Sofortbrücke angefertigt, die auf den

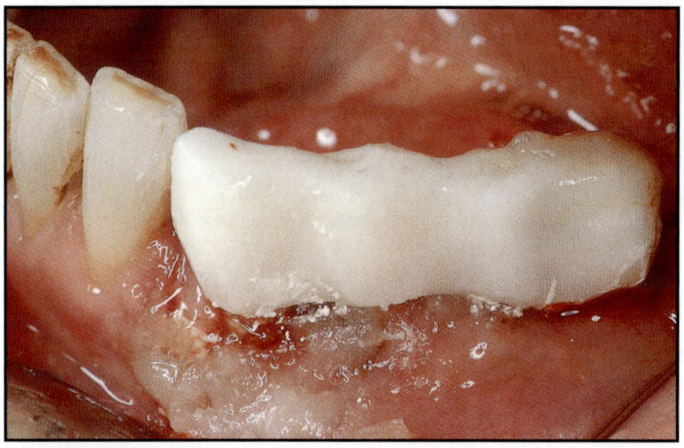

Abb. 7 Schnelles Sofortprovisorium.

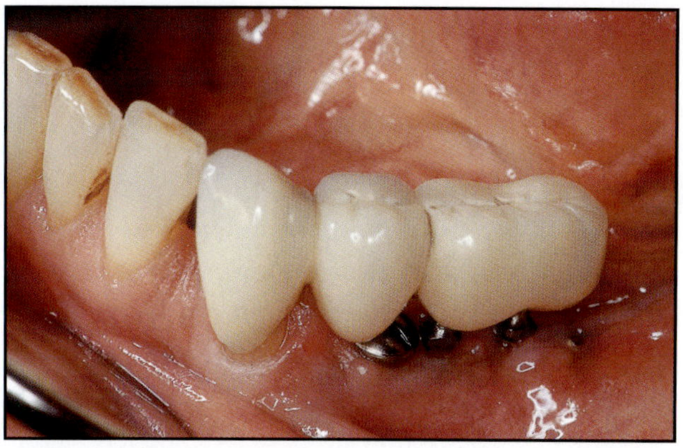

Abb. 8 Langzeitprovisorium.

noch vorhandenen Zahn 34 und die beiden provisorischen Implantate zementiert wird (Abb. 7). Nach einer Woche wird dieses Provisorium durch ein laborgefertigtes metallverstärktes Langzeitprovisorium ausgetauscht, das bis zur Freilegung funktionieren soll (Abb. 8).

Komplikation

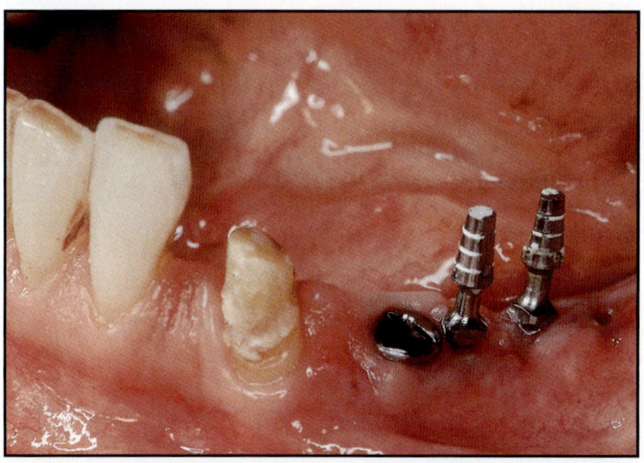

Abb. 9 Der Zahn 34 muss extrahiert werden.

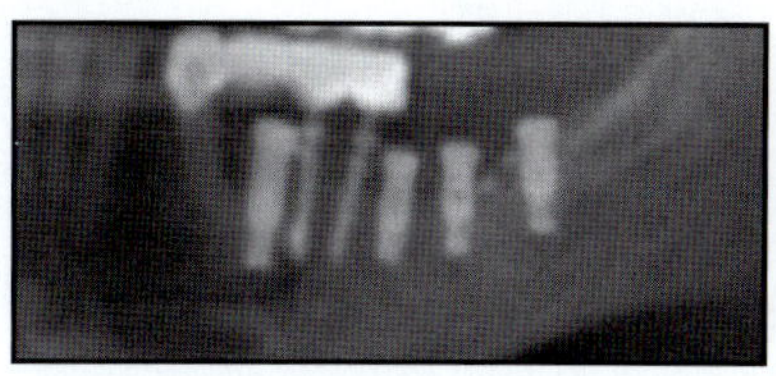

Abb. 10a Röntgenkontrolle.

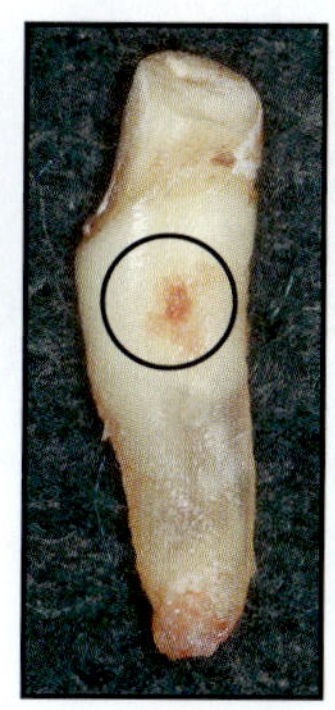

Abb. 10b Pulpa aperta an dem extrahierten Zahn.

Zwei Monate nach der Implantation traten unerwartet starke Schmerzen im linken Unterkiefer auf. Nach Abnahme der provisorischen Brücke zeigt sich das Implantat regio 35 freiliegend, aber reizlos und nicht perkussionsempfindlich. Der Zahn 34 zeigt sich jedoch extrem berührungsempfindlich (Abb. 9). Die Röntgenkontrollaufnahme zeigt räumliche Nähe zwischen dem Implantat und der Wurzelspitze des Zahnes 34, eine Kollision wird aber nicht bestätigt (Abb. 10a). Aufgrund der starken Schmerzen lehnt die Patientin einen Zahnerhaltungsversuch durch eine endodontische Behandlung ab, sodass der Zahn extrahiert wird. Nach Entfernung des Zahnes kann an dem Zahn eine Wurzelresorption mit einer Pulpa aperta diagnostiziert werden, die Wurzelspitze scheint aber unberührt zu sein (Abb. 10b).

Rettung des Langzeitprovisoriums

Mit Extraktion des Zahnes 34 ist der mesiale Pfeiler der provisorischen Brücke verloren gegangen, sodass sie nicht mehr funktionieren kann. Zum Erhalt der festsitzenden provisorischen Versorgung wird ein weiteres provisorisches Implantat in den Bereich der Extraktionsalveole 34 platziert (Abb. 11). Die Brücke wird im Bereich des nachinserierten Implantates weiter freigeschliffen (Abb. 12) und auf das Implantat ein Prothetikkäppchen aufgesetzt (Abb. 13), welches mit selbsthärtendem Kunststoff in die reponierte Brücke einpolymerisiert wird (Abb. 14). Die Brücke wird ausgearbeitet, poliert und auf die nunmehr drei provisorischen Implantate zementiert (Abb. 15).

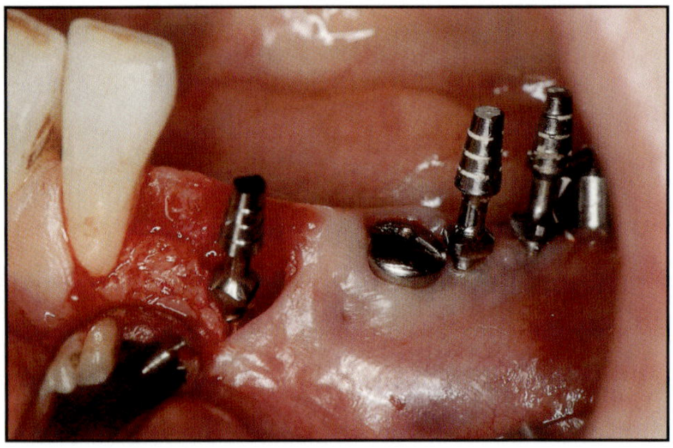

Abb. 11 Insertion von provisorischem Implantat (IPI®) in die frische Alveole.

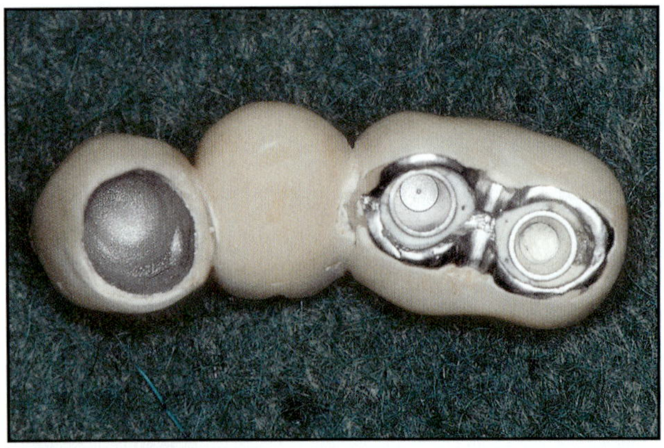

Abb. 12 Schaffung des Platzes in der Brücke für das Käppchen.

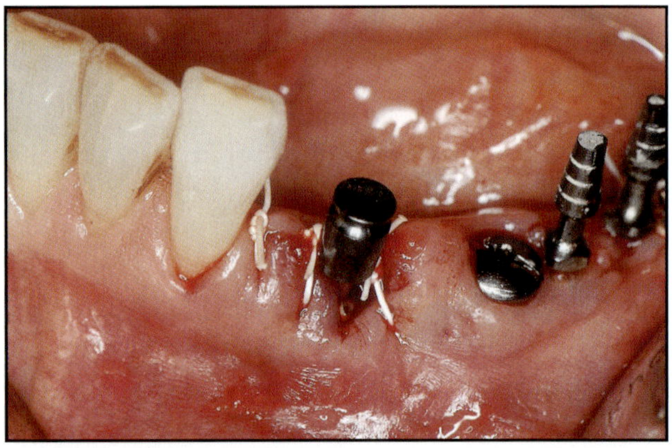

Abb. 13 IPI® mit aufgestecktem prothetischem Käppchen.

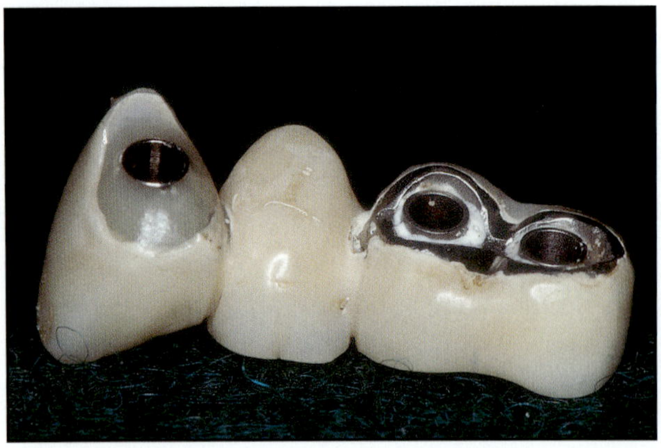

Abb. 14 In die Brücke einpolymerisiertes Käppchen.

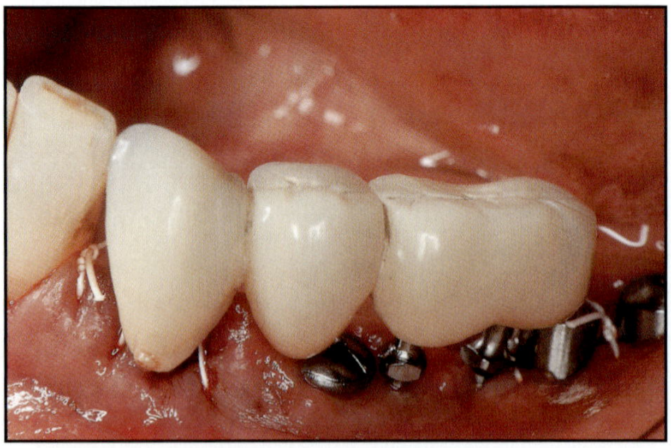

Abb. 15 Gerettetes Langzeitprovisorium.

Prothetische Versorgung

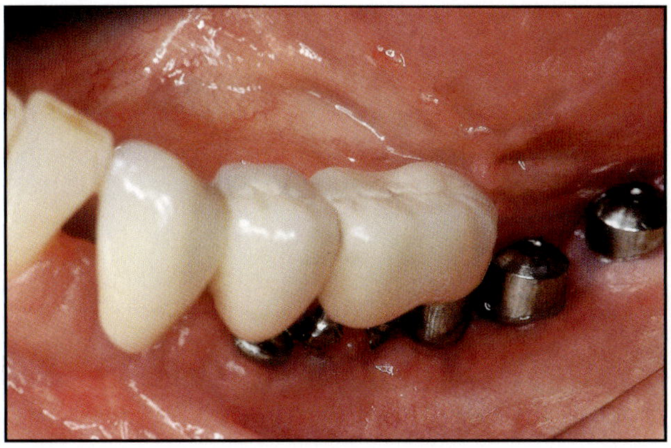

Abb. 16 Stabile Situation nach der Freilegung.

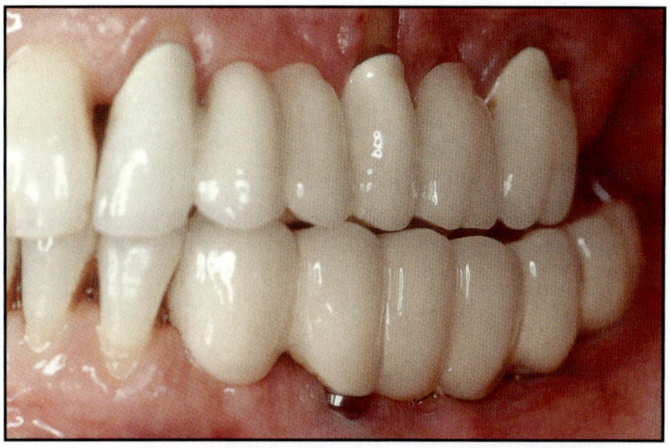

Abb. 17 Definitive Brücke nach vier Jahren in Funktion.

Das Langzeitprovisorium kann dann bis zur Freilegung und Anfertigung der definitiven Brücke getragen werden (Abb. 16).
Das Abschlussbild (Abb. 17) zeigt eine stabile klinische Situation vier Jahre nach Eingliederung der definitiven prothetischen Konstruktion. Die radiologische Kontrolle nach sechs Jahren zeigt eine klinisch unauffällige Augmentat- und Knochenresorption um die Implantate 36 und 37, was unter anderem auf den Nikotinabusus zurückzuführen sein könnte (Abb. 18).

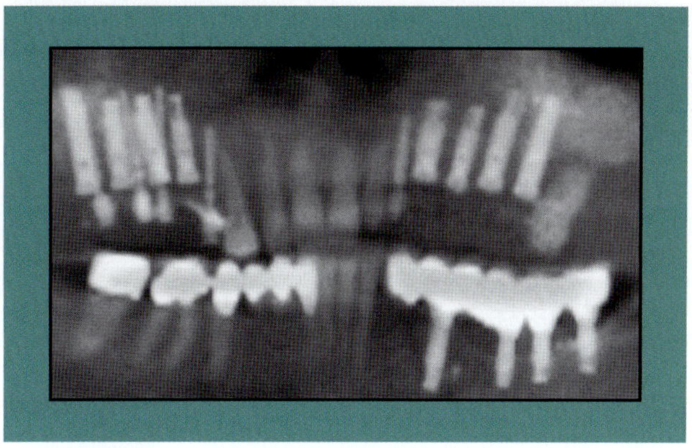

Abb. 18 Röntgenkontrolle nach sechs Jahren.

Behandlungsablauf:
Implantation (Komplikation nach 2 Monaten) – 6 Monate bis zur Freilegung – 4 Wochen bis zur Abdrucknahme und Fertigstellung

Chirurgie:	Prothetik:	Zahntechnik:
Dr. Christoph T. Sliwowski	Dr. Michael Weber	Horst Mosch

Schwierigkeiten und Komplikationen

Gelockertes Blattimplantat
Provisorische Implantate zum Schutz des Augmentates

Ausgangssituation

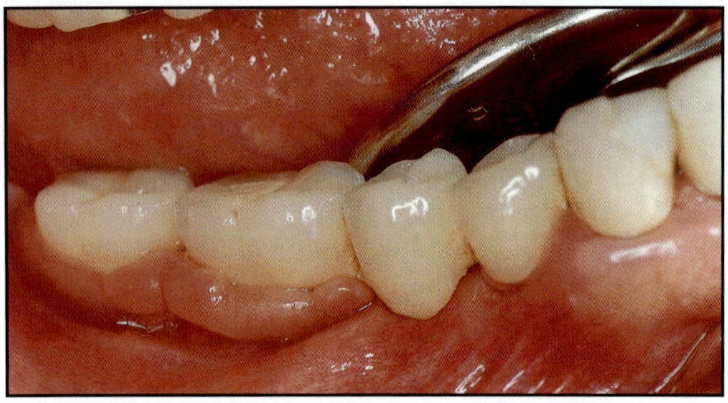

Abb. 1 Prothetische Altversorgung auf Blattimplantat.

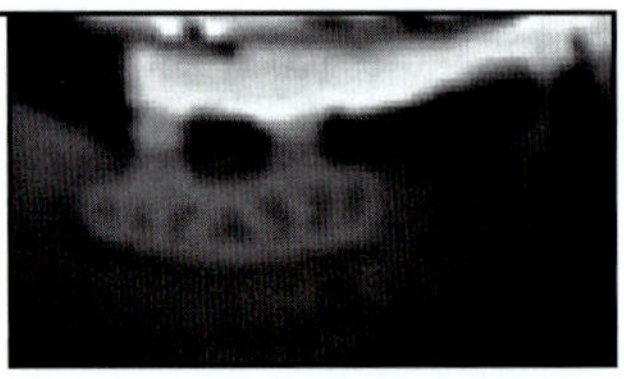

Abb. 2a Sichtbare Osteolyse auf dem Panoramaröntgenbild.

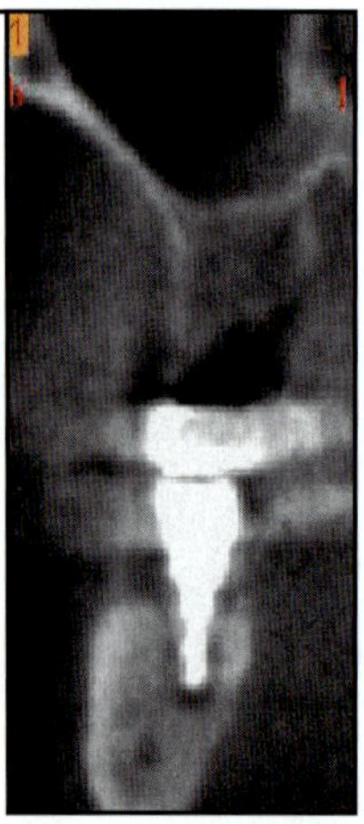

Abb. 2b Osteolyse auf dem Querschnitt (Crosssectional).

Die Patientin wurde vor fünf Jahren alio loco im rechten Unterkiefer mit einem Blattimplantat und einer zahnimplantatgetragenen Brücke 43-46/47 prothetisch versorgt (Abb. 1). Bei der Erstuntersuchung wies die gesamte prothetische Versorgung eine Lockerung Grad II auf und war somit nicht erhaltungsfähig. Die erweiterte radiologische DVT-Diagnostik zeigt eine deutliche periimplantäre Radioluzenz als Zeichen einer chronisch entzündlichen Knochendestruktion (Abb. 2a und 2b).

Diagnostische Mittel

- Klinische Untersuchung
- OPG
- DVT
- SimPlant®-Analyse
- Modellanalyse

Therapieplan

- Explantation des Blattimplantates, Augmentation und Sofortversorgung auf provisorischen Implantaten
- Insertion definitiver Implantate
- Freilegung
- VMK-Brücke auf drei bis vier Implantaten

Explantation des Blattimplantates

Obgleich nach Abnahme der Brücke keine akut entzündliche Schleimhautreaktion um die Implantatpfosten festgestellt wird (Abb. 3), erscheinen nach dem Aufklappen zirkuläre Knochendefekte um die Implantatpfosten des stark gelockerten und nur von Weichgewebe umgebenen Linkow®-Blattimplantats (Abb. 4). Nach Abtragung der Knochenbrücke zwischen den Anschlusspfosten und Befreiung des distalen Flügels kann das Implantat problemlos explantiert werden (Abb. 5). Das ganze Ausmaß der knöchernen Destruktion wird erst nach Entfernung des Granulationsgewebes deutlich sichtbar (Abb. 6).

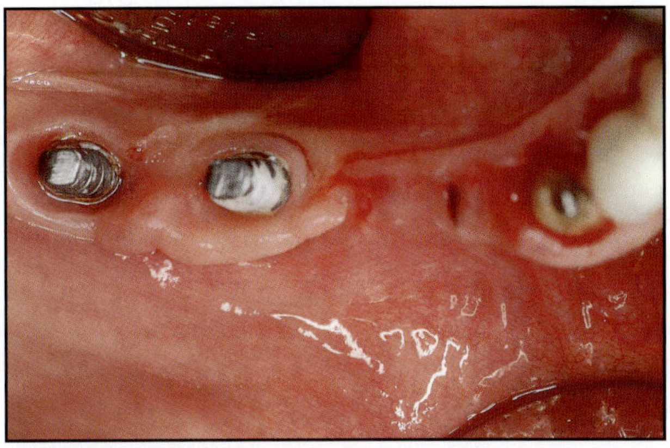

Abb. 3 Keine sichtbare Pathologie nach Abnahme der Brücke.

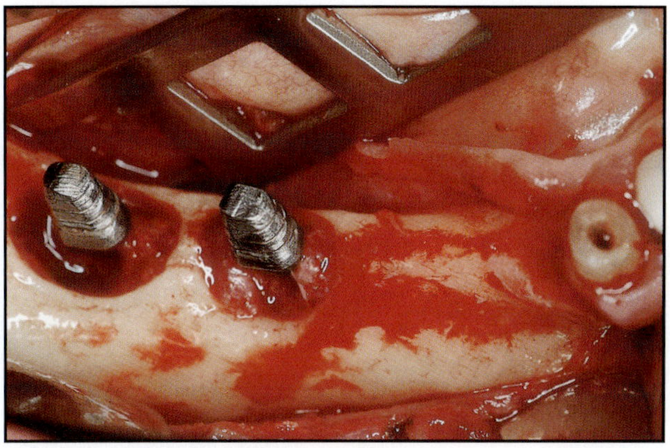

Abb. 4 Umfangreiche periimplantäre Knochendefekte.

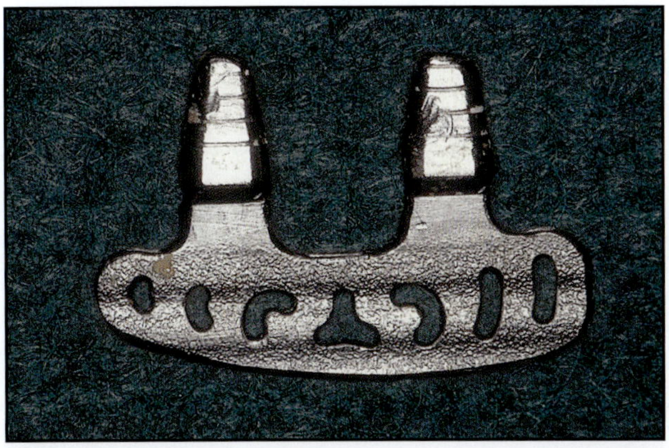

Abb. 5 Explantiertes Blattimplantat.

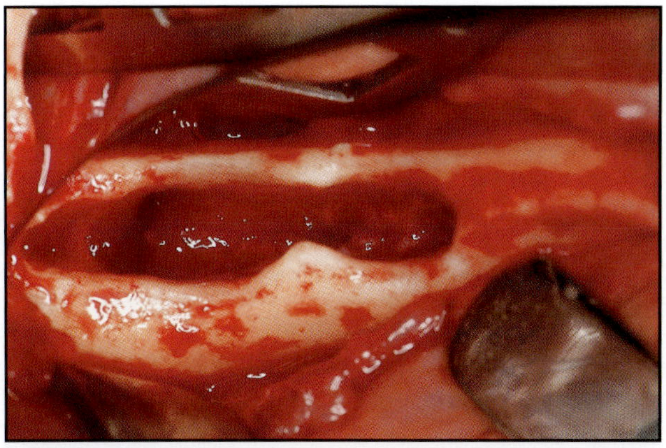

Abb. 6 Defekt nach Entfernung des Granulationsgewebes.

Insertion von provisorischen Implantaten und Augmentation

Zwischen dem Knochendefekt und dem endständigen Zahn 43 ist noch genügend Platz für die Insertion von zwei provisorischen IPI®-Implantaten (Abb. 7). Zur Regeneration wird der Knochendefekt mit einem Gemisch aus Eigenknochen und Knochenersatzmaterial (BioOss®) aufgefüllt (Abb. 8). Der augmentierte Bereich wird mit einer BioGide®-Membran abgedeckt und die Membran mit Titannägelchen fixiert (Abb. 9). Das Operationsareal wird nach Periostschlitzung dicht vernäht und die Köpfe der provisorischen Implantate werden gekürzt, um okklusal Platz für das Provisorium zu schaffen (Abb. 10).

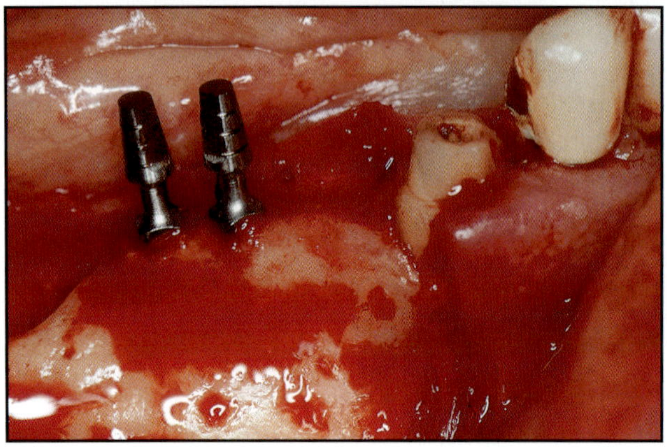

Abb. 7 Insertion von zwei IPI®-Implantaten mesial zum Defekt.

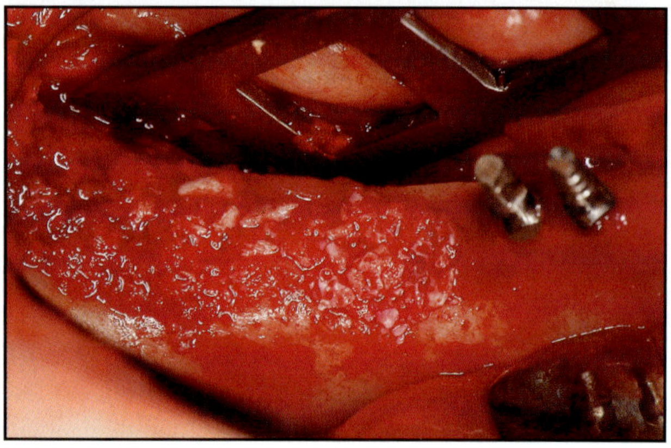

Abb. 8 Augmentation.

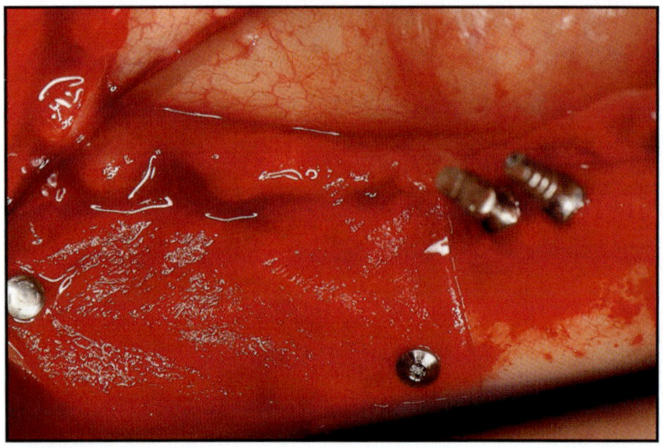

Abb. 9 Befestigung der Membran.

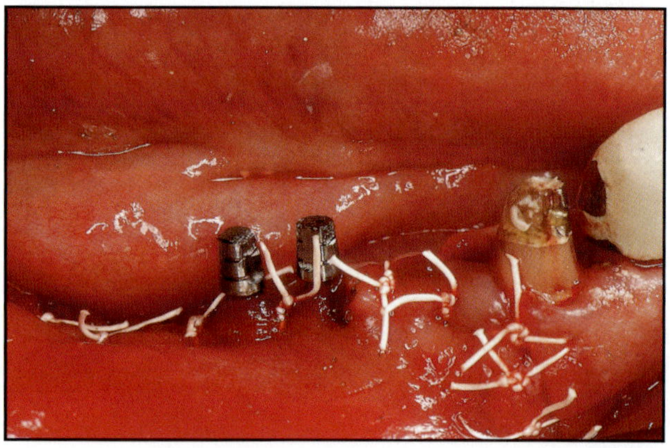

Abb. 10 Dichter Nahtverschluss. Anpassung der IPI®-Implantatköpfe.

Provisorische Versorgung

Auf dem endständigen Zahn 43 und den beiden provisorischen Implantaten besteht die Möglichkeit, eine provisorische Brücke zu verankern, um eine ungestörte Regeneration des Augmentates zu ermöglichen. Mit einer vorbereiteten Tiefziehschiene wird aus Trim® unmittelbar im Anschluss an die Operation eine provisorische Sofortbrücke angefertigt und eingegliedert (Abb. 11). Nach einer Woche wird dieses Sofortprovisorium gegen eine laborgefertigte, mit Metall verstärkte Brücke ausgetauscht (Abb. 12).

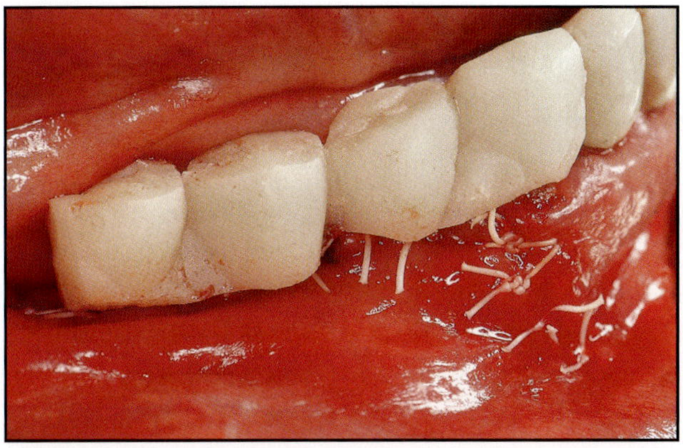

Abb. 11 Provisorische Sofortversorgung.

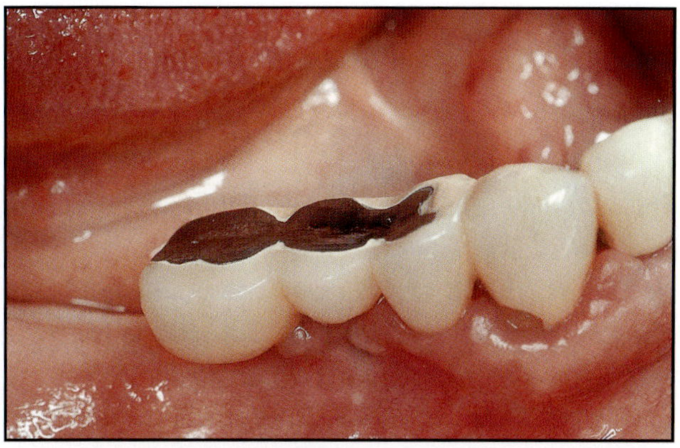

Abb. 12 Langzeitprovisorium.

Implantation

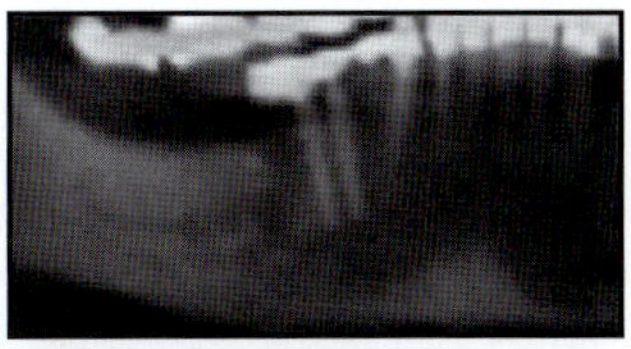

Abb. 13a Knöcherne Regeneration auf dem Panoramabild.

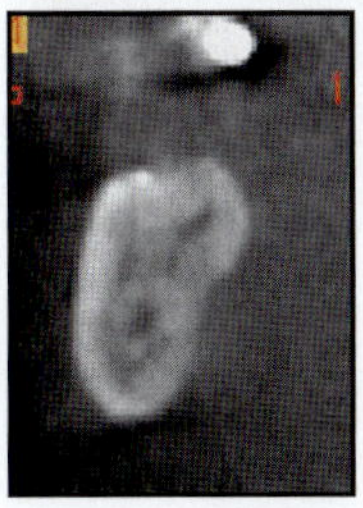

Abb. 13b Knöcherne Regeneration auf dem Querschnitt.

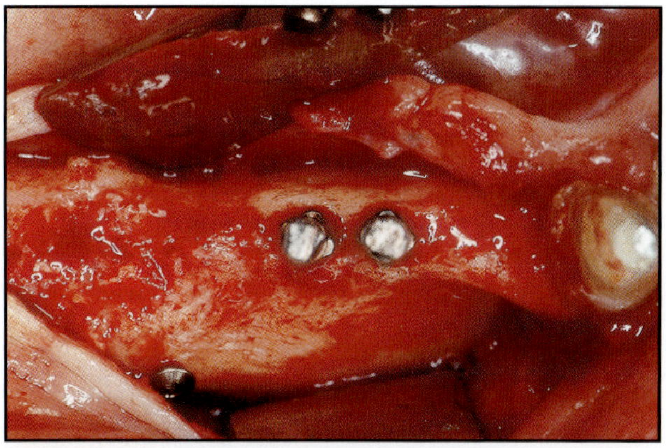

Abb. 14 Klinisches Bild des Augmentates.

Nach unauffälliger Heilungsphase von sechs Monaten erfolgt die radiologische Kontrolle der Augmentation. Hierbei zeigt sich eine gute knöcherne Regeneration im Bereich des ehemaligen Defektes (Abb. 13a und 13b). Nach krestaler Inzision wird der augmentierte Bereich klinisch sichtbar (Abb. 14).

ACHTUNG:

Das Regenerationspotential der Knochendefekte hängt nicht nur von deren Größe ab, sondern auch von deren Konfiguration. Sogar umfangreiche Defekte können fast vollständig regeneriert werden, wenn sie von mehreren Seiten durch ortsständigen Knochen begrenzt sind. Viel schwieriger ist es eine Regeneration bei ein- oder zweiwandigen Defekten zu erreichen.

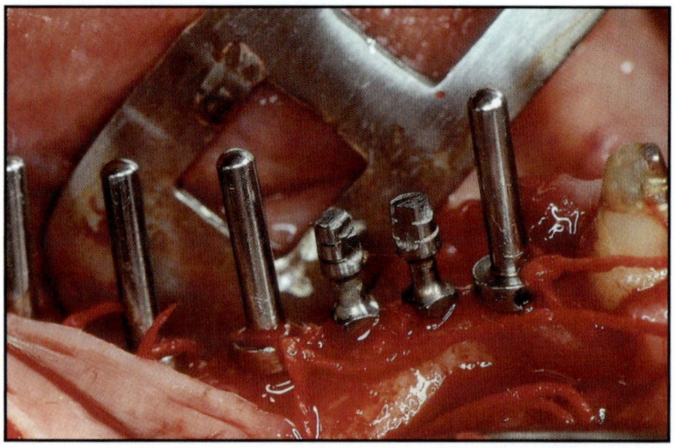

Abb. 15 Kontrolle der Ausrichtung der Implantate.

Zwischen dem endständigen Zahn 43 und den provisorischen Implantaten wird ein Implantatbett vorbereitet und drei weitere in dem neu regenerierten Knochen. Die Ausrichtung der Implantate wird mit den Richtungsindikatoren überprüft (Abb. 15). In die präparierten Implantatbetten werden vier 3i™Osseotite® Implantate inseriert (Abb. 16). Das Knochenangebot ist an allen Lokalisationen ausreichend, sodass nur rein prophylaktisch kleine augmentative Maßnahmen mit den gesammelten Knochenspänen durchgeführt werden und der speicheldichte Wundverschluss mit Einzelknopfnähten erfolgen kann. Die postoperative OPG-Aufnahme zeigt die Lage der Implantate nach der Insertion (Abb. 17).

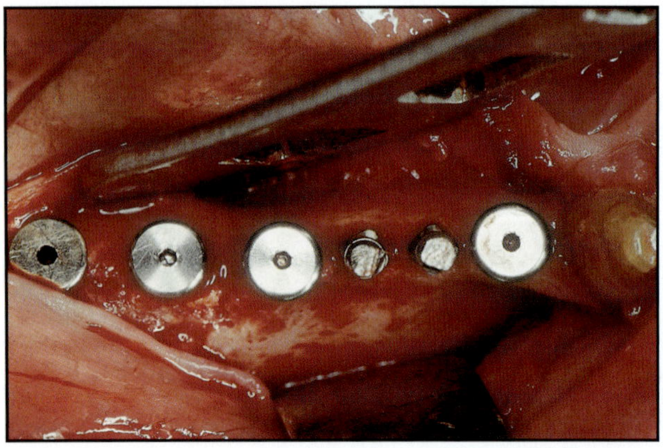

Abb. 16 Insertion von vier 3i™-Osseotite®-Implantaten.

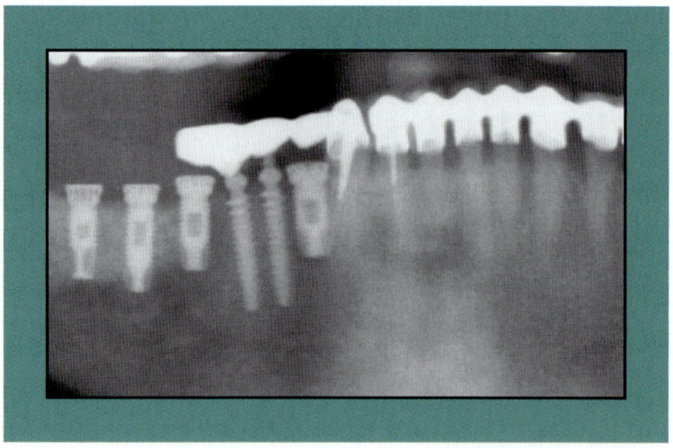

Abb. 17 OPG-Kontrolle nach der Implantation.

Freilegung und prothetische Versorgung

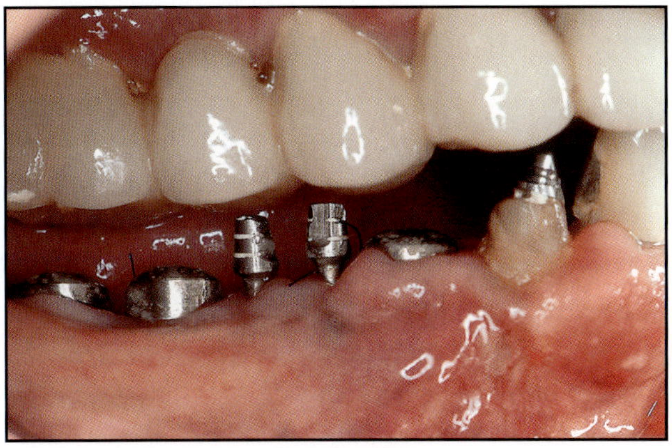

Abb. 18 Freilegung der Implantate.

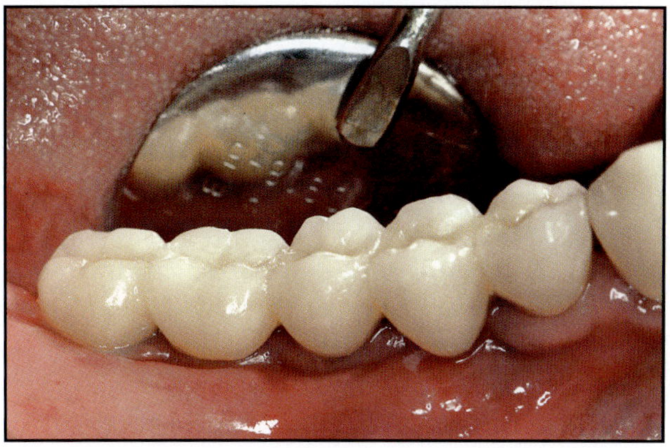

Abb. 19 Fünfgliederige Brücke auf vier Implantaten.

Nach weiteren sechs Monaten werden die Implantate freigelegt und mit Heilungsdistanzhülsen versehen (Abb. 18). Die prothetische Versorgung wird auf individuellen Distanzhülsen im Anguss-Coping-Verfahren (s. Teil I S. 102) angefertigt und nach der Explantation der provisorischen Implantate eingegliedert (Abb. 19).

Behandlungsablauf:

Explantation, Augmentation und Sofortversorgung – 6 Monate bis zur Implantation – 6 Monate bis zur Freilegung – 3 Wochen bis zur Abdrucknahme und Fertigstellung

Chirurgie:
Dr. Christoph T. Sliwowski

Prothetik:
Dr. Michael Weber

Zahntechnik:
Fernando Abrantes

Sofortversorgung auf definitiven Implantaten

DREIDIMENSIONALE IMPLANTATPLANUNG UND OPERATIVE UMSETZUNG

Zur Vermeidung unnötiger Strahlenexposition sind bei der radiologischen Diagnostik Verfahren mit hoher diagnostischer Effektivität und geringer Strahlenbelastung anzuwenden. In vielen Fällen ist die standardmäßige Diagnostik (OPG, Einzelzahnfilm, Spezialprojektionen) hinreichend. Diese konventionellen Standardverfahren führen jedoch immer zu einer überlagernden Darstellung der dreidimensionalen anatomischen Strukturen, da sämtliche im Strahlengang liegenden Gewebe zu einer ihrer radiologischen Dichte entsprechenden Absorption der Röntgenstrahlung führen und somit als Summationseffekt abgebildet werden. In Abhängigkeit von der Entfernung zur Filmebene ergeben sich Vergrößerungen und geometrisch bedingte Verzerrungen. Metrische Auswertungen und Winkelanalysen sind somit nur bedingt möglich. Komplexe Fragestellungen, insbesondere im Bereich der Implantologie, erfordern die dreidimensionale Analyse der knöchernen Strukturen. Computertomografie und die digitale Volumentomografie ermöglichen die erforderliche verzerrungs- und überlagerungsfreie Darstellung mit anschließender Bearbeitung der generierten Daten durch spezielle Softwareprogramme.

Diagnostische Möglichkeiten der digitalen Volumentomografie (DVT)

Computertomografie

Bei der konventionellen (sequentiellen) Computertomografie wird der liegende Patient schichtweise mit einem fächerförmigen, rotierenden Strahlenbündel seitlich durchstrahlt. Der Strahlengang wird senkrecht zum Tischvorschub ausgerichtet und der Tisch nach je einem Umlauf des Gerätes vorgeschoben. Auf diese Weise wird entsprechend dem eingestellten Tischvorschub (0,5 – 2 mm) eine Serie von Axialen erzeugt, von denen ausgehend sekundär weitere Schnittbilder senkrecht zu den Axialen berechnet werden können. Metallische Restaurationen und Fremdkörper verursachen Artefakte, welche den diagnostischen Wert der Untersuchung deutlich einschränken können. Bei den o.g. Einstellparametern sind es jedoch unterschiedliche Axiale welche die Artefakte, i.d.R. verursacht durch Füllungen und Kronen, und die diagnostisch relevanten knöchernen Strukturen enthalten.

Die Untersuchungsdauer und Strahlendosis konnten durch die Spiralcomputertomografie gesenkt werden. Hierbei rotiert das Gerät bei kontinuierlichem Tischvorschub mehrfach ohne Unterbrechung um den Patienten. Nachteilig ist die im Vergleich zur sequentiellen Tomografie schlechtere Detaildarstellung.

Digitale Volumentomografie (DVT)

Die digitale Volumentomografie ermöglicht ebenso wie die Computertomografie die überlagerungsfreie metrisch auswertbare Darstellung der knöchernen Strukturen.

Durch ein kegelförmiges Strahlenbündel „Cone Beam“ wird das gesamte Aufnahmeareal bei einem einzigen Umlauf erfasst (Abb. 1).

Eine Strahlenquelle-Detektoreinheit rotiert zur Aufnahmeerstellung vollständig um den dazwischenliegenden Schädel des Patienten.

Im Abstand von je einem Grad werden insgesamt 360 Einzelprojektionen durchgeführt. Eine Belichtungsautomatik sorgt für eine möglichst geringe Strahlenbelastung des Patienten. Fehlerhafte Belichtungsparameter, wie sie bei manueller Einstellung resultieren können, sind ausgeschlossen. Verfahrensbedingt kommt es nicht zu Artefakten durch metallische Restaurationen und Fremdkörper.

Eine laterale und eine anterior-posteriore Zielaufnahme dienen zur Kontrolle der Positionierung des Patienten und Erfassung der Belichtungsparameter (Abb. 2a und 2b).

Da die digitale Volumentomografie gemäß Röntgenverordnung (Neufassung vom 18. Juni 2002) dem zahnärztlichen Röntgen zugeordnet wird, ist der Betrieb des Gerätes in der zahnärztlichen Praxis unabhängig vom Radiologen möglich. Die Aufnahmen sind im Vergleich zum CT somit kostengünstiger und mit einem geringeren organisatorischen Aufwand verbunden.

TECHNISCHE PARAMETER

- Röhrenspannung 110 KV
- Röhrenstrom 0,5 bis 10 mA
- Belichtungsdauer je Einzelprojektion 100 ms/s
- Aufnahmedauer 76 s
- Aufnahmeareal Ø/h 150 x 105 mm
- Bildsensor Matrix 512 x 512 Pixel
- Geometrische Genauigkeit < 0,35 mm

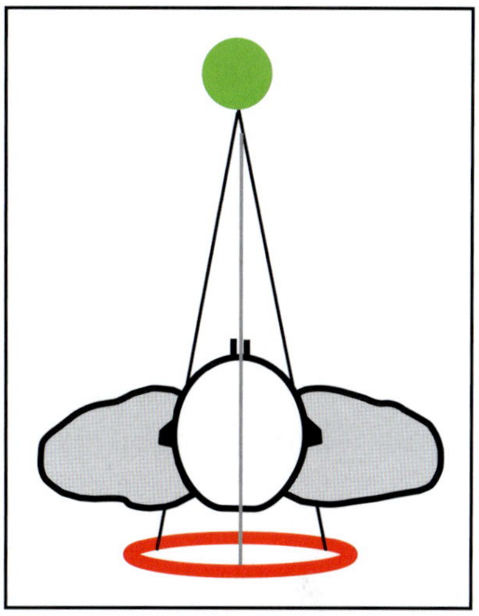

Abb. 1 Schematische Darstellung der Cone-Beam-Technik: Eine Strahlenquelle- (grün) Detektoreinheit (rot) rotiert um den dazwischen befindlichen Schädel des Patienten.

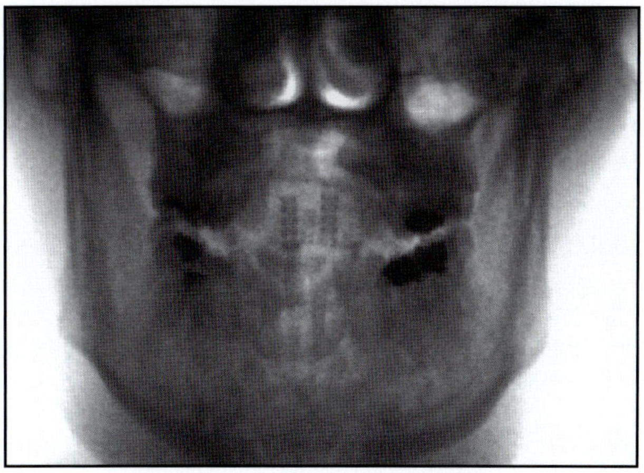

Abb. 2a Zielaufnahme: Ansicht von frontal.

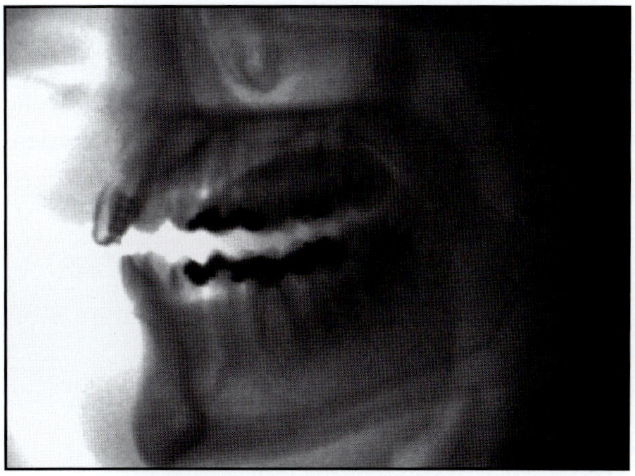

Abb. 2b Zielaufnahme: Ansicht von lateral.

Primäre Rekonstruktion

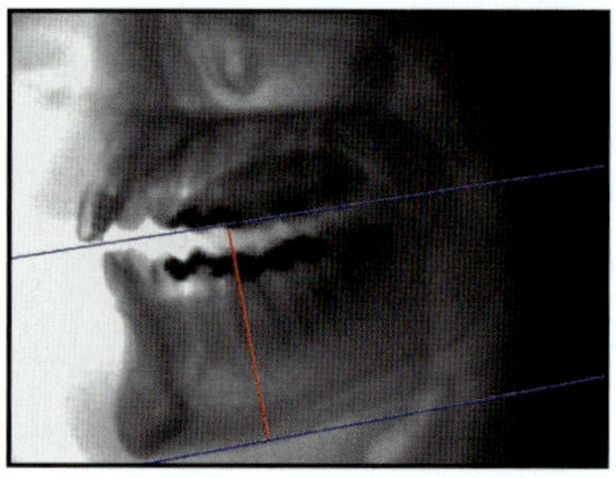

Abb. 3 Lateralansicht mit Ausrichtung der Axiale.

Aus den gewonnenen Rohdaten werden im Rahmen der Primärrekonstruktion axiale Schichten errechnet (Schichtstärke 0,3 mm, 1 mm oder 2 mm) wie sie auch vom CT her bekannt sind. Wichtiger Unterschied zur Computertomografie ist, dass die Orientierung der Axiale in Abhängigkeit von den diagnostischen Erfordernissen festgelegt werden kann und bei Bedarf auch mehrere Rekonstruktionen möglich sind. Zur Vereinfachung einer räumlichen Orientierung und metrischen Analyse sollten die axialen Schichten für diagnostische Fragestellungen im Oberkiefer parallel zur Ebene des harten Gaumens und im Unterkiefer parallel zur Unterkieferbasis erfolgen. Die Axiale sind somit annähernd senkrecht zu den Zahn- oder prospektiven Implantatachsen ausgerichtet und ermöglichen die Darstellung dieser Objekte in weiteren Schnitten in ihrer vollen Länge (Abb. 3).

Sekundärrekonstruktion

Ausgehend von den durch die Primärrekonstruktion erstellten Axialen erfolgt im Rahmen der Sekundärrekonstruktion die weitere Analyse des Datenmaterials. Speziell auf die Fragestellungen im Mund-, Kiefer- und Gesichtsbereich abgestimmte Softwaretools stehen zur Erzeugung der verschiedenen Ansichten und zur metrischen Analyse zur Verfügung: Die am häufigsten verwendeten Funktionen beinhalten die Erstellung von

- Panoramaübersichtsaufnahmen
- Einzel- und Serienschnitten
- dreidimensionalen Ansichten
- Markierungsfunktionen
- Funktionen zur metrischen Analyse

Panoramaübersichtsaufnahmen

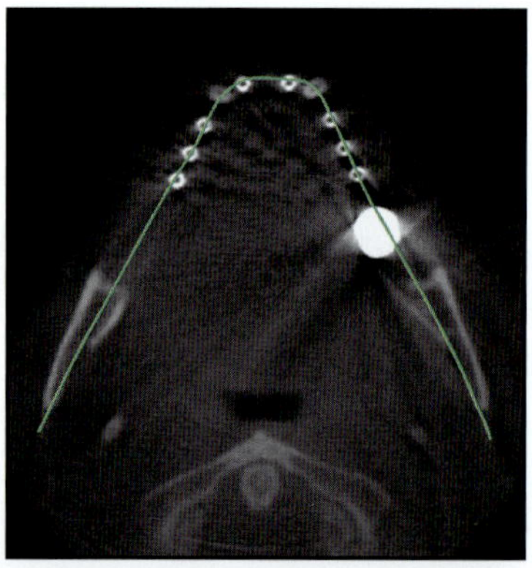

Abb. 4 Axialschnitt mit eingezeichneter Linie zur Rekonstruktion einer Panoramaansicht.

Zur Orientierung bietet sich auch bei der Analyse von DVT-Datensätzen die Panoramaübersicht an. An einem geeigneten Axial wird der Verlauf der gewünschten Panoramaebene eingezeichnet (Abb. 4). Die bei der Erstellung berücksichtigte Schichtdicke kann im Bereich von 1–50 mm festgelegt werden, sodass eine Darstellung gemäß der spezifischen Fragestellung möglich ist (Abb. 5).

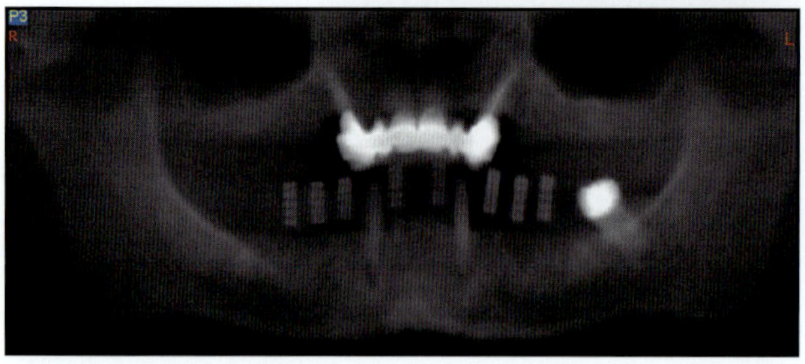

Abb. 5 Panoramaansicht mit röntgenopaken Führungshülsen.

Crosssectionals und Markierungsfunktion

Schnitte durch die untersuchte Region werden als Crossectionals bezeichnet. Sie schneiden die Axiale rechtwinklig, stellen die betreffenden Strukturen verzerrungsfrei dar und ermöglichen somit eine metrische Analyse. Crosssectional in Verlaufsrichtung des Canalis mandibularis ermöglichen dessen Identifikation vergleichsweise einfach (Abb. 6 und 7), während er in seinem Querschnitt (Abb. 8) oft nur schwer erkannt werden kann. Die Markierung des Nervs (Abb. 9) lässt seine Lage dann auch im transversalen Crosssectional (Abb. 10a) klar erkennen. Die metrische Analyse vervollständigt die implantologische Planung (Abb. 10b).

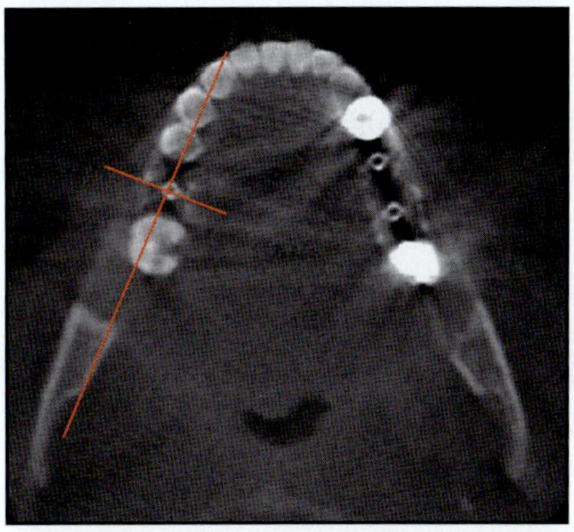

Abb. 6 Axialschnitt mit eingezeichneter transversaler (crosssectional) und sagittaler Schnittlinie durch die prospektive Implantatregion.

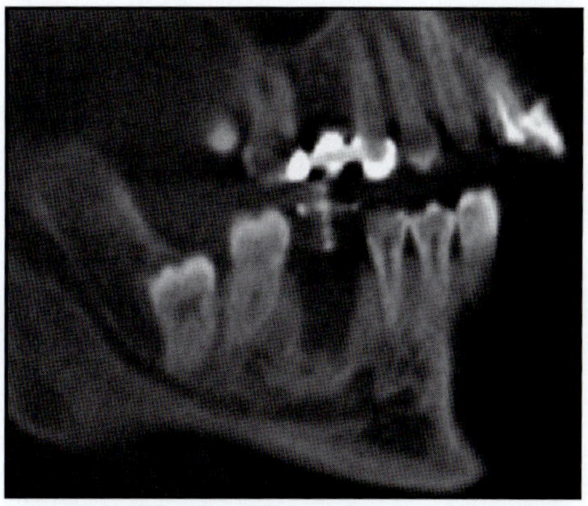

Abb. 7 Sagittaler Schnitt mit deutlich erkennbarem Canalis mandibularis ohne Markierung.

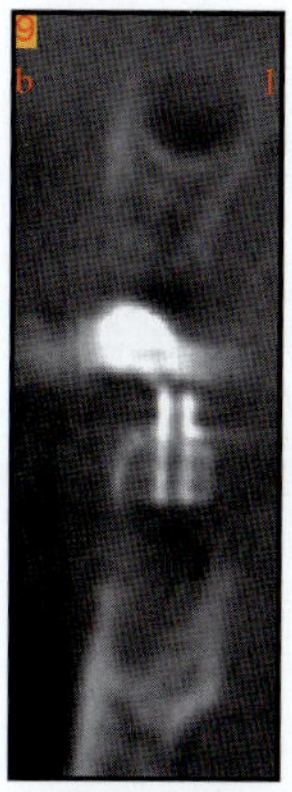

Abb. 8 Transversaler Schnitt (crosssectional) ohne Markierung des Canalis mandibularis.

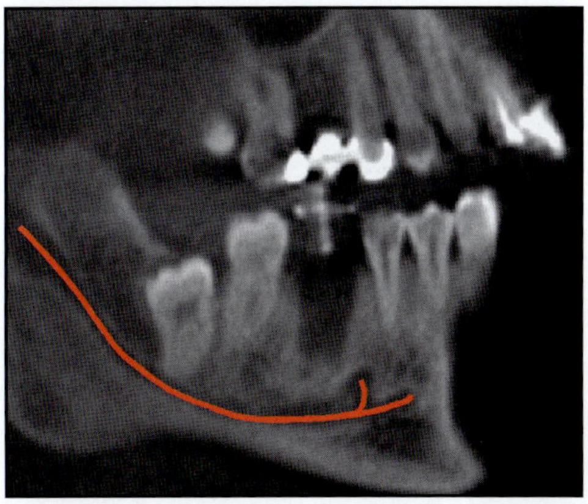

Abb. 9 Sagittaler Schnitt mit markiertem Canalis mandibularis.

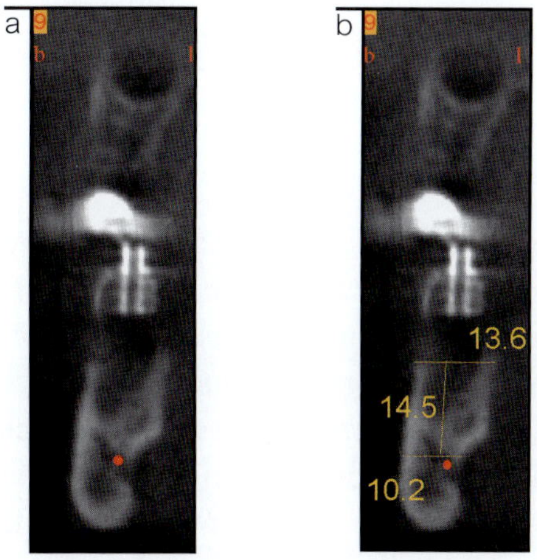

Abb. 10a Transversaler Schnitt (crosssectional) mit auch hier erscheinender Markierung des Canalis mandibularis.

Abb. 10b Transversaler Schnitt (crosssectional) mit metrischer Vermessung.

Implantologische Planung

Zur Analyse der anatomischen Situation im Bereich des prospektiven Implantatlagers bietet sich die Anfertigung eines Wax-ups mit eingearbeiteten Führungshülsen an. Die Positionierung der Führungshülsen erfolgt im Mittelwertartikulator unter rein prothetischen Gesichtspunkten. Zur Überprüfung auf deren operative Umsetzbarkeit wird eine dreidimensionale DVT-Analyse durchgeführt (Abb. 11-13).

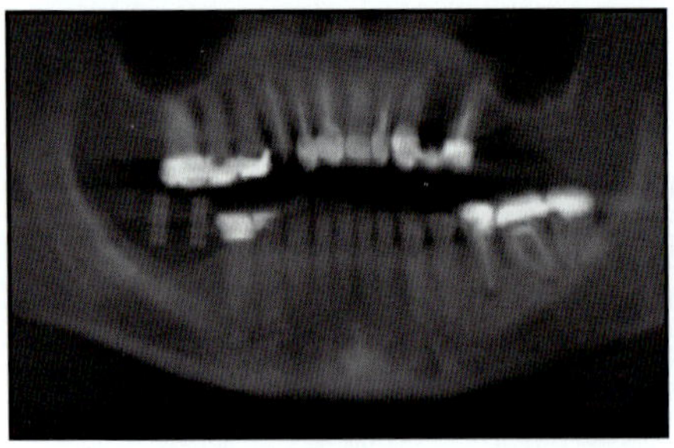

Abb. 11 Panoramaansicht mit Führungshülsen regio 46 und 47.

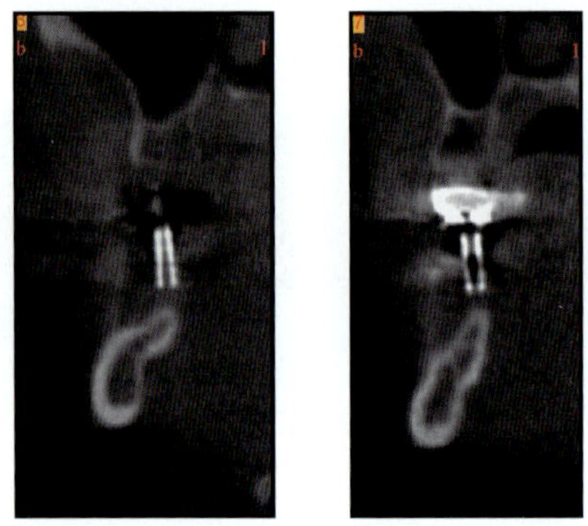

Abb. 12a Transversaler Schnitt (cross-sectional) mit Führungshülse regio 47.

Abb. 12b Transversaler Schnitt (cross-sectional) mit Führungshülse regio 46.

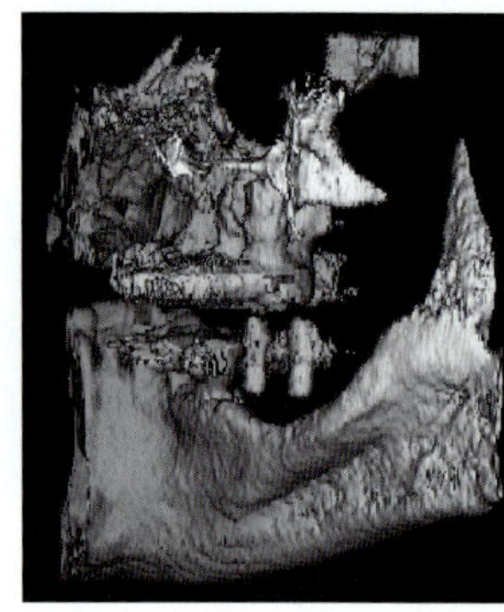

Abb. 13 Dreidimensionale Ansicht von lingual mit deutlich erkennbarer basaler Einziehung des Unterkiefers unterhalb der Linea mylohyoidea.

Reports

Während die Befundung der generierten Aufnahmen aufgrund der höheren Qualität am Bildschirm erfolgt, können die relevanten Schnitte auf Reports übersichtlich zusammengestellt und ausgedruckt werden. Abb. 14 zeigt einen Report zur präimplantologischen Diagnostik des Oberkiefers. Deutlich erkennbar das typische Resorptionsmuster. Im anterioren Bereich der in der Höhe noch recht gut erhaltene, aber sehr schmale Alveolarfortsatz, distal infolge zunehmender Pneumatisierung der Kieferhöhle fortgeschrittene Atrophie mit nur noch minimal vorhandenem vertikalen Knochenangebot.

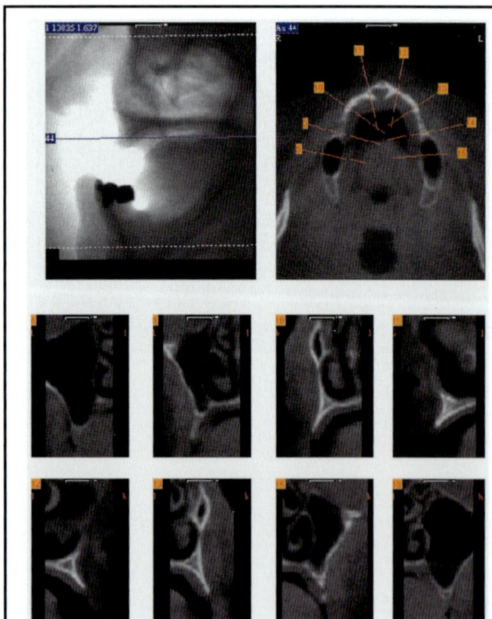

Abb. 14 Report mit Darstellung eines hochatrophischen Oberkiefers.

Dreidimensionale Ansichten stellen die knöchernen Strukturen sehr anschaulich dar und können das Gespräch mit dem Patienten über notwendige begleitende Maßnahmen, Augmentationen, sehr erleichtern. Dreidimensionale Darstellung einer Extrematrophie des Ober- und Unterkiefers. Auffallend der ossifizierte Ansatz des Musculus genioglossus (Abb. 15).

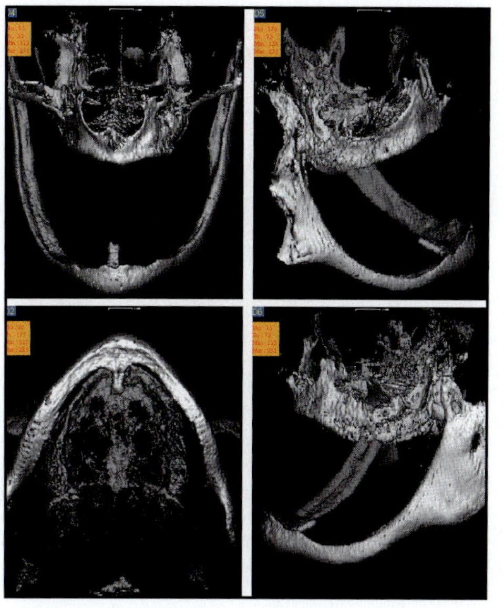

Abb. 15 Report mit dreidimensionaler Darstellung eines hochatrophischen Ober- und Unterkiefers.

Vorteile von DVT

Die genaue präoperative Kenntnis der anatomischen Struktur trägt wesentlich zum Operationserfolg bei. Mit der digitalen Volumentomografie steht ein Aufnahmeverfahren zur Verfügung, welches in der zahnärztlichen Praxis unabhängig vom Radiologen die dreidimensionale Darstellung der knöchernen Strukturen ermöglicht. Gerade im Bereich der Implantologie hilft sie, das vorhandene Knochenangebot unter Beachtung der prothetischen Erfordernisse optimal zu nutzen. Relevante Strukturen können bei Kenntnis deren genauer Lage sicher geschont werden. Zudem ist, der eigenen Erfahrung nach, ein zügigeres operatives Vorgehen möglich.

Die Abbildungsgenauigkeit sowohl der Computertomografie als auch der digitalen Volumentomografie liegen im Zehntelmillimeterbereich, sodass nicht das Aufnahmeverfahren, sondern die intraoperative Umsetzung der Diagnosedaten den limitierenden Faktor darstellt. Verfahrensbedingt kommt es bei der digitalen Volumentomografie nicht zu Artefakten durch metallische Restaurationen und Fremdkörper, die bei der Computertomografie zu einer erheblichen Einschränkung der diagnostischen Aussagekraft führen können. Die Ausrichtung der Axiale kann bei der digitalen Volumentomografie im Rahmen der Primärrekonstruktion individuell vorgenommen werden. Aus Gründen der räumlichen Orientierung setzt eine optimale Implantatplanung axiale Schichten voraus, die senkrecht zur Achse des prospektiven Implantats stehen. Somit können Ober- und Unterkiefer anhand einer einzigen Aufnahme ideal dargestellt werden. Bei der Computertomografie sind hierzu mehrere Aufnahmen mit entsprechender zusätzlicher Strahlenbelastung erforderlich, da die Positionierung des Patienten im Gerät die Lage der Axiale festlegt.

Die digitale Volumentomografie weist gegenüber der Computertomografie mit traditionellen Belichtungsparametern eine erheblich geringere Strahlenbelastung auf. (nach Cohnen ca. 5-fach). Die Strahlenbelastung eines DVT liegt um den Faktor 10 und die eines dosisreduzierten CT um den Faktor 13 über dem eines OPG.

Die speziell auf dentoalveoläre Fragestellungen abgestimmte Software des DVT der Firma NewTom© und insbesondere die Markierungsfunktion ermöglichen im Vergleich zur standardmäßigen CT-Diagnostik eine wesentlich individuellere Auswertung direkt durch den Behandler mit entsprechender therapeutischer Relevanz.

Text und Abbildungen auf Seiten 124 bis 129

Dr. Stefan Hümmeke

Stereolithografische Bohrschablonen

Auf Basis dreidimensionaler bildgebender Diagnostik durch CT oder DVT lassen sich mit speziellen Softwareapplikationen (SimPlant® – Firma Materialise©, Med 3-D®-Co Diagnostix©, NobelGuide™ – Nobel Biocare™) virtuelle Implantatplanungen erstellen und durch unterschiedliche Verfahren Bohrschablonen produzieren, die eine exakte intraoperative Umsetzung der virtuellen Planung ermöglichen. Während das Verfahren von Med 3-D® die Erstellung einer Bohrschablone durch das zahntechnische Labor mithilfe eines speziellen Übertragungstisches (Hexapod) zur Referenzierung vorsieht, erfolgt bei dem Verfahren SurgiGuide® der Firma Materialise© die Erstellung einer stereolithografischen Bohrschablone allein aufgrund des digitalen CT- oder DVT-Bilddatensatzes vom Patienten (vorteilhaft mit einer in situ befindlichen radioopaken Röntgenschablone) und der virtuellen Planung im SimPlant®-Programm. Analog zu dem SurgiGuide®-Verfahren funktioniert NobelGuide™ mit dem Unterschied, dass eine zusätzliche Tomografie von der Prothese bzw. radiologischen Scanschablone allein notwendig ist.

Implantatplanung

Die virtuelle Implantatplanung für die Insertion von vier Implantaten im vierten Quadranten erfolgt mithilfe des Planungsprogrammes SimPlant®. In dem Programm wird die anatomische Situation in vier unterschiedlichen Ansichten dargestellt. Im linken oberen Fenster sind die Crosssectionals dargestellt und im Fenster darunter eine Panoramaansicht. Auf der rechten Seite befindet sich oben die Ansicht der Axiale und darunter eine dreidimensionale Darstellung (Abb. 1). Anatomische Strukturen lassen sich einzeichnen und werden dann in allen Ansichten dargestellt. Während die dreidimensionale Ansicht eine gute Übersicht bietet, erfolgt die exakte Ausrichtung der Implantate primär anhand der Crosssectionals, der Panorama und der axialen Ansicht. Die bildgebende Diagnostik wird am sinnvollsten mit einer zuvor angefertigten radioopaken Duplikatprothese durchgeführt, sodass bei der virtuellen Implantatplanung sowohl anatomische Strukturen als auch prothetische Erfordernisse in optimaler Weise berücksichtigt werden können. Die Ausrichtung der Implantate wird durch Darstellung der Verlängerung der Implantatachsen erheblich vereinfacht (Abb. 2). Um isoliert die Relation zwischen den Implantaten und dem Nerv beurteilen zu können, kann der Kieferknochen ausgeblendet werden (Abb. 3).

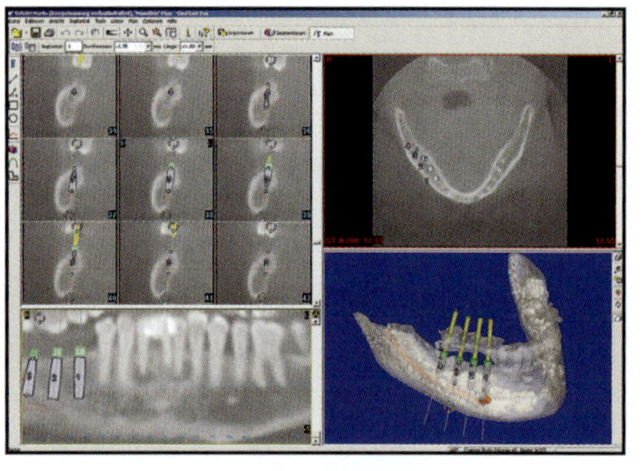

Abb. 1 Dreidimensionale Planung mit SimPlant®.

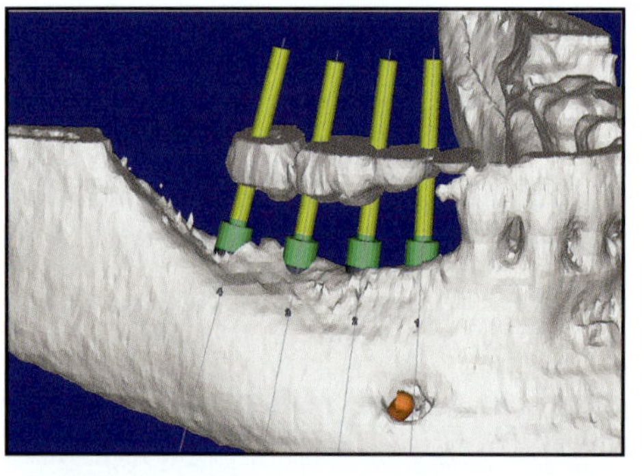

Abb. 2 Verlängerte Achsen der Implantate treffen die Gegenbezahnung.

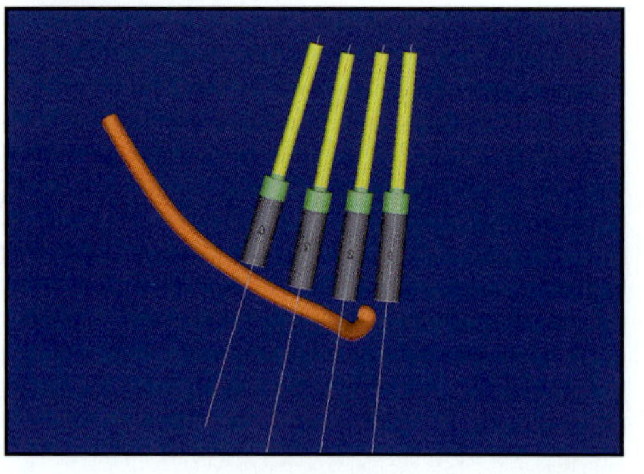

Abb. 3 Relation zwischen den geplanten Implantaten und dem Nerven bei maskiertem Knochen.

Nach Abschrauben der Einbringpfosten können die Implantate mit der präoperativ vorbereiteten provisorischen Sofortbrücke versorgt werden (Abb. 6). Hierzu werden die vorbereiteten provisorischen Zylinder auf die Implantate aufgeschraubt (Abb. 7) und die provisorische Brücke auf den Zylinder anprobiert und bei Bedarf angepasst (Abb. 8). Mithilfe von schnell härtendem Kunststoff (z. B. Trim®) wird die provisorische Brücke auf den Zylinder einpolymerisiert, abgeschraubt und außerhalb des Mundes ausgearbeitet (Abb. 9). Die ausgearbeitete Brücke wird eingesetzt und die Schrauben mit 20 N/cm angezogen. Die Zugangslöcher zu den Schrauben werden z. B. mit Clip provisorisch verschlossen (Abb. 10). Wichtig ist,

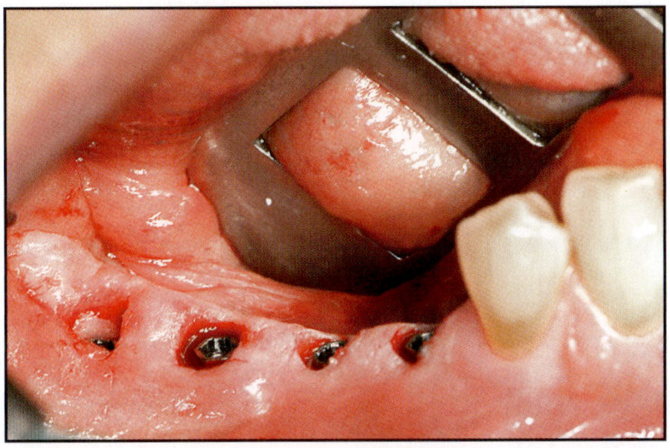

Abb. 6 Inserierte Implantate.

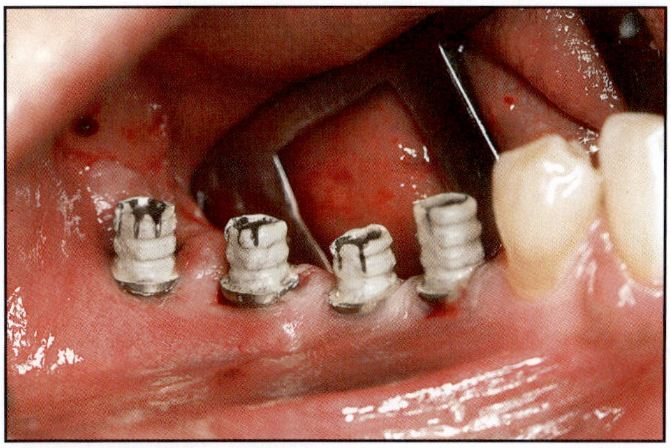

Abb. 7 Aufgeschraubte provisorische Zylinder.

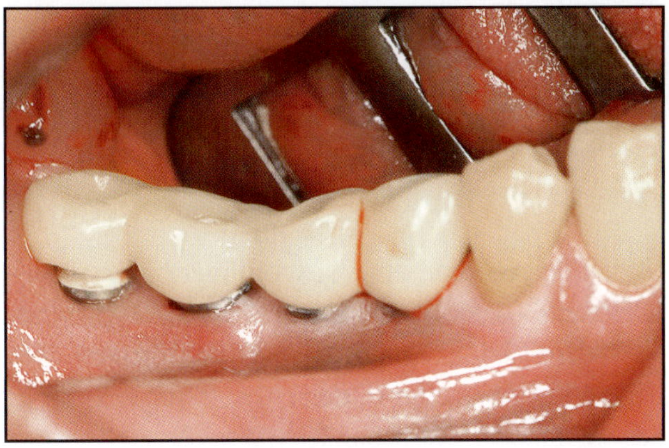

Abb. 8 Anpassung des Provisoriums.

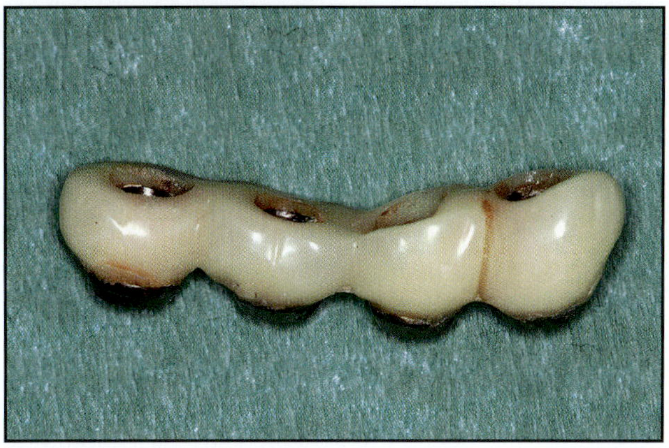

Abb. 9 Fertigstellung des Provisoriums.

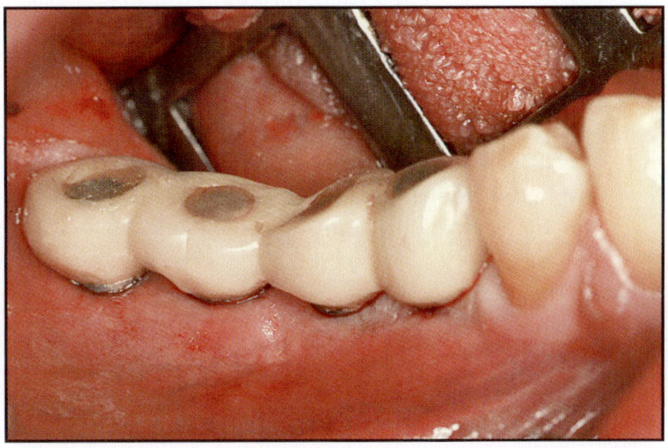

Abb. 10 Eingesetztes Provisorium. Verschluss der Zugangskanäle.

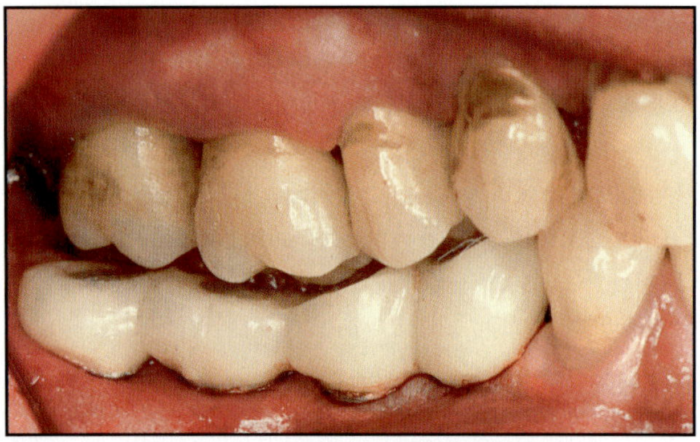

Abb. 11 Vermeidung okklusaler Kontakte.

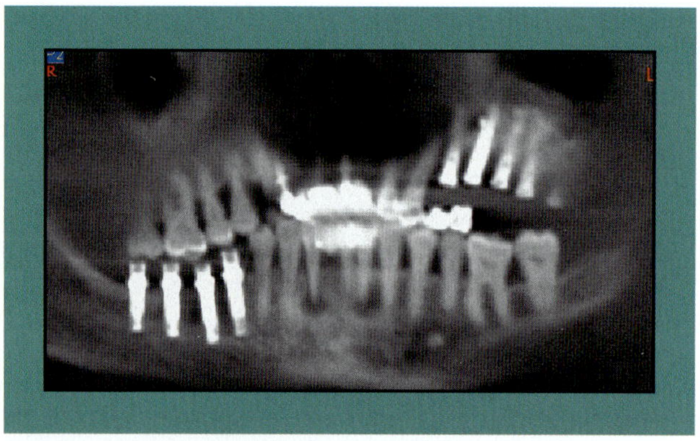

Abb. 12 Postoperative DVT-Kontrolle.

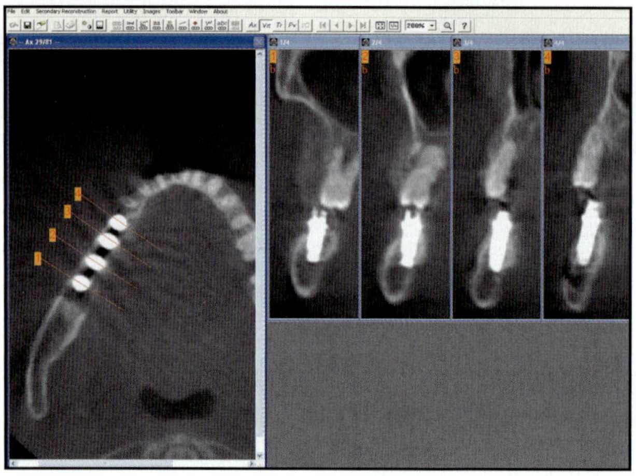

Abb. 13 Lage der Implantate in Querschnittdarstellungen.

dass die Implantate trotz Sofortversorgung nicht belastet werden, d. h., die Brücke muss außer Okklusion und Artikulation genommen werden (Abb. 11), um eine Osseointegration zu gewährleisten. Die postoperative Tomografie zeigt die Lage der Implantate im Kiefer nach der Insertion anhand 3-D-Planung und Implantation über eine stereolithografische Bohrschablone (Abb. 12 und 13). Die pathologischen Veränderungen im Frontzahnbereich werden erst nach der Wiederherstellung der Abstützungszonen in Seitenzahnbereichen behandelt (Abb. 12).

Behandlungsablauf:

Implantation und Sofortversorgung – 5 Monate bis zur Abdrucknahme und Fertigstellung

Chirurgie und Provisorium:

Dr. Christoph T. Sliwowski

Zahntechnik:

Ute Olbers

Navigationstechnik

Eine andere Möglichkeit, virtuelle Implantatplanungen operativ umzusetzen, stellt die navigationsgestützte Implantatchirurgie dar.

ACHTUNG:

Die Navigation in der zahnärztlichen Implantologie hat sich noch nicht in der Praxis verbreiten können und wegen der hohen Anschaffungskosten und großen Umständlichkeit ist es abzuwarten, ob sie in der Zukunft ein Routine-Verfahren darstellen wird.

Bei der Navigation wird über ein optisches Kamerasystem die Relativposition von Winkelstück und Patientenkiefer erfasst und in Echtzeit auf einem Bildschirm dargestellt (Abb. 1). Mit anderen Worten: Am Patientengebiss wird ein Navigationssensor mithilfe einer Schiene (Horseshoe) fixiert, der optisch die aktuelle Position des Kiefers zu der Kamera sendet. Auf dem Winkelstück befinden sich ebenfalls Sensoren, die die räumliche Position des Winkelstücks und des Bohrers erfassen und ebenso an die Kamera leiten. Der Computer sammelt und verarbeitet die Informationen von der Kamera und zeigt auf dem Bildschirm in der Echtzeit die Relation des Bohrers zu dem Kiefer. Der Operateur kann somit auf dem Bildschirm den Bohrvorgang in allen Dimensionen verfolgen und gemäß der prä-

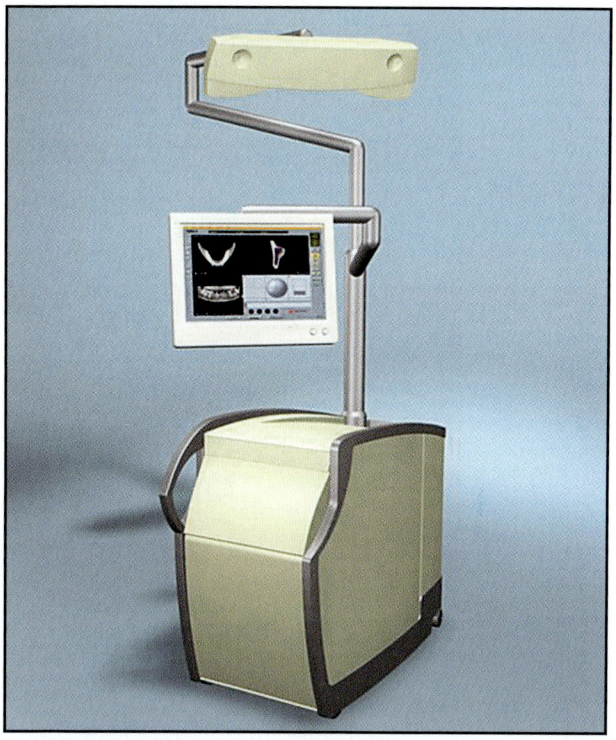

Abb. 1 DenX®-Gerät (mit freundlicher Genehmigung der Firma DenX®).

operativen virtuellen Implantatplanung die Vorbereitung des Implantatbettes durchführen. Die in Deutschland am weitesten verbreiteten Navigationssysteme in der Implantologie sind das unter Mitarbeit der Charité in Berlin entwickelte RoboDent®-System und das Navigationssystem der Firma DenX® aus Israel. An dieser Stelle wird eine Implantation mit dem IGI-DenX®-Gerät vorgestellt (Abb. 1).

Bildgebende Diagnostik

Für die Navigation ist zur räumlichen Orientierung eine Computertomografie oder digitale Volumentomografie (DVT) mit einem Referenzkörper notwendig. In dem DenX®-System steht als Referenzkörper ein Navigationsbogen, so genannter „Horseshoe“ zur Verfügung. Der standardisierte Navigationsbogen muss für jeden Patienten auf dem Modell noch individualisiert werden. Hierzu wird im Labor die untere Seite des Navigationsbogens (Horseshoe) auf den Zahnbogen angepasst. Um noch bessere Passgenauigkeit auf den Zähnen zu erreichen, wird der vorbereitete Horseshoe im Mund des Patienten mit Pattern Resin® unterfüttert (Abb.

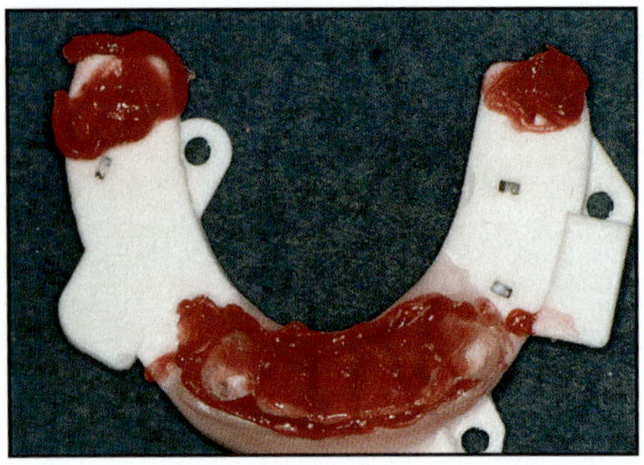

Abb. 2 Unterfütterte „Horseshoe“-Schablone.

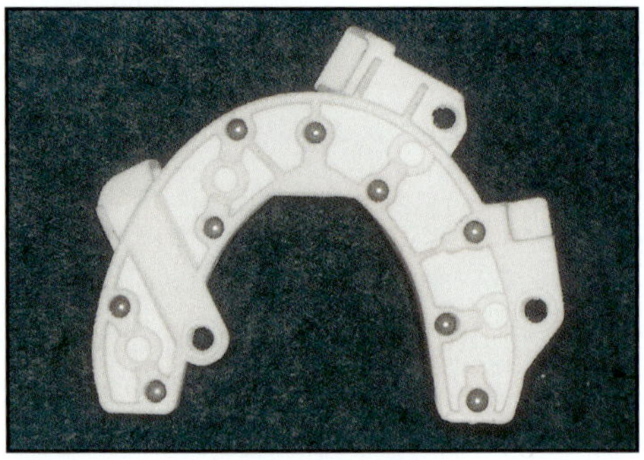

Abb. 3 Neun Keramikkugeln als Referenzpunkte.

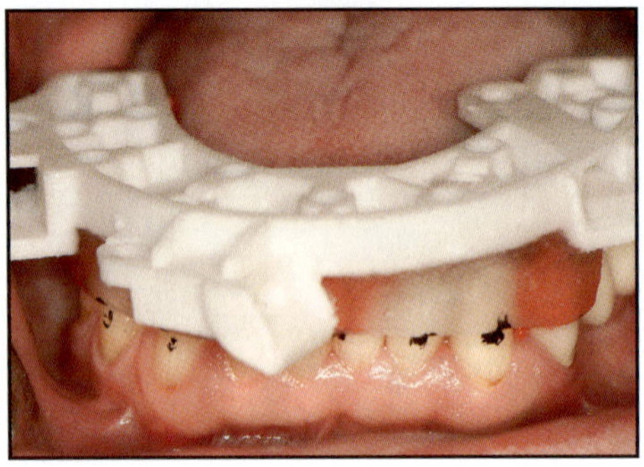

Abb. 4 Stabil verankerte Schablone.

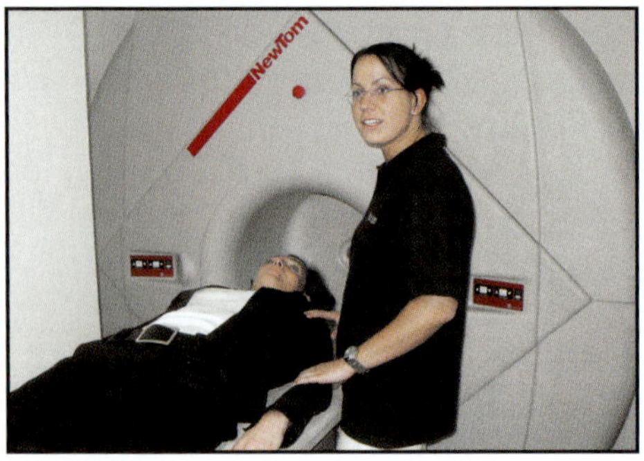

Abb. 5 Patientenlagerung für die DVT-Aufnahme.

2). Als Referenzkörper sind in dem vorfabrizierten Navigationsbogen neun röntgenopake Keramikkügelchen vorhanden (Abb. 3). Der Horseshoe wird in dem Mund des Patienten stabil platziert (Abb. 4) und mit dieser Schablone eine digitale Volumentomografie (DVT) mit dem NewTom©-Gerät durchgeführt (Abb. 5).

Implantatplanung

Die Implantatplanung erfolgt mit der DenX®-Software unter Berücksichtigung der individuellen anatomischen Gegebenheiten. Zuerst wird auf dem horizontalen Schnitt (axial) der Verlauf der Unterkieferkurvatur für das Panoramabild auf dem Bildschirm markiert. Dann wird der Verlauf des Nervs lokalisiert und ebenfalls markiert. An den gewünschten Stellen werden die Implantate aus einer Bibliothek (Sammlung von allen gängigen Implantaten) entnommen und in dem Kiefer virtuell platziert. Die Längen, Tiefen und Neigung der Implantate werden gemäß anatomischen Gegebenheiten geplant. Die röntgenopaken Keramikkügelchen sind in dem digitalen Bilddatensatz deutlich erkennbar und werden auf dem Bildschirm nacheinander lokalisiert und markiert (Abb. 6). Hierdurch ist eine Referenzierung der virtuellen Planung mit der intraoperativen Situation über den Horseshoe möglich.

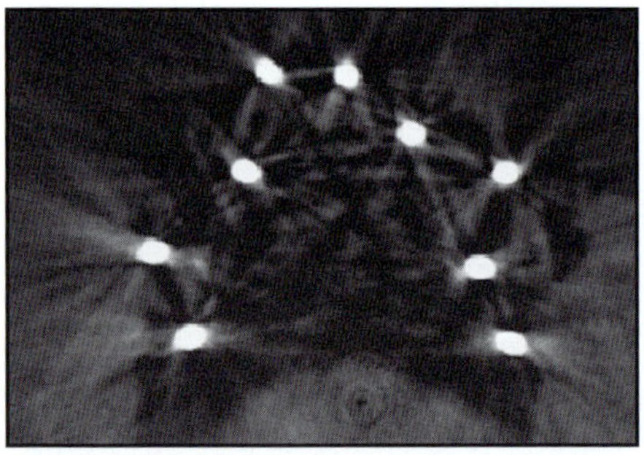

Abb. 6 Die Referenzkugeln auf dem DVT-Axialschnitt.

Präoperative Anfertigung von Provisorien

In analoger Weise zu der navigierten Implantation kann noch vorher eine Modelloperation durchgeführt werden, die auch als Probeimplantation auf dem Kiefermodell gilt. Nach der Probeimplantation kann auf dem so entstandenen Modell eine provisorische Brücke vorbereitet werden. Auch die Modelloperation beginnt mit der Fixierung des Navigationsbogens auf dem Gipsmodell und der Referenzierung durch Abtasten der Referenzpunkte (Keramikkügelchen) mit dem Winkelstück (Abb. 7). Danach können navigationsgestützt die Bohrungen gemäß der virtuellen Implantatplanung durchgeführt und die Implantate in das Modell eingesetzt werden (Abb. 8). Auf den so platzierten Implantaten kann eine provisorische Versorgung angefertigt werden, die als Sofortprovisorium während der Patientenoperation eingegliedert wird. Die provisorischen Zylinder werden auf das Modell aufgeschraubt und bei Bedarf angepasst (Abb.9). Über die Zylinder wird eine provisorische Brücke angefertigt (Abb. 10). Zur Kompensation von Diskrepanzen zwischen der Modell- und der Patientenoperation werden Spalträume zwischen den provisorischen Zylindern und den Aussparungen in der Brücke belassen, die später im Mund mit Kunststoff zupolymerisiert werden (Abb. 11).

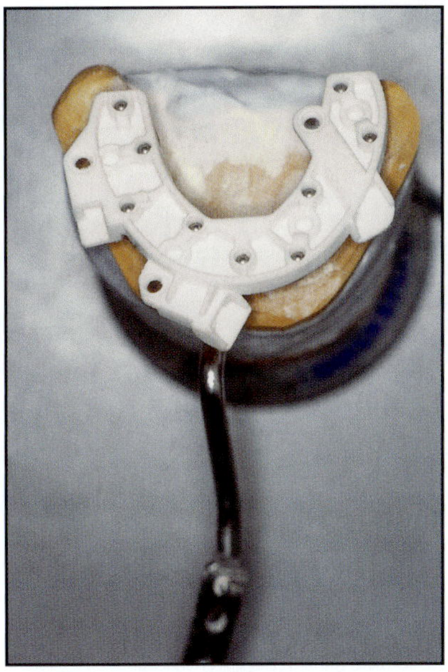

Abb. 7 Modell wird mit Hilfe von Referenzkugeln räumlich orientiert.

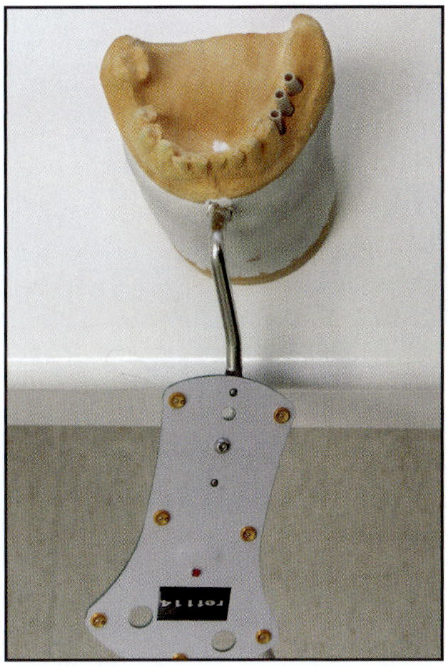

Abb. 8 Navigiert werden die Implantate im Modell gesetzt.

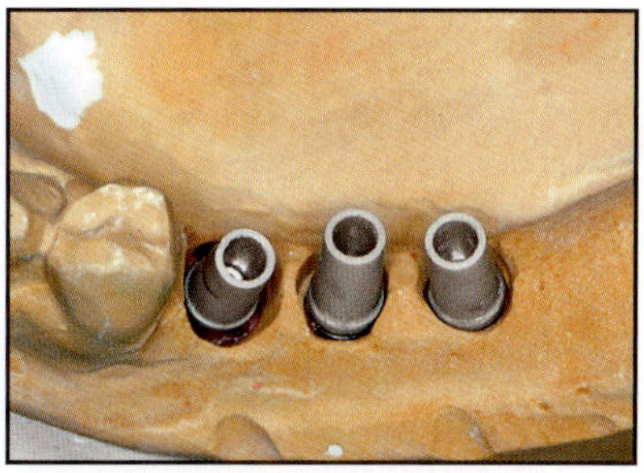

Abb. 9 Platzierte Modellimplantate mit provisorischen Zylindern.

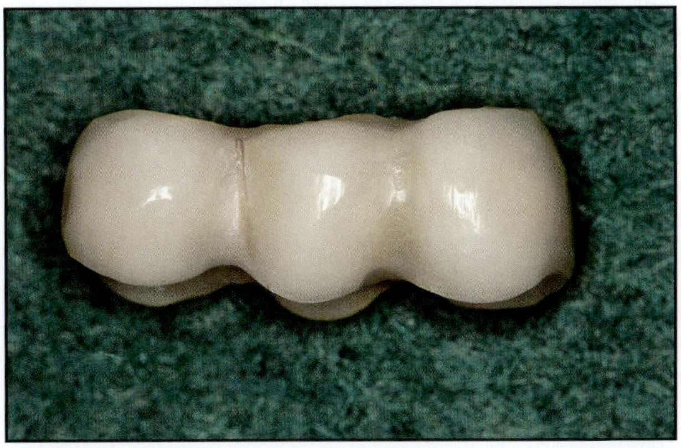

Abb. 10 Provisorium in Seitenansicht.

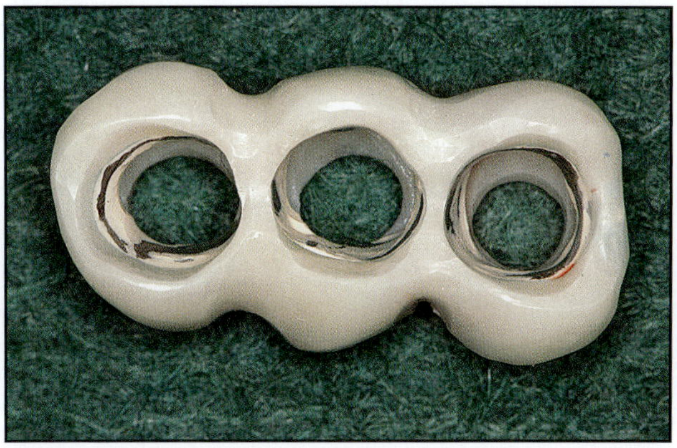

Abb. 11 Das fertige Sofortprovisorium von basal.

Präoperative Planung und Vorbereitung des Provisoriums siehe Seite 137

AUSGANGSSITUATION

Der Patient mit einer nicht erhaltungsfähigen Brücke 34-37 im linken Unterkiefer wünscht eine festsitzende Sofortversorgung (Abb. 1). Der Zahn 34 ist überkront, aber sonst voll funktionsfähig, der Zahn 37 weist einen massiven periapikalen Knochenabbau auf und muss extrahiert werden (Abb. 2).

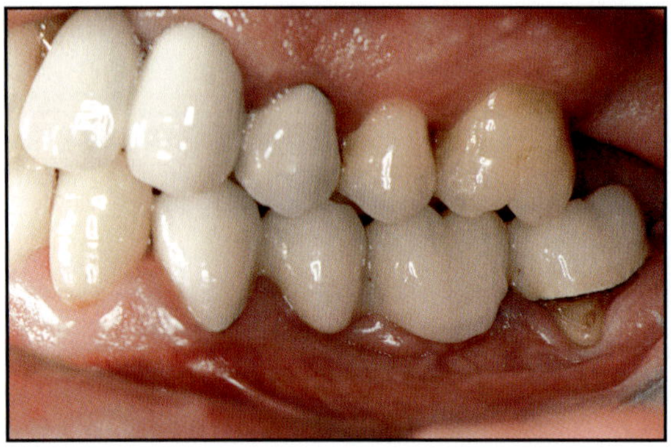

Abb. 1 Ausgangssituation – nicht erhaltungsfähige Brücke im dritten Quadranten.

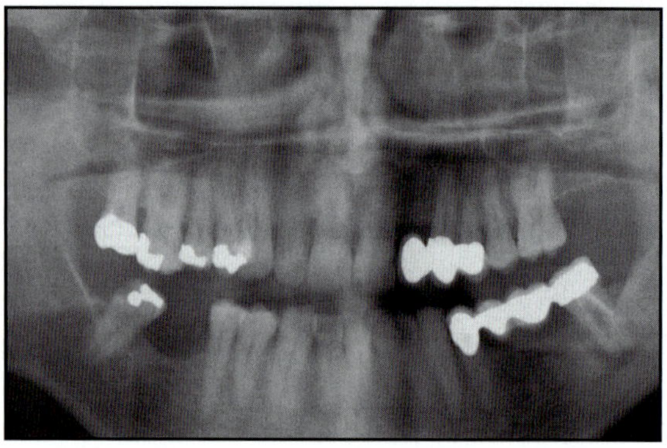

Abb. 2 Apikale Ostitis am Zahn 37.

DIAGNOSTISCHE MITTEL

- Klinische Untersuchung
- OPG
- Modellanalyse
- DVT mit „Horseshoe"
- DenX®-Analyse und Planung

THERAPIEPLAN

- Navigationsgestützte Insertion von drei Implantaten; festsitzende rein implantatgetragene Suprakonstruktion unmittelbar im Anschluss an die Implantation
- Vollkeramische Einzelkronen auf individuellen Abutments aus Zirkon

Vorbereitung für die Navigation

Bevor mit der Implantation begonnen werden kann, muss die Kamera des Navigationsgerätes auf den Patientenkopf justiert werden (Abb. 3). Auf Wunsch des Patienten wird die Implantation in Vollnarkose durchgeführt. Nach Intubation wird zuerst die Brücke 34–37 abgenommen (Abb. 4) und der Pfeilerzahn 37 entfernt. An den Navigationsbogen wird ein Bügel als Befestigungselement angebracht (Abb. 5). Für die Operation wird das Panel mit den Signaldioden an den Bügel des Navigationsbogens fest verschraubt und mit der Kamera verkabelt (Abb. 6). Um eine Referenzierung (Zuordnung) zwischen Patientenkiefer und Winkelstück zu ermöglichen, werden die neun Markierungspunkte (Kügelchen) auf dem „Horseshoe“ mit dem Winkelstück angesteuert und mit einem Mausklick auf dem Bildschirm markiert. Nach der Referenzierung werden auf dem Bildschirm die Position des Patientenkiefers und des Winkelstückes in Echtzeit dargestellt. Der Navigationsbogen (Horseshoe) muss noch entsprechend gekürzt werden, um den Zugang zu der Operationsstelle zu ermöglichen. Der so vorbereitete Horseshoe wird in identischer Position wie bei der Computertomografie auf die Patientenbezahnung reponiert (Abb. 6). Ebenso befinden sich Dioden an dem speziellen Winkelstück des

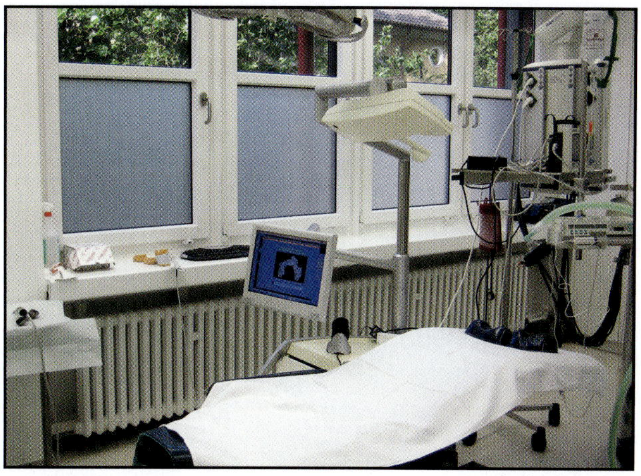

Abb. 3 Ausrichtung des Navigationsgerätes.

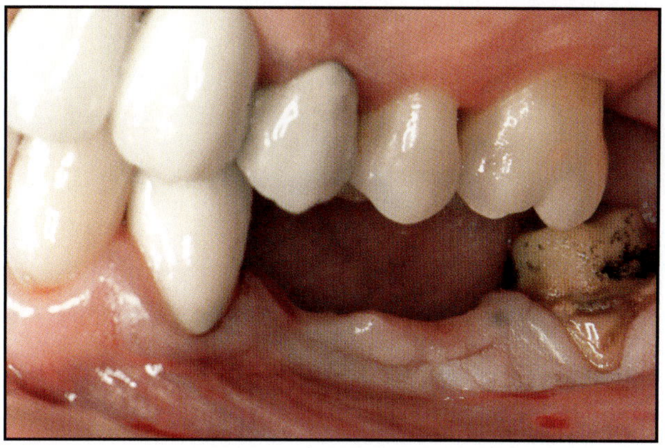

Abb. 4 Auftrennen und Abnahme der Brücke.

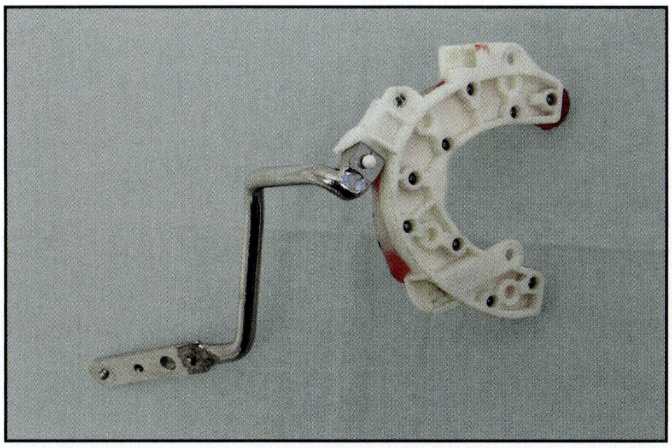

Abb. 5 Horseshoe mit befestigtem Bügel.

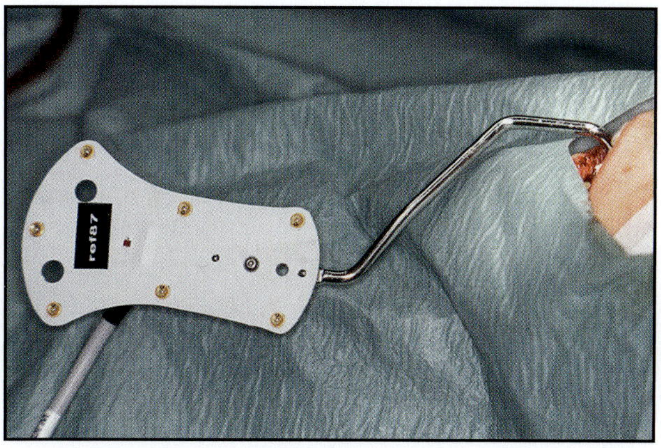

Abb. 6 Der Referenzbogen fixiert auf der Bezahnung des rechten Unterkiefers.

Systems. Die Kamera wird so ausgerichtet, dass sowohl die Dioden an dem Winkelstück als auch an dem Patientenkiefer erfasst werden (Abb. 7). Die geplante Implantatposition wird aktiviert und die Position des Präparationsbohrers zu der gewünschten Implantatposition auf dem Bildschirm dargestellt. Der Operateur kann dann unter visueller Kontrolle auf dem Bildschirm die Bohrungen und Implantatinsertionen gemäß der virtuellen Planung durchführen.

ACHTUNG:

Während der Operation muss eine ständige Sichtverbindung zwischen der Kamera und den Dioden an Patientenkiefer und Winkelstück gewährleistet sein, da sonst keine Darstellung auf dem Bildschirm erfolgt.

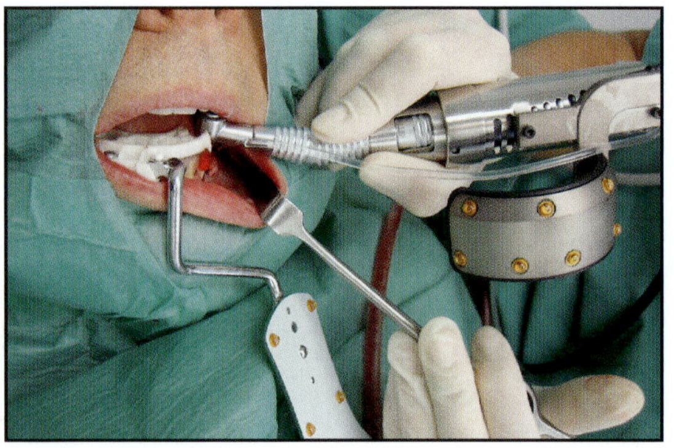

Abb. 7 Dioden senden Signale zur Lagebestimmung von Referenzbogen und Winkelstück zur Kamera.

Implantation und provisorische Versorgung

Auf dem Bildschirm werden die Relativposition von Patientenkiefer und aktueller Bohrerposition in Echtzeit dargestellt, sodass die Implantatbetten navigationsgestützt aufbereitet und die Implantate unter Navigation inseriert werden können (Abb. 8). Der gerade verwendete Bohrer muss dem System angegeben werden (hier Twist Drill 3 mm Durchmesser). In der linken oberen Ecke des Bildschirms wird die Position des Winkelstückes auf der Panorama-Übersicht und in der rechten Ecke im Querschnitt (crosssectional) dargestellt (Abb. 8). Im unteren Teil des Bildschirmes werden in einem Koordinatensystem, von links nach rechts, die aktuelle Position, Neigung und Tiefe des Bohrers relativ zu dem geplanten Implantatbett angezeigt (Abb. 8), sodass alle drei Neoss®-Implantate unter Navigation an den geplanten Stellen inseriert werden können (Abb. 9). Auf die Implantate werden die provisorische Zylinder aufgeschraubt (Abb. 10) und auf die Zylinder dann die vorbereitete Brücke angepasst (Abb. 11). Wichtig ist, dass ein kleiner Spalt zwischen den provisorischen Zylindern und

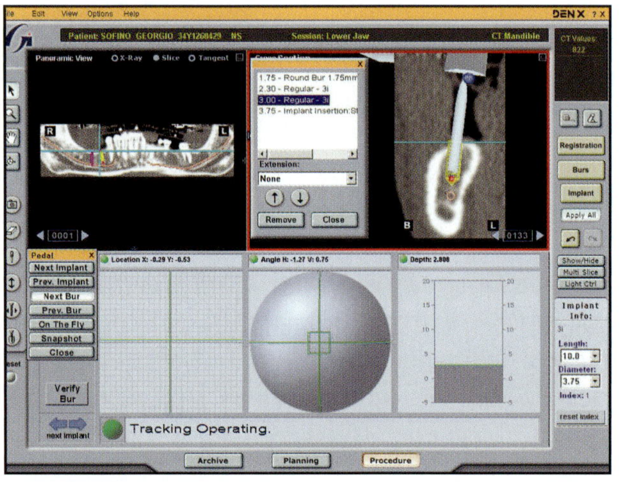

Abb. 8 Dank der Signale wird die Lage des Winkelstücks und des Kiefers auf dem Bildschirm dargestellt (mit freundlicher Genehmigung der Firma DenX®).

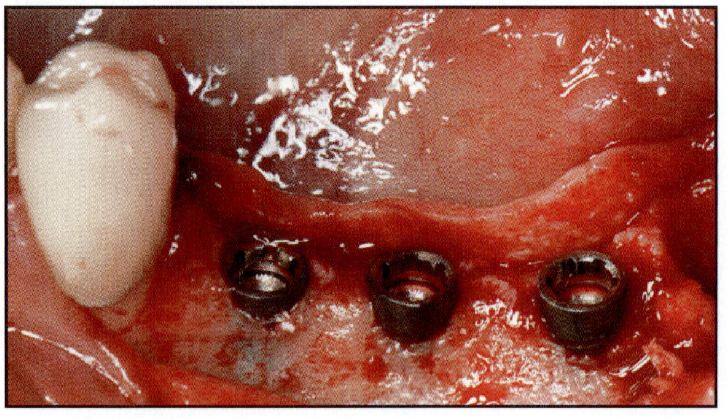

Abb. 9 Drei unter Navigation inserierte Neoss®-Implantate.

der Brücke vorhanden ist. Anschließend wird die provisorische Brücke auf den Zylindern im Mund einpolymerisiert und zum Ausarbeiten abgeschraubt. Für das bessere Handling beim Zunähen werden auf die Implantate Heilungsdistanzhülsen aufgeschraubt und die Perforationen der Kortikalis für die Augmentation vorbereitet (Abb. 12). Die gesammelten Knochenspäne werden auf den Kieferkamm aufgelagert und die Wunde dicht vernäht (Abb. 13). Nach dem Zunähen werden die Heilungsdistanzhülsen abgeschraubt und das ausgearbeitete Provisorium montiert (Abb. 14).

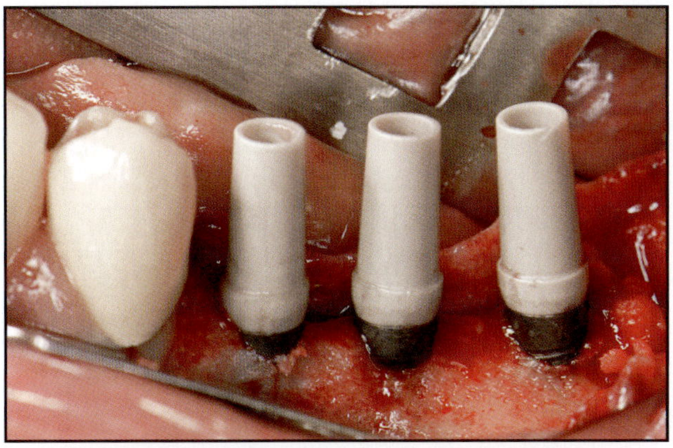

Abb. 10 Aufgeschraubte provisorische Zylinder.

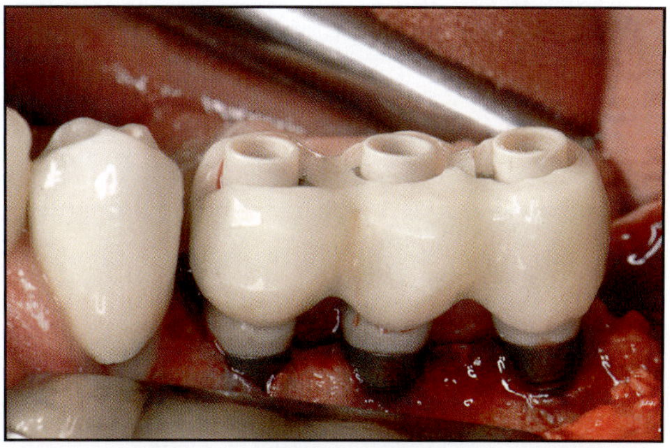

Abb. 11 Anpassung des Provisoriums.

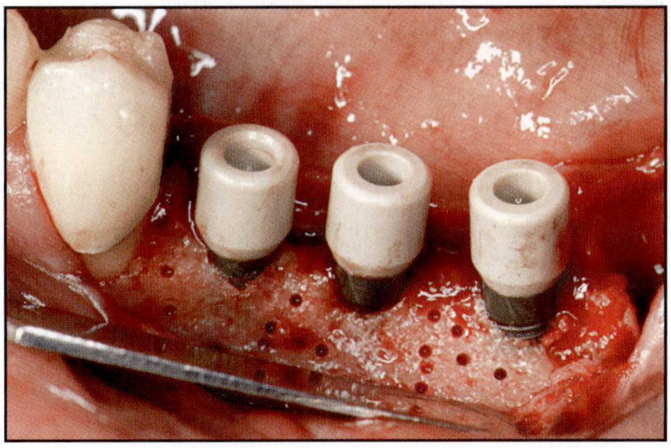

Abb. 12 Aufgeschraubte Heilungsdistanzhülsen. Perforierte Kortikalis.

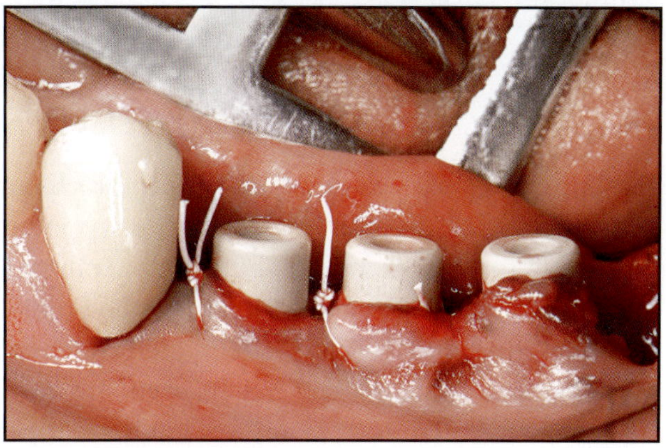

Abb. 13 Wundverschluss nach Augmentation.

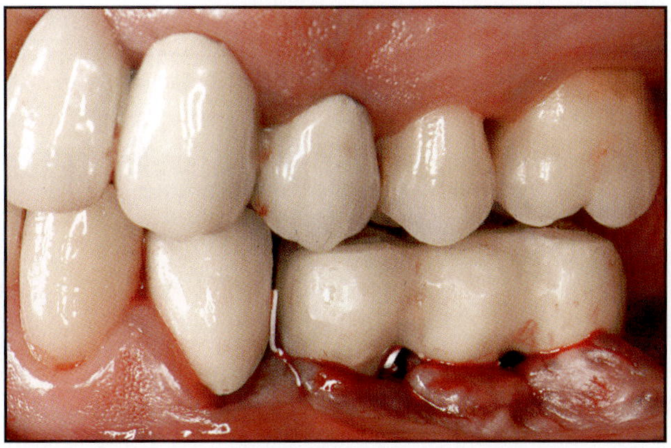

Abb. 14 Eingegliederte provisorische Versorgung außer Okklusion.

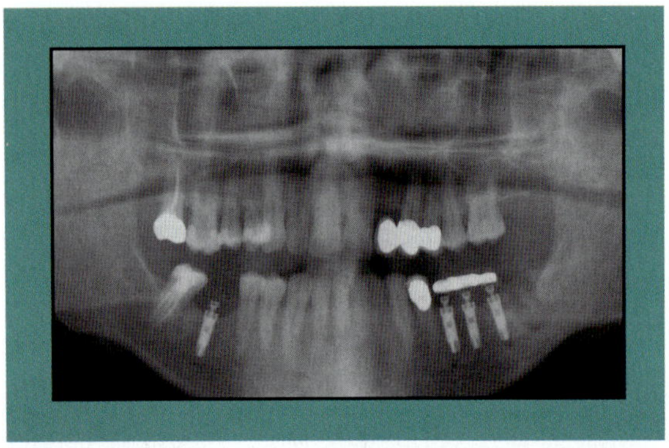

Abb. 15 Postoperative OPG-Aufnahme.

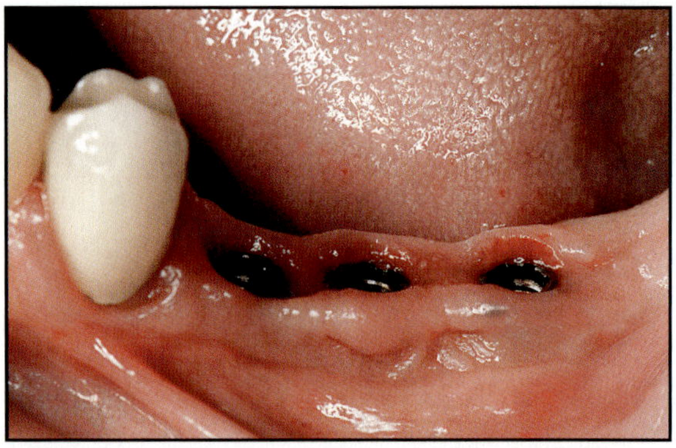

Abb. 16 Stabile Zahnfleischsituation nach fünf Monaten.

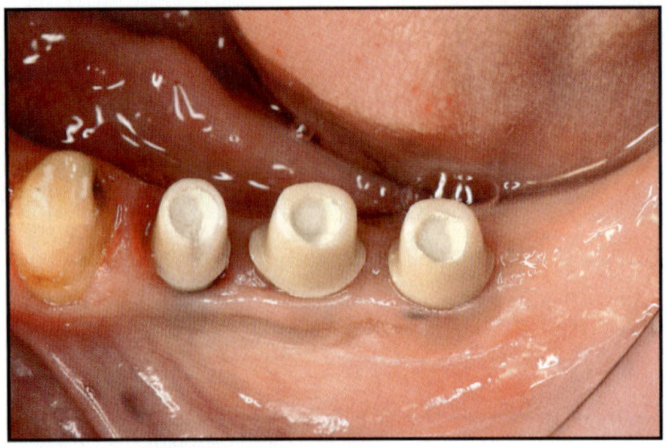

Abb. 17 Individuelle Zirkonabutments.

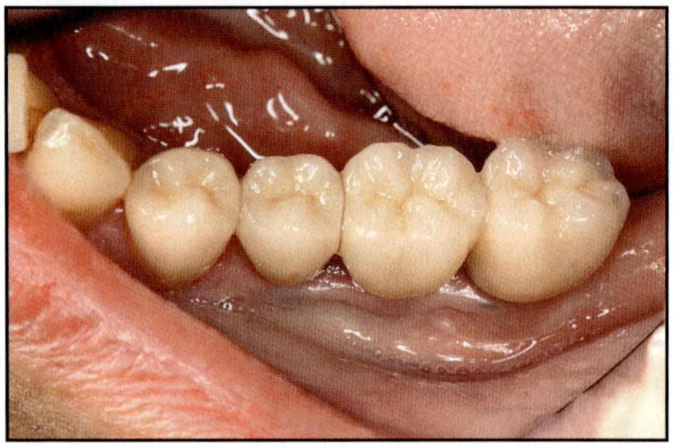

Abb. 18 Vollkeramische Einzelkronen.

Bei der Sofortversorgung ist immer zu beachten, dass die Brücke völlig außer Okklusion und Artikulation steht, damit die Implantate während der Einheilphase nicht belastet werden. Die postoperative OPG-Aufnahme zeigt die Positionen der Implantate nach dem navigierten Implantationsverfahren (Abb. 15). Im vierten Quadranten wird in der gleichen Narkose, aber ohne Navigation, ein Neoss®-Implantat regio 46 inseriert und mit einer Heilungsdistanzhülse für eine offene Heilung versehen. Im Verlauf des Heilungsprozesses stabilisiert sich die Zahnfleischsituation um die Implantate und nach fünf Monaten wird der Abdruck für die definitive prothetische Versorgung genommen (Abb. 16). Die definitive prothetische Versorgung erfolgt über vollkeramische Einzelkronen, die auf dem nachpräparierten Zahn 35 sowie auf drei individuellen Zirkonabutments auf den Implantaten zementiert werden (Abb. 17 und 18).

Behandlungsablauf:
Implantation und Sofortversorgung – 5 Monate bis zur Abdrucknahme und Fertigstellung

Chirurgie und Sofortversorgung:	Prothetik:	Zahntechnik:
Dr. Christoph T. Sliwowski	Dr. Roland Althoff	Jochen Essl

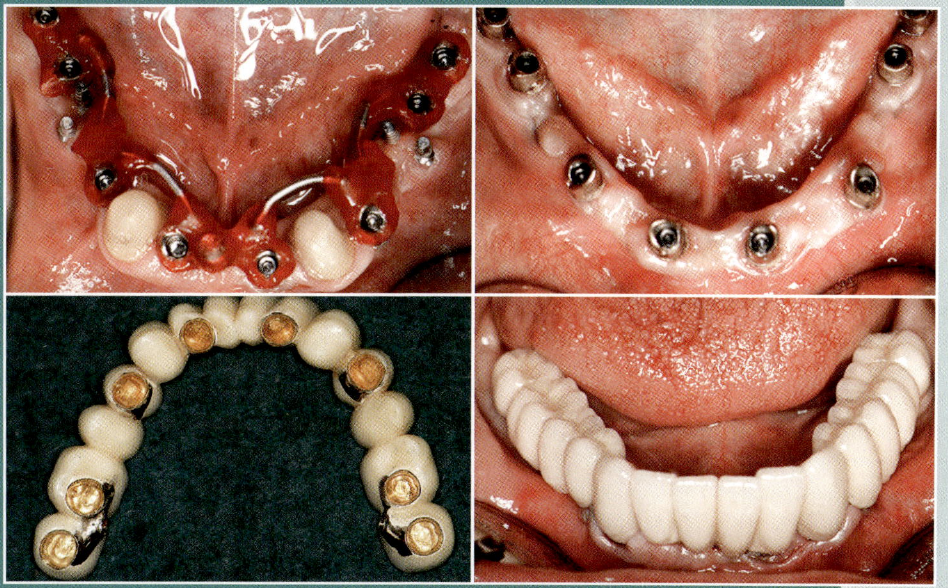

Zahnloser Unterkiefer

KAPITEL

3

Zahnloser Unterkiefer

Der günstigste und sicherste Bereich für eine Implantation ist der zahnlose Unterkiefer. Er wird durch eine dicke und harte Kortikalisschicht geprägt, die wiederum eine gute Primärstabilität für die Implantate bietet. Eine natürliche anatomische Begrenzung stellt der Nervus alveolaris inferior dar. Er teilt den Unterkiefer in den anterioren, interforaminären Bereich und die distal zu den Foramina mentalia im Seitenzahngebiet liegenden posterioren Areale ein.

Standarddiagnostik

Konventionelle Diagnostik

Zur Standarddiagnostik gehören die klinische und radiologische Untersuchung. Bei der klinischen Untersuchung wird die Ausformung des Kieferkammes, die Breite der Zone befestigter Gingiva, das Vorhandensein von Knochen- bzw. Schleimhautdefekten sowie ein etwaiger Schlotterkamm beurteilt (Abb. 1). Wenn die vorhandene totale Prothese noch funktionstüchtig ist, kann sie doubliert werden und diese Duplikatprothese mit radioopaken Markern (Titanhülsen) als Röntgenschablone dienen. Mit dieser Schablone wird eine Röntgenaufnahme angefertigt. Dank der nach prothetischen Gesichtspunkten ausgerichteten Titanhülsen lassen sich die Lage und die Längen der Implantate vor der Implantation gut planen. Eine konventionelle OPG-Aufnahme stellt die absolut minimale radiologische Basisdiagnostik dar (Abb. 2).

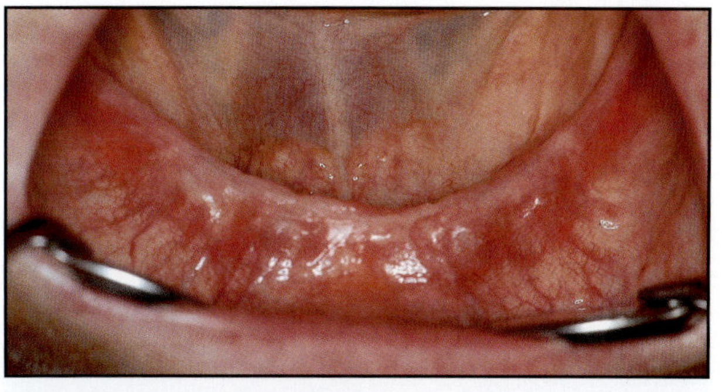

Abb. 1 Zahnloser Unterkiefer.

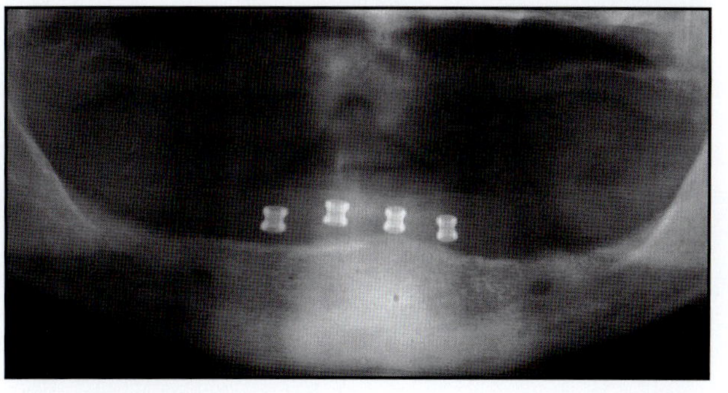

Abb. 2 OPG-Messaufnahme.

Behandlungsablauf siehe S. 153

Dreidimensionale DVT-Diagnostik und SimPlant®-Planung

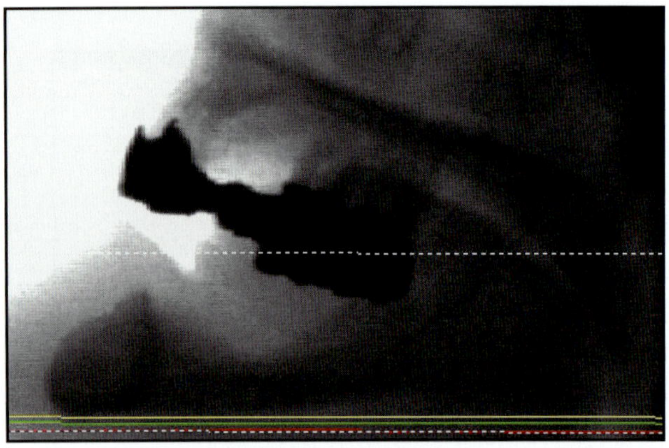

Abb. 1 Seitliche Ansicht der beiden Kiefer.

Abb. 2 Panoramaaufnahme des Unterkiefers.

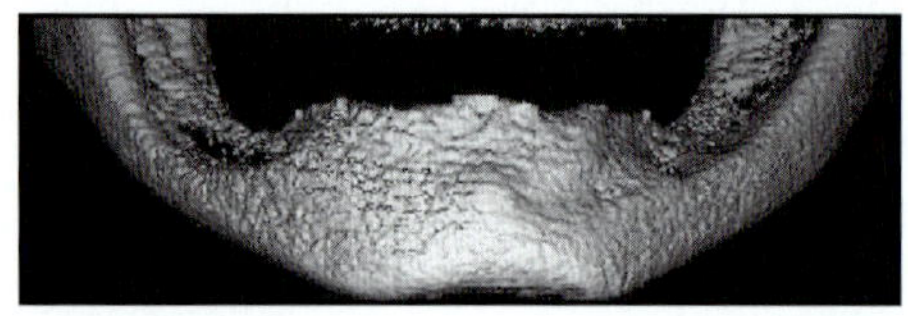

Abb. 3 3-D-Rekonstruktion des Unterkiefers.

Bei der Patientin liegt ein zahnloser Unterkiefer mit einer Tendenz der Kieferrelation zu Klasse III (Progenie) vor (Abb. 1). Der gesamte Unterkiefer ist schon stark atrophiert, besonders aber in beiden Seitenzahnbereichen (Abb. 2). Die 3-D-Rekonstruktion veranschaulicht die knöcherne Situation des Unterkiefers (Abb. 3). Die Patientin wünscht eine Sofortversorgung auf den Implantaten. Es sind sechs Implantate im interforaminären Bereich geplant, auf denen eine provisorische Sofortversorgung stabilisiert werden soll. Für eine genaue Planung werden die DVT-Daten in das „DICOM"-Format konvertiert und in das SimPlant®-Programm übertragen. Im SimPlant®-Programm wird zunächst der Nervus alveolaris inferior markiert, um diesen in allen Darstellungen sicher erkennen zu können (Abb. 4). Dann werden die Implantate virtuell an den gewünschten Implantationsstellen inseriert und anhand der Querschnitte exakt ausgerichtet (Abb. 5). Wenn

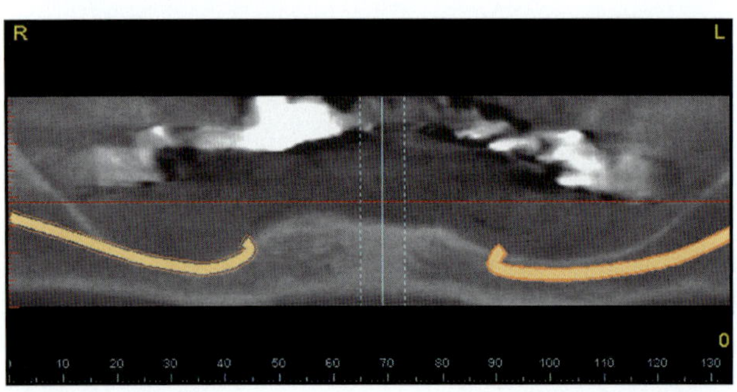

Abb. 4 SimPlant®-Planung. Markieren des Nervus alveolaris inferior auf beiden Seiten.

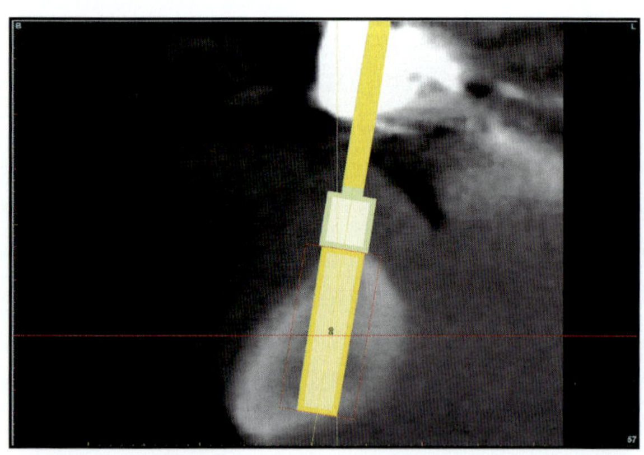

Abb. 5 Virtuelle Insertion und Ausrichtung eines Implantates auf dem Querschnitt (Crosssectional).

Stegversorgung auf vier Implantaten

Diagnostik siehe S. 147

Ausgangssituation

Bei der zahnlosen Patientin mit klinisch gutem lokalem Knochenangebot (s. Diagnostik S. 147 Abb. 1) ist eine Implantatbehandlung, d. h. die Insertion von vier Implantaten und eine stegretinierte Overdenture-Prothese, geplant. Durch ein OPG mit einer Schablone mit radioopaken Markern (s. Diagnostik S. 147 Abb. 2) können die Längen und die Lage der Implantate geplant werden.

Diagnostische Mittel

- Klinische Untersuchung
- OPG mit Schablone
- Modellanalyse

Therapieplan

- Insertion von vier Implantaten im interforaminären Bereich, subgingivale Einheilung
- Freilegung
- Prothetische Versorgung durch eine stegretinierte Deckprothese

Achtung:

Erfahrungsgemäß ist die Verwendung einer konventionellen chirurgischen Bohrschablone im zahnlosen Unterkiefer problematisch, da es nach Aufklappen und Darstellung des OP-Situs kaum möglich ist, diese korrekt zu platzieren. Zudem richtet sich die Positionierung der Implantate im Fall einer Stegversorgung vielmehr nach statischen als ästhetischen Gesichtspunkten, und gewisse Toleranzen sind bei einer geplanten Deckprothese problemlos zu vertreten. Aus diesen Gründen können die Implantatbetten nach Darstellung der Foramina mentalia in der Regel ohne Schablone freihand präpariert werden (Abb. 1).

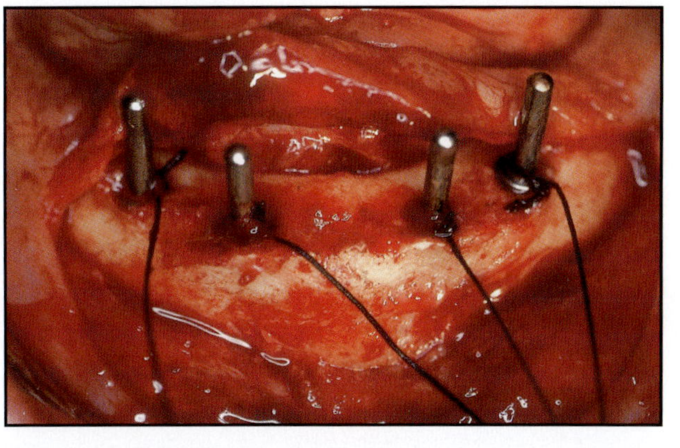

Abb. 1 Ausrichtung der Implantate.

Implantation

Die beiden distalen Implantate werden jeweils ca. 5 mm vor dem Foramen mentale platziert und die beiden mittleren Implantate mit gleichem Abstand zu den distalen positioniert. Der Abstand zwischen den mesialen Implantaten soll etwas größer sein, damit der zentrale Steg eine bessere Verankerung für die Prothese bietet (Abb. 2). Die Positionierung der Implantate und vor allem deren Lage zu den Nerven kann anhand der OPG-Kontrollaufnahme überprüft werden (Abb. 3). Während der viermonatigen gedeckten Einheilphase kann die Patientin die alte, weichbleibend unterfütterte totale Prothese weiter tragen (Abb. 4).

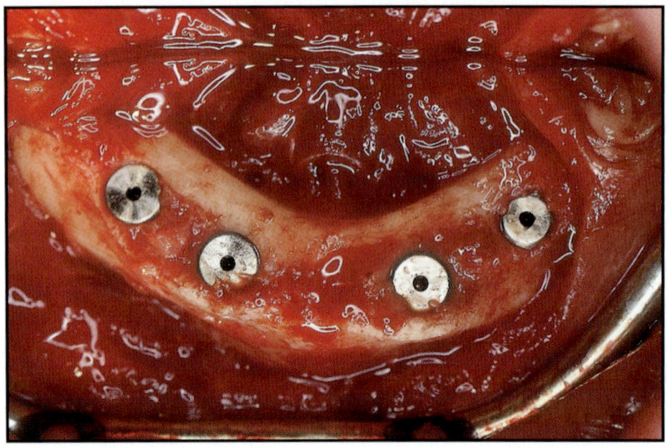

Abb. 2 Inserierte Implantate.

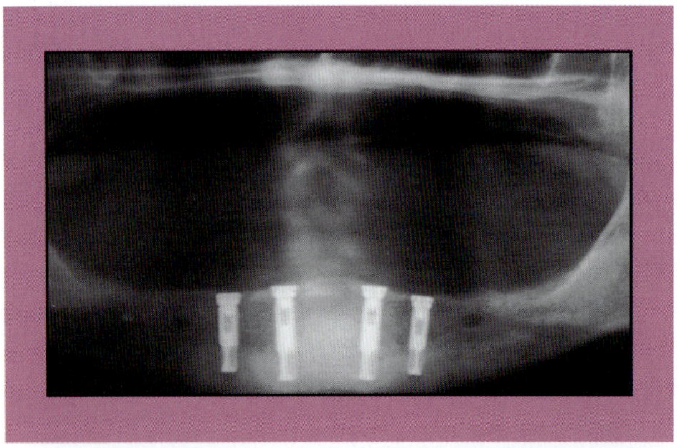

Abb. 3 Röntgen-Kontrollaufnahme.

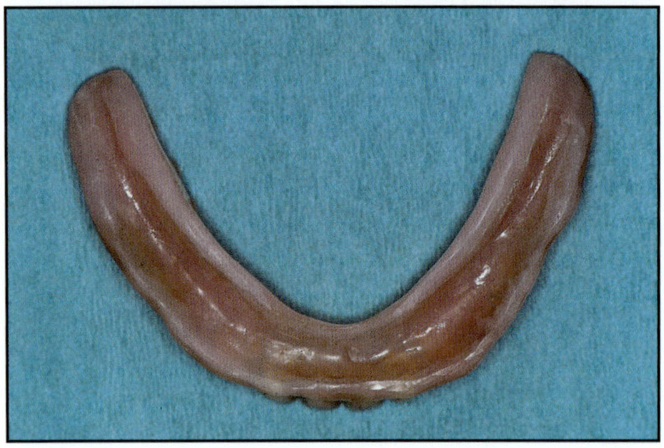

Abb. 4 Weichbleibend unterfütterte Totalprothese.

Prothetische Versorgung

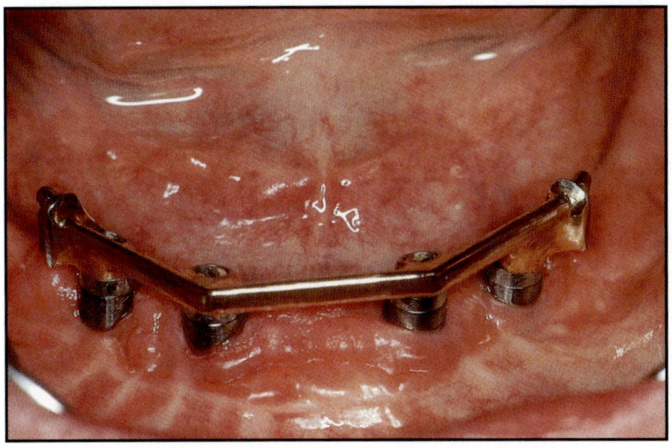

Abb. 5 Extendierter Steg auf Standarddistanzhülsen.

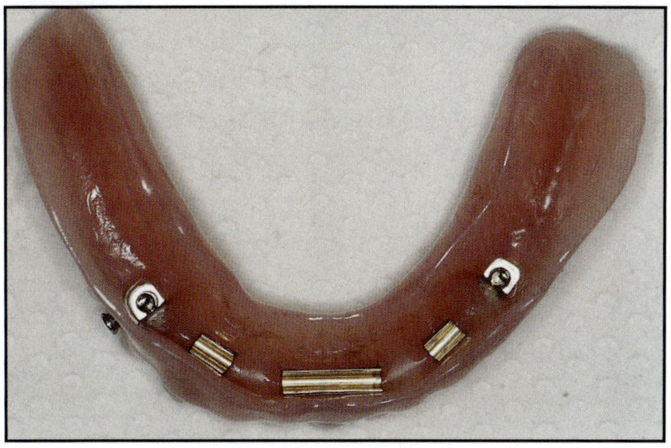

Abb. 6 Prothese mit Retentionselementen.

In der rekonstruktiven Phase werden die Implantate mit Standarddistanzhülsen versehen, auf denen ein Doldersteg angefertigt wird (Abb. 5). Neben den Stegreitern sind in diesem Fall Riegelgeschiebe zur zusätzlichen Fixierung der Prothese eingearbeitet (Abb. 6). Die Prothese ist in ihrem Sitz gesichert und kann nur nach Öffnung der Geschiebe abgenommen werden (Abb. 7).

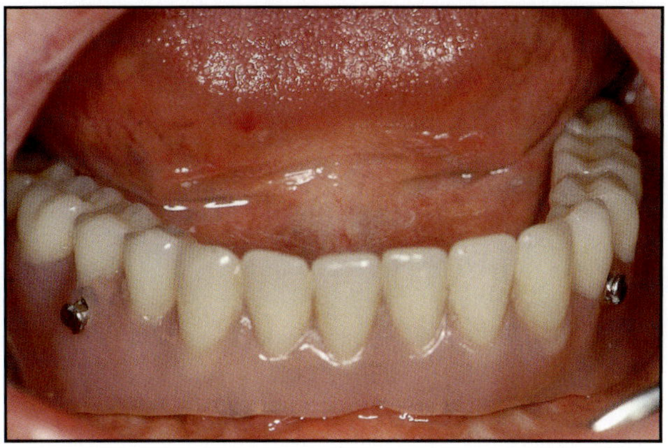

Abb. 7 Prothetische Versorgung in situ.

Behandlungsablauf:
Implantation – 4 Monate bis zur Freilegung – 3 Wochen bis zur Abdrucknahme und Fertigstellung

Chirurgie:	Prothetik:	Zahntechnik:
Dr. Christoph T. Sliwowski	Dr. Michael Weber	Fernando Abrantes

AUSGANGSSITUATION

Die zahnlose Patientin wünscht eine stabile Verankerung der totalen Prothese im Unterkiefer und legt gleichzeitig großen Wert auf eine einfache Hygienefähigkeit.

DIAGNOSTISCHE MITTEL

- Klinische Untersuchung
- OPG mit Schablone
- Modellanalyse

THERAPIEPLAN

- Insertion von vier Implantaten im interforaminären Bereich, subgingivale Einheilung
- Freilegung
- Prothetische Versorgung in Form einer Overdenture-Prothese auf vier Einzelteleskopen

Implantation

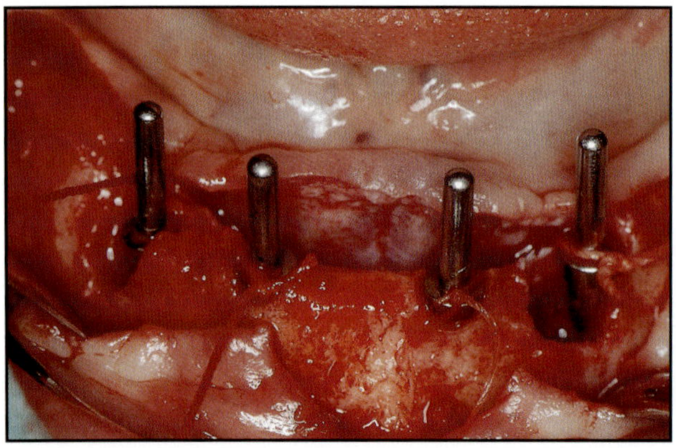

Abb. 1 Präparierte Implantatbetten.

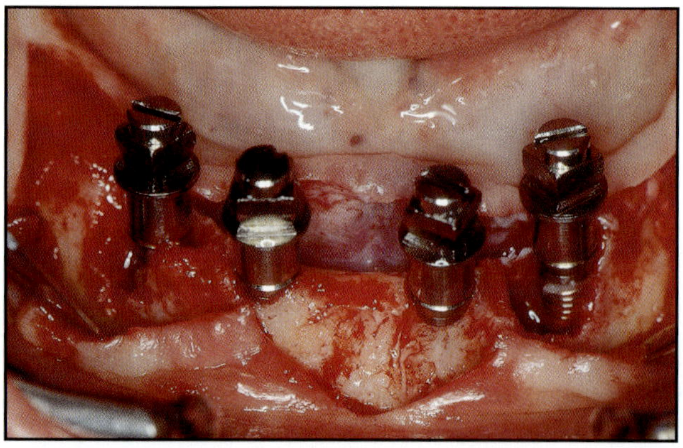

Abb. 2 Inserierte vier Brånemark-Implantate.

Nach dem Verlust der letzten Zähne im Unterkiefer – beide Eckzähne – werden im zahnlosen Unterkiefer im interforaminären Bereich vier Implantatbetten präpariert (Abb. 1). Vier Brånemark-Implantate werden in regio 44, 42, 32 und 34 inseriert (Abb. 2).

Nach der Insertion werden die Knochendefekte in den Extraktionsbereichen 33 und 43 mit den gesammelten Knochenspänen (ohne Membran) augmentiert und die Deckschrauben auf die Implantate aufgeschraubt (Abb. 3). Um eine sichere Osseointegration der Implantate zu ermöglichen, erfolgt eine subgingivale Einheilung (Abb. 4).

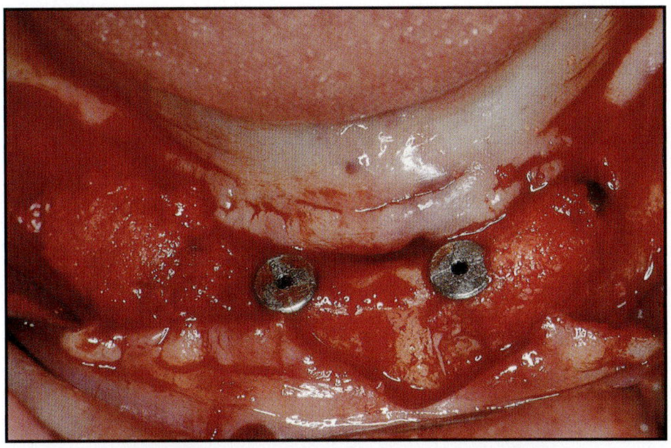

Abb. 3 Augmentation mit Knochenspänen.

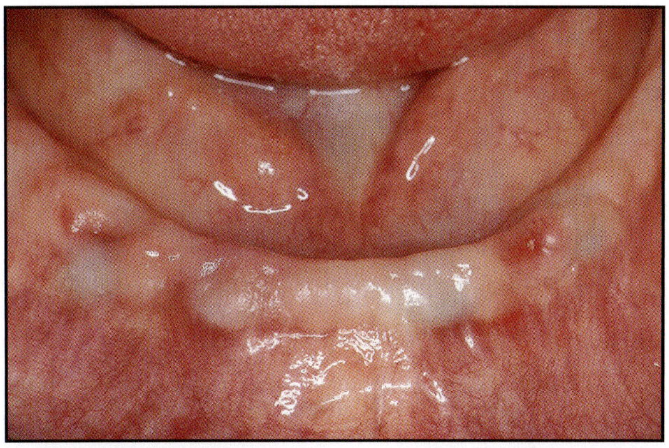

Abb. 4 Einheilungsphase.

Freilegung und prothetische Versorgung

Nach vier Monaten wird die Freilegung durch einen Kieferkammschnitt durchgeführt (Abb. 5). Die keratinisierte Gingiva wird hierbei nicht ausgestanzt, sondern nach lingual und vestibulär um die Heilungsdistanzhülsen verschoben und mit Nähten stabilisiert (Abb. 6).

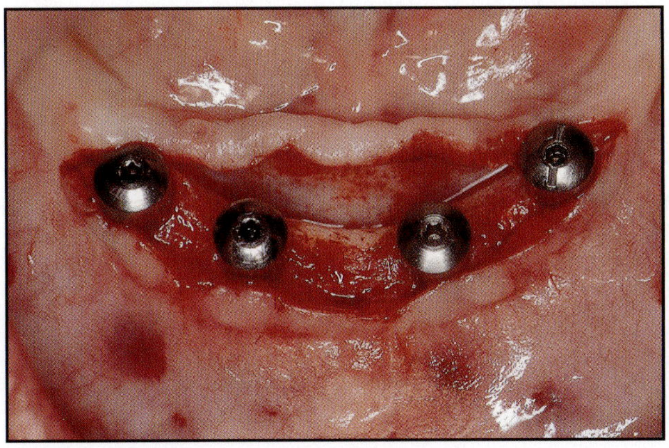

Abb. 5 Freilegung.

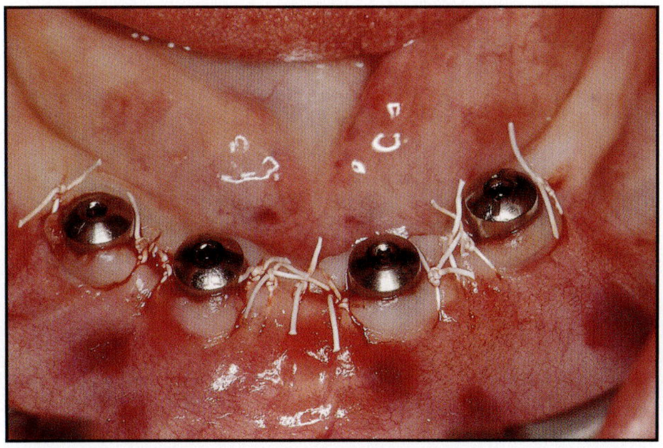

Abb. 6 Verbreiterung der Zone keratinisierter Gingiva.

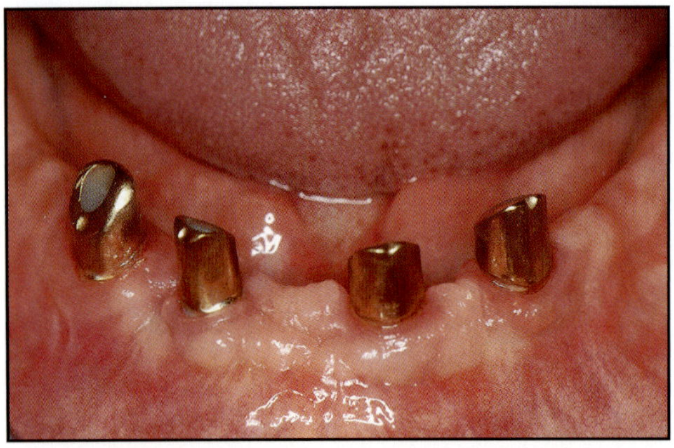

Abb. 7 Individuelle Abutments – Primärteleskope.

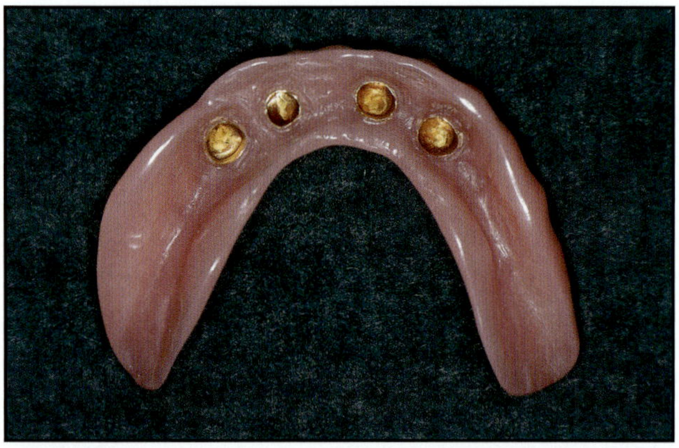

Abb. 8 Außenteleskope in der Prothese – Sekundärteleskope.

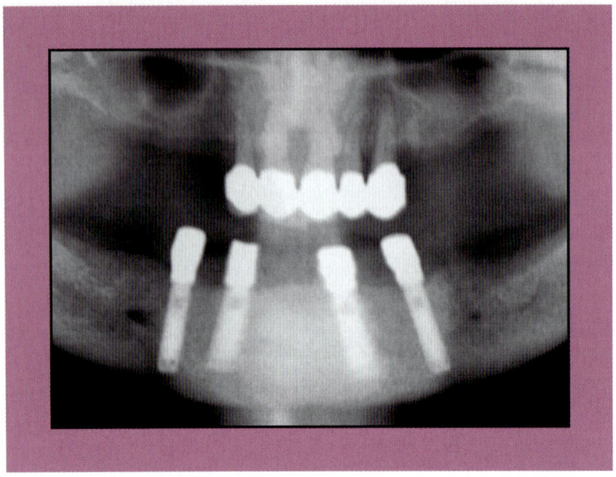

Abb. 9 Radiologische Abschlusskontrolle.

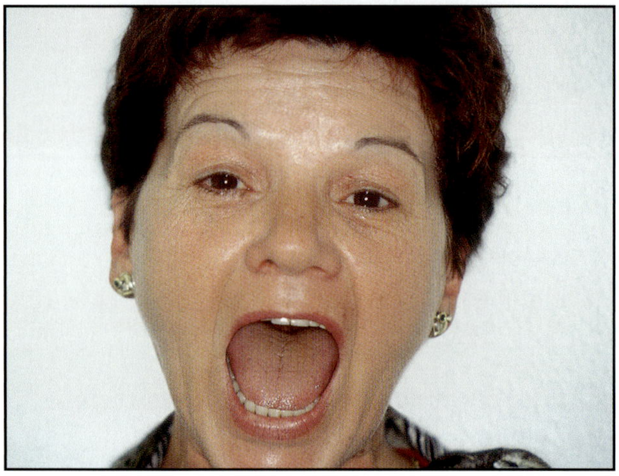

Abb. 10 Guter Halt der Prothese.

Für die prothetische Versorgung werden auf den Implantaten individuelle Abutments in Form von Teleskopen angefertigt und aufgeschraubt (Abb. 7). Die in Galvanotechnik hergestellten Außenteleskope (Sekundärteleskope) werden als Halteelemente in die Prothese integriert (Abb. 8). Die radiologische Kontrolle nach vier Jahren zeigt stabile knöcherne Verhältnisse (Abb. 9), ebenso ist der resultierende Halt der Prothese weiterhin mehr als zufriedenstellend, was die Patientin mit der weiten Mundöffnung beweisen möchte (Abb. 10).

Behandlungsablauf:
Implantation – 4 Monate bis zur Freilegung – 3 Wochen bis zur Abdrucknahme und Fertigstellung

Chirurgie:	Prothetik:	Zahntechnik:
Dr. Christoph T. Sliwowski	Dr. Michael Weber	Horst Mosch

AUSGANGSSITUATION

Der Patient besitzt noch den Zahn 35, welcher der geplanten Implantation nicht im Wege steht, sondern bis zur Fertigstellung der definitiven Konstruktion die alte Prothese stabilisiert. Daher soll er bis zur Fertigstellung der Suprakonstruktion erhalten werden (Abb. 1).

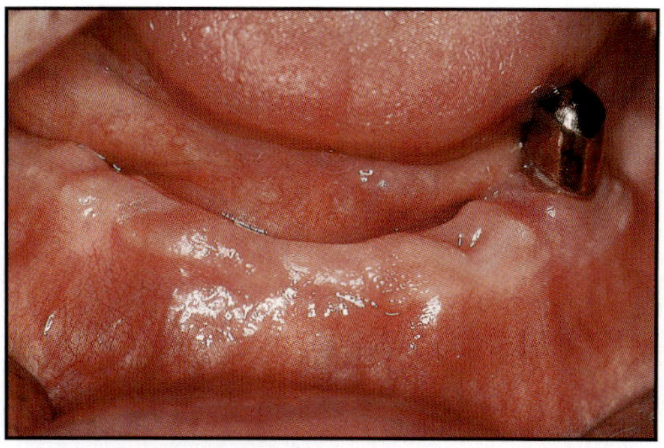

Abb. 1 Ausgangssituation. Bis auf Zahn 35 zahnloser Unterkiefer.

DIAGNOSTISCHE MITTEL

- Klinische Untersuchung
- OPG mit Schablone
- Modellanalyse

THERAPIEPLAN

- Insertion von sechs Implantaten, subgingivale Einheilung
- Freilegung
- Extensionsbrücke auf sechs Implantaten nach dem Procera®-Verfahren

Implantation und Augmentation

Nach krestalem Schnitt werden im interforaminären Bereich sechs Implantatbetten präpariert und die Ausrichtung mit Richtungsindikatoren überprüft (Abb. 2). Da der Zahn 35 nicht im Implantationsbereich steht, wird er als wichtiger Verankerungspfeiler für die Prothese in situ belassen.

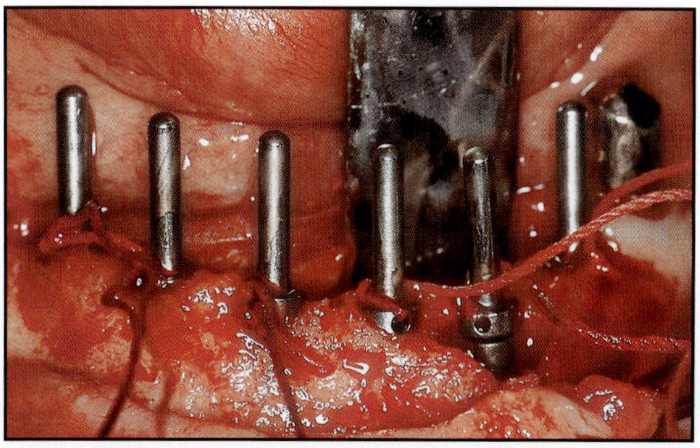

Abb. 2 Präparierte Implantatbetten.

Es werden sechs Brånemark-System®-Implantate inseriert, wobei auf die Positionierung der Implantatschultern auf gleicher Höhe geachtet wird (Abb. 3). Es werden die hohen Deckschrauben mit Schlitz und Sechskant aufgeschraubt, die durch ihre Höhe mehr Abstützung der Schleimhaut bieten und etwas mehr Platz für die Augmentation schaffen (Abb. 4). Der vorhandene Defekt regio 33 wird mit den gesammelten Knochenspänen augmentiert (Abb. 5). Es wird eine fünfmonatige geschlossene Einheilzeit der Implantate vorgesehen, wobei es bei dem Implantat regio 31 durch den Druck der Prothese zu einer spontanen Freilegung gekommen ist (Abb. 6).

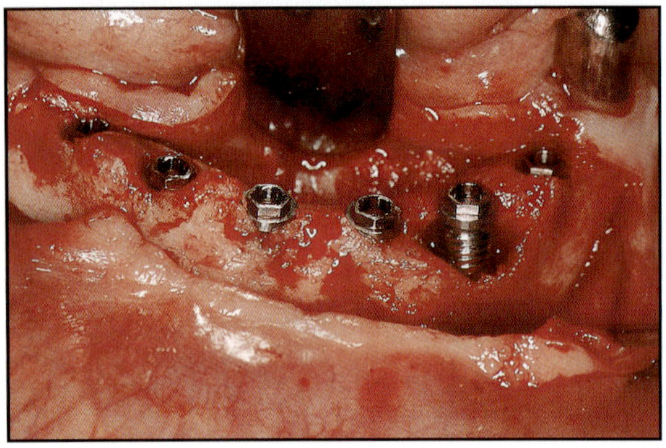

Abb. 3 Insertion der Implantate.

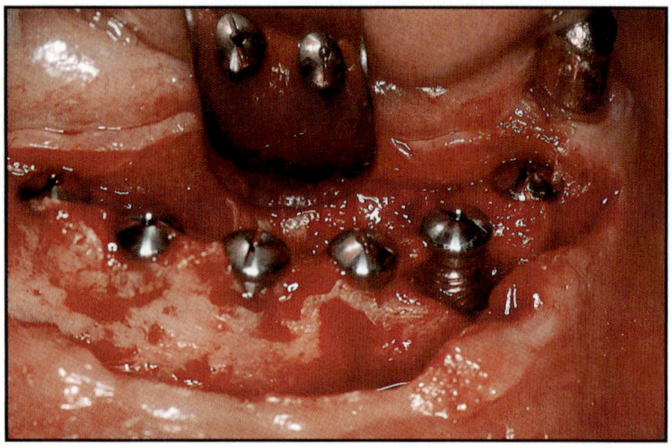

Abb. 4 Deckschrauben in situ.

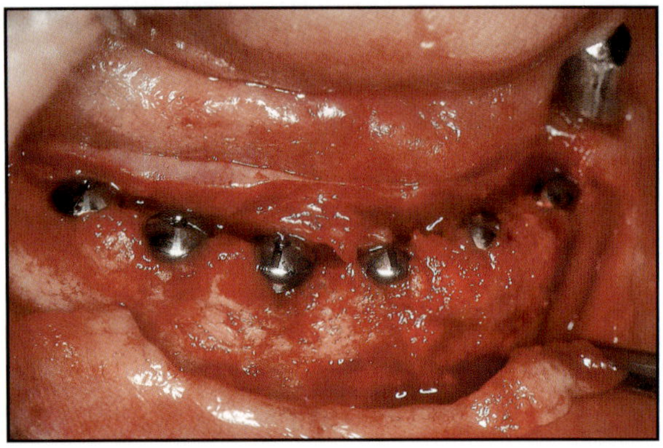

Abb. 5 Augmentation.

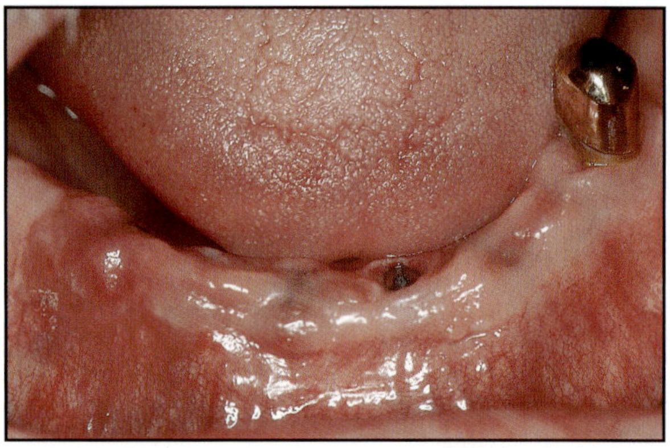

Abb. 6 Gedeckte Einheilung.

Freilegung und Abdrucknahme

Nach fünf Monaten werden die Implantate freigelegt und die Heilungsdistanzhülsen aufgeschraubt (Abb. 7). Nach weiteren drei Wochen, die

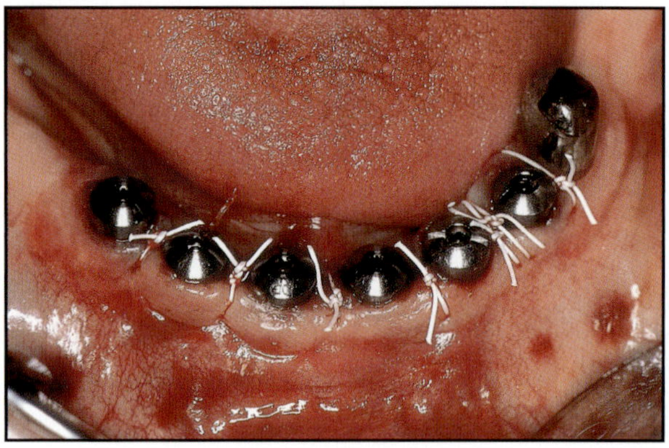

Abb. 7 Freilegung.

für die Stabilisierung der Schleimhautsituation erforderlich sind, wird der Abdruck genommen (Abb. 8). Der präzise Sitz der Abdruckpfosten auf dem Sechskant wird durch eine OPG-Aufnahme geprüft (Abb. 9).

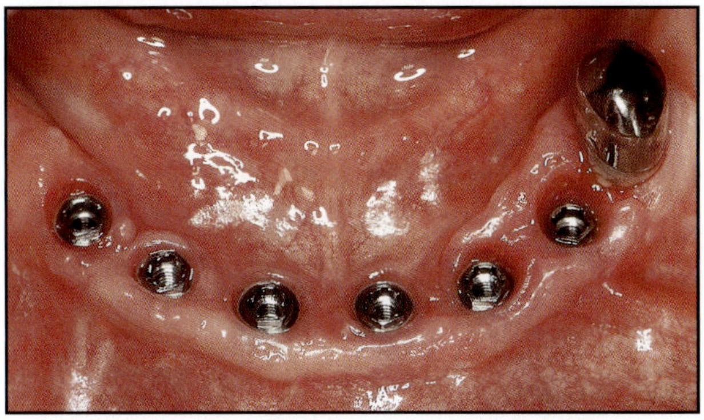

Abb. 8 Schleimhautsituation bei der Abdrucknahme.

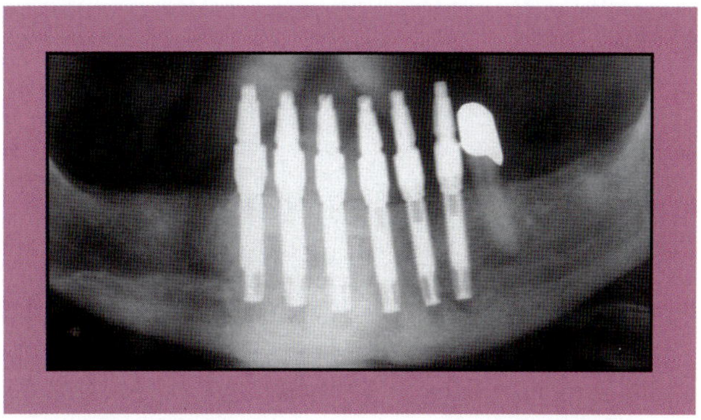

Abb. 9 OPG-Kontrolle des Sitzes der Abdruckpfosten.

Prothetische Versorgung – Procera®-Verfahren

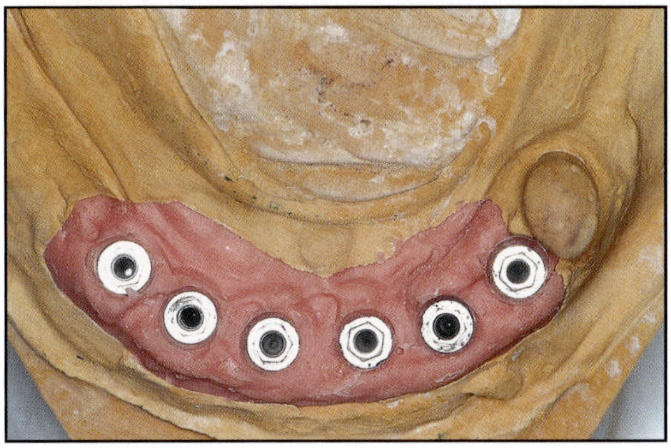

Abb. 10 Meistermodell.

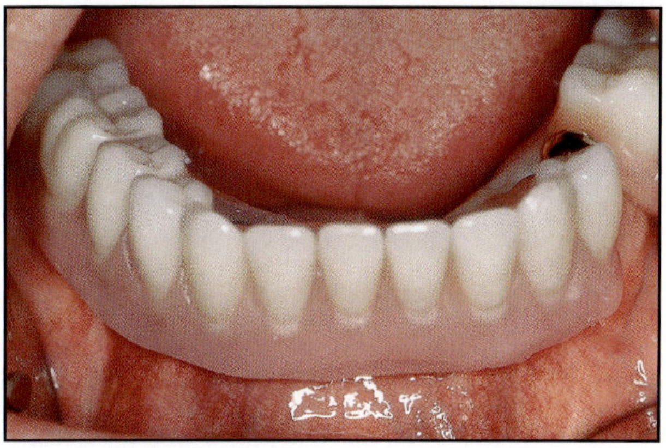

Abb. 11 Wachsaufstellung.

Von dem Abdruck wird ein Meistermodell mit der Zahnfleischmaske hergestellt, wobei der Zahn 35 bis zur Fertigstellung erhalten bleibt (Abb. 10). Für die Prüfung der Zahnaufstellung werden die im Wachs aufgestellten Zähne im Mund anprobiert (Abb. 11). Die korrekte Position der Zähne wird durch einen Vorwall festgehalten (Abb. 12), wonach der Zahn 35 von dem Meistermodell

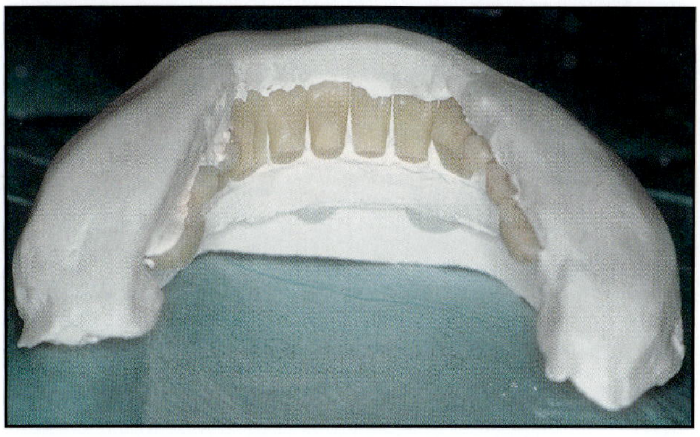

Abb. 12 Vorwall.

radiert werden kann. Unter Kontrolle des Vorwalls wird das Metallgerüst modelliert und im Procera®-Verfahren aus einem Stück Titan gefräst (Abb. 13). Das gefräste Titangerüst wird auf dem Meistermodell auf Passgenauigkeit geprüft (Abb. 14). Diese ist aber immer so perfekt, dass man im Prinzip auf diesen Schritt verzichten könnte. Vor der Fertigstellung wird noch das Titangerüst auf die Freiräume für den rosa Kunststoff kontrolliert (Abb. 15). Die Prothesenzähne werden durch rosa Kunststoff auf dem Titangerüst befestigt und die fertige Arbeit auf dem Modell geprüft (Abb. 16). Die Unterseite der Procerabrücke besteht aus dem hochglanzpolierten Titan (Abb. 17). Die fertige Extensionsbrücke wird direkt nach der Entfernung des Zahnes 35 auf die Implantate verschraubt (Abb. 18).

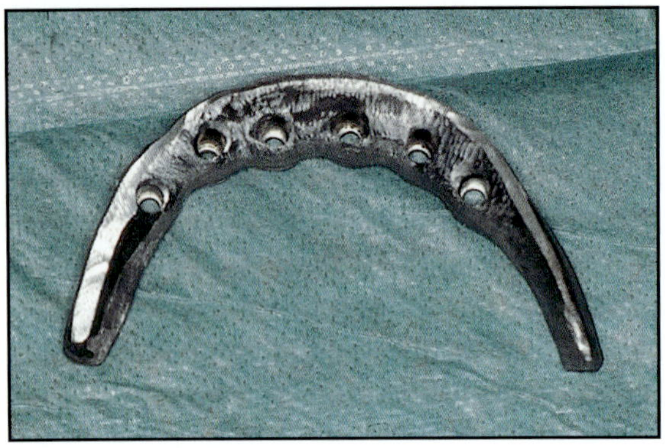

Abb. 13 Gefrästes Titangerüst.

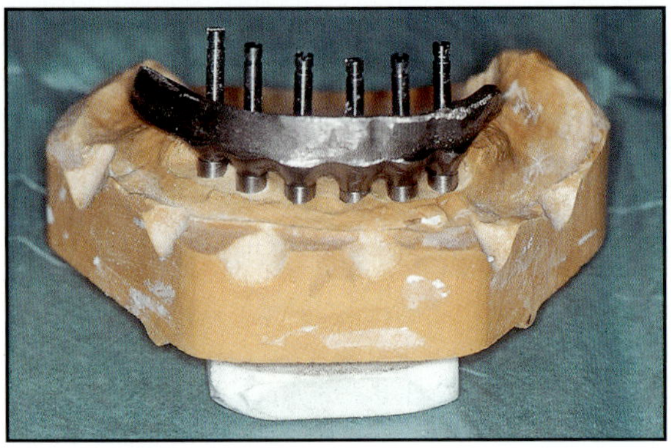

Abb. 14 Procera®-Gerüst auf dem Meistermodell.

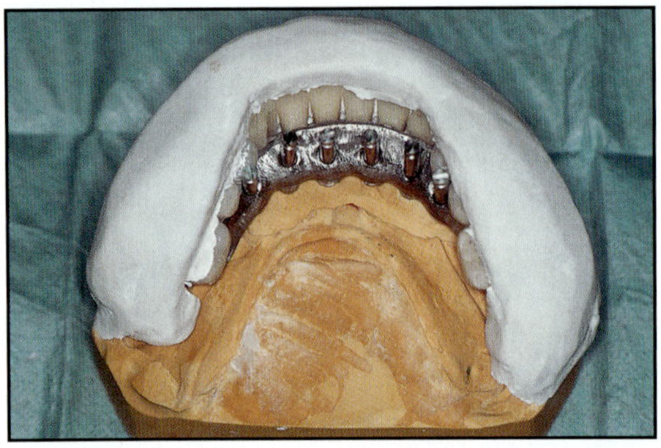

Abb. 15 Kontrolle des Gerüstes unter dem Vorwall.

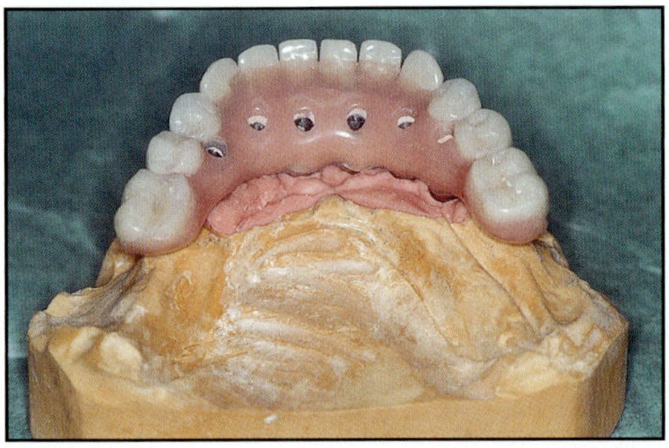

Abb. 16 Fertige Procera®-Brücke auf dem Modell.

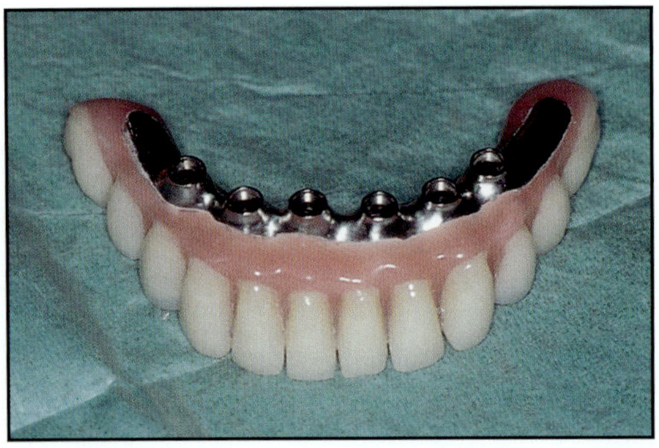

Abb. 17 Procera®-Brücke von basal.

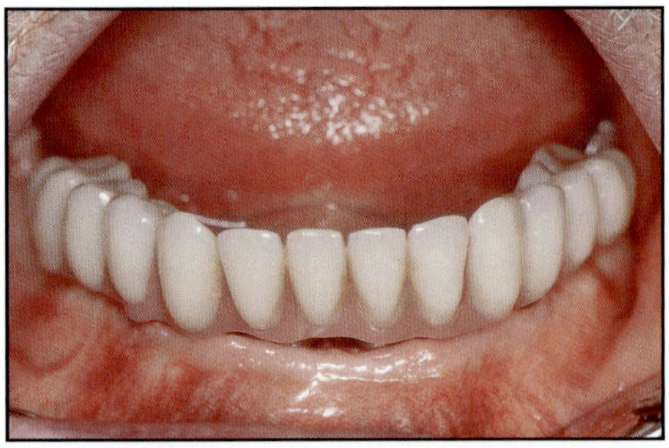

Abb. 18 Verschraubte Procera®-Brücke in situ.

Nach der Befestigung der Brücke 36-46 werden die Schrauben mit 32 N/cm angezogen und die Zugangskavitäten mit Kunststoff verschlossen (Abb. 19). Die Abschlussbilder zeigen die Procerabrücke nach sieben Jahren in Funktion (Abb. 20). Die stabile Knochensituation ist auf dem Röntgenbild erkennbar (Abb. 21) und das klinische Bild zeigt den Patienten, der seit sieben Jahren seinen festen Biss den Implantaten zu verdanken hat (Abb. 22).

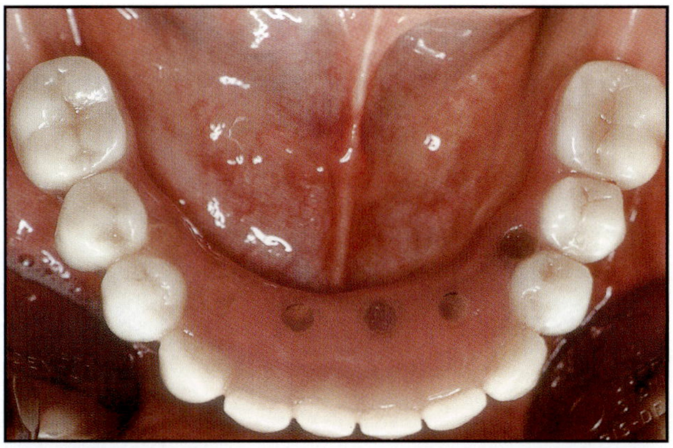

Abb. 19 Extensionsbrücke von 36 bis 46. Verschlossene Zugangskanäle.

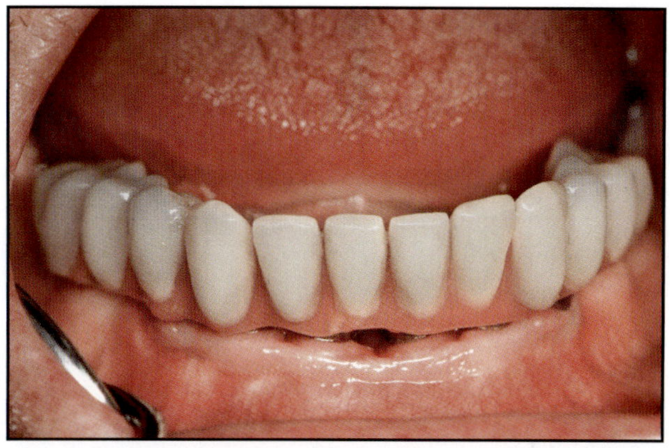

Abb. 20 Procera®-Brücke nach sieben Jahren in Funktion.

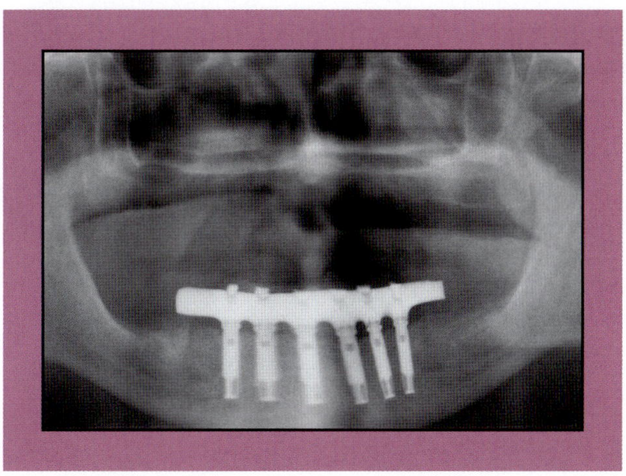

Abb. 21 OPG-Kontrolle nach sieben Jahren.

Abb. 22 Glücklicher Patient mit seit sieben Jahren festem Biss.

Behandlungsablauf:
Implantation – 5 Monate bis zur Freilegung – 3 Wochen bis zur Abdrucknahme und Fertigstellung

Chirurgie:	Prothetik:	Zahntechnik:
Dr. Christoph T. Sliwowski	Dr. Michael Weber	Fernando Abrantes

Stegversorgung auf zwei Implantaten

Ausgangssituation

Die Patientin mit zahnlosem Unterkiefer leidet stark unter dem schlechten Halt ihrer totalen Prothese (Abb. 1). Die finanzielle Lage der Patientin erlaubt die Standardversorgung mit vier Implantaten nicht.

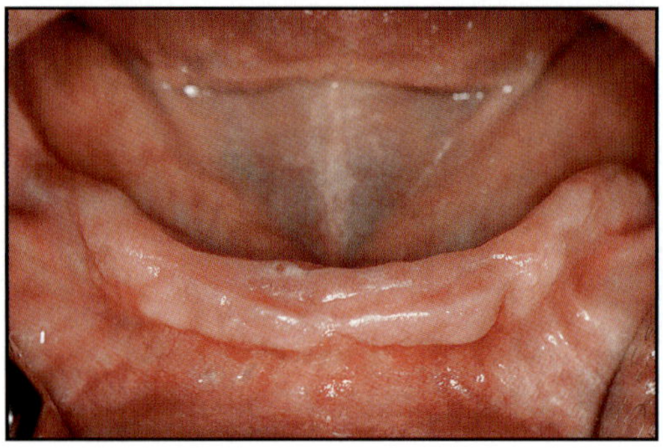

Abb. 1 Zahnloser Unterkiefer.

Diagnostische Mittel

- Klinische Untersuchung
- OPG ohne Schablone
- Modellanalyse

Therapieplan

- Insertion von zwei Neoss®-Implantaten im interforaminären Bereich, subgingivale Einheilung
- Sekundäre Freilegung
- Versorgung mit einer stegretinierten Deckprothese

Implantation

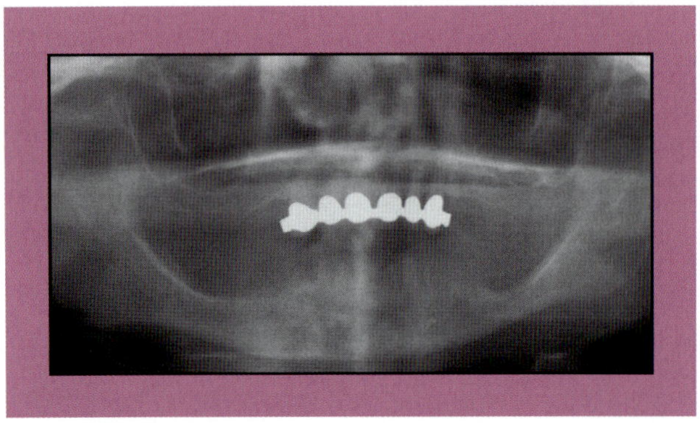

Abb. 2 OPG-Aufnahme vor Implantation.

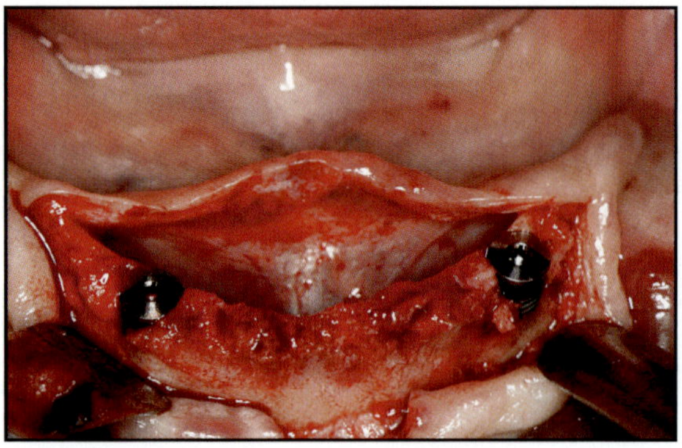

Abb. 3 Inserierte zwei Neoss®-Implantate.

Das lokale Knochenangebot ist ausreichend, um zwei 17 mm lange Neoss®-Implantate (Abb. 2) mit einem Durchmesser von je 4 mm zu inserieren (Abb. 3). Die knöchernen Dehiszenzen werden mit den gesammelten Bohrspänen augmentiert (Abb. 4). Nach dem dichten Nahtverschluss heilen die Implantate vier Monate subgingival ein.

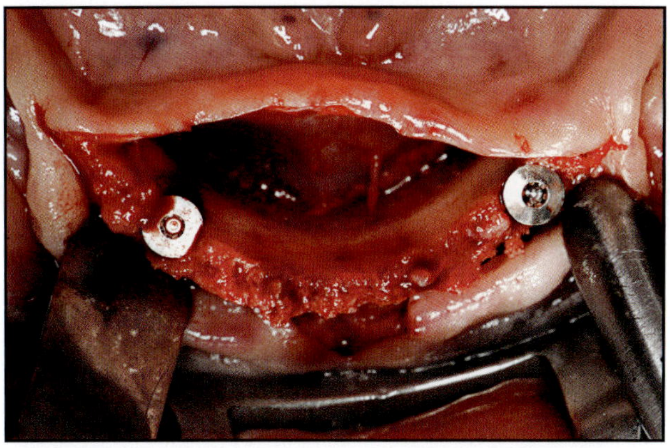

Abb. 4 Augmentation mit Knochenspänen.

Freilegung

Nach komplikationsloser Heilungszeit (Abb. 5) erfolgt die Freilegung möglichst atraumatisch durch zwei kleine krestale Inzisionen. Die befestigte Gingiva wird dabei nach vestibulär und lingual verschoben, um die vorhandene keratinisierte Gingiva vollständig zu erhalten (Abb. 6). Die bei diesem System bereits mit dem Implantat gelieferten 5 mm hohen Heilungsdistanzhülsen aus Kunststoff (Polyetheretherketon – PEEK) können problemlos mit einem Diamanten individualisiert und bis auf das Niveau der Halteschraube gekürzt werden, um das Anpassen der Prothese zu erleichtern (Abb. 7).

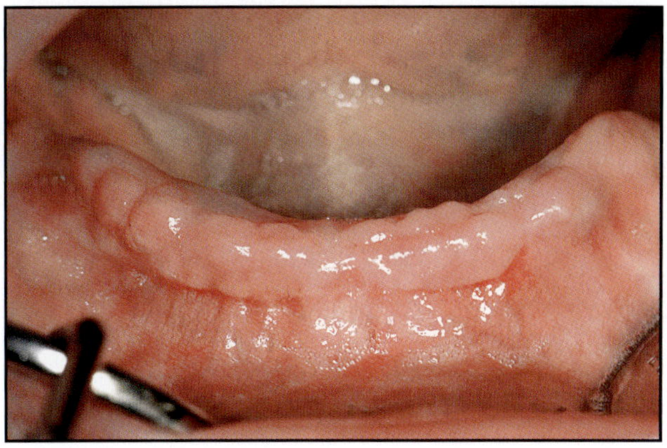

Abb. 5 Komplikationsfreie Einheilungsphase.

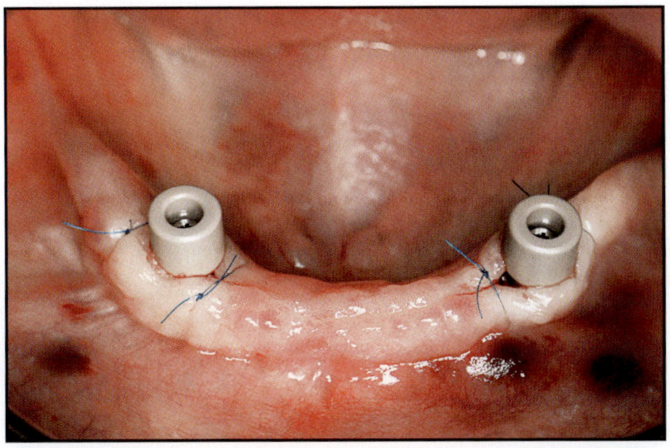

Abb. 6 Freilegung mit Verbreiterung der fixierten Gingiva.

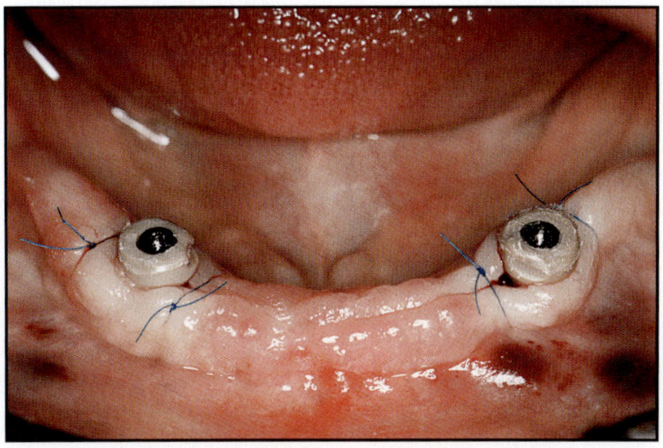

Abb. 7 Gekürzte PEEK-Heilungsdistanzhülsen.

Prothetische Versorgung

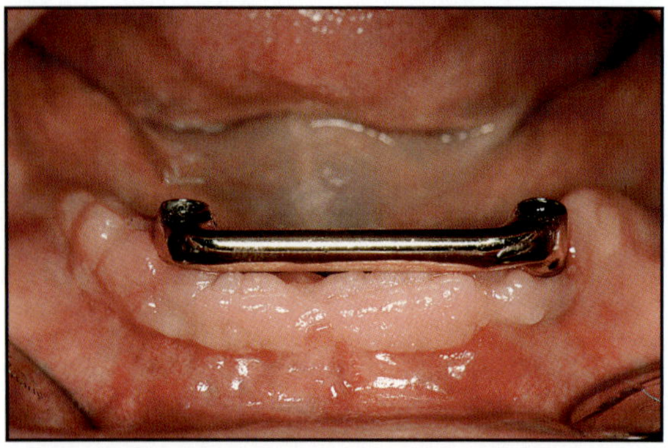

Abb. 8 Montierter Steg.

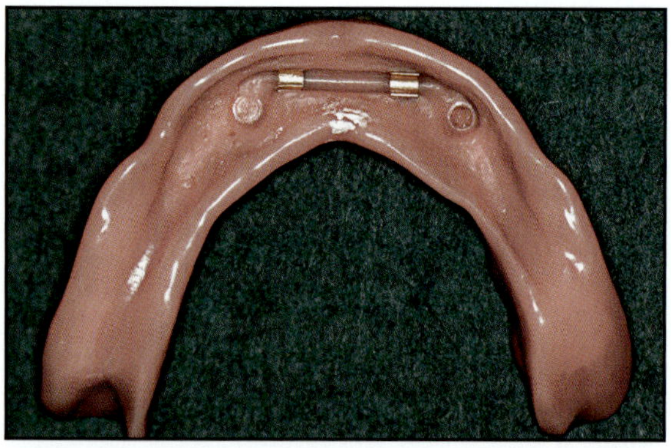

Abb. 9 Stegreiter in der Prothese.

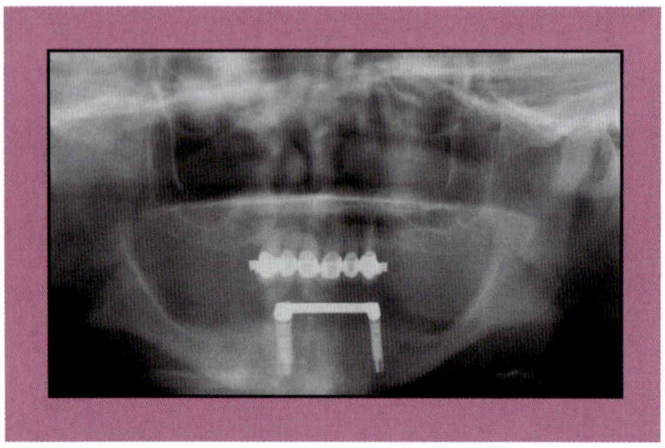

Abb. 10 Röntgenkontrolle nach einem Jahr.

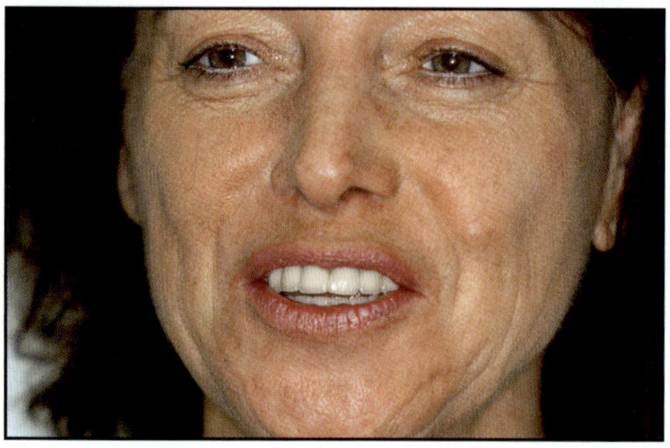

Abb. 11 Begeisterte Patientin.

Die Implantate werden mit einem konfektionierten Doldersteg versorgt (Abb. 8) und in die Prothese die Stegreiter im Labor ohne Metallarmierung einpolymerisiert (Abb. 9). Die richtige Dimensionierung der Implantate zu dem vorhandenen Knochenangebot und dadurch eine günstige Prognose für die Konstruktion (trotz der Reduktion der Implantatanzahl) ist anhand der OPG-Aufnahme zu beurteilen (Abb. 10). Die Patientin ist nicht nur von dem Halt der Prothese, sondern auch von den geringen Kosten begeistert (Abb. 11).

Behandlungsablauf:
Implantation – 4 Monate bis zur Freilegung – 2 Wochen bis zur Abdrucknahme und Fertigstellung

Chirurgie:	Prothetik:	Zahntechnik:
Dr. Christoph T. Sliwowski	Dr. Gregor Cwajgart	Gerhard Makowski

Hinweis

Implantation bei vorübergehender Erhaltung der Seitenzähne

Ist eine Implantation ausschließlich im interforaminären Bereich vorgesehen, so können noch vorhandene, aber langfristig nicht erhaltungswürdige Zähne im Seitenzahnbereich zunächst belassen werden, um eine bessere Stabilisierung der Interimsprothese zu ermöglichen (Abb. 1). Nach der Standarddiagnostik und Implantatanalyse werden vier Implantate in der Front in üblicher Weise inseriert (Abb. 2). Die verbliebenen Molaren 37 und 47 können während der Einheilphase der Implantate belassen werden (Abb. 3) und so die Interimsprothese über Drahtklammern zusätzlich stabilisieren (Abb. 4). Die Extraktion der Molaren erfolgt erst bei der Fertigstellung der definitiven, implantatretinierten prothetischen Versorgung (Abb. 5). Nach vollständiger Abheilung der Extraktionsalveolen ist dann nach ca. acht bis zwölf Wochen eine laborgefertigte Unterfütterung der Prothese im Molarenbereich erforderlich. Die klinische Situation um die Implantate ist bei einer Nachkontrolle nach neun Jahren auf der Abb. 6 zu sehen.

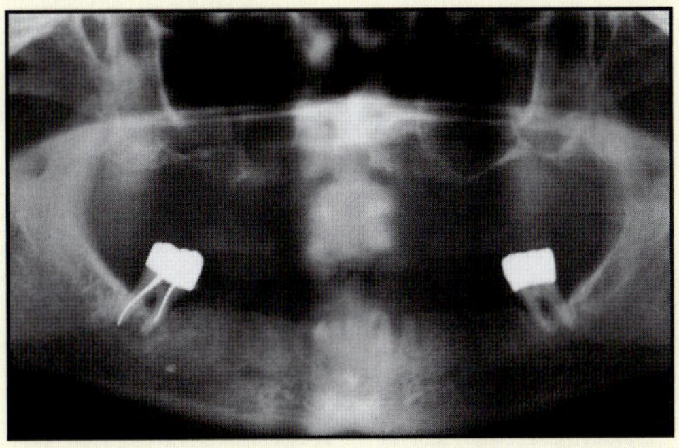

Abb. 1 OPG mit erhaltenen Molaren.

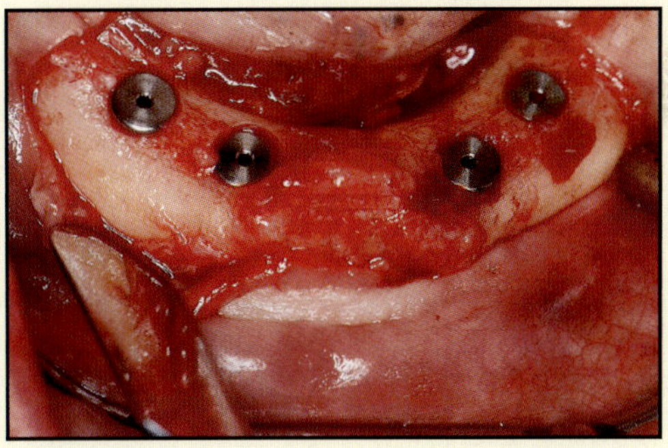

Abb. 2 Insertion von vier MK II-Implantaten.

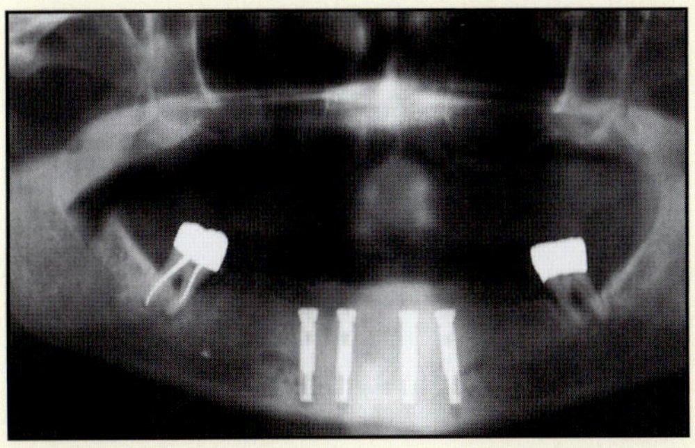

Abb. 3 OPG-Kontrolle.

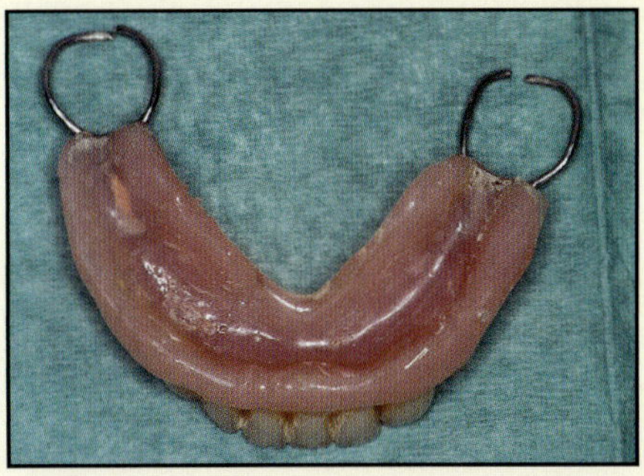

Abb. 4 Mit Drahtklammern stabilisierte Prothese.

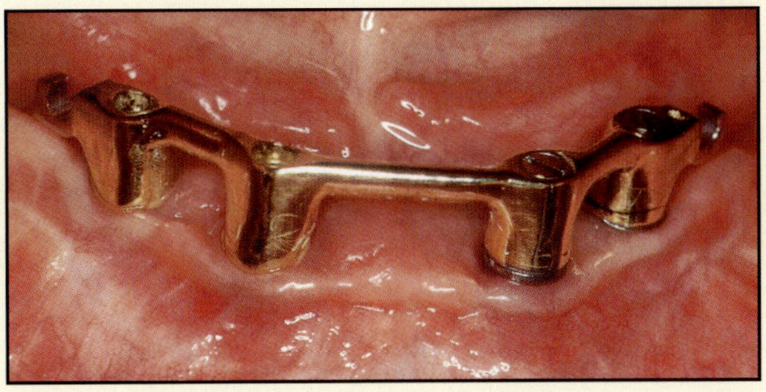

Abb. 5 Eingegliederter Steg mit Riegeln.

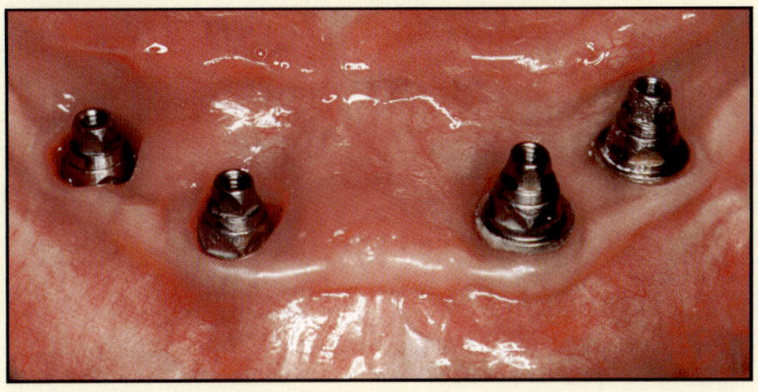

Abb. 6 Klinische Situation nach neun Jahren.

Schwierigkeiten – Mangelnde Stabilität der Prothese

Ausgangssituation

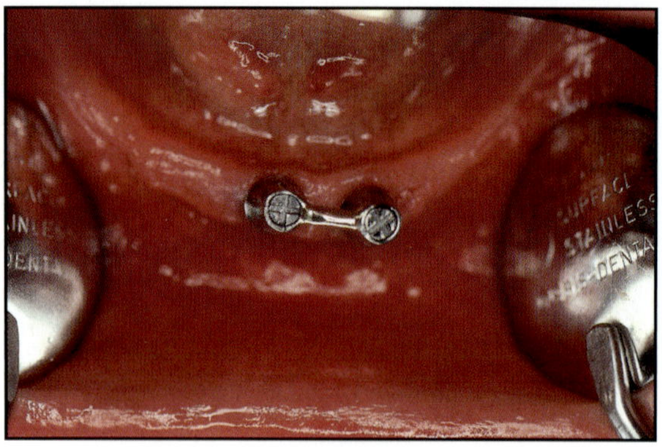

Abb. 1 Kurzer Steg auf zwei Straumann®-Implantaten.

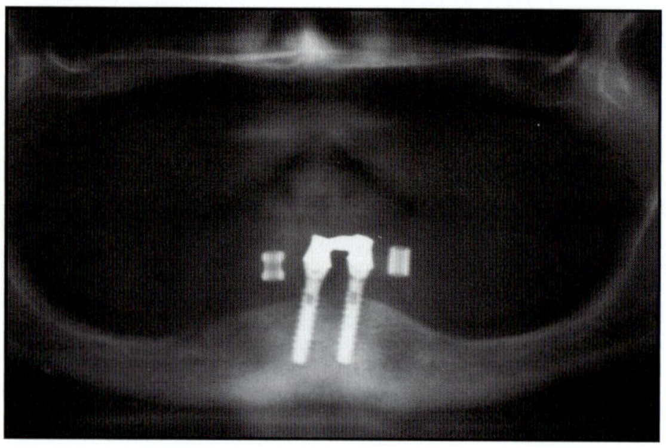

Abb. 2 Röntgen-Messaufnahme mit der Schablone.

Die Patientin, von Beruf Sängerin, wurde vor drei Jahren alio loco mit einer steggestützten Overdenture-Prothese auf zwei Straumann® Implantaten prothetisch versorgt (Abb. 1). Auch aus beruflichen Gründen war die Patientin mit der erzielten Stabilität des Zahnersatzes nicht zufrieden, sodass der Wunsch nach einer Stabilitätsverbesserung durch zusätzliche Implantate bestand. Auf der OPG-Aufnahme mit Messschablone zeigt sich, dass jeweils distal der vorhandenen Implantate noch ausreichend Platz für die Insertion eines weiteren Implantats vorhanden ist (Abb. 2).

Diagnostische Mittel

- Klinische Untersuchung
- OPG mit Schablone
- Modellanalyse

Therapieplan

- Insertion von zwei zusätzlichen Implantaten im interforaminären Bereich, subgingivale Einheilung
- Freilegung
- Versorgung mit einem gefrästen Steg auf zwei „alten“ und zwei „neuen“ Implantaten und einer Deckprothese

Interforaminär werden aufgrund der Periimplantitisneigung dieses Patienten sechs Brånemark-System®-MK III-Implantate mit maschinierter Oberfläche inseriert (Abb. 10) und der große Knochendefekt regio 32–34 mit den gesammelten Knochenspänen und BioOss® aufgefüllt (Abb. 11). Das Augmentat wird mit einer BioGide®-Membran geschützt und diese mit Titannägelchen fixiert (Abb. 12). Der Knochendefekt regio 44 wird in gleicher Weise augmentiert (Abb. 13) und die Wunde mit Gore®-Naht dicht vernäht (Abb. 14). Die Röntgenkontrolle zeigt die Positionierung der neu inserierten Implantate zueinander und zu den Foramina mentalia (Abb. 15).

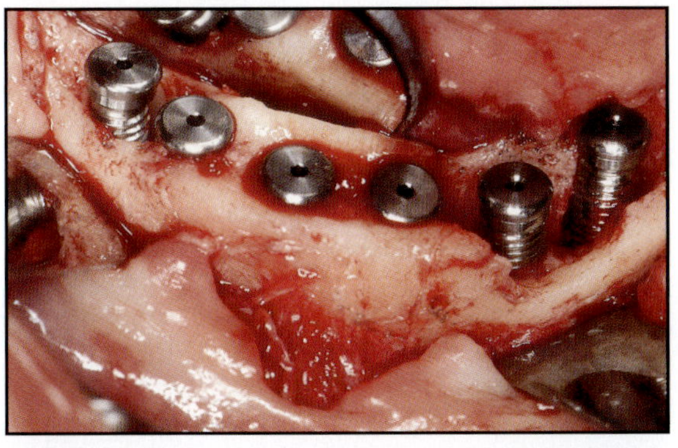

Abb. 10 Inserierte sechs Brånemark-System®-Implantate.

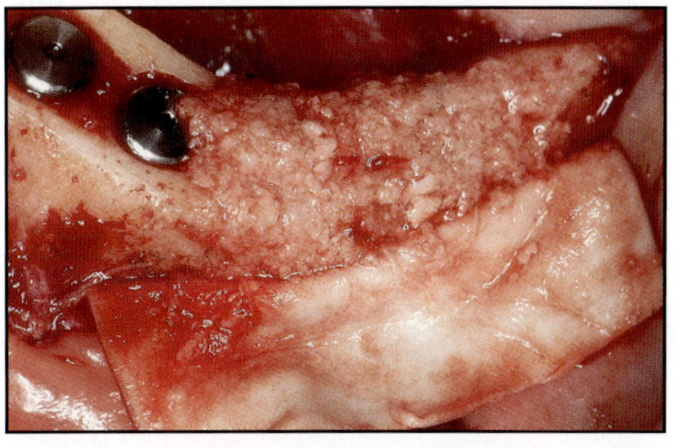

Abb. 11 Augmentation mit autologem Knochen.

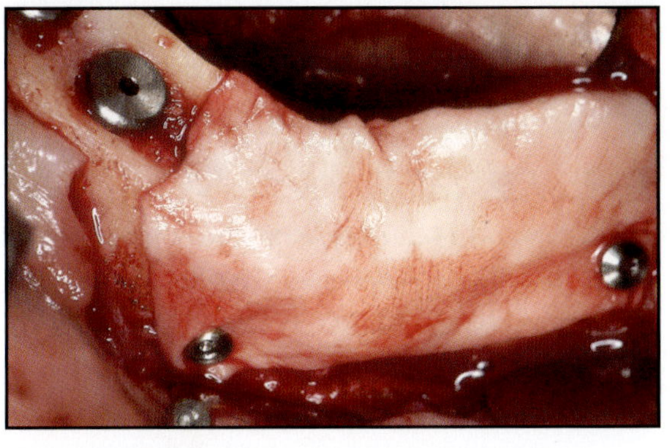

Abb. 12 Mit Titannägelchen fixierte Membran.

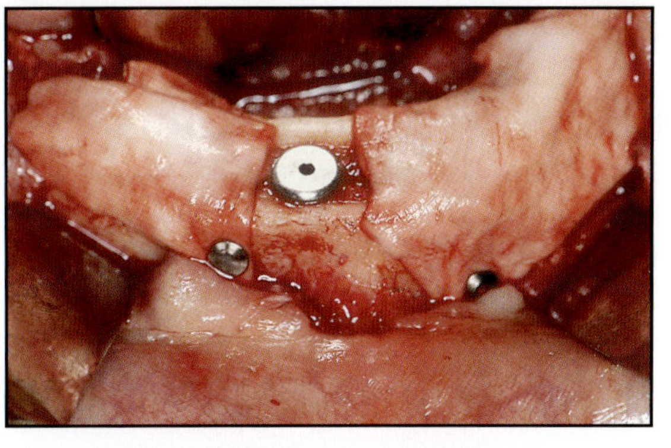

Abb. 13 Abgeschlossene Augmentation.

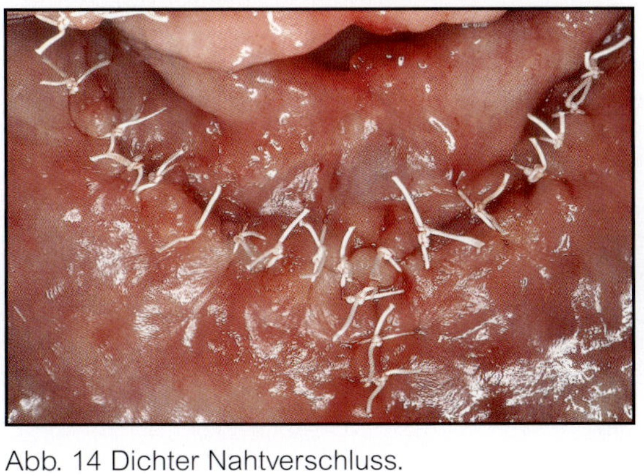

Abb. 14 Dichter Nahtverschluss.

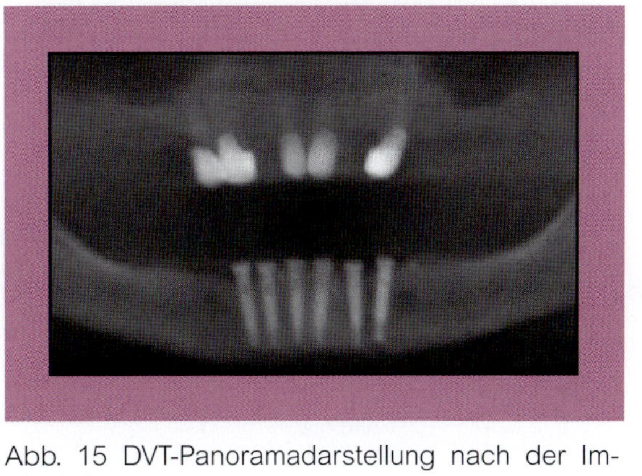

Abb. 15 DVT-Panoramadarstellung nach der Implantation.

Freilegung und prothetische Versorgung

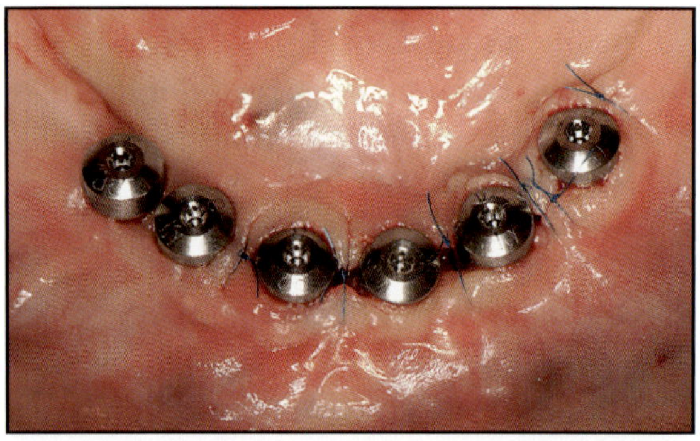

Abb. 16 Freilegung.

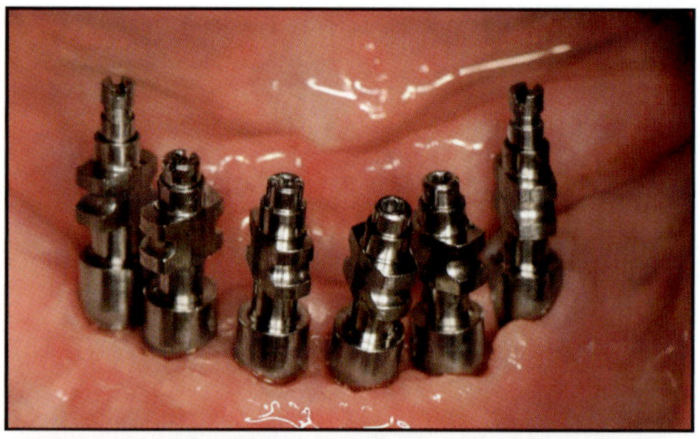

Abb. 17 Aufgeschraubte Abdruckpfosten.

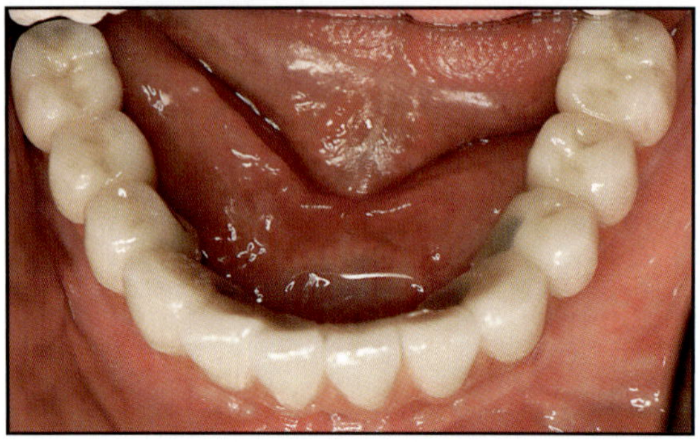

Abb. 18 Extensionsbrücke mit Keramikverblendung.

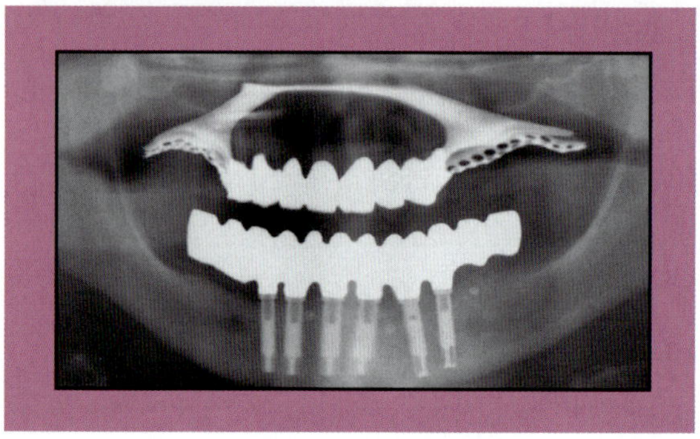

Abb. 19 OPG-Kontrolle nach einem Jahr.

Abb. 20 Patient mit neuer Versorgung.

Nach einem halben Jahr werden die Implantate freigelegt und Heilungsdistanzhülsen aufgeschraubt (Abb. 16). Drei Wochen später wird der Abdruck mit schraubbaren Abdruckpfosten genommen (Abb. 17). Als prothetische Versorgung wird eine verschraubte Extensionsbrücke von 36 bis 46 hergestellt und keramisch verblendet (Abb. 18). Die OPG-Kontrollaufnahme nach einem Jahr Tragezeit zeigt eine stabile knöcherne Situation (Abb. 19). Der Patient freut sich, nach langer Behandlungszeit, die von ihm gewünschte festsitzende Versorgung erhalten zu haben (Abb. 20).

Behandlungsablauf:

Implantation und Augmentation – 6 Monate bis zur Freilegung – 3 Wochen bis zur Abdrucknahme und Fertigstellung

Chirurgie:
Dr. Christoph T. Sliwowski

Prothetik:
Dr. Michael Weber

Zahntechnik:
Horst Mosch

AUSGANGSSITUATION

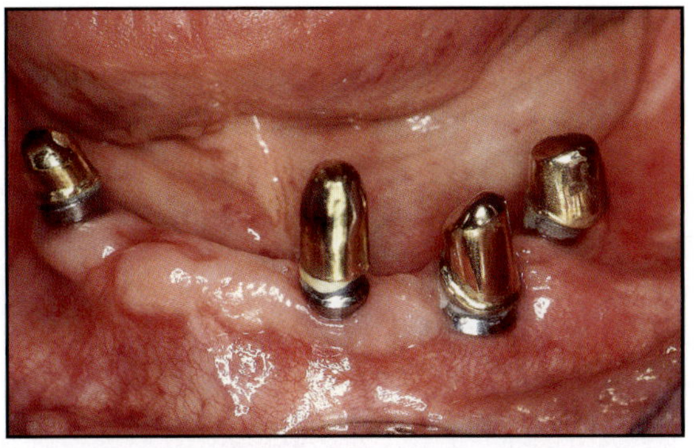

Abb. 1 Alio loco inserierte Implantate.

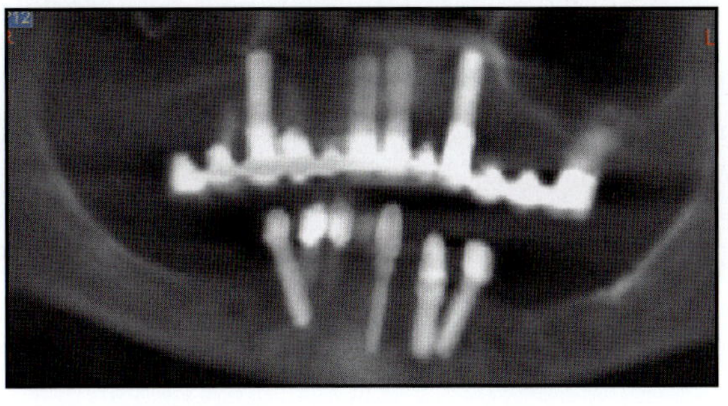

Abb. 2 Radiologische Ausgangssituation.

Bereits ein Jahr vor der Vorstellung in unserer Klinik wurde bei der Patientin alio loco eine Implantatbehandlung durchgeführt, deren Ergebnis die Patientin wegen schlechter Ästhetik und mangelnder Stabilität der Prothese nicht akzeptierte (Abb. 1). Die Straumann®-Implantate in der linken Unterkieferhälfte können, trotz der suboptimalen Platzierung, in die Planung für die prothetische Neuversorgung einbezogen werden, während aufgrund extremer Fehlpositionierung das Implantat regio 44 explantiert werden muss, um eine erneute Implantation in korrekter Position und Angulation zu ermöglichen (Abb. 2). Die Zähne 41 und 42 mussten vorab wegen akuter Schmerzen extrahiert werden.

DIAGNOSTISCHE MITTEL

- Klinische Untersuchung
- OPG
- DVT
- SimPlant®-Planung
- Modellanalyse

THERAPIEPLAN

- Explantation regio 44, Insertion von drei neuen Implantaten regio 41, 43 und 44, Augmentation
- Freilegung
- Prothetische Versorgung in Form einer Extensionsbrücke auf allen sechs Implantaten

Explantation, Implantation und Augmentation

Eine gute Übersicht über das Operationsareal wird durch Bildung eines vestibulären Trapezlappens erzielt (Abb. 3).

Mit einem kleinen Rosenbohrer und einer Lindemann-Fräse wird der Knochen rund um das Implantat abgetragen (Abb. 4) und das Implantat dann vorsichtig ausgehebelt, sodass es weder zu einem Bruch des Implantats noch zum Verlust der lingualen Knochenwand kommt (Abb. 5).

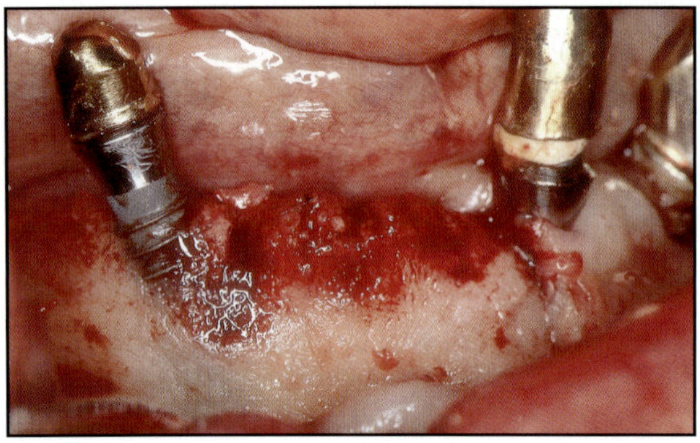

Abb. 3 Darstellung des OP-Situs.

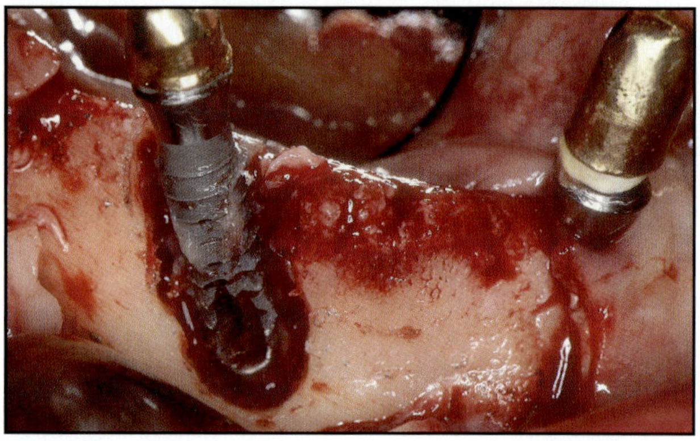

Abb. 4 Vestibuläre Freilegung und Explantation des Implantates.

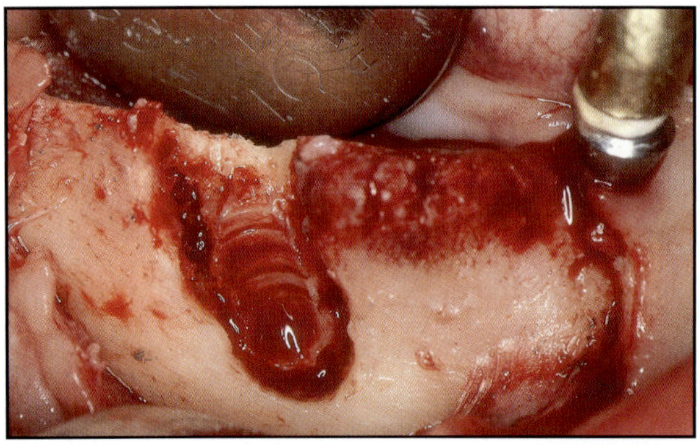

Abb. 5 Defekt nach der Explantation.

Achtung:

Bei schlanken Implantaten erfolgt die Explantation üblicherweise durch Umfräsen mit einem Trepanbohrer. Bei Implantaten mit durchmesservergrößertem Kopf muss dieser vor Einsatz der Trepanfräse abgetrennt werden oder das Implantat wird insbesondere bei sehr schmalem Knochen, wenn es bereits durch den Knochen schimmert, vestibulär freigelegt und seitlich explantiert. Hierbei geht in dieser Region die vestibuläre Kortikalis verloren und muss dann wieder augmentiert werden.

Um den entstandenen Knochendefekt werden drei Brånemark-Implantate (MK III Ø 3,75 mm, Länge 18 mm) inseriert (Abb. 6). Der Knochendefekt wird mit den gesammelten Knochenspänen aufgefüllt (Abb. 7) und das Augmentat mit einer durch Titannägelchen stabilisierten BioGide®-Membran abgedeckt (Abb. 8). Der anschließende speicheldichte Wundverschluss erfolgt mit Gore®-Naht (Abb. 9). Die gute Osseointegration des entfernten Implantats zeigt sich an den fest anhaftenden Knochenfragmenten nach Explantation (Abb. 10). Während der fünfmonatigen gedeckten Einheilphase der Implantate (Abb. 11) kann die Prothese nach kleineren Anpassungen weiterhin getragen werden.

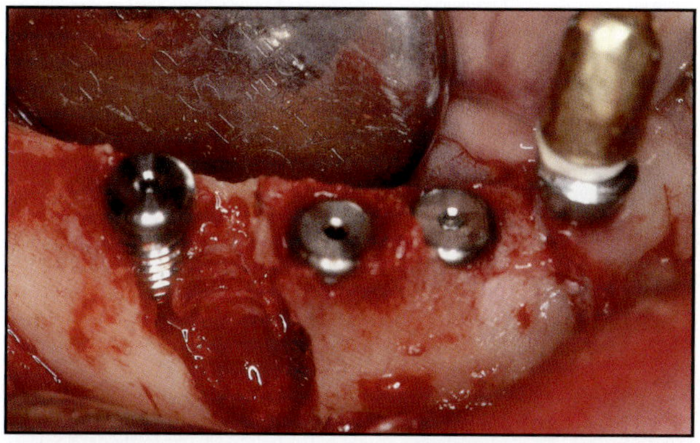

Abb. 6 Inserierte drei Brånemark-Implantate.

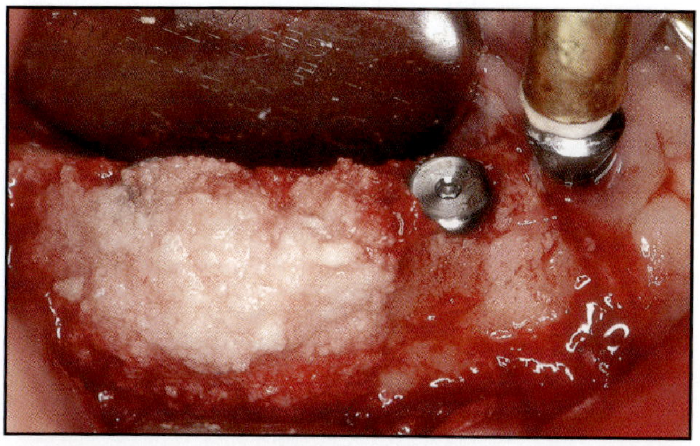

Abb. 7 Augmentation.

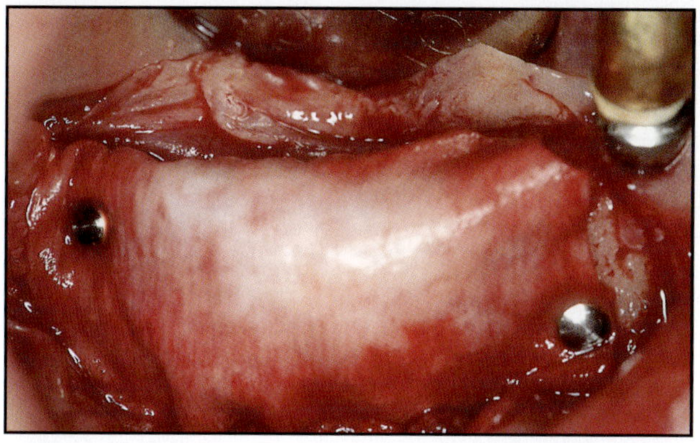

Abb. 8 Befestigte Membran.

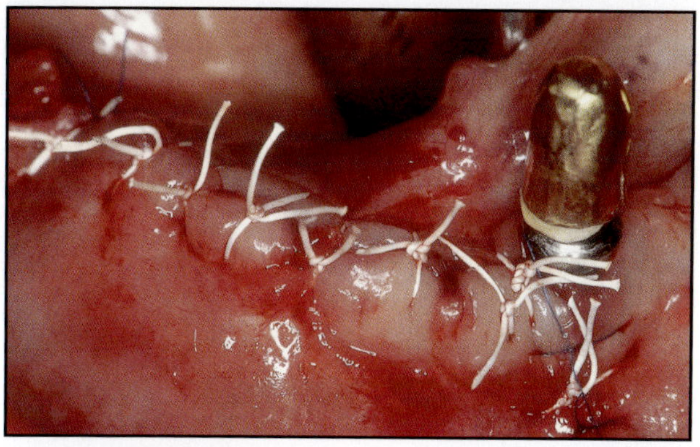

Abb. 9 Nahtverschluss.

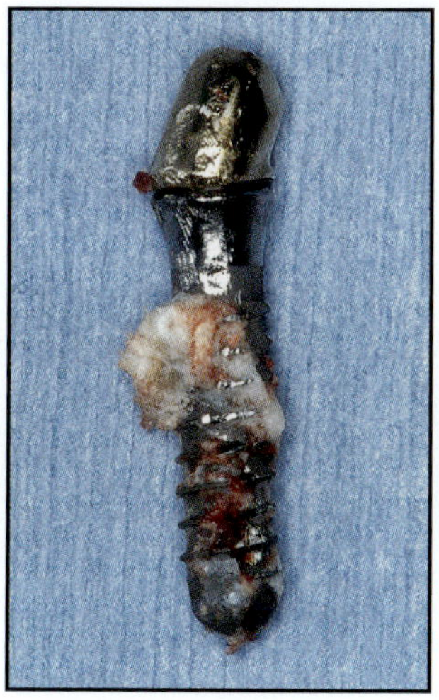

Abb. 10 Explantiertes Straumann®-Implantat.

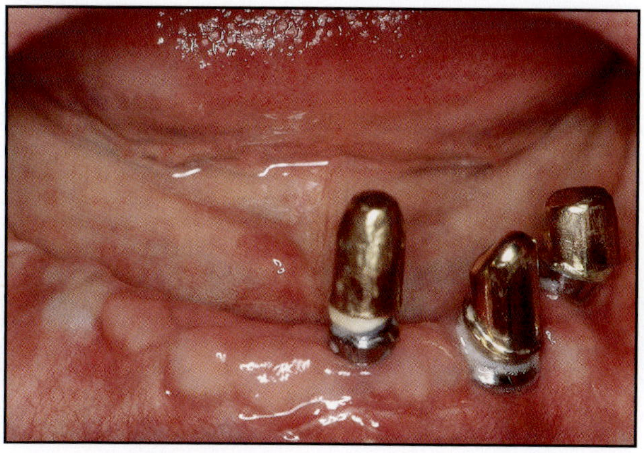

Abb. 11 Einheilungszeit.

Freilegung und prothetische Versorgung

Bei der Freilegungsoperation erfolgt die Eröffnung der Implantate mit einem Kieferkammschnitt. Nach Austausch der Deckschrauben gegen Heilungsdistanzhülsen erfolgt der adaptierende Wundverschluss mit 6.0-Naht (Abb. 12). Eine erneute Modifikation der Prothese ist zur Anpassung an die Höhe der Distanzhülsen erforderlich (Abb. 13).

Auf den individuellen Distanzhülsen wird eine bedingt abnehmbare Brücke mit provisorischem Zement (TempBond®) eingesetzt (Abb. 14 und 15).

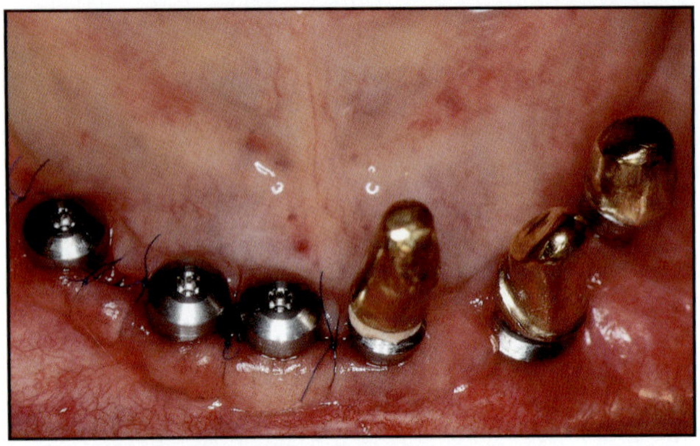

Abb. 12 Aufgeschraubte Heilungsdistanzhülsen.

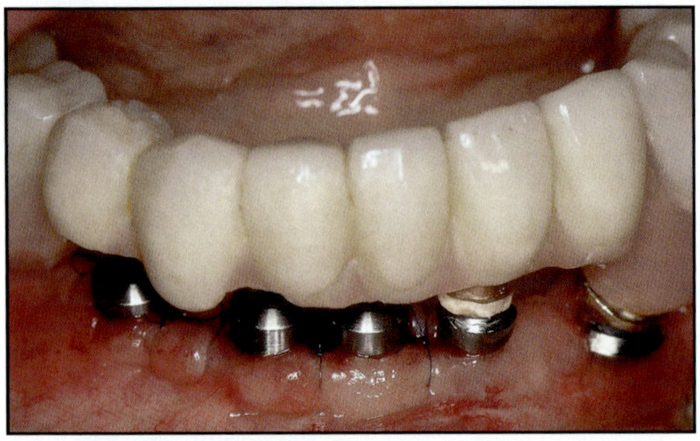

Abb. 13 Modifiziertes Provisorium.

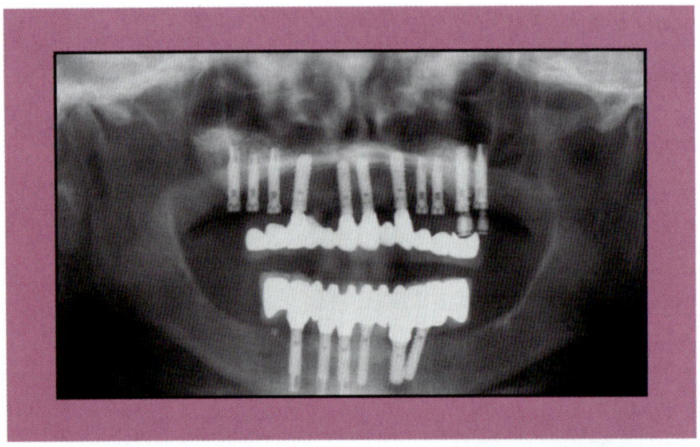

Abb. 14 OPG-Kontrolle.

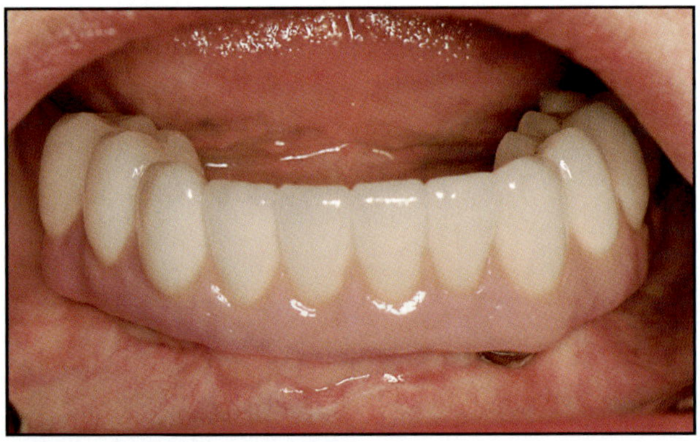

Abb. 15 Bedingt abnehmbare Keramikbrücke.

Behandlungsablauf:
Explantation, Implantation und Augmentation – 5 Monate bis zur Freilegung – 3 Wochen bis zur Abdrucknahme und Fertigstellung

Chirurgie:	Prothetik:	Zahntechnik:
Dr. Christoph T. Sliwowski	Dr. Michael Weber	Willi Knepper

Bohrerfraktur bei der Implantation

Bei dem Patienten sind die beiden letzten Zähne im Unterkiefer 41 und 42 nicht mehr erhaltungsfähig (Abb. 1). Es wird die Extraktion der beiden Zähne mit anschließender Sofortimplantation von sechs Implantaten interforaminär geplant. Bei der Präparation des Implantatlagers im Bereich 41 kommt es bei dem Versuch, die durch die Alveole vorgegebene Achse zu korrigieren, zu der seltenen Komplikation: einer Fraktur des 2-mm-Spiralbohrers. Der Bruch des Instruments erfolgt ca. 5 mm unter dem Knochenniveau, sodass es nicht möglich ist, das frakturierte Fragment von krestal her zu entfernen (Abb. 2). Zur Entfernung des Fragments wird ein Fenster von vestibulär dort angelegt, wo die Spitze des Bohrers zu erwarten ist. Der frakturierte Bohrer kann dann mit einem Exkavator nach oben geschoben und schließlich mit einer Zange herausgenommen werden. Trotz dieser Komplikation ist es möglich, alle sechs Implantate an den geplanten Stellen zu inserieren (Abb. 3).

Die krestal und apikal an dem Implantat regio 41 vorhandenen Knochendefekte werden mit den gesammelten Bohrspänen augmentiert (Abb. 4). Von den fünf regelgerecht inserierten Implantaten wird zur Erstellung einer provisorischen Brücke ein Abdruck genommen, während das Implantat regio 41 mit einer Deckschraube versehen wird und subgingival einheilt, um in dem durch die Manipulation geschwächten Knochenlager eine sichere Osseointegration zu ermöglichen (Abb. 5).

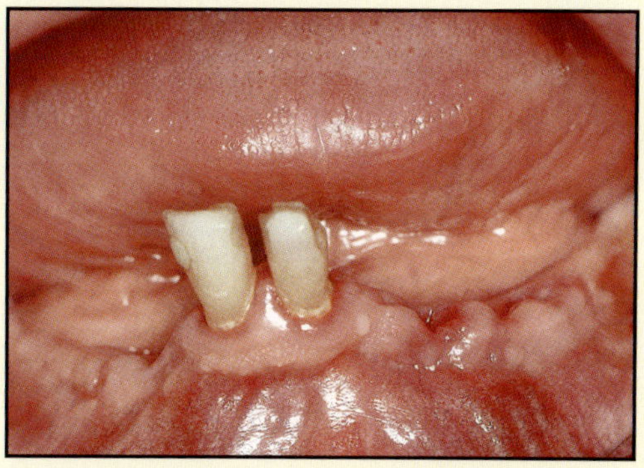

Abb. 1 Klinische Ausgangssituation.

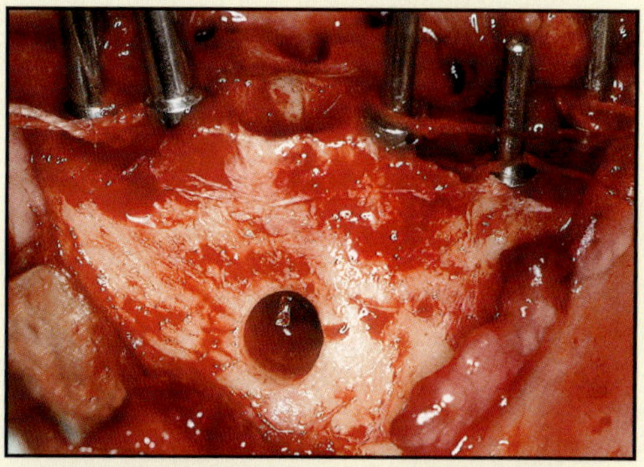

Abb. 2 Subkrestal frakturierter Bohrer.

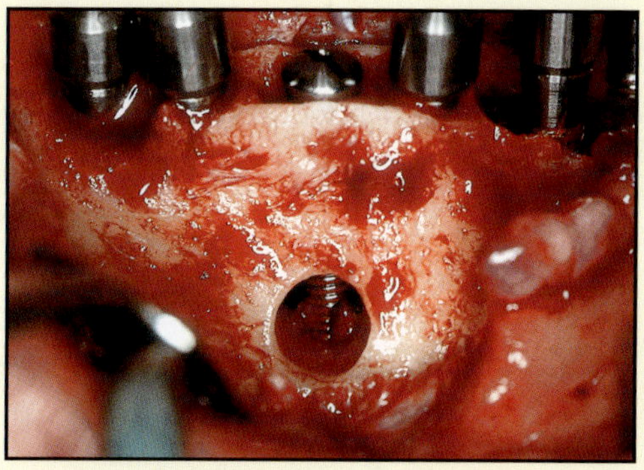

Abb. 3 Implantation.

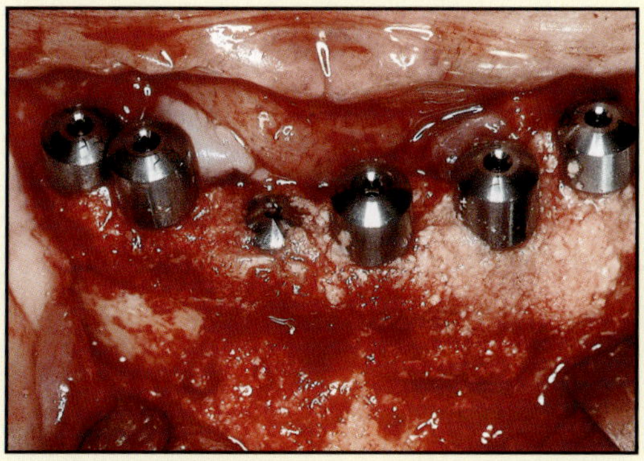

Abb. 4 Augmentation.

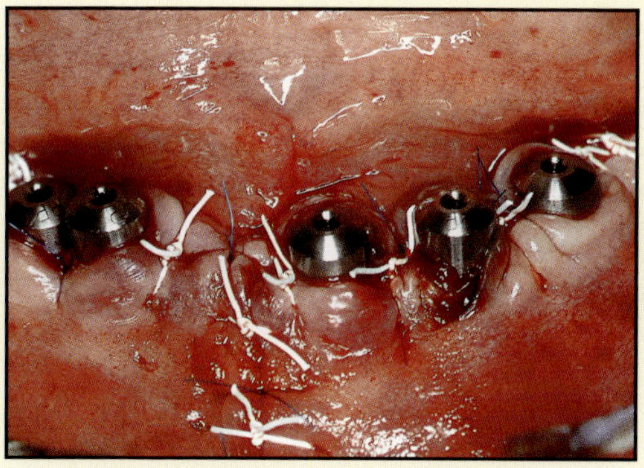

Abb. 5 Subgingivale Einheilung des Implantates 41.

Sofortversorgung auf provisorischen Implantaten

Typischer Behandlungsablauf

Sofortige Brückenversorgung auf provisorischen Implantaten

Ausgangssituation

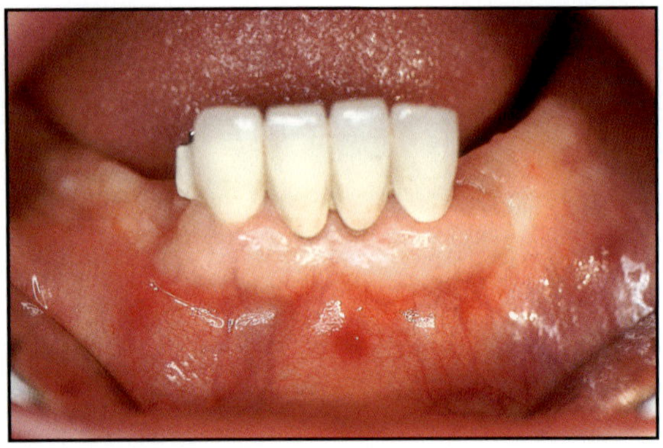

Abb. 1 Nichterhaltungswürdige Schneidezähne.

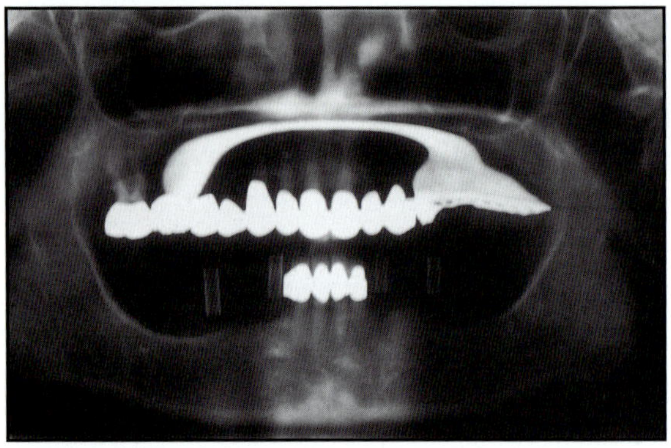

Abb. 2 OPG-Planungsaufnahme mit Schablone.

Die Patientin mit einer Restbezahnung von vier nicht erhaltungswürdigen Schneidezähnen wünscht sich eine festsitzende Versorgung möglichst unmittelbar nach der Implantation (Abb. 1). Die OPG-Aufnahme mit einer Planungsschablone zeigt im interforaminären Bereich ein gutes Knochenangebot (Abb. 2). Um eine ungestörte und sichere Osseointegration der definitiven Implantate zu gewährleisten, werden provisorische Implantate zur Fixierung der Interimsbrücke vorgesehen.

Diagnostische Mittel

- Klinische Untersuchung
- OPG mit Schablone
- Modellanalyse

Therapieplan

- Insertion von sechs definitiven und fünf provisorischen Implantaten, Sofortversorgung auf den provisorischen Implantaten, subgingivale Einheilung
- Freilegung
- Verschraubte Extensionsbrücke auf sechs Implantaten

Extraktion, Implantation und provisorische Sofortversorgung

Nach Extraktion der verbliebenen Zähne werden zunächst die Lager für die definitiven Implantate aufbereitet, wobei das Implantat regio 35 direkt über dem Nerv zu liegen kommt. Die korrekte Ausrichtung wird mit Richtungsindikatoren überprüft (Abb. 3). Nach Insertion der definitven Implantate werden Richtungsindikatoren aufgeschraubt (es können auch Abdruckpfostenschrauben genommen werden), um die Positionen der Implantate im Kiefer zu veranschaulichen. In die verbliebenen Zwischenräume werden die provisorischen Implantate (KSI-Bauer-Schrauben®) inseriert (Abb. 4). Die definitiven Implantate werden mit Deckschrauben verschlossen (Abb. 5) und das Operationsareal so zugenäht, dass nur die provisorischen Implantate aus dem Zahnfleisch herausragen. Für die Sofortversorgung werden auf die provisorischen Implantate individuelle Prothetikkäppchen aus Gold aufgesetzt und hiermit ein Abdruck genommen. Innerhalb von zwei Stunden wird im Labor auf diesen Käppchen ein Langzeitprovisorium aus Kunststoff angefertigt, das bis zur Eingliederung der definitiven Versorgung getragen werden kann (Abb. 6).

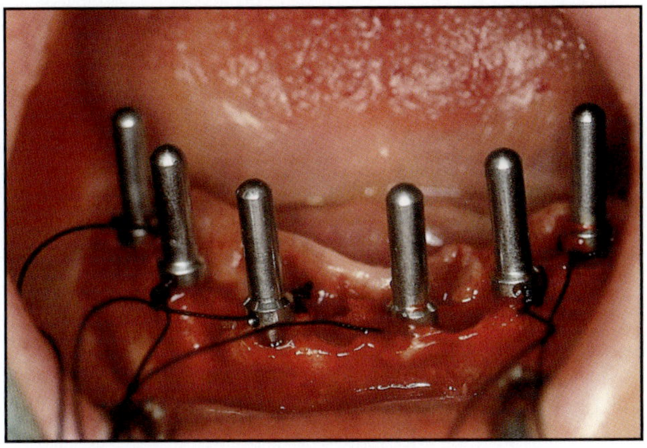

Abb. 3 Kontrolle der Implantatbetten.

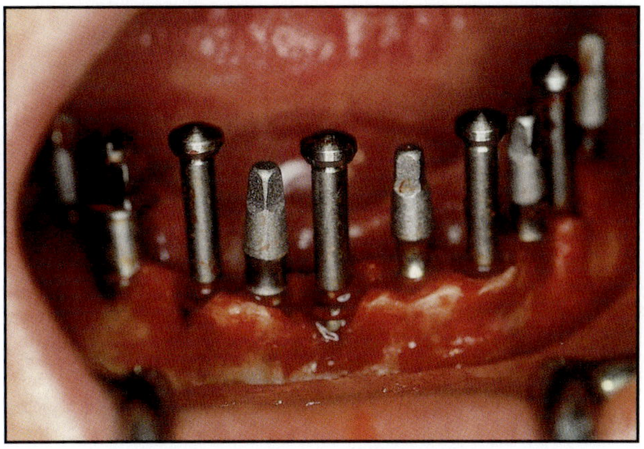

Abb. 4 Ausrichtung der provisorischen Implantate.

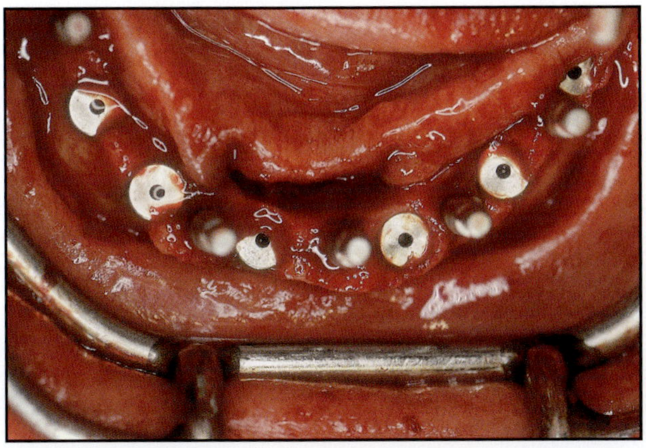

Abb. 5 Aufgeschraubte Deckschrauben.

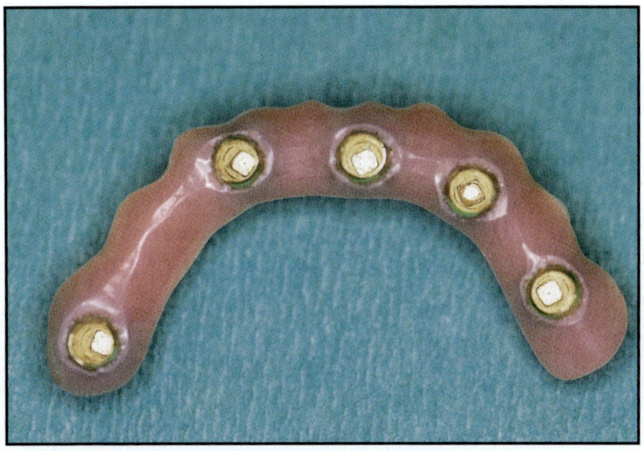

Abb. 6 Provisorische Brücke mit Goldkäppchen.

Aufgrund der guten Friktionseingenschaften der Goldkäppchen kann auf eine Fixierung mit provisorischem Zement verzichtet werden. Die postoperative Röntgenaufnahme zeigt die Lage der permanenten und provisorischen Implantate und deren Relation zu den Nerven (Abb. 7).

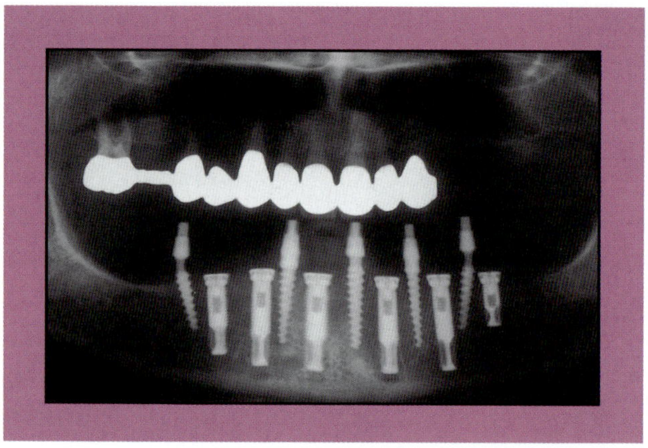

Abb. 7 OPG-Kontrollaufnahme.

Freilegung

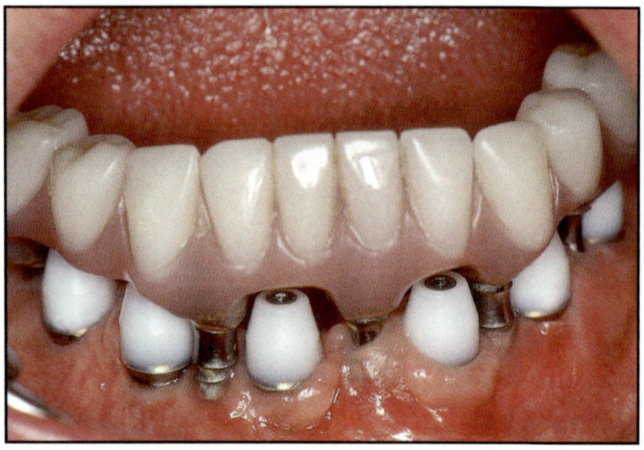

Abb. 8 Aufgeschraubte EsthetiCone®-Distanzhülsen.

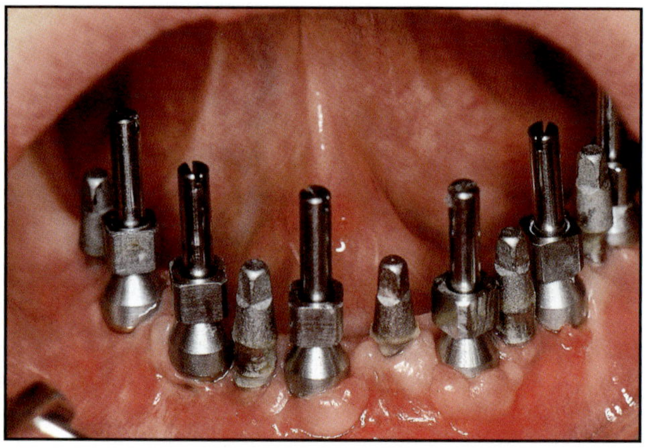

Abb. 9 Vor der Abdrucknahme.

Aufgrund des hohen Komforts der provisorischen Brücke kann eine ungestörte sechsmonatige Einheilphase abgewartet werden. Die provisorische Brücke kann nach kleinen Modifikationen auch nach der Freilegung weiter getragen werden (Abb. 8). Nach der Stabilisierung der Zahnfleischsituation wird für die Anfertigung der definitiven Brücke im Labor ein Abdruck genommen. Die Präzisionsabformung erfolgt mit einem individuellen Löffel und den aufgeschraubten Abdruckpfosten auf den definitiven Implantaten (Abb. 9). Um Anproben der definitiven Versorgung zu ermöglichen, müssen neben den definitiven Implantaten (Brånemark System®) auch die provisorischen Implantate (KSI-Bauer-Schraube®) auf dem Meistermodell wiedergegeben werden.

Laborverfahren

Zur Herstellung des Meistermodells werden auf die im Impregum® eingebetteten Abdruckpfosten die Modellimplantate aufgeschraubt und in die Impressionen der provisorischen Implantate entsprechende Analoge der KSI-Bauer-Schrauben® eingesteckt (Abb. 10). Nach dem Ausgießen erhält man ein Modell, auf dem alle Implantate Berücksichtigung finden (Abb. 11). Das Metallgerüst wird in zwei Teilen gegossen und zur Kontrolle der Passgenauigkeit anprobiert. Hierbei zeigt sich, dass das Gerüst im dritten Quadranten nicht spannungsfrei sitzt und „schaukelt". Es muss daher getrennt und mit Pattern Resin® im Mund neu verbunden werden, um dann im Labor eine Laserschweißung durchzuführen (Abb. 12). Nach einer erneuten Gerüstanprobe erfolgt die Verblendung mit Akrylkunststoff und konfektionierten Prothesenzähnen. Hierbei bleiben die Aussparungen für die provisorischen Implantate offen (Abb. 13), um Okklusion und Artikulation im Munde bei noch in situ befindlichen provisorischen Implantaten überprüfen zu können (Abb. 14).

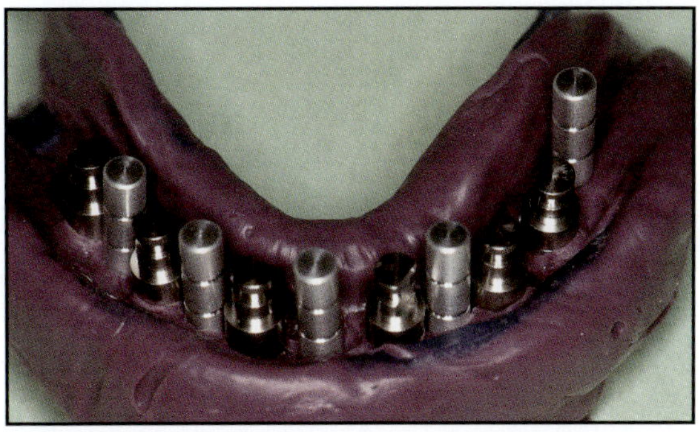

Abb. 10 Impregum®-Abformung mit Modellimplantaten beider Systeme.

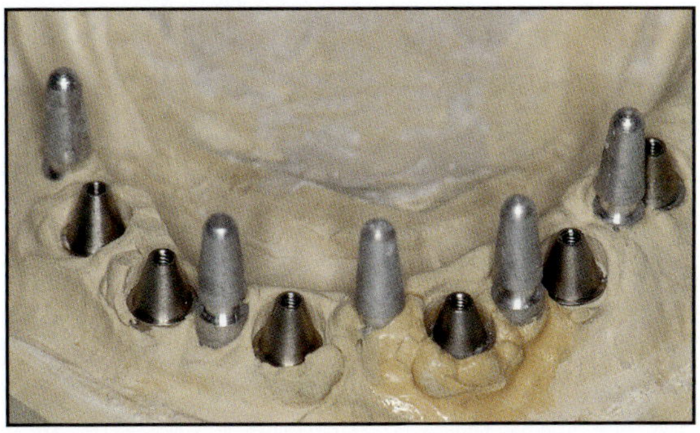

Abb. 11 Meistermodell.

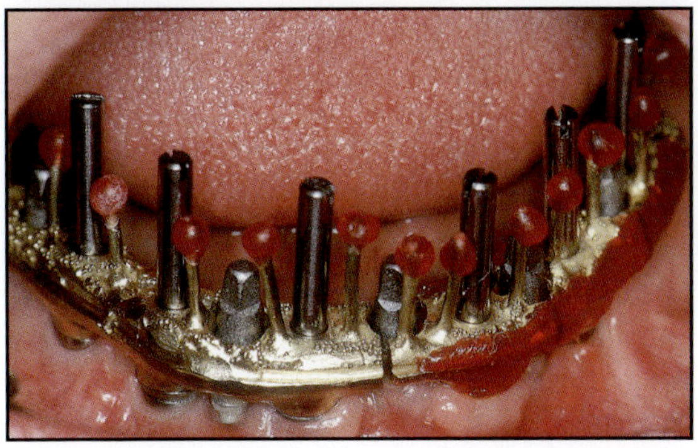

Abb. 12 Gerüstanprobe.

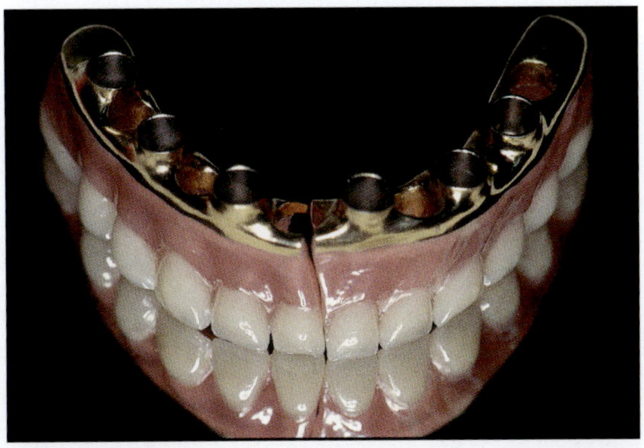

Abb. 13 Verblendung des Gerüstes.

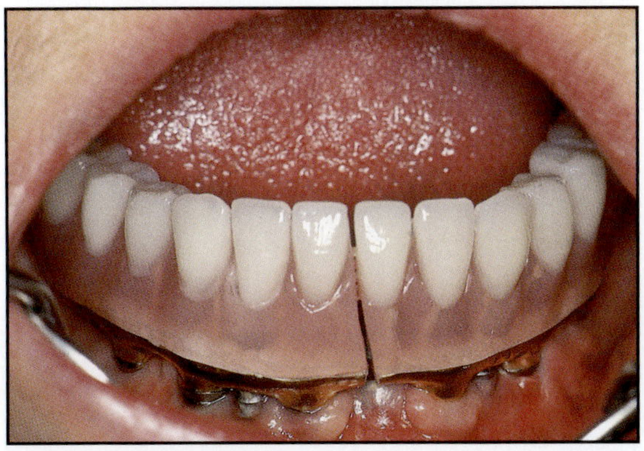

Abb. 14 Letzte Anprobe der noch geteilten Suprakonstruktion.

Prothetische Versorgung

Beide Brückenhälften werden nach der Bisskorrektur im Munde mit Pattern Resin® und einer stabilisierenden Metallstrebe im dorsalen Bereich (z.B verbrauchter Bohrer) verblockt (Abb. 15). Im Labor werden beide Teile nun mit Akrylkunststoff verbunden, sodass im Falle von Spannung, wegen der Deformation der Mandibula bei weiter Öffnung des Mundes und festem Zubeißen, eine kontrollierte Sollbruchstelle vorhanden ist. Zur Fertigstellung der Brücke werden zudem die bislang für die Anproben erforderlichen Aussparungen für die provisorischen Implantate verschlossen. Das vor der Eingliederung der fertiggestellten definitiven Brücke erforderliche Herausdrehen der provisorischen Implantate dauert gewöhnlich nur wenige Minuten und ist fast schmerzfrei und beinahe unblutig (Abb. 16). Bereits nach wenigen Tagen ist von den Explantationsstellen der provisorischen Implantate kaum mehr etwas erkennbar. Die gesamte provisorische Versorgung einschließlich der explantierten Implantate ist auf Abb. 17 zu sehen.

Die fertiggestellte Extensionsbrücke (Abb. 18) wird abschließend noch radiologisch auf

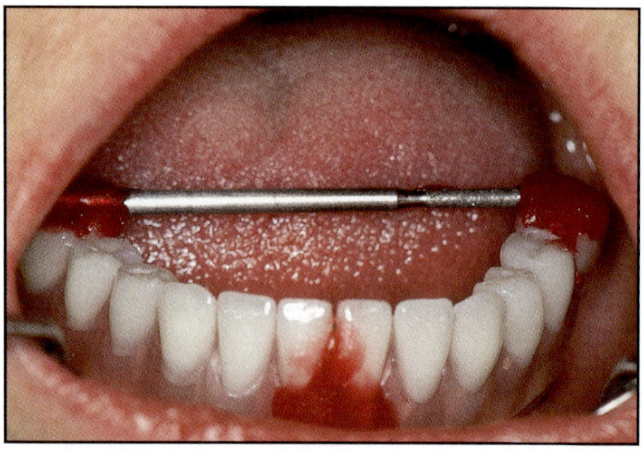

Abb. 15 Verbindung der beiden Teile.

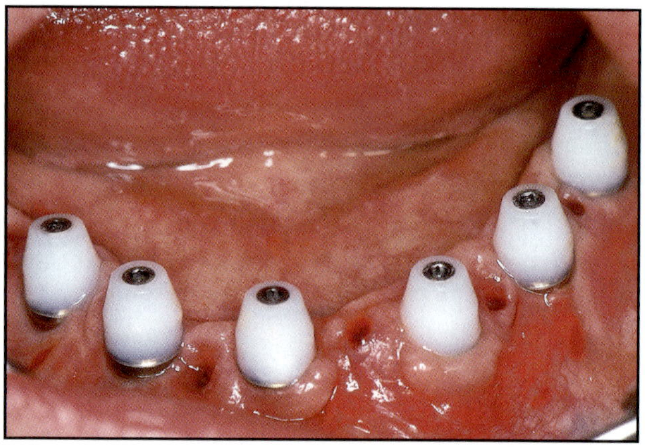

Abb. 16 Nach Explantation der provisorischen Implantate.

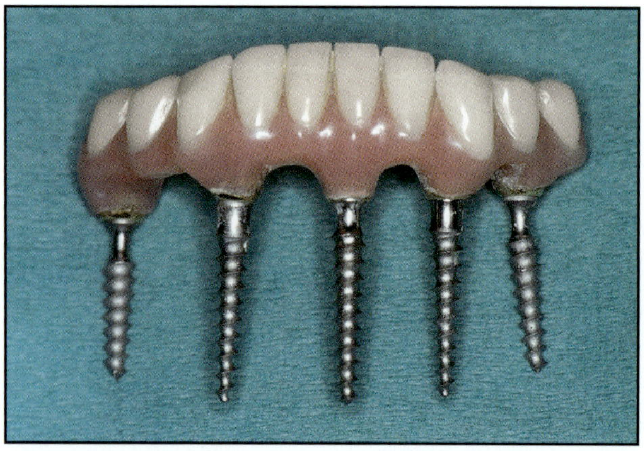

Abb. 17 Provisorische Versorgung mit explantierten KSI-Bauer-Schrauben®.

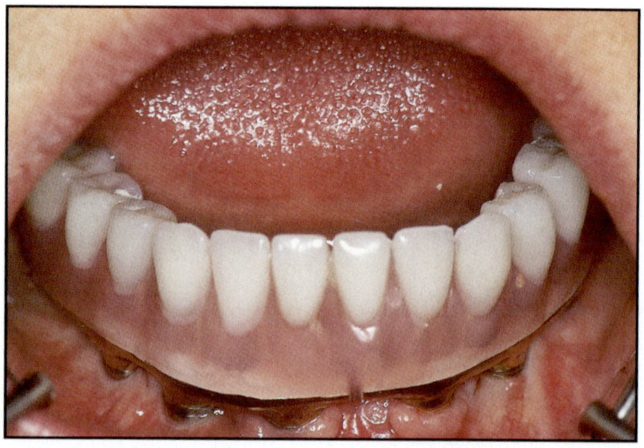

Abb. 18 Eingegliederte Suprakonstruktion.

spaltfreien Sitz überprüft (Abb. 19). Die klinische und radiologische Situation im Unterkiefer ist während der implantologischen Behandlung des Oberkiefers (Insertion von acht Replace-Select®-Implantaten) nach zehn Jahren Tragezeit stabil (Abb. 20 und 21). Zu einer Fraktur der aufgrund der Torsion des Unterkiefers als Sicherung in der Mitte eingebauten Kunststoffverbindung ist es bis dato nicht gekommen.

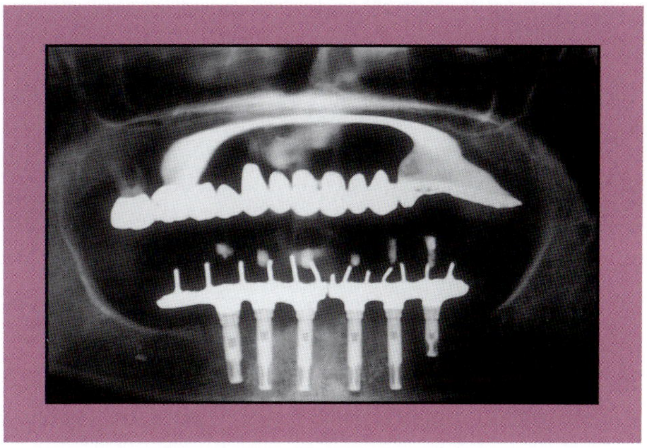

Abb. 19 Röntgenkontrollaufnahme.

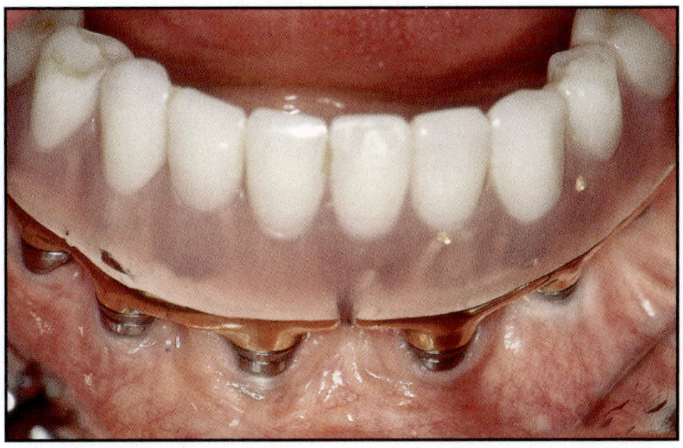

Abb. 20 Klinische Situation nach zehn Jahren.

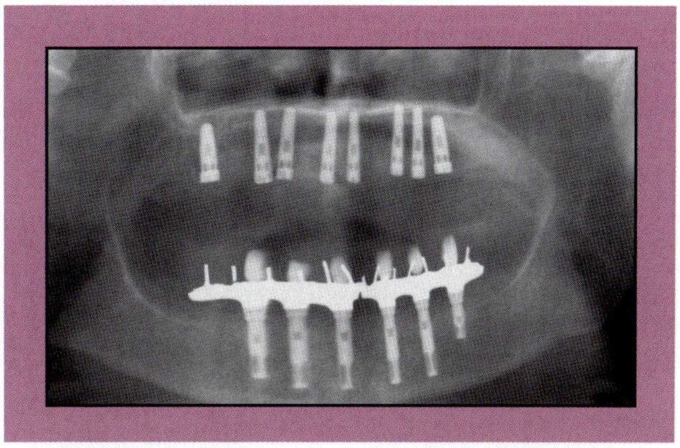

Abb. 21 OPG-Kontrolle nach zehn Jahren.

Behandlungsablauf:

Extraktion und Implantation mit Sofortversorgung – 6 Monate bis zur Freilegung – 3 Wochen bis zur Abdrucknahme und Fertigstellung

Chirurgie und Prothetik:

Dr. Christoph T. Sliwowski

Zahntechnik:

Horst Mosch

Vergleich provisorischer Implantatsysteme

Ausgangssituation

Der Patient mit nicht erhaltungswürdiger Restbezahnung im anterioren Unterkiefer wünscht nach der Sanierung direkt eine festsitzende provisorische Versorgung (Abb. 1). Die klinische und radiologische Diagnostik zeigt im interforaminären Bereich ein ausreichendes Knochenangebot, sodass als definitive prothetische Versorgung eine Extensionsbrücke auf fünf interforaminären Implantaten geplant wird (Abb. 2). Um während der gesamten Behandlungszeit die gewünschte festsitzende Versorgung zu ermöglichen, ist die Insertion von vier Interimsimplantaten mit Versorgung durch eine provisorische Sofortbrücke vorgesehen.

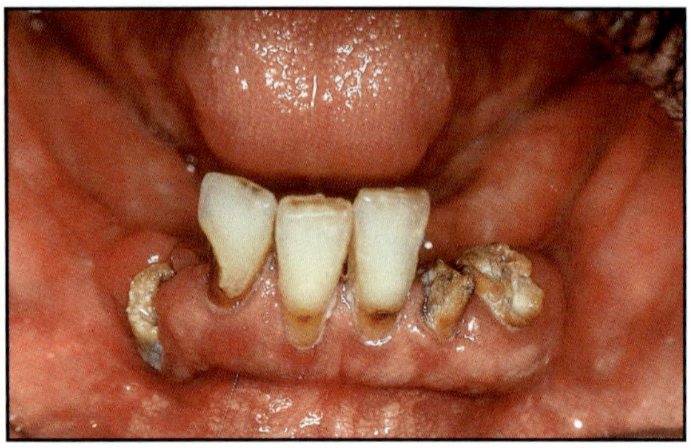

Abb. 1 Nichterhaltungsfähige Restbezahnung.

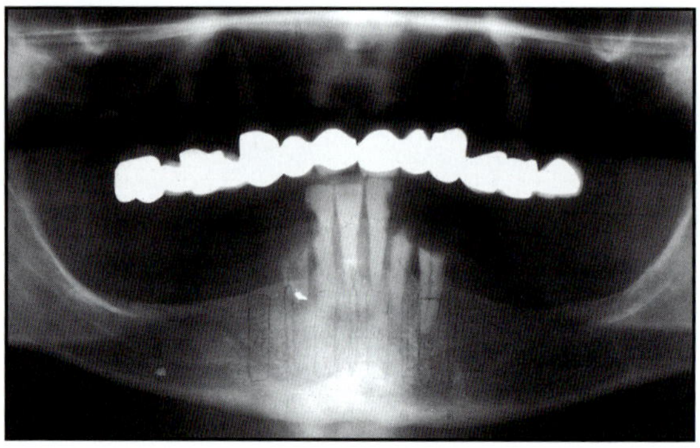

Abb. 2 Radiologische Ausgangssituation.

Diagnostische Mittel

- Klinische Untersuchung
- OPG
- CT
- SimPlant®-Planung
- Modellanalyse

Therapieplan

- Extraktion, Insertion von fünf definitiven Implantaten, Sofortversorgung auf provisorischen Implantaten
- Sekundäre Freilegung
- Verschraubte Procera®-Extensionsbrücke

Implantation und provisorische Versorgung

Im interforaminären Bereich werden fünf Brånemark-Implantate und dazwischen vier provisorische Implantate inseriert (Abb. 3). Als provisorische Implantate werden aufgrund einer Vergleichsstudie drei verschiedene Implantattypen verwendet. Der Unterschied wird mit den aufgesetzten Abdruckkäppchen deutlicher (Abb. 4). Regio 44 wird eine KSI-Bauer-Schraube® regio 32 ein Alpha Bio® Implantat und regio 34 und 42 jeweils ein IPI® von Nobel Biocare® verwendet. Das Käppchen von Alpha Bio® regio 32 ist für die Herstellung des Provisoriums zu hoch und muss wieder abgenommen werden (Abb. 5). Für die KSI-Bauer-Schraube® regio 44 gibt es kein vorgefertigtes Käppchen, sodass dieses individuell vorbereitet werden muss. Mithilfe von Tiefziehfolien werden Sofortprovisorien für Ober- und Unterkiefer angefertigt (Abb. 6).

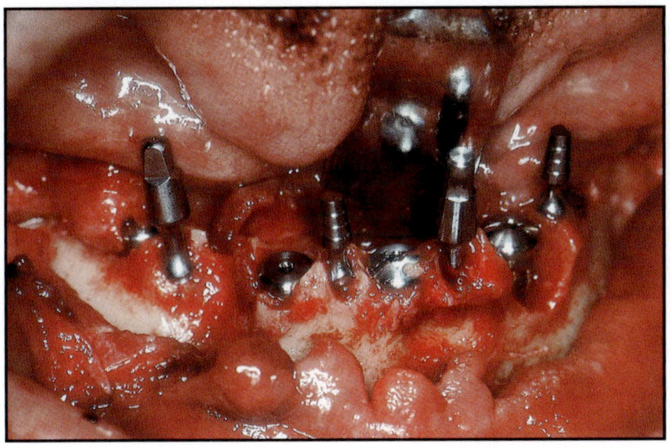

Abb. 3 Inserierte definitive und provisorische Implantate.

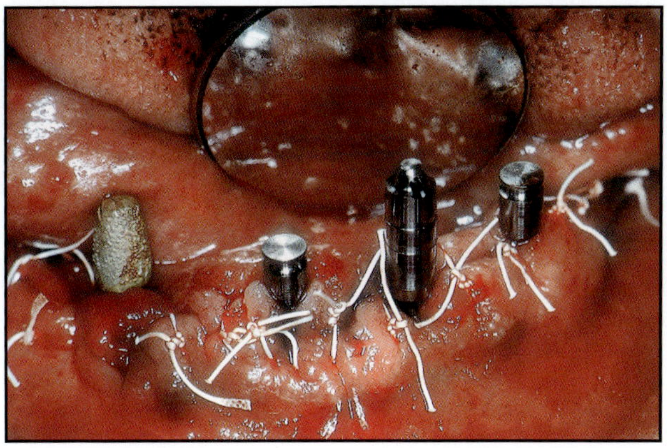

Abb. 4 Nahtverschluss und aufgesteckte prothetische Käppchen (systemspezifisch).

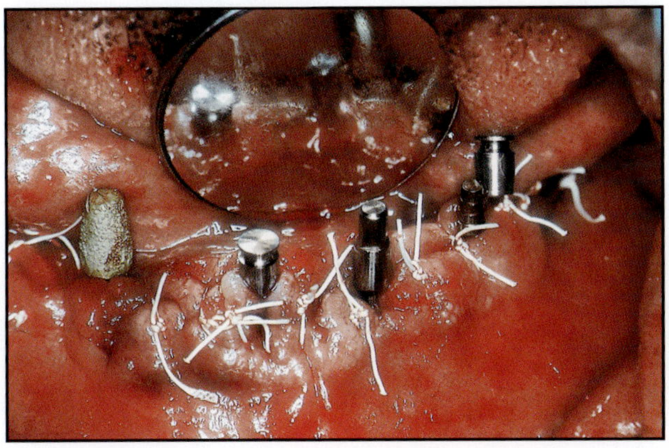

Abb. 5 Alpha Bio®-Implantat regio 32 ohne Käppchen.

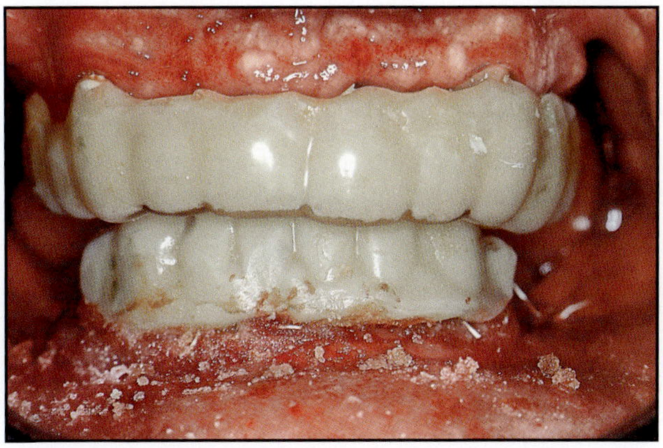

Abb. 6 Sofortprovisorien in Ober- und Unterkiefer.

Eine Woche später werden die Sofortprovisorien gegen laborgefertigte Langzeitprovisorien ausgetauscht (Abb. 7). Zeitgleich mit der Implantation im Unterkiefer wird ein beidseitiger Sinuslift mit Eingliederung von zwei provisorischen Implantaten regio 11 und 21 im Oberkiefer durchgeführt (Abb. 8).

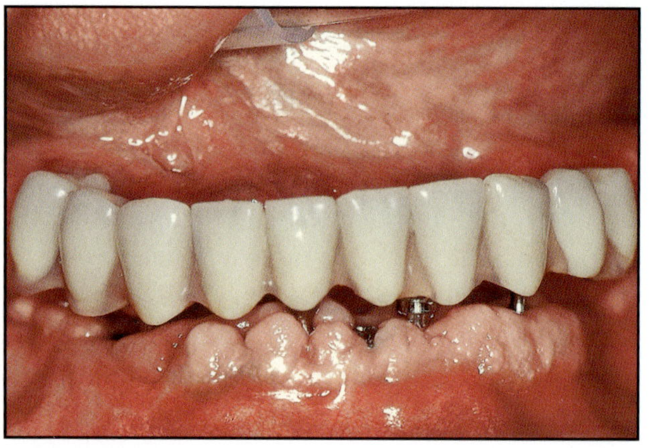

Abb. 7 Langzeitprovisorium Unterkiefer.

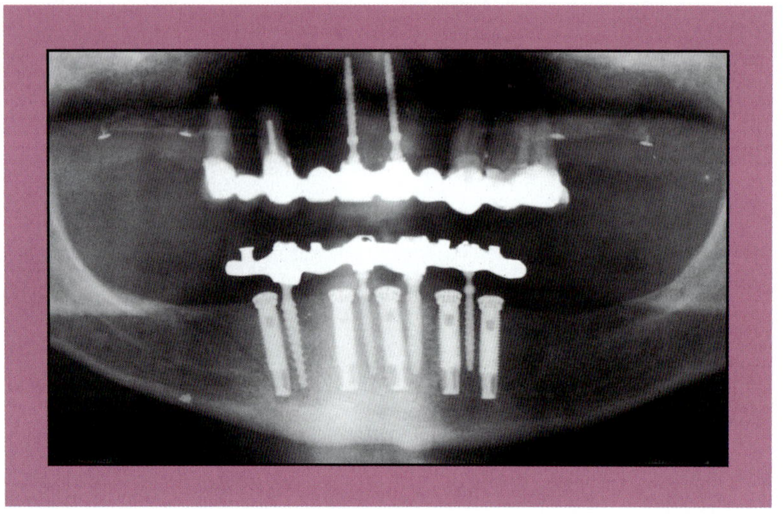

Abb. 8 Postoperative Röntgenkontrolle.

Freilegung und prothetische Versorgung

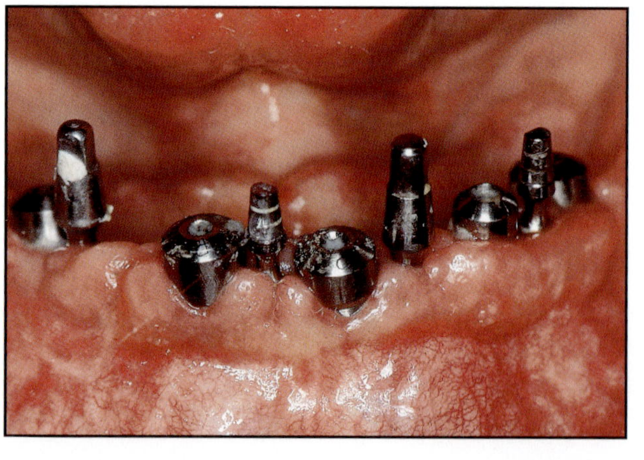

Abb. 9 Freilegung.

Nach sechs Monaten erfolgt die Freilegung der Implantate im Unterkiefer (Abb. 9). Bei der Abdrucknahme muss darauf geachtet werden, dass die aufgeschraubten Abdruckpfosten nicht

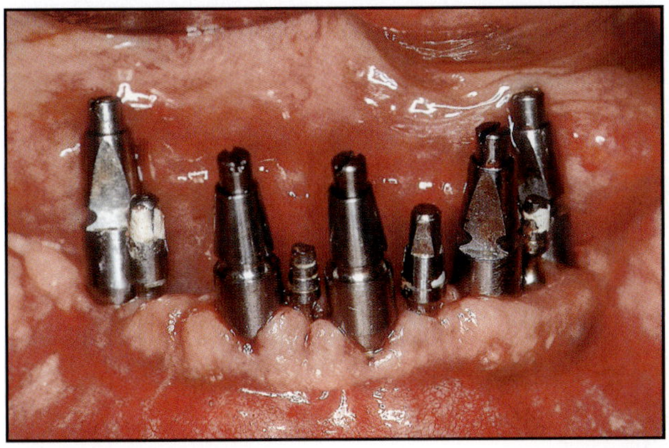

Abb. 10 Abdrucknahme.

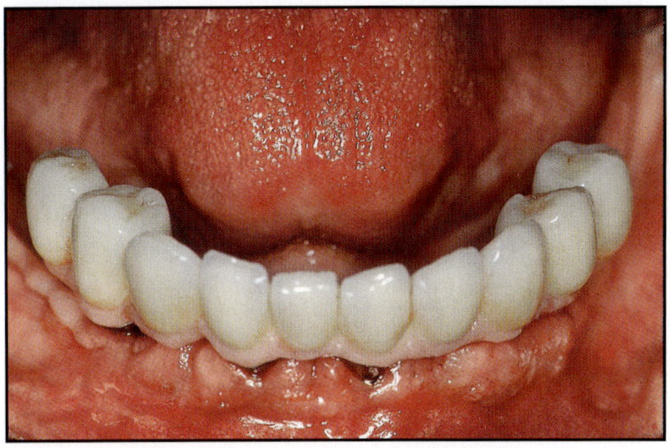

Abb. 11 Verschraubte Procera®-Brücke.

Abb. 12 Patient nach prothetischer Versorgung.

mit den provisorischen Implantaten kollidieren (Abb. 10). Die definitive prothetische Versorgung besteht aus einer verschraubten Procera®-Brücke von 35 bis 45 (Abb. 11). Das freudige Lächeln des Patienten sechs Jahre nach Eingliederung der Restauration zeigt die langfristige Zufriedenheit mit der Versorgung (Abb. 12).

Behandlungsablauf:
Extraktion, Implantation – 6 Monate bis zur Freilegung – 3 Wochen bis zur Abdrucknahme und Fertigstellung

Chirurgie:
Dr. Christoph T. Sliwowski

Prothetik:
Dr. Michael Weber

Zahntechnik:
Olaf van Iperen

Fraktur eines provisorischen Implantates bei der Insertion

Ausgangssituation

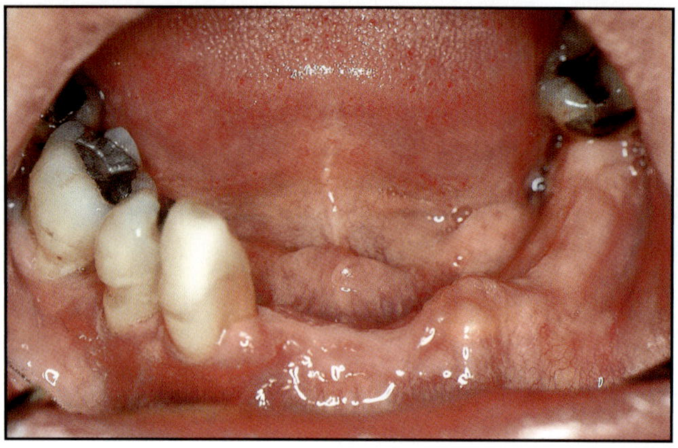

Abb. 1 Nichterhaltungsfähige Restbezahnung.

Bei dem 42-jährigen Patienten besteht eine bis auf Zahn 48 nicht erhaltungswürdige Restbezahnung im Unterkiefer (Abb. 1). Um die prothetische Versorgung zu stabilisieren, wird die Insertion von fünf interforaminären Implantaten vorgesehen. Im interforaminären Bereich ist radiologisch ein gut dimensioniertes Knochenangebot erkennbar, sodass die Insertion von weiteren vier provisorischen Implantaten geplant wird, um eine festsitzende Interimsversorgung zu ermöglichen.

Diagnostische Mittel

- Klinische Untersuchung
- OPG
- CT
- SimPlant®-Planung
- Modellanalyse

Therapieplan

- Extraktion, Insertion von fünf definitiven Implantaten, Sofortversorgung auf provisorischen Implantaten
- Sekundäre Freilegung
- Gefräster Steg mit Riegel und Overdenture-Prothese

Extraktion und Implantation mit Fraktur eines provisorischen Implantates

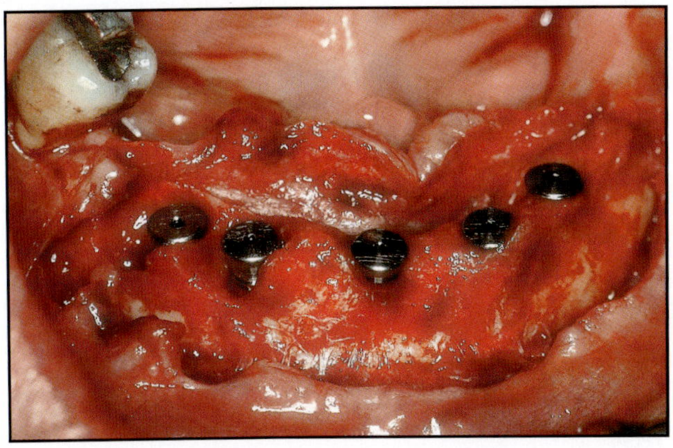

Abb. 2 Inserierte fünf Brånemark-Implantate.

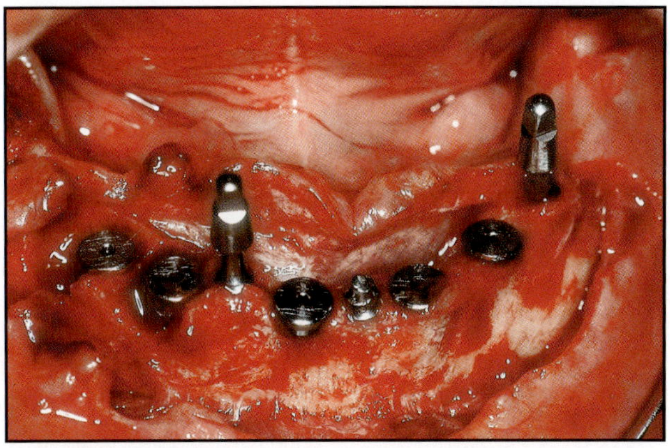

Abb. 3 Frakturiertes provisorisches Implantat regio 32.

Unmittelbar nach der Extraktion der Zähne werden im interforaminären Bereich, an den strategisch wichtigen Stellen, fünf Brånemark-Implantate inseriert (Abb. 2). Für das festsitzende Sofortprovisorium werden zusätzlich vier provisorische Implantate (KSI-Bauer-Schraube®) in den Positionen 35, 32, 42 und 45 gesetzt. Die Insertion der Implantate 35 und 42 erfolgt problemlos. Der Eindrehwiderstand bei dem provisorischen Implantat regio 32 ist aufgrund der sehr festen Knochenstruktur soweit erhöht, dass nach akzidentellem Überschreiten des Drehmoments von 30 N/cm der Implantatkopf fast auf Knochenniveau frakturiert ist (Abb. 3).

Zur Entfernung des im Knochen befindlichen Implantatteils wird das noch herausragende Fragment so beschliffen, dass es mit einer Zange gefasst und herausgedreht werden kann. An gleicher Stelle wird dann ein neues identisches Implantat komplikationslos inseriert (Abb. 4). Die beiden distalen provisorischen Implantate werden zur optimalen Ausnutzung des Knochenangebotes stark anguliert inseriert. Mit einem Biegeinstrument werden die Köpfe der Implantate soweit gebogen, dass eine gemeinsame Einschubrichtung für die Eingliederung der provisorischen Brücke resultiert (Abb. 5).

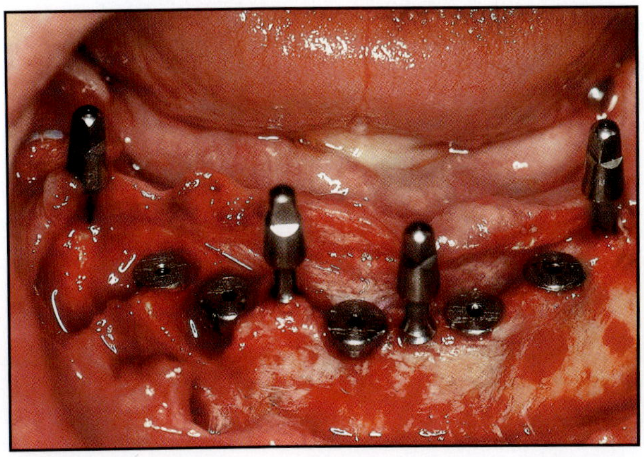

Abb. 4 Insertion eines neuen provisorischen Implantates regio 32.

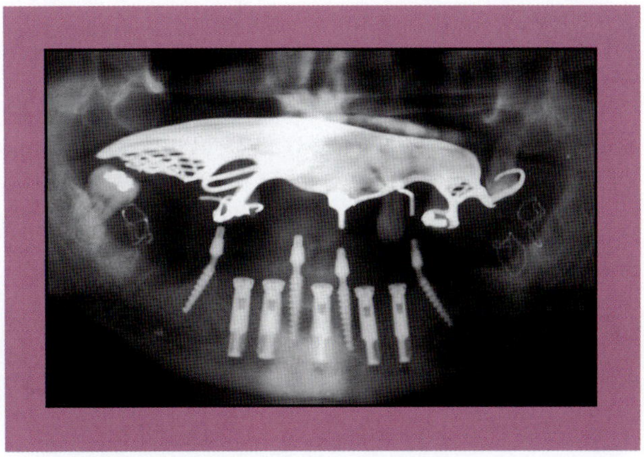

Abb. 5 Postoperative Röntgenkontrolle.

Provisorische und definitive Versorgung

Das Langzeitprovisorium wird eine Woche später eingegliedert und kann auch nach der Freilegung weiterhin getragen werden (Abb. 6). In diesem Fall entschied sich der Patient bei der definitiven prothetischen Versorgung für eine herausnehmbare Lösung mit einem gefrästen Steg als Retentionselement. Vor Eingliederung des gefrästen Steges müssen die provisorischen Implantate entfernt werden (Abb. 7). Der gefräste Steg wird aus Gold hergestellt und auf beiden Seiten mit Retentionselementen für Riegel ausgestattet (Abb. 8), deren Beschreibung auf der Seite 194 (Hinweis) zu finden ist. Auf der Kontrollaufnahme, die den spaltfreien Sitz des Steges dokumentiert, ist auch der in der Zwischenzeit im Oberkiefer durchgeführte Sinuslift erkennbar (Abb. 9). Auf dem Steg wird eine „Overdenture"-Prothese angefertigt, die durch die Riegel mit dem Steg verankert wird (S. 194).

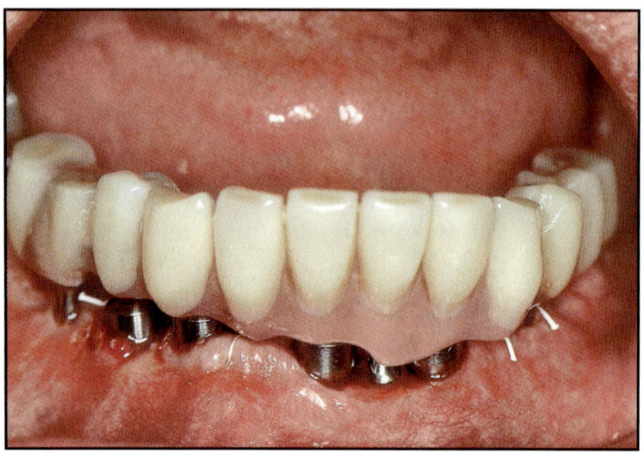

Abb. 6 Langzeitprovisorium.

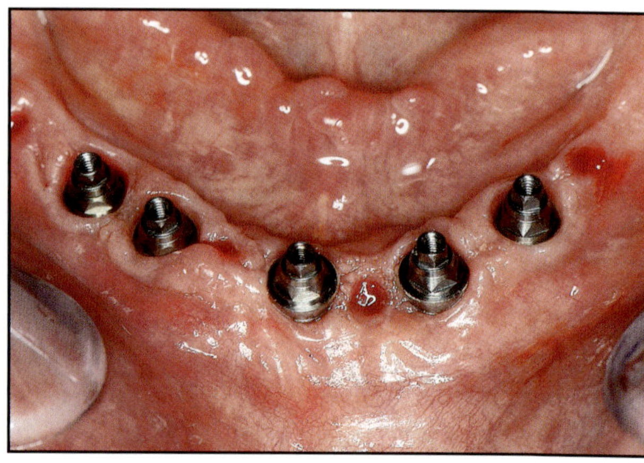

Abb. 7 Nach Explantation der provisorischen Implantate.

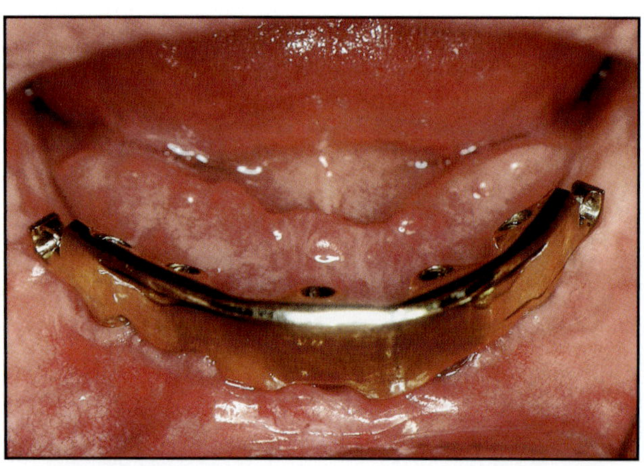

Abb. 8 Gefräster Steg in situ.

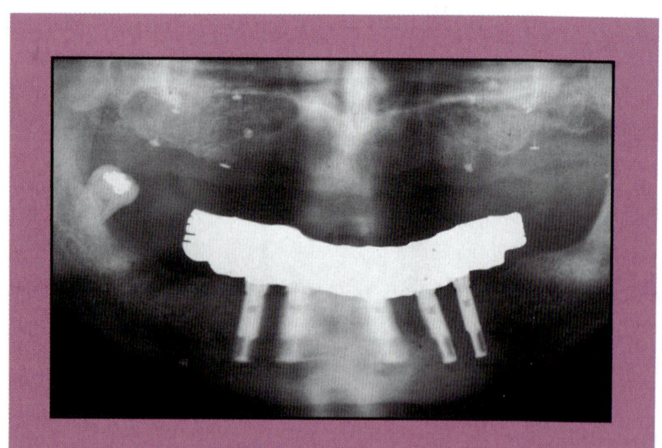

Abb. 9 OPG-Kontrolle.

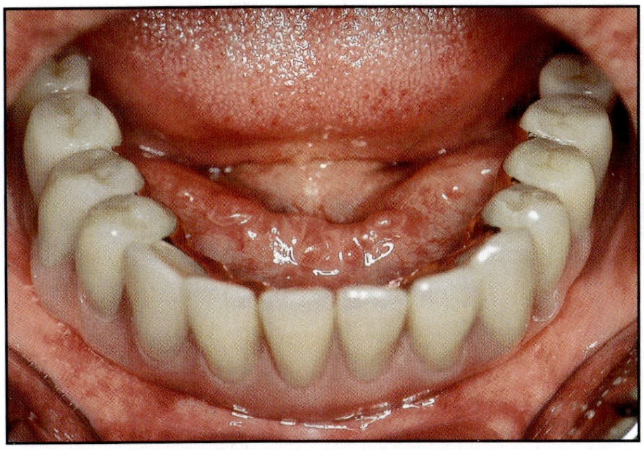

Abb. 10 Unauffälliger Verschlussmechanismus.

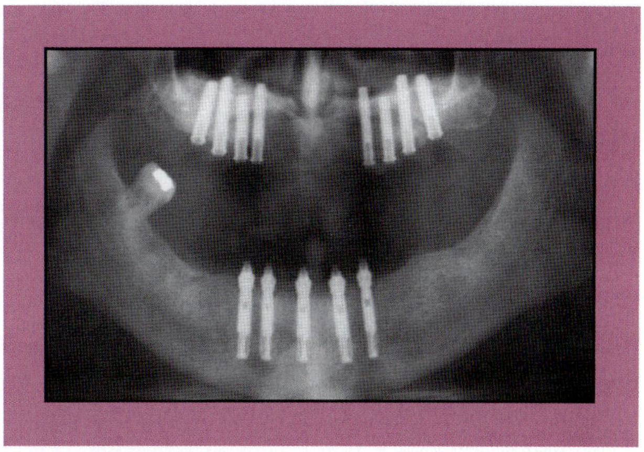

Abb. 11 OPG-Kontrolle acht Jahre nach der Versorgung des Unterkiefers.

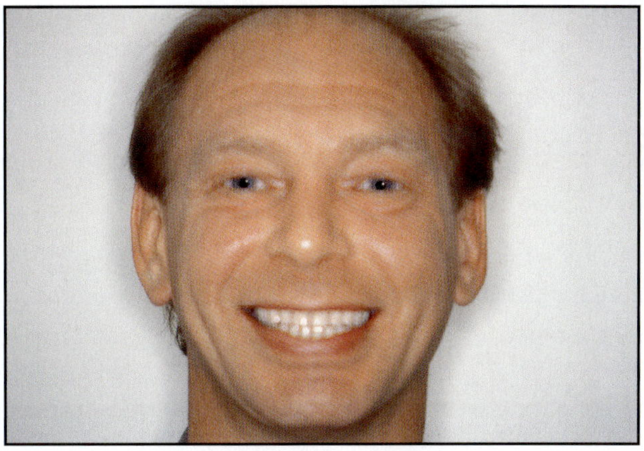

Abb. 12 Patient nach Abschluss der Behandlung.

Der sehr unauffällige Mechanismus lässt sich auch bei der klinischen Abschlussaufnahme mit abgehaltenen Lippen nicht erkennen (Abb. 10). Die OPG-Aufnahme nach acht Jahren Tragezeit zeigt bei der Kontrolluntersuchung mit abgeschraubten Suprakonstruktionen eine stabile Knochensituation um die Implantate (Abb. 11). Die letzte Aufnahme zeigt den lächelnden Patienten mit den eingegliederten Suprakonstruktionen im Ober- und Unterkiefer (Abb. 12).

Behandlungsablauf:

Extraktion, Implantation, Sofortversorgung auf provisorischen Implantaten – 5 Monate bis zur Freilegung – 3 Wochen bis zur Abdrucknahme und Fertigstellung

Chirurgie:	Prothetik:	Zahntechnik:
Dr. Christoph T. Sliwowski	Dr. Michael Weber	Fernando Abrantes

Stegversorgung mit einer Riegelverankerung

Als zusätzliche Retentionselemente sind in die Prothese (oder treffender herausnehmbare Brücke) zwei Riegelgeschiebe integriert (Abb. 1). Es ist günstig, die Riegel aus statischen und ästhetischen Gründen möglichst nah am Zahnfleisch zu positionieren (Abb. 2). Im geschlossenen Zustand greifen die Riegel in ihr Lager im Steg und gewährleisten damit einen absolut stabilen Sitz der Prothese. Nur bei vollständig geöffnetem Riegel lässt sich die Prothese herausnehmen (Abb. 3). Die Öffnung des Riegels wird mit einem dünnen Schlüssel durch einen kleinen Zugang von vestibulär durchgeführt (Abb. 4). Die meisten Patienten entwickeln in kurzer Zeit die Fähigkeit, diesen Mechanismus ohne Hilfe eines Spiegels zu öffnen. Der Originalschlüssel ist in der Riegelverpackung enthalten (Abb. 5). Bei Bedarf kann aber auch mit geringem Aufwand aus einem Klammerdraht von 1 mm Durchmesser ein neuer Schlüssel gebogen werden (Abb. 6).

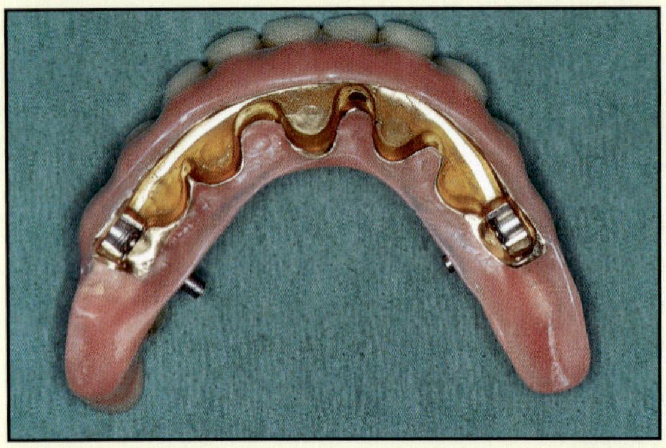

Abb. 1 Basale Ansicht der Stegprothese mit Riegelgeschieben.

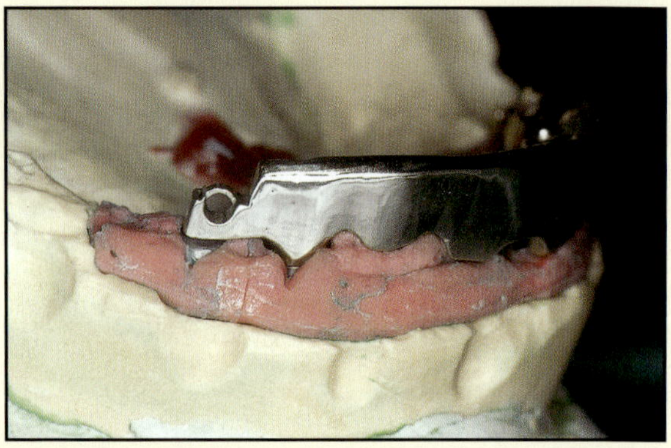

Abb. 2 Steg mit Perforation für Riegelgeschiebe.

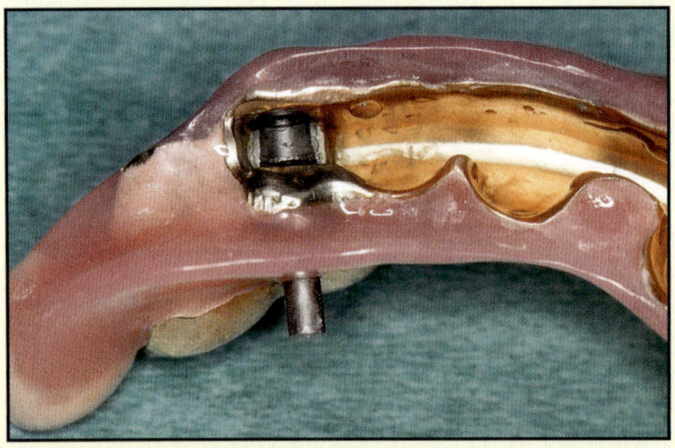

Abb. 3 Detailansicht der Prothese mit geöffnetem Riegel.

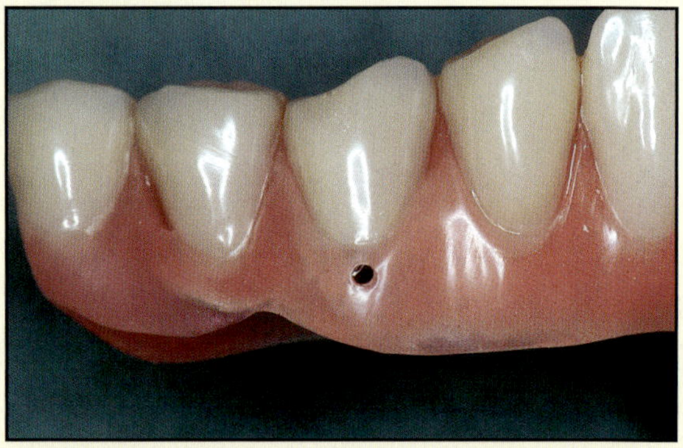

Abb. 4 Vestibulärer Riegelzugang.

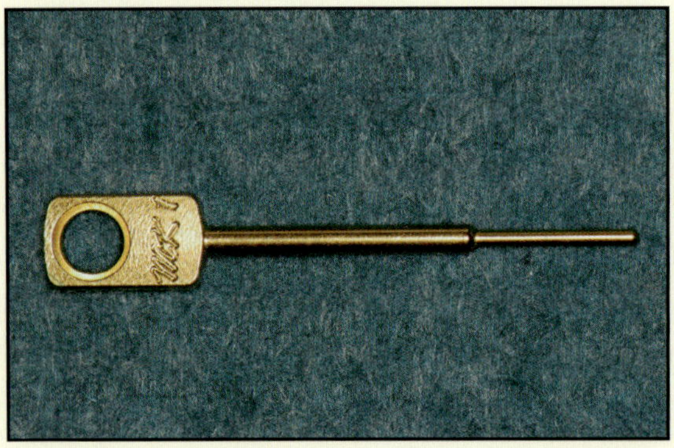

Abb. 5 Originalschlüssel für den Riegel.

Abb. 6 Selbstgebastelter Schlüssel für den Riegel.

AUSGANGSSITUATION

Eine prothetische Neuversorgung ist aufgrund massiver parodontaler Destruktionen an den nicht erhaltungsfähigen Pfeilerzähnen der bestehenden Brückenversorgung im Unterkiefer dringend erforderlich (Abb. 1 und 2). Die Therapieplanung sieht die Extraktion aller Zähne mit einzeitiger Augmentation und Insertion von fünf permanenten und fünf provisorischen Implantaten vor. Die Interimsversorgung soll als festsitzende Brücke auf den provisorischen Implantaten erfolgen. Als endgültige prothetische Versorgung ist eine rein implantatgetragene Extensionsbrücke im Procera®-Verfahren geplant.

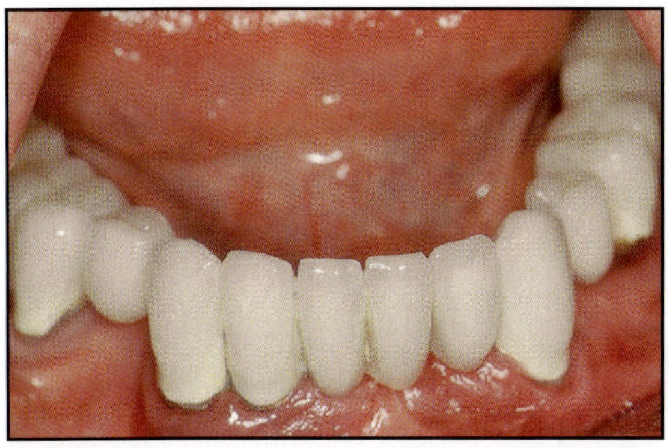

Abb. 1 Klinische Situation vor Sanierung.

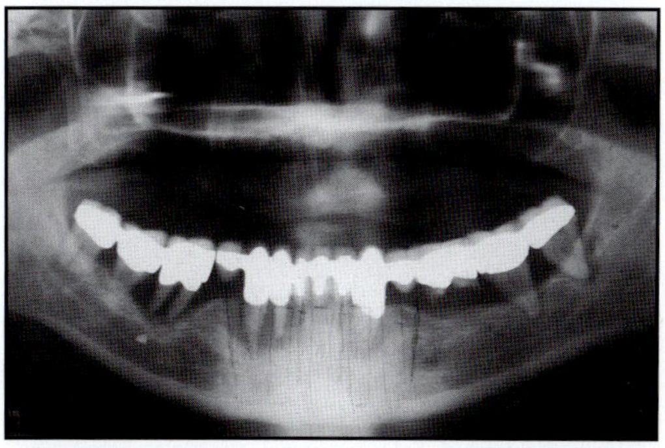

Abb. 2 Ausgangssituation auf dem OPG.

DIAGNOSTISCHE MITTEL

- Klinische Untersuchung
- OPG
- CT
- SimPlant®-Planung
- Modellanalyse

THERAPIEPLAN

- Extraktion, Insertion von fünf definitiven Implantaten, Augmentation, Sofortversorgung auf provisorischen Implantaten
- Sekundäre Freilegung
- Verschraubte Extensionsbrücke im Procera®-Verfahren

Extraktion, Implantation und Augmentation

Nach Entfernung der Zähne (ohne Trennung der Brücke oder Einsatz der Zange) und Mobilisation des Mukoperiostlappens erscheinen die ausgedehnten Knochendefekte (Abb. 3). Die Defekte werden gründlich von Granulationsgewebe gesäubert und die Wände angefrischt. Trotz der

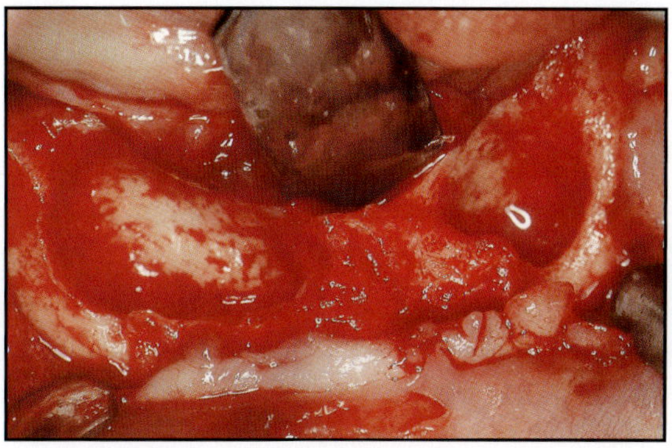

Abb. 3 Große Knochendefekte.

umfangreichen Defekte ist das ortständige Knochenangebot ausreichend, um interforaminär fünf definitive (Abb. 4) und zwei provisorische Implantate primärstabil zu inserieren. Im distalen Bereich werden stark geneigt eine KSI-Bauer-Schraube® regio 45 und ein Alpha Bio®-Implantat regio 35 inseriert (Vergleichsstudie) (Abb. 5). In der Front werden IPI®-Implantate verwendet, wobei ein IPI® regio 32 bei der Insertion durch zu hohe Eindrehkraft – über 30N/cm – frakturiert (Abb. 5). Es wird mit einem im IPI®-System hierfür vorgesehenen speziellen Ausdrehinstrument entfernt und durch ein neues, identisches ersetzt (Abb. 6). Durch Biegen werden die Köpfe der Implantate parallelisiert. Als zusätzlicher Pfeiler für das Provisorium wird regio 35 noch ein IPI® gesetzt. Die Knochendefekte werden mit einem Gemisch aus Bio-Oss® und gesammelten Knochenspänen aufgefüllt und mit einer Atrisorb®-Membran stabilisiert (Abb. 7).

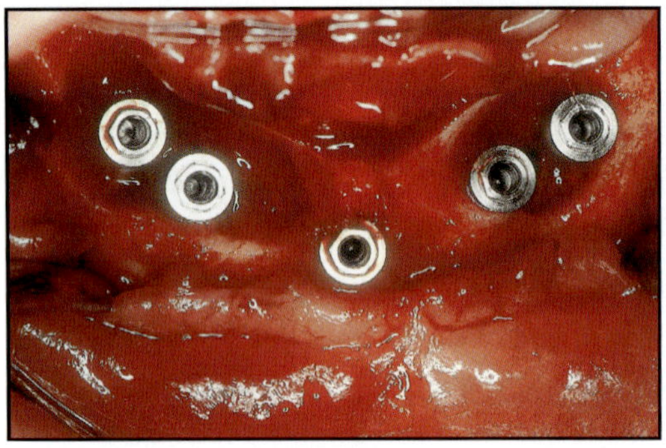

Abb. 4 Inserierte fünf Brånemark-Implantate.

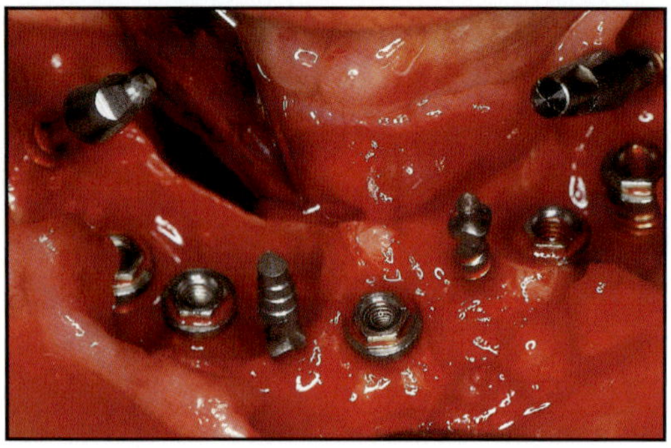

Abb. 5 Stark geneigte provisorische Implantate regio 35, 45 und frakturiertes IPI® regio 32.

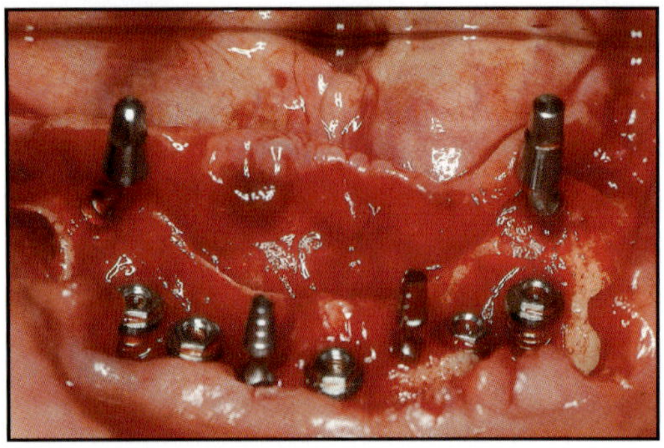

Abb. 6 Ausgetauschtes IPI® regio 32.

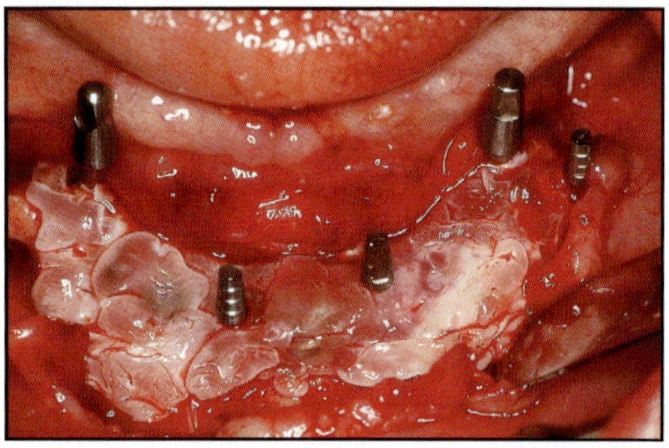

Abb. 7 Augmentation abgedeckt mit Atrisorb®-Membran.

Provisorische Sofortversorgung

Für das Provisorium werden die passenden Prothetikkäppchen des jeweiligen Systems verwendet (Abb. 8). Die postoperative Röntgenaufnahme zeigt die Platzierung der Implantate mit der starken Angulation der beiden distalen

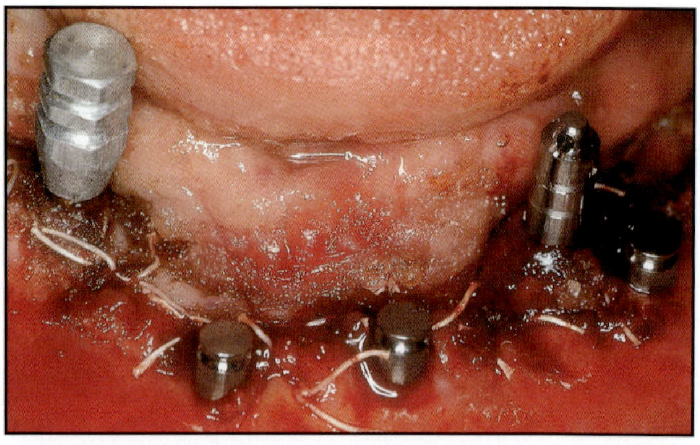

Abb. 8 Provisorische Implantate mit jeweiligen prothetischen Käppchen.

Implantation und Abdrucknahme

Nach Präparation der Implantatbetten werden vier Neoss®-Implantate, 17 mm lang mit 4 mm Durchmesser, auf einer Höhe inseriert (Abb. 3). Die vorhandenen Defekte werden mit den im Knochenfilter gesammelten Spänen augmentiert. Nach Aufschrauben der Abdruckpfosten (Abb. 4) wird der Mukoperiostlappen über die augmentierten Areale reponiert und mit Nähten fixiert (Abb. 5). Der Abdruck wird mit einem individuellen Löffel mit Impregum® genommen. Sofort nach Lösung der Abdruckpfosten und Entfernung des Abdrucks werden Heilungsdistanzhülsen eingeschraubt (Abb. 6).

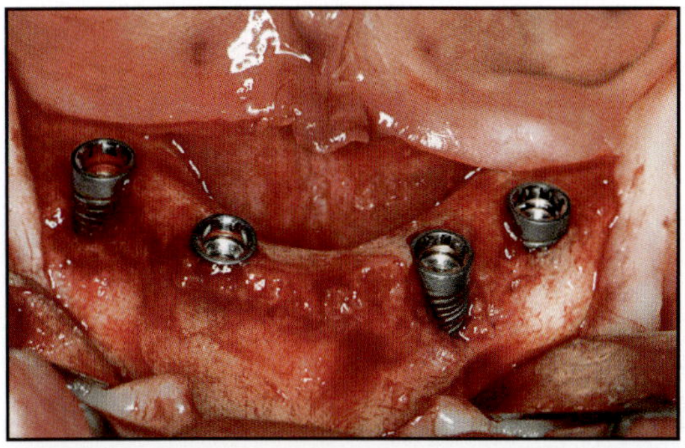

Abb. 3 Inserierte vier Neoss®-Implantate.

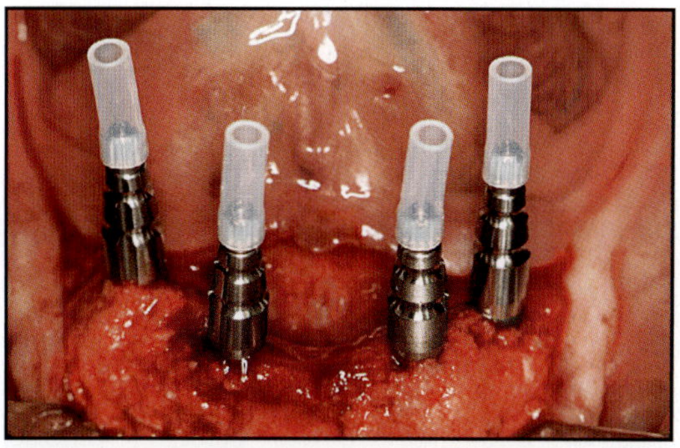

Abb. 4 Aufgeschraubte Abdruckpfosten.

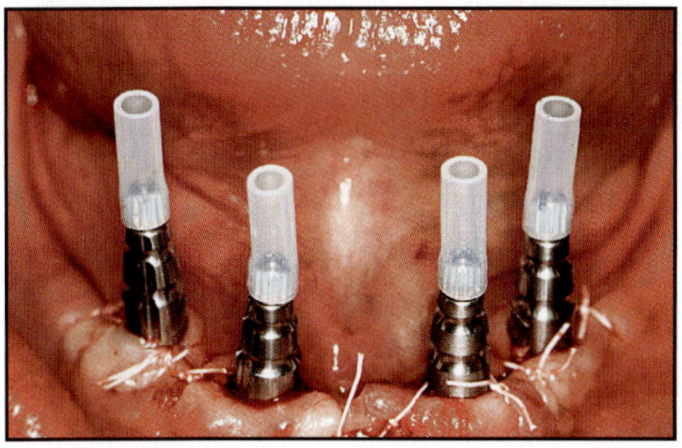

Abb. 5 Wundverschluss vor Abdrucknahme.

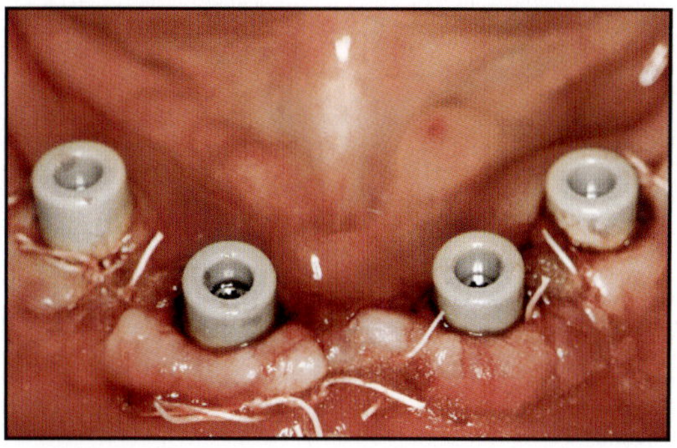

Abb. 6 Healingabutments in situ.

Laborverfahren

Im Labor wird ein Meistermodell mit Modellimplantaten und Zahnfleischmaske hergestellt (Abb. 7). Auf die Modellimplantate werden

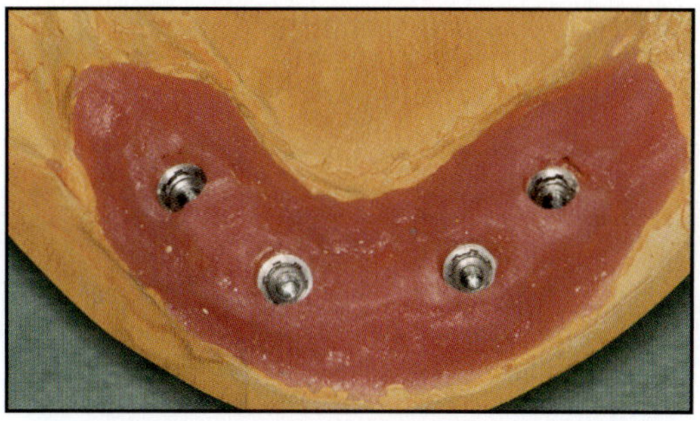

Abb. 7 Meistermodell mit Zahnfleischmaske.

Neolink®-Titanabutments aufgeschraubt (Abb. 8). Auf diese werden ausbrennbare prothetische Kunststoffelemente aufgesteckt und durch einen konfektionierten Dolder-Steg miteinander verbunden (Abb. 9). Die Kunststoffhülsen werden mit dem Steg eingebettet und in Gold gegossen (Abb. 10). Um einen spannungsfreien Sitz des Steges zu gewährleisten, ist dessen intraorale Verklebung auf Neolink®-Abutments vorgesehen.

Abb. 8 Neolink®-Titanabutments.

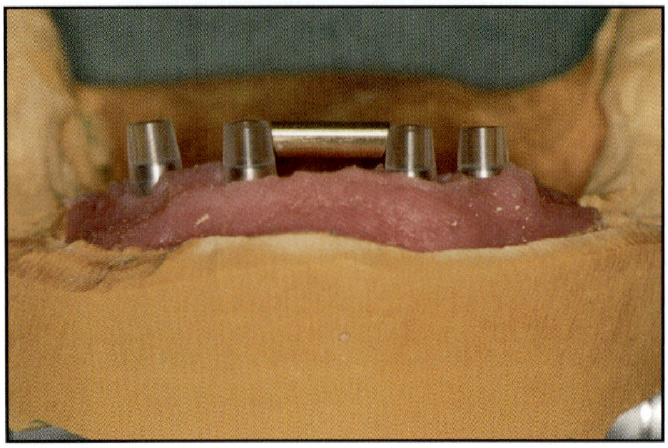

Abb. 9 Ausbrennbare Zylinder mit Doldersteg verbunden.

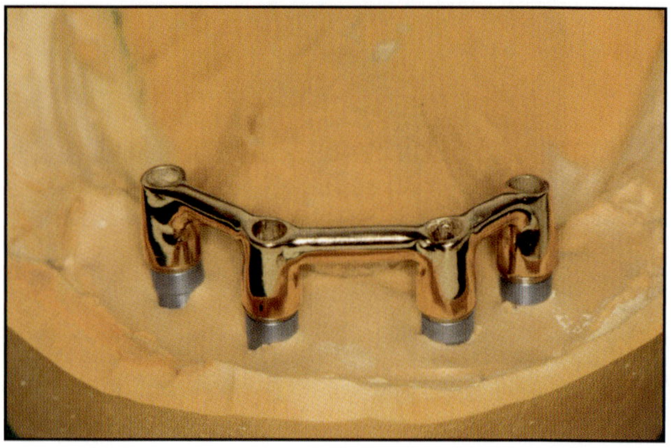

Abb. 10 Gegossener Doldersteg.

Prothetische Sofortversorgung

Noch am gleichen Tag werden die Neolink®-Abutments auf die Implantate im Mund des Patienten aufgeschraubt und die intraorale Verklebung (mit AGC® Cem – Wieland) nach Anprobe des Steges durchgeführt (Abb. 11). Nach Fertigstellung des Steges muss die Prothese an die neue Situation angepasst werden. Hierzu

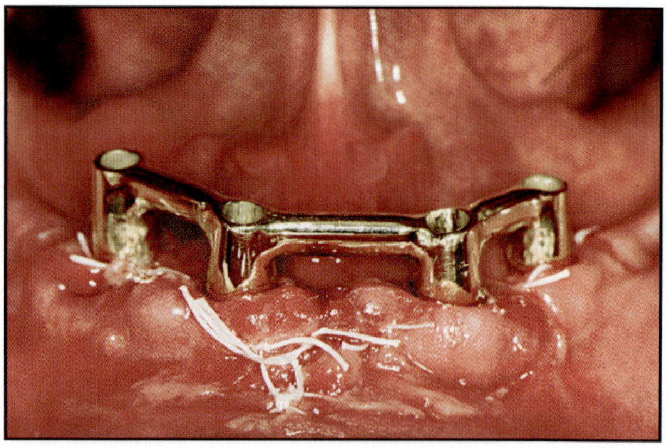

Abb. 11 Intraorale Verklebung des Steges mit Neolinks®.

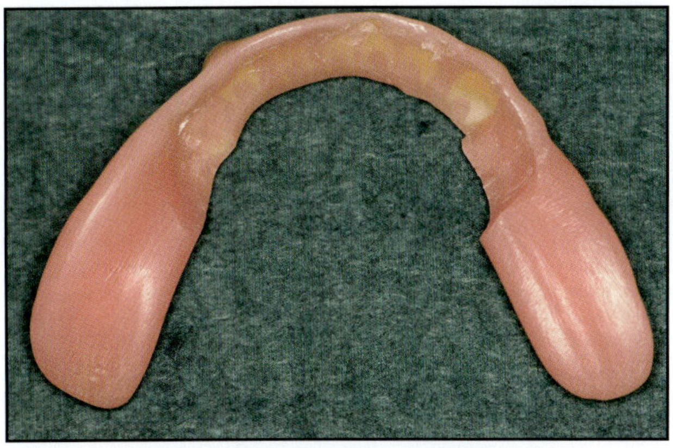

Abb. 12 Lingual freigeschliffene Prothese.

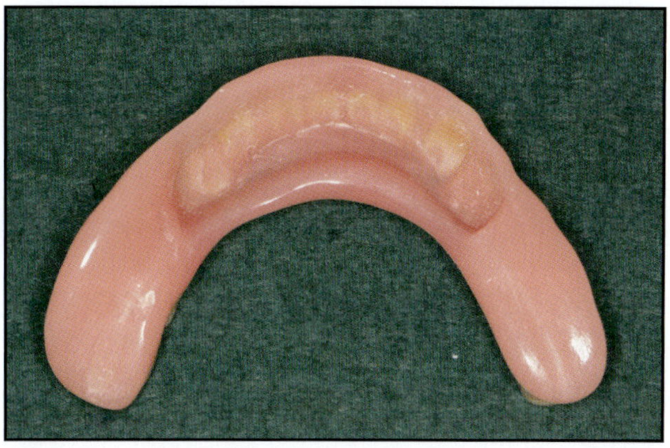

Abb. 13 Linguale Randgestaltung nach Funktionsabformung.

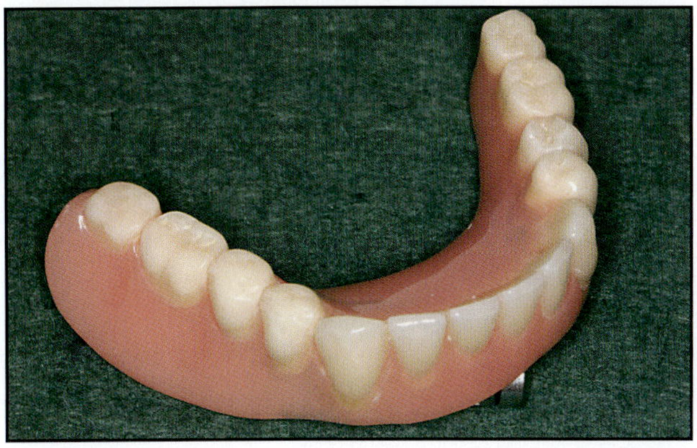

muss sie so weit ausgeschliffen werden, dass sie berührungslos über den Steg eingesetzt werden kann (Abb. 12). Lingual erfolgt eine neue Randgestaltung nach Funktionsabformung in diesem Bereich (Abb. 13). Die so vorbereitete Prothese kann direkt mit einem weich bleibenden Material unterfüttert werden (Abb. 14).

Abb. 14 Weich bleibend unterfütterte Prothese.

Definitive prothetische Versorgung

Nach drei Monaten sind die Implantate osseointegriert und die Zahnfleischsituation stabil (Abb. 15). Zu diesem Zeitpunkt erfolgt entweder die Neuanfertigung der Konstruktion oder es können wie in diesem Fall in die vorhandene Prothese Stegreiter eingearbeitet werden (Abb. 16).

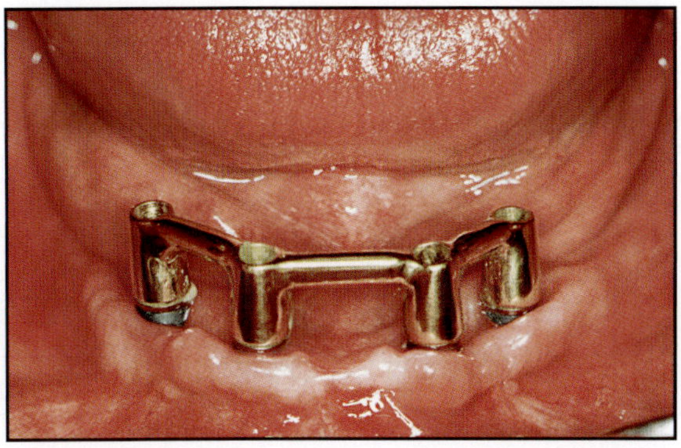

Abb. 15 Reizlose Situation nach drei Monaten.

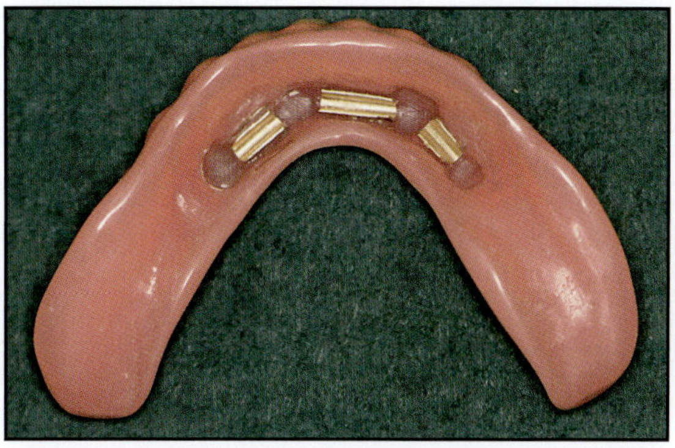

Abb. 16 Prothese mit eingearbeiteten Stegreitern.

Der Zahnersatz sitzt nun auch in Kaufunktion stabil (Abb. 17) und ermöglicht dem Patienten eine regelgerechte Nahrungsaufnahme. Die postoperative OPG-Aufnahme zeigt eine stabile knöcherne Situation um die Implantate (Abb. 18). Nach einem Monat mit der Neuversorgung ist der Patient sehr stolz darauf, wieder sechs Kilogramm zugenommen zu haben (Abb. 19).

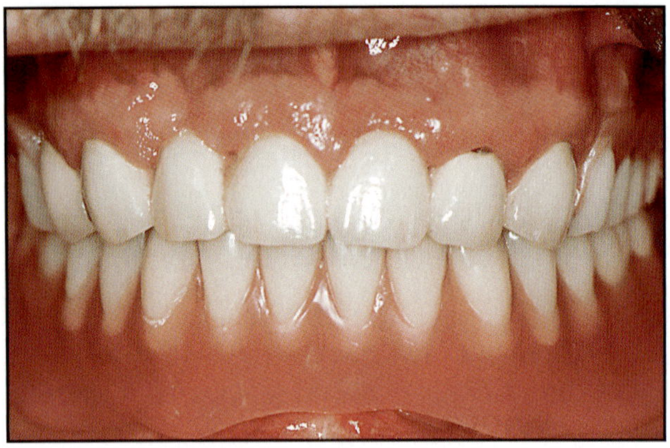

Abb. 17 Fertiggestellter Zahnersatz.

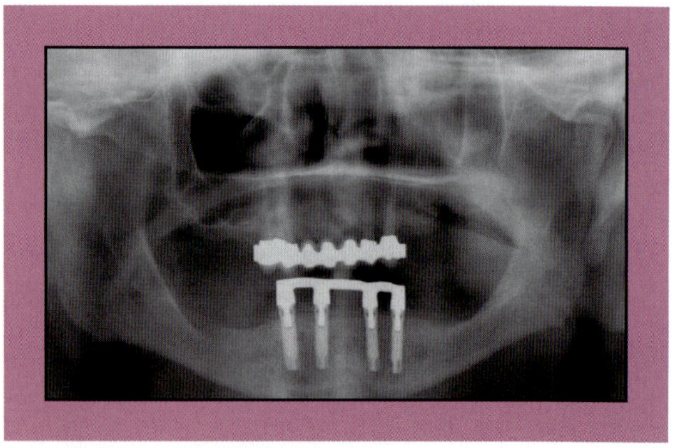

Abb. 18 OPG-Kontrolle nach Eingliederung des Steges.

Abb. 19 Kaufunktionell rehabilitierter Patient.

Behandlungsablauf:
Implantation und Sofortversorgung – 3 Monate bis zur Fertigstellung

Chirurgie:	Prothetik:	Zahntechnik:
Dr. Christoph T. Sliwowski	ZA Markus Peters	Ute Olbers

AUSGANGSSITUATION

Die Patientin ist mit 93 Jahren noch voll im gesellschaftlichen Leben aktiv, singt im Kirchenchor und legt daher großen Wert auf einen gut- und festsitzenden Zahnersatz (Abb. 1). Nach der vor kurzem notwendigen Extraktion des Zahnes 33 ist der Halt der Prothese nicht mehr ausreichend, sodass die Patientin eine zusätzliche Stabilisierung der Prothese durch Implantate wünscht (Abb. 2).

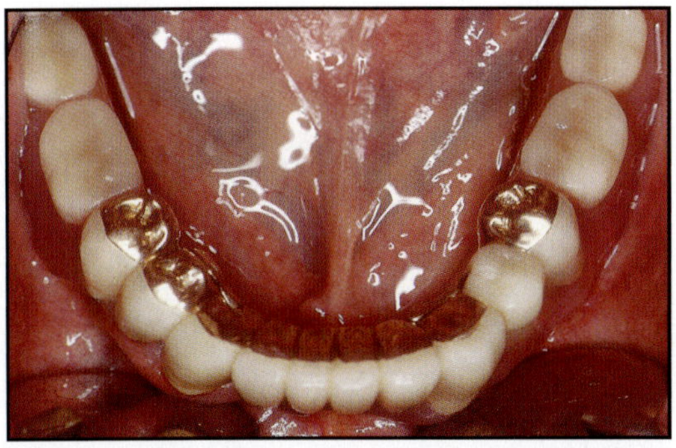

Abb. 1 Vorhandener Zahnersatz.

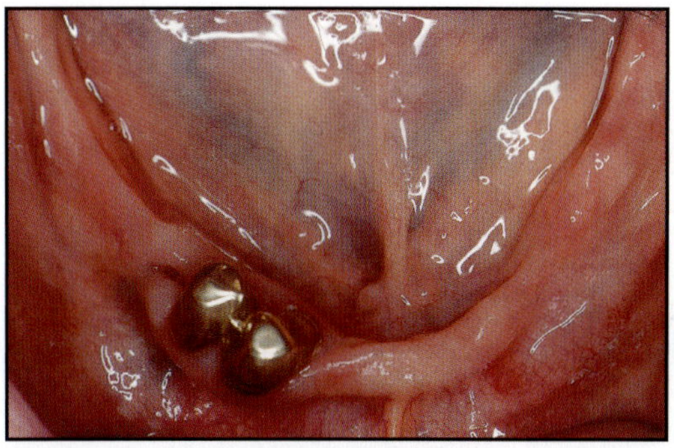

Abb. 2 Fehlende Abstützung im dritten Quadranten.

DIAGNOSTISCHE MITTEL

- Klinische Untersuchung
- OPG mit Schablone
- Modellanalyse

THERAPIEPLAN

- Insertion von vier Implantaten, Sofortsteg und Anpassung der alten Prothese
- Definitive prothetische Versorgung durch teleskopretinierte Overdenture-Prothese auf vier Implantaten und zwei natürlichen Zähnen

Implantation und Abformung

Um die Positionierung der Implantate besser nach den prothetischen Aspekten durchführen zu können, wird die vorhandene Prothese doubliert und eine chirurgische Bohrschablone vorbereitet (Abb. 3).

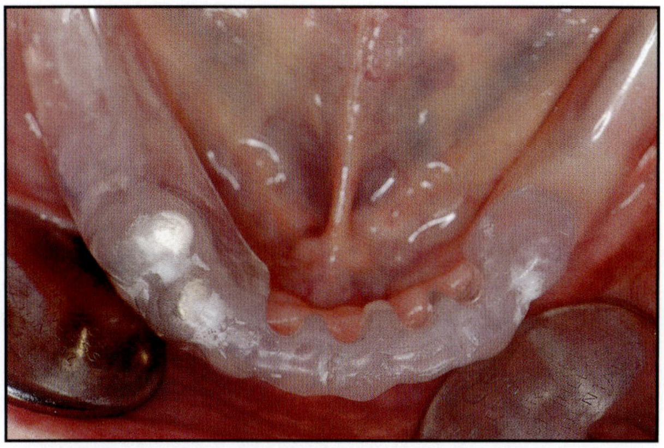

Abb. 3 Chirurgische Bohrschablone.

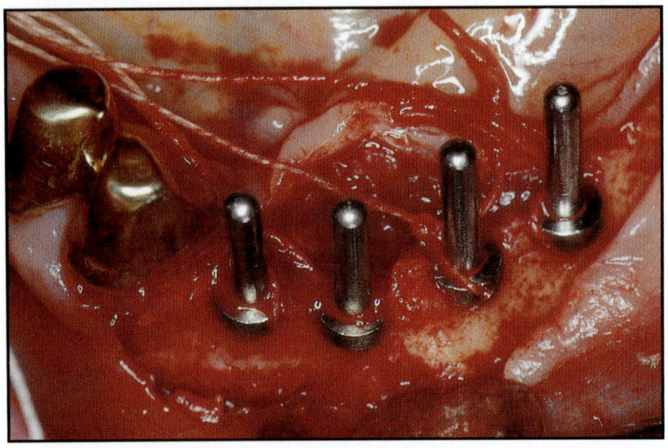

Abb. 4 Ausrichtung der Implantate.

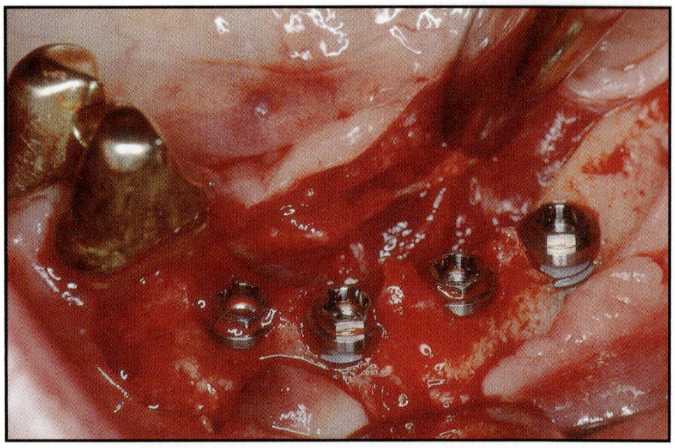

Abb. 5 Inserierte definitive Implantate.

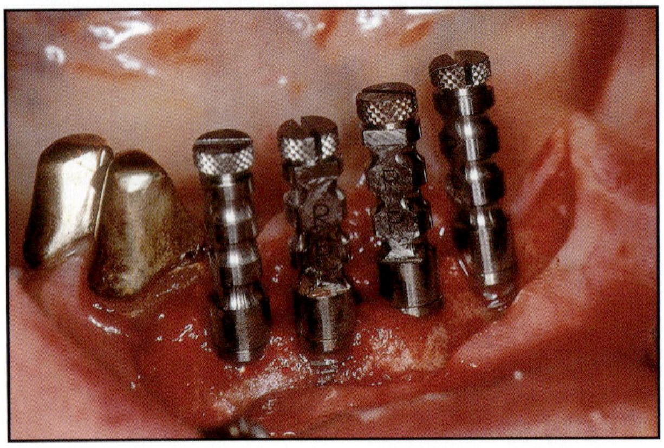

Abb. 6 Aufgeschraubte Abdruckpfosten.

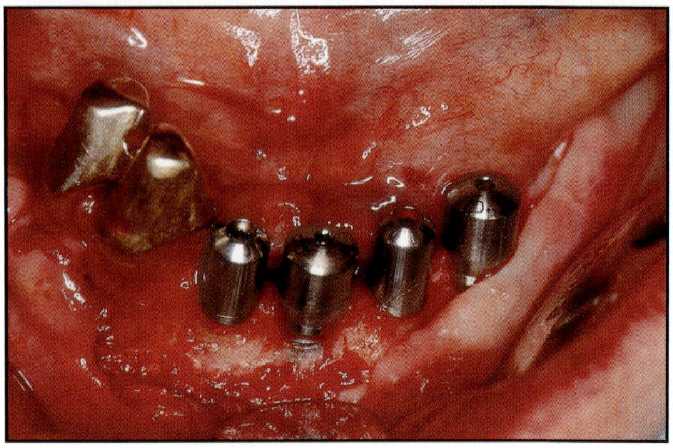

Abb. 7 Heilungsdistanzhülsen in situ.

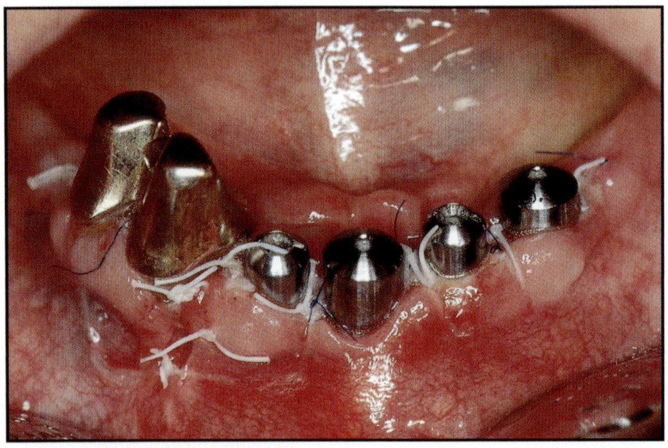

Abb. 8 Dichter Nahtverschluss.

Die noch vorhandenen Teleskopzähne gewährleisteten intraoperativ eine stabile Positionierung der Schablone. Gemäß der Schablone werden vier Implantatbetten in dem Kiefer präpariert (Abb. 4). Für die Sofortbelastung werden MK III-Implantate mit TiUnite®-Oberfläche von 18 mm Länge inseriert (Abb. 5). Direkt nach der Insertion werden Abdruckpfosten auf die Implantate aufgeschraubt und ein Abdruck genommen (Abb. 6). Für die Zeit der Stegvorbereitung im Labor werden Heilungsdistanzhülsen aufgeschraubt (Abb. 7) und die Wunde dicht vernäht (Abb. 8).

Provisorischer Steg und Adaptation der Prothese

Zwei Tage später wird zur primären Verblockung der Implantate ein provisorischer Steg eingegliedert (Abb. 9). Die vorhandene Prothese wird ausgeschliffen und mit weich bleibendem Unterfütterungsmaterial (z. B. Viscogel®) direkt im Mund unterfüttert (Abb. 10). Bis zur regulären Einheilung der Implantate bleibt der provisorische Steg in situ und ermöglicht bereits eine sichere Fixierung der Prothese.

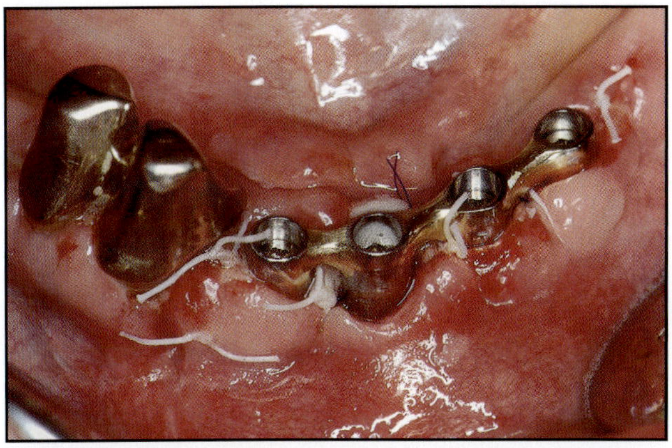

Abb. 9 Eingegliederter provisorischer Steg.

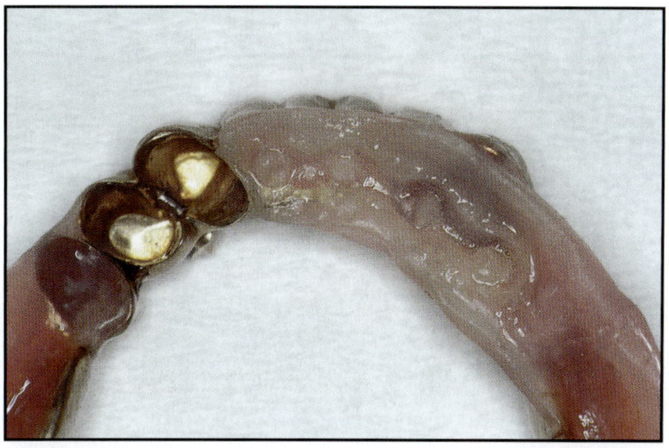

Abb. 10 Direkt unterfütterte Prothese.

Definitive prothetische Versorgung

Wegen des fortgeschrittenen Alters und um die Hygiene der Konstruktion so einfach wie möglich zu gestalten, werden auf die Implantate und die noch vorhandenen Zähne Einzelteleskope angefertigt (Abb. 11). Die Sekundärteleskope werden in die Prothese eingearbeitet (Abb. 12) und

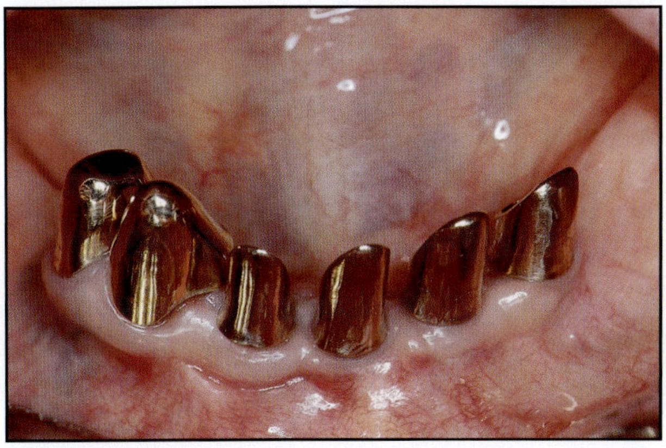

Abb. 11 Hygienefreundliche Teleskope.

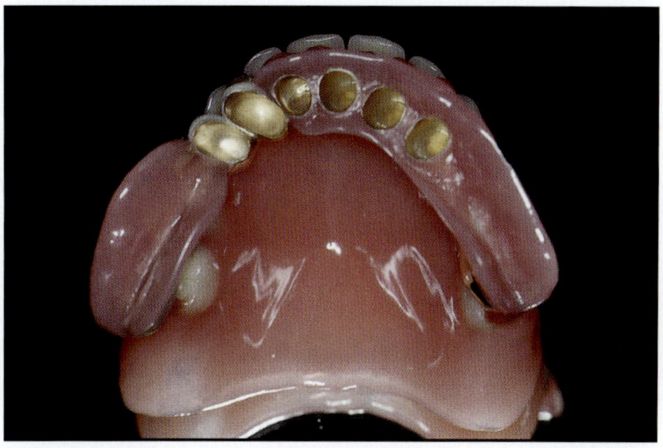

Abb. 12 Prothese mit Sekundärteleskopen.

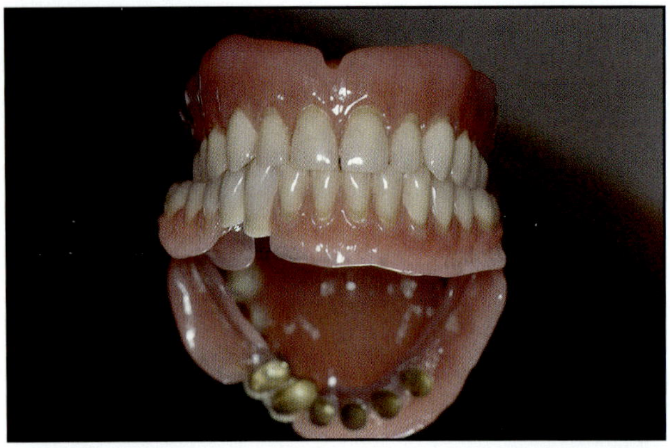

Abb. 13 Fertiggestellter Zahnersatz; Ober- und Unterkiefer.

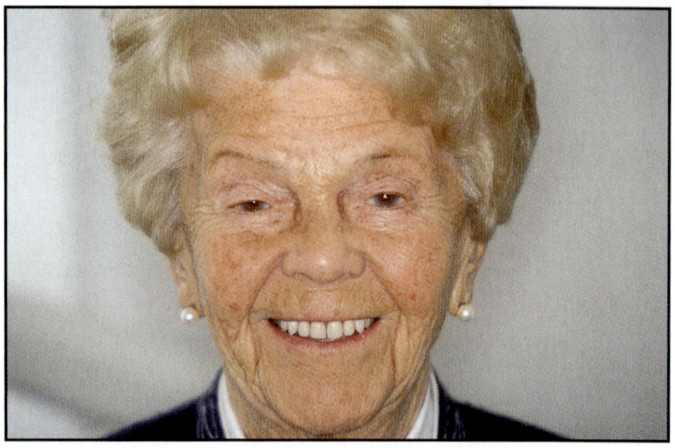

Abb. 14 Glückliche Patientin.

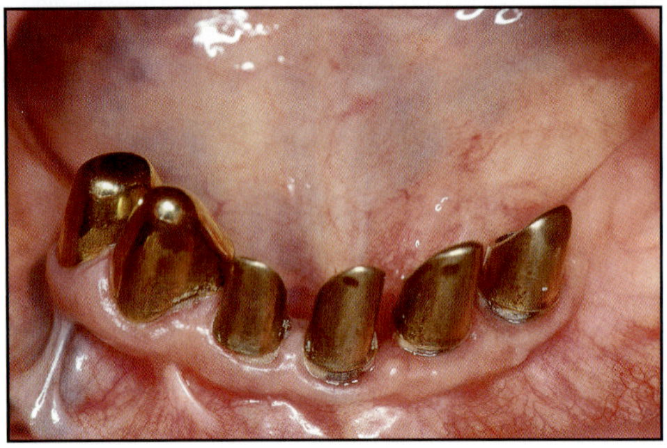

Abb. 15 Stabile Schleimhautsituation nach sechs Jahren.

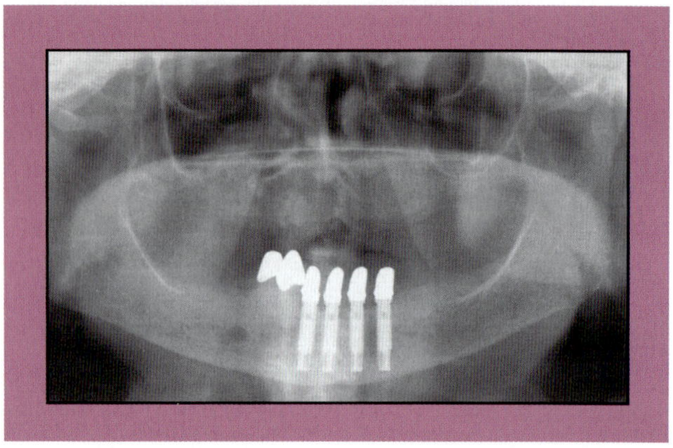

Abb. 16 Stabile Knochenverhältnisse nach sechs Jahren.

zusammen mit der Unterkiefer- wird eine neue Oberkieferprothese angefertigt (Abb. 13). Die Patientin ist nach der Behandlung glücklich, weil sie wieder unbeschwert im Chor singen kann, und bereitet sich nun auf ihren 100. Geburtstag vor (Abb. 14). Die klinische und radiologische Situation nach sechs Jahren Tragezeit ist stabil (Abb. 15 bis 17).

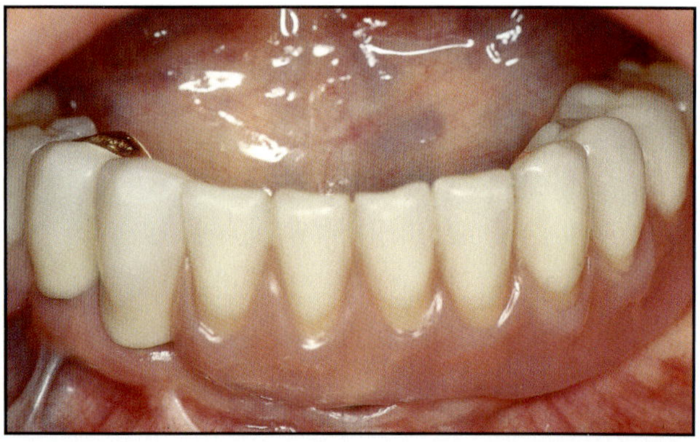

Abb. 17 Unterkieferprothese nach sechs Jahren in Funktion.

Behandlungsablauf:
Implantation und Sofortversorgung – 4 Monate bis zur Abdrucknahme und Fertigstellung

Chirurgie:	Prothetik:	Zahntechnik:
Dr. Christoph T. Sliwowski	Dr. Roland Althoff	Ivonne Lewik

Fortsetzung der 3-D-Diagnostik von Seite 148

Ausgangssituation

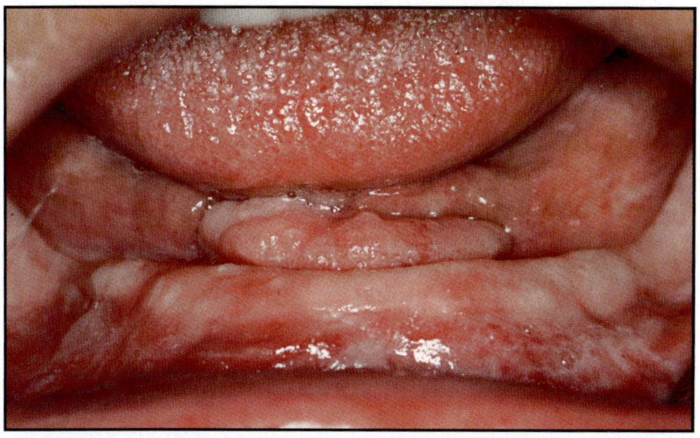

Abb. 1 Ausgangssituation. Zahnloser Unterkiefer.

Die Patientin mit zahnlosem Unterkiefer ist mit dem Halt ihrer Prothese im Unterkiefer nicht zufrieden und wünscht daher eine implantologische Versorgung (Abb. 1). Während der Unterkieferseitenzahnbereich infolge der langjährigen Zahnlosigkeit relativ stark atrophiert ist, liegt im interforaminären Bereich noch ein gutes Knochenangebot vor, sodass hier sechs 15 bis 17 mm lange Implantate geplant werden können (siehe Diagnostik Seite 148). Die radiologische Diagnostik durch OPG und DVT zeigt zudem eine für diesen Bereich typisch dichte Knochenstruktur. Da somit von einer primärstabilen Verankerung der Implantate ausgegangen werden kann, wird eine Sofortversorgung über die definitiven Implantate geplant.

Diagnostische Mittel

- Klinische Untersuchung
- DVT
- SimPlant®-Planung
- Modellanalyse

Therapieplan

- Insertion von sechs Neoss®-Implantaten und festsitzendes Sofortprovisorium auf den Heilungsdistanzhülsen
- Verschraubte VMK-Extensionsbrücke

Operatives Vorgehen und Provisorium

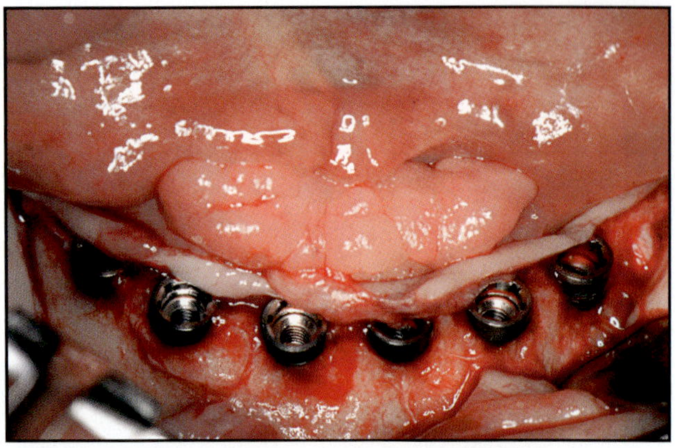

Abb. 2 Inserierte sechs Neoss®-Implantate.

Nach krestaler Inzision und Bildung eines Mukoperiostlappens werden vier 17 mm und zwei 15 mm lange Neoss®-Implantate mit Durchmesser 4,0 mm in den interforaminären Bereich inseriert (Abb. 2). Der adaptierende Wundverschluss wird nach Aufschrauben der PEEK-Healingabutments (Abb. 3) mit 4.0 Gore- und monofiler 6.0-Einzelknopfnaht durchgeführt (Abb. 4). Unmittelbar postoperativ wird mit einer über die alte Prothese vorbereiteten Tiefziehschiene ein Sofortprovisorium aus Protemp® erstellt (Abb. 5). Die PEEK-Abutments dienen hierbei als Pfeiler zur Befestigung des Provisoriums. Nach Ausarbeitung des Provisoriums außerhalb des Mundes wird das Provisorium mit TempBond® auf den sechs Pfeilern eingesetzt (Abb. 6). Als postoperative radiologische Kontrolle wird eine digitale Volumentomografie durchgeführt, die eine stabile Verankerung der Implantate in beiden Kortikalisschichten bestätigt

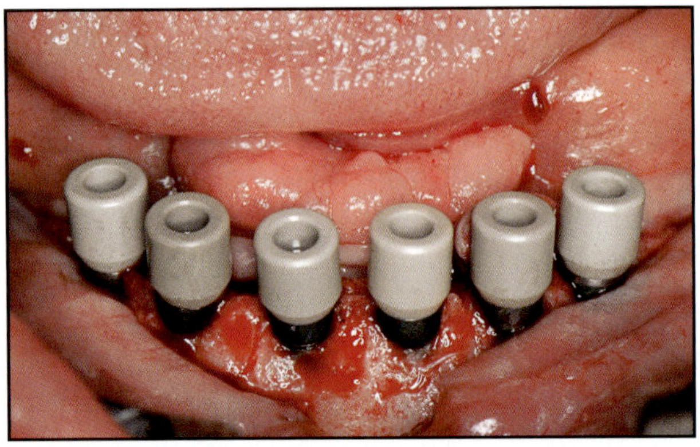

Abb. 3 Aufgeschraubte Heilungsabutments.

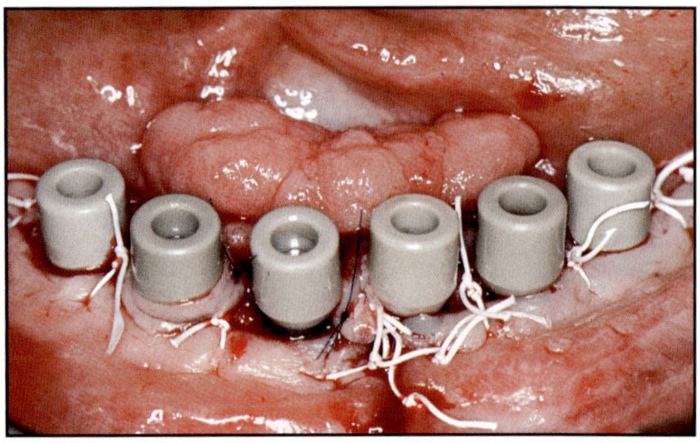

Abb. 4 Nahtverschluss.

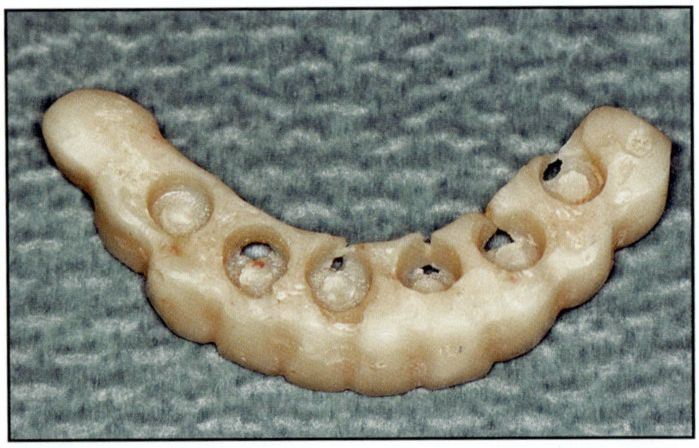

Abb. 5 Sofortprovisorium.

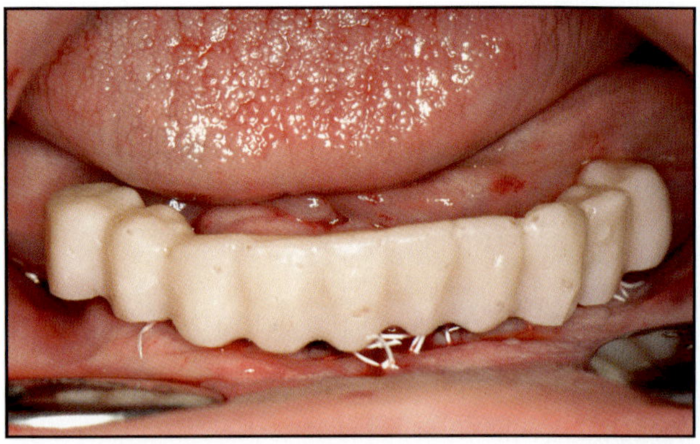

Abb. 6 Eingegliedertes Sofortprovisorium auf den Heilungsabutments.

(siehe Diagnostik S. 150). Es ist eine Abdrucknahme und Herstellung eines Langzeitprovisoriums geplant. Das Sofortprovisorium wird für die ersten zwei Wochen bis zur Nahtentfernung in situ belassen (Abb. 7). Für die Nahtentfernung wird das Provisorium abgenommen (Abb. 8), die Nähte werden entfernt und Heilungsdistanzhülsen abgeschraubt (Abb. 9). Auf die Implantate werden die Abdruckpfosten vorsichtig montiert (Abb. 10) und mit einem individuellen Löffel ein Impregum®-Abdruck genommen (Abb. 11). Da die Patientin mit dem Sofortprovisorium schon

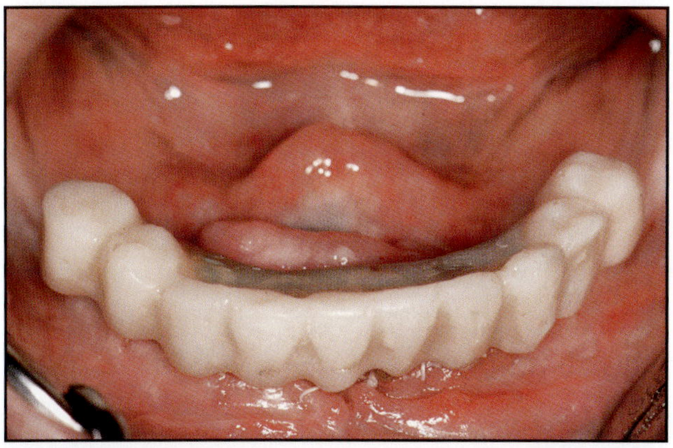

Abb. 7 Situation vor der Nahtentfernung mit Provisorium.

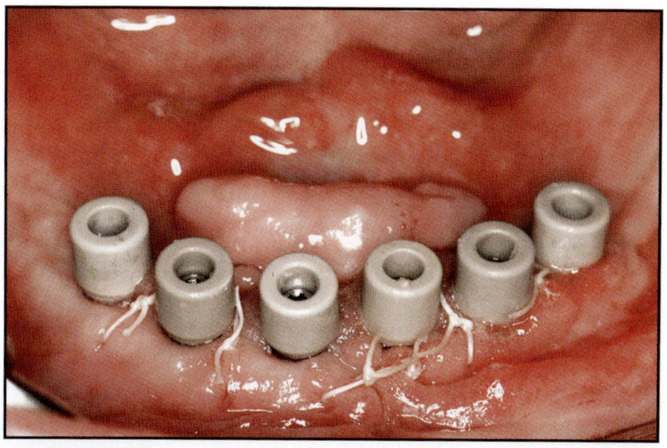

Abb. 8 Situation vor der Nahtentfernung ohne Provisorium.

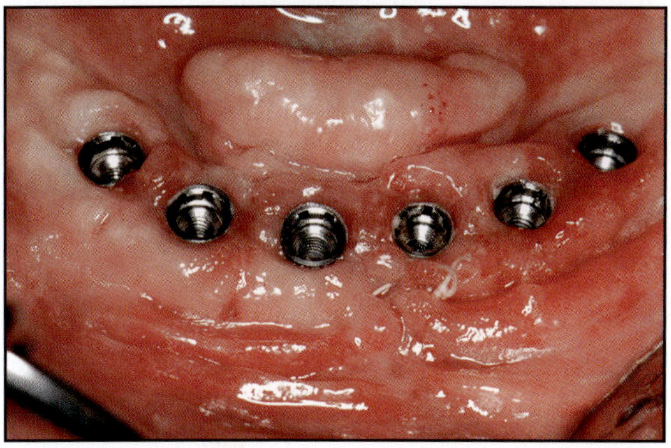

Abb. 9 Abgeschraubte Heilungsdistanzhülsen.

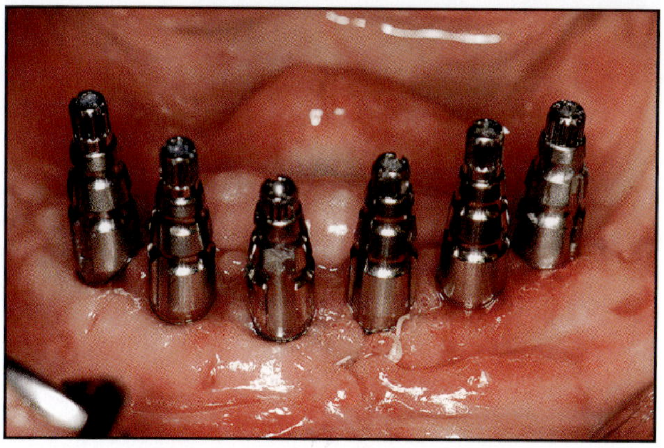

Abb. 10 Aufgeschraubte Abdruckpfosten.

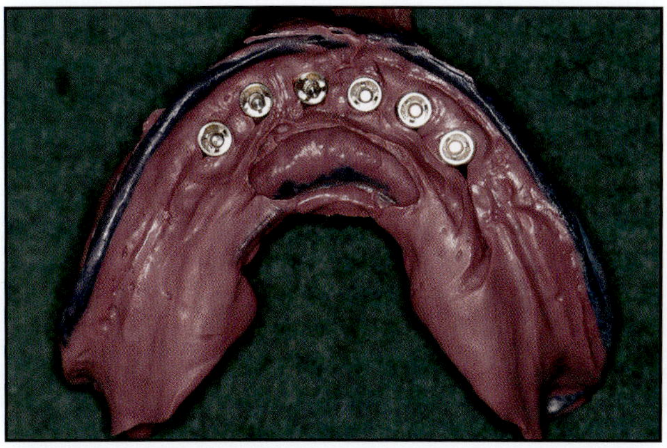

Abb. 11 Abdrucknahme.

ACHTUNG:

Die provisorische Brücke auf den PEEK-Heilungs-abutments stellt eine sehr schnelle und preiswerte Möglichkeit dar, einen rein implantatgetragenen Zahnersatz unmittelbar nach der Operation einzugliedern.

sehr zufrieden war, wünschte sie sich die gleiche Konstruktion mit verbesserter Optik und höherer Beständigkeit als Langzeitprovisorium. Im Labor werden auf dem Modell die provisorischen Zylinder entsprechend individualisiert (Abb. 12). Auf den provisorischen Zylinder wird dann als Langzeitprovisorium eine herausnehmbare Brücke aus Kunststoff angefertigt und eingegliedert (Abb. 13). Die Brücke sitzt auf den Zylindern stabil, kann aber zur Erleichterung der Mundhygiene von der Patientin herausgenommen werden (Abb. 14). Die Bilder 12 bis 14 zeigen die klinische Situation drei Monate nach der Eingliederung.

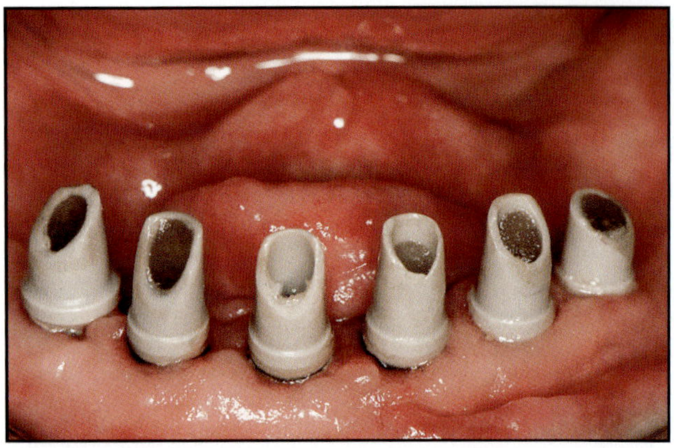

Abb. 12 Individualisierte provisorische Zylinder.

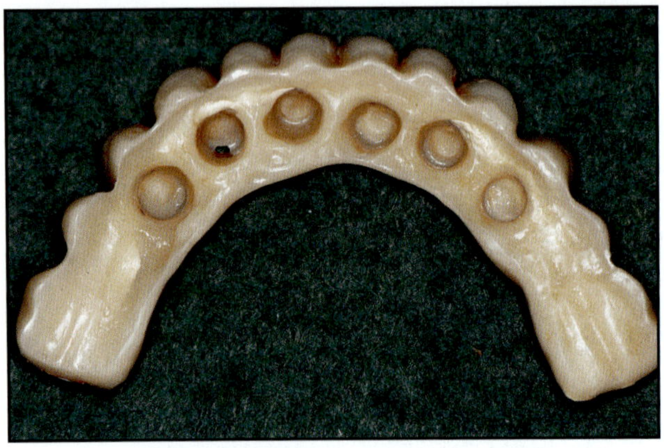

Abb. 13 Laborgefertigtes Kunststoffprovisorium.

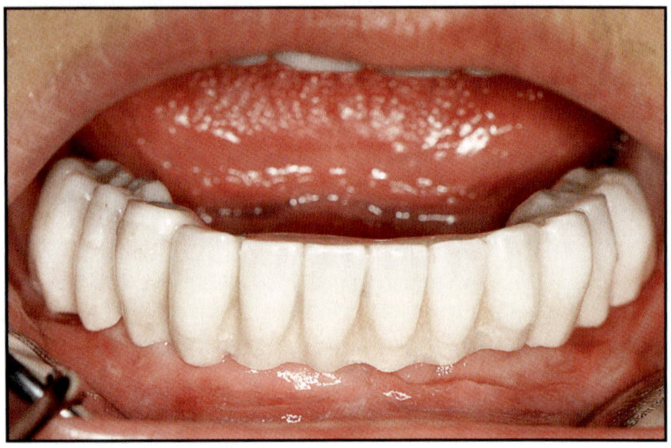

Abb. 14 Provisorium in situ.

Behandlungsablauf:
Implantation und Sofortversorgung – 2 Wochen bis zur Abdrucknahme für das Langzeitprovisorium – 4 Monate bis zur definitiven Abdrucknahme und Fertigstellung

Chirurgie:	Prothetik:	Zahntechnik:
Dr. Christoph T. Sliwowski	Dr. Michael Weber	Ute Olbers

Brånemark Novum® – ein Sofort-Konzept für den zahnlosen Unterkiefer

Das Brånemark Novum®-Konzept erlaubt die Eingliederung einer dauerhaften auf drei Implantaten gestützten Versorgung in Form einer Extensionsbrücke noch am Tag der Implantation. Keine weiteren Behandlungsschritte außer Nahtentfernung sind notwendig.

Ausgangssituation

Ein 60-jähriger Patient muss sich wegen starker Lockerung der Pfeilerzähne von seiner Teleskopprothese im Unterkiefer trennen. Am massivsten manifestiert sich die Entzündung mit Vereiterung am Zahn 45, sodass dieser Zahn direkt entfernt wird (Abb. 1). Die beiden Molaren 37 und 47 werden trotz der Entzündung für die Verankerung der Prothese zunächst belassen. Das Knochenangebot im Unterkiefer ist bei diesem Patienten sehr gut, sodass das Brånemark Novum®-Konzept geplant werden kann (Abb. 2). Für diese Behandlungsmethode muss neben der Höhe des Kieferkammes auch eine ausreichende Kieferkammbreite vorhanden sein. Die Implantation wird drei Wochen nach der Extraktion des Zahnes 45 geplant.

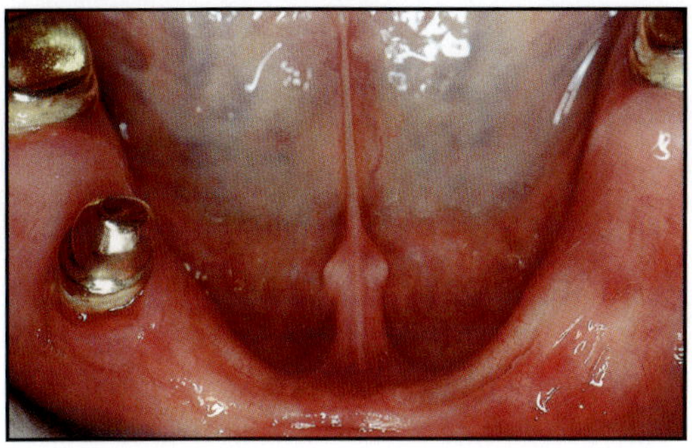

Abb. 1 Ausgangssituation vor der Extraktion des Zahnes 45.

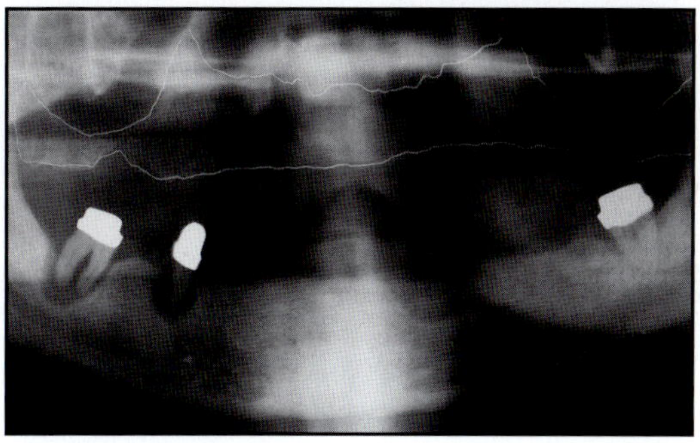

Abb. 2 OPG-Aufnahme.

Diagnostische Mittel

- Klinische Untersuchung
- DVT
- SimPlant®-Planung
- Modellanalyse

Therapieplan

- Insertion von drei Implantaten 13 mm lang mit 5 mm Durchmesser und definitive Extensionsbrücke nach dem Brånemark Novum®-Konzept

Implantation

Der Schnitt erfolgt mittig auf dem Kieferkamm mit einer Entlastung nach vestibulär. Nach Präparation des Mukoperiostlappens wird der Kieferkamm mit einer großen Fräse geglättet, bis ein horizontales Plateau erreicht wird (Abb. 3). Die erste Bohrung mit einem 2-mm-Spiralbohrer wird in der Mitte des Kieferkammes durchgeführt. Die Bohrungen für die zwei weiteren Implantate erfolgen durch eine von dem Hersteller vorbereitete Schablone (Abb. 4). Alle weiteren Schablonen sind ebenso vom Hersteller in standarisierter Form mitgeliefert. Es wird direkt nach den ersten Bohrungen die Position der Implantate zu der Oberkieferbezahnung geprüft (Abb. 5).

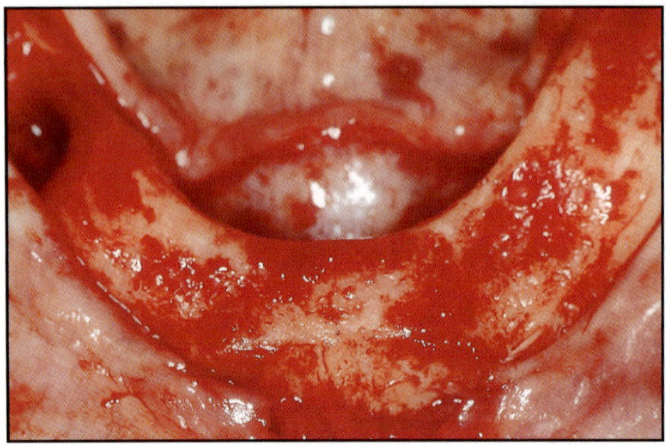

Abb. 3 Glättung des Kieferkammes.

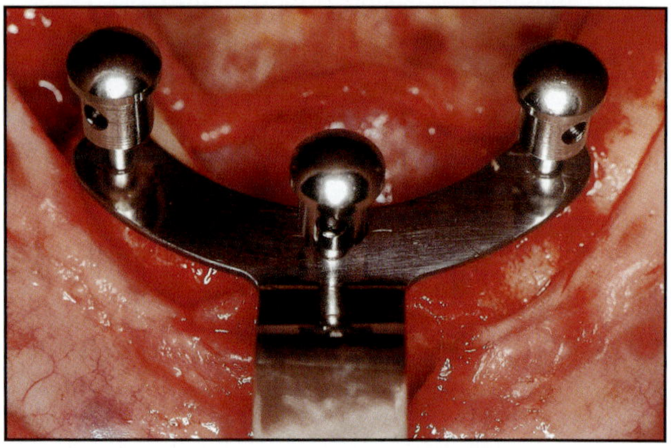

Abb. 4 Erste Schablone mit Richtungsindikatoren.

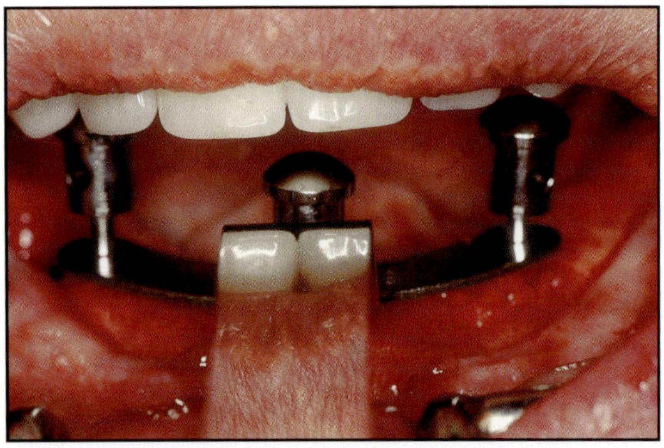

Abb. 5 Kontrolle der Neigung zu der Oberkieferbezahnung.

Achtung:

Die Positionierung und Neigung des ersten Implantates bestimmt die Lage der ganzen Suprakonstruktion und muss sehr präzise durchgeführt werden. Wenn die Position der Implantate nicht zufriedenstellend ist, muss sie noch in diesem Stadium (2-mm-Spiralbohrer) korrigiert werden.

Die Parallelisierung von allen drei Bohrungen erfolgt mit der nächsten Schablone (Abb. 6). Das mesiale Implantat muss ganz in der Mitte des Kiefers und leicht lingual zu den Schneidekanten der oberen Frontzähne stehen (Abb. 7). Die Achsen der beiden distalen Implantate sollen auch leicht palatinal zu den Schneidekanten der oberen Eckzähne zeigen. Diese Positionen entscheiden über die spätere Schraubenöffnungen für die Befestigungsschrauben der Suprakonstruktion. Die Schablone und die aufgesteckten Richtungsindikatoren zeigen auch die minimale Höhe, die für die vorgesehene Suprakonstruktion notwendig ist (Abb. 7).

Mit der nächsten Schablone, die durch die beiden seitlichen Richtungsindikatoren stabilisiert wird, werden alle weiteren Bohrungen für das mittlere Implantat durchgeführt und das Implantat inseriert (Abb. 8). Das eingesetzte mittlere Implantat dient jetzt als Referenz für die Bohrungen der seitlichen Implantate (Abb. 9). Die nächste Schablone wird auf diesem Implantat verschraubt und zusätzlich mit zwei seitlichen Schrauben auf dem Kieferkamm

ACHTUNG:

Wenn beim Kieferschluss der Biss in dieser Phase erhöht ist, soll die Höhe des Kieferkammes insgesamt reduziert werden.

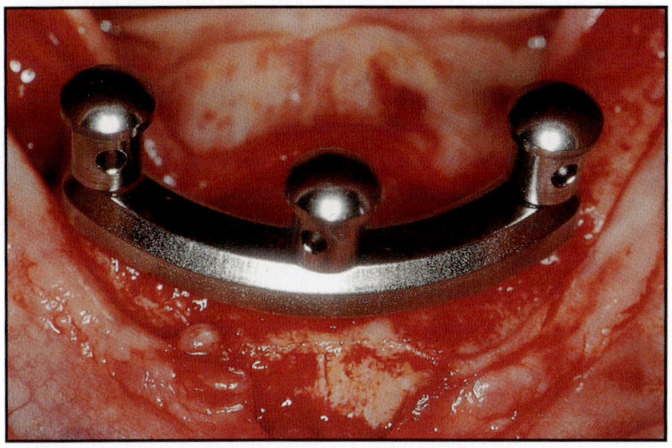

Abb. 6 Schablone für Parallelisierung der 2-mm-Bohrungen.

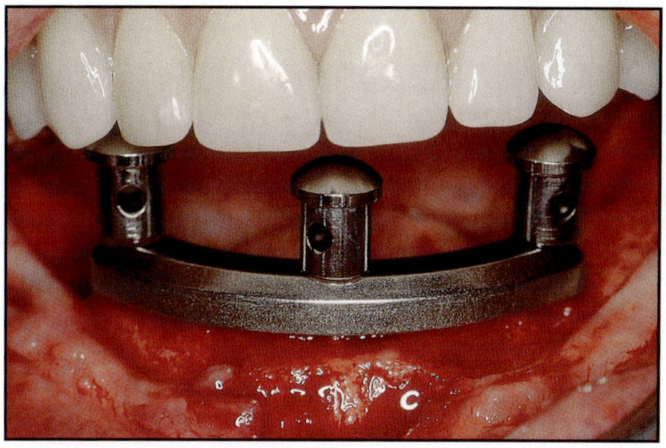

Abb. 7 Kontrolle der Bisshöhe.

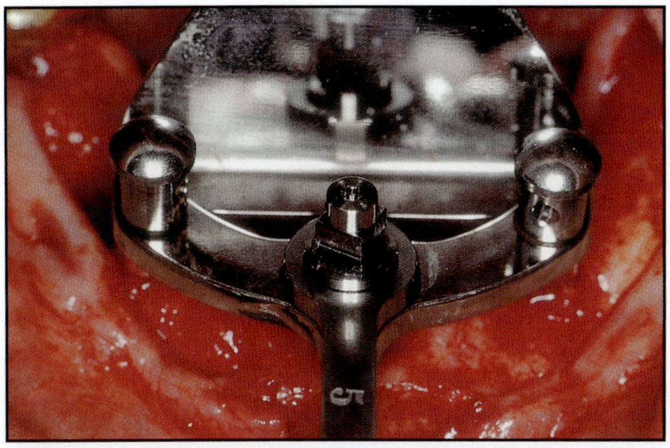

Abb. 8 Platzierung des mesialen Implantates.

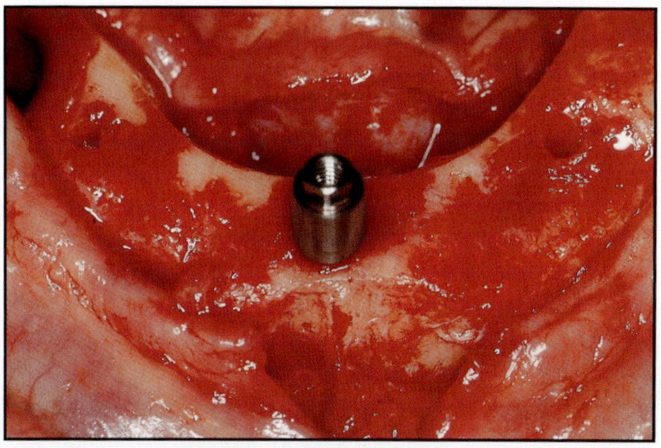

Abb. 9 Das mesiale Implantat in situ.

stabilisiert (Abb. 10). Jetzt können alle Bohrungen für die beiden distalen Implantate durch die auswechselbaren Führungsaufsätze durchgeführt werden (Abb. 11). Mit dem letzten Aufsatz mit dem Durchmesser 5 mm wird das Gewinde geschnitten und die Implantate inseriert (Abb. 12). Nach Entfernung der Stabilisierungsschrauben und Abschrauben der Schablone von dem mesialen Implantat verbleiben im Kiefer drei Implantate, die nach vorgegebenem Muster die genaue räumliche Konstellation zueinander haben (Abb. 13).

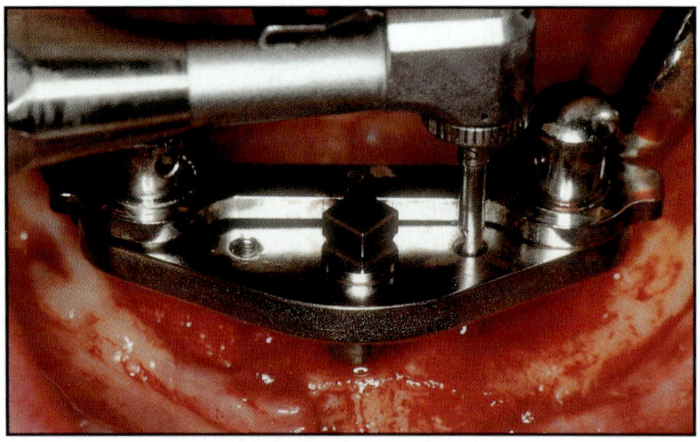

Abb. 10 Bohrschablone für die distalen Implantate.

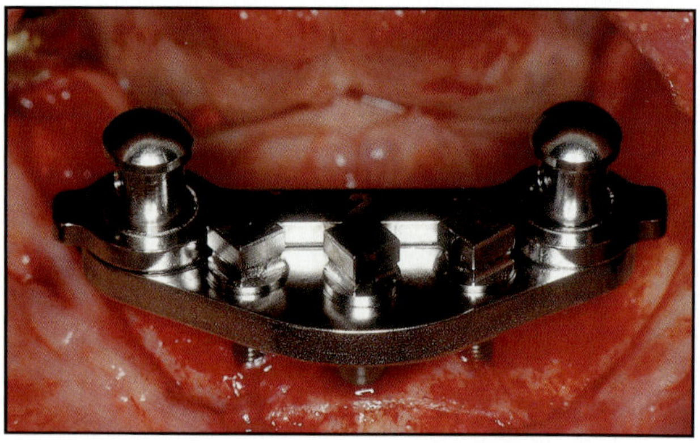

Abb. 11 Seitliche Stabilisierungsschrauben in situ.

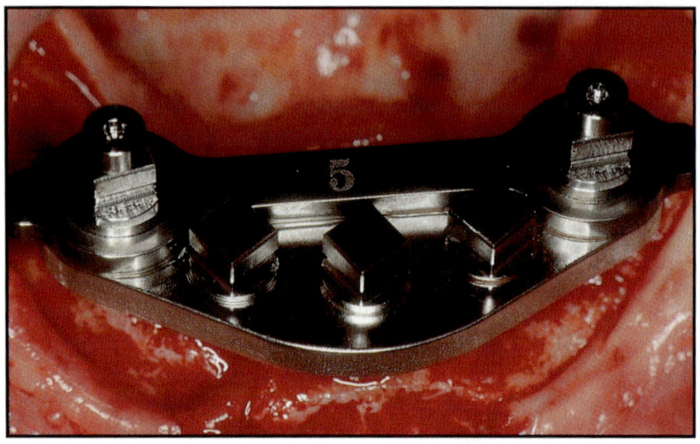

Abb. 12 Durch den Aufsatz inserierte distale Implantate.

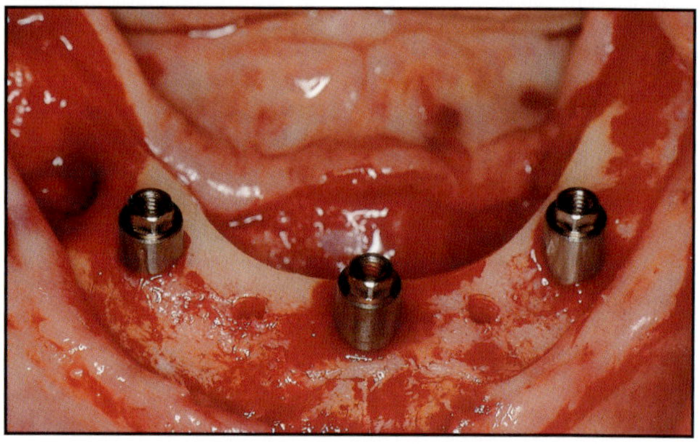

Abb. 13 Alle drei Implantate in situ.

Prothetische Versorgung

Die Implantate sind so konstruiert, dass ein minimaler Höhenunterschied noch ausgeglichen werden kann. Bei dem Anziehen des Steges mit dem Drehmoment von 45 N/cm deformiert sich ein speziell dazu konstruierter Kragen auf jedem Implantat (Abb. 14). Auf diese Weise werden die Implantate zu dem aufgeschraubten, fertigen Steg

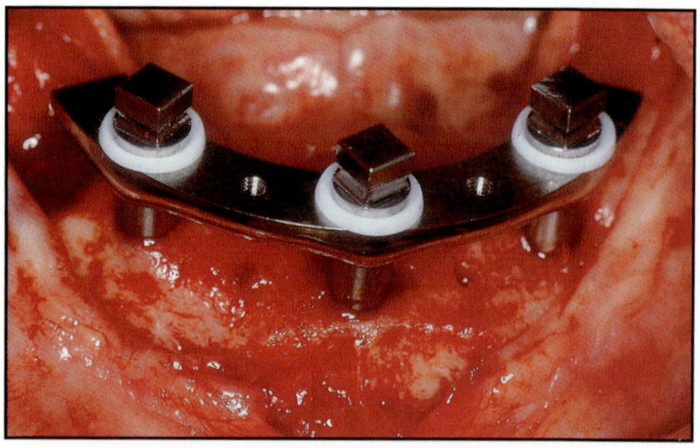

Abb. 14 Anpassung des unteren Steges.

angepasst. Der Steg wird abgeschraubt und das Operationsareal dicht vernäht (Abb. 15). Anschließend wird der untere Steg mit den speziellen Titanschrauben noch mal aufgeschraubt und eine Bissnahme genommen (Abb. 16). Die Bissnahme kann mit einem Silikonregistriermaterial oder einem auf dem oberen Steg vorbereiteten Wachswall durchgeführt werden. Für den Schutz der Zunge und der Lippen wird auf den unteren Steg bis zur Fertigstellung der Prothese (zwei bis drei Stunden) ein Silikonwall aufgesetzt (Abb. 17). Die postoperative Röntgenkontrolle zeigt einen ausreichenden Abstand der Implantate zu dem Foramen mentale auf beiden Seiten und den exakten Sitz des Steges auf den Implantaten (Abb. 18). Im Labor werden die Zähne in Kunststoff auf dem oberen Steg aufgebaut und die Konstruktion noch am gleichen Tag bei dem Patienten eingegliedert (Abb. 19). Die Kanäle für die Schraubenzugänge werden mit Wattepellets und Cavit® oder Clip® verschlossen. Nach sieben bis zehn Tagen wird der Steg abgeschraubt und die Nähte werden entfernt.

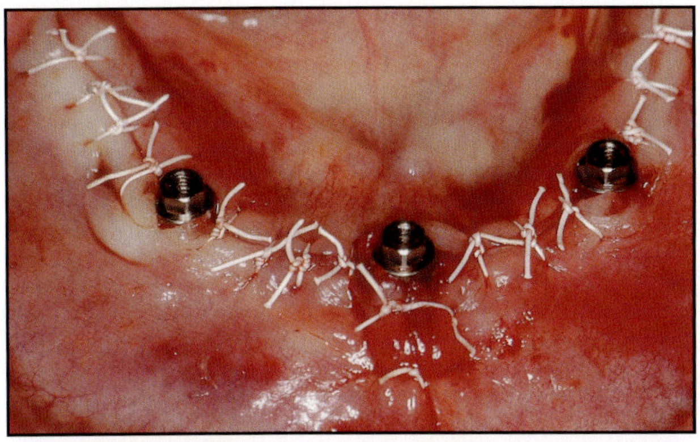

Abb. 15 Nahtverschluss.

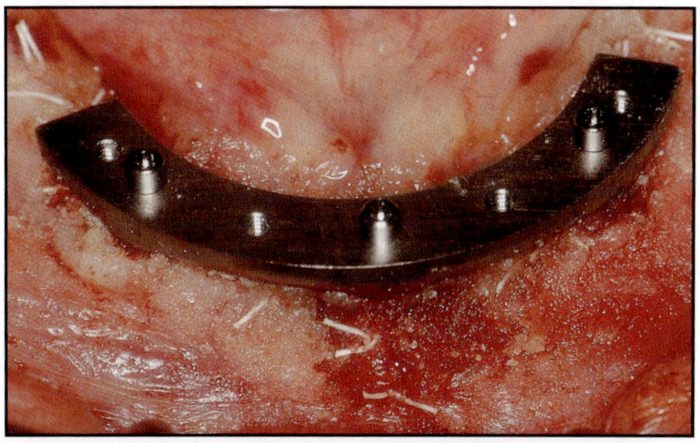

Abb. 16 Befestigung des unteren Steges mit Titanschrauben.

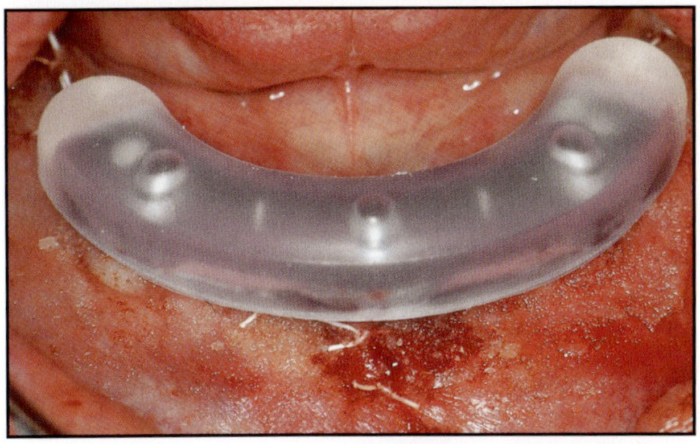

Abb. 17 Silikonaufsatz auf dem Steg.

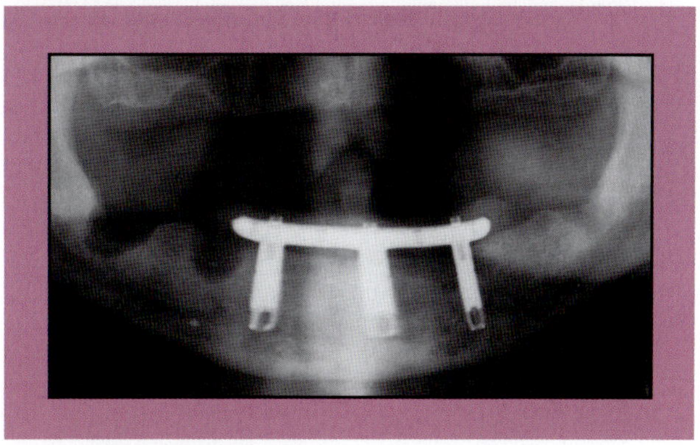

Abb. 18 Postoperative OPG-Kontrolle.

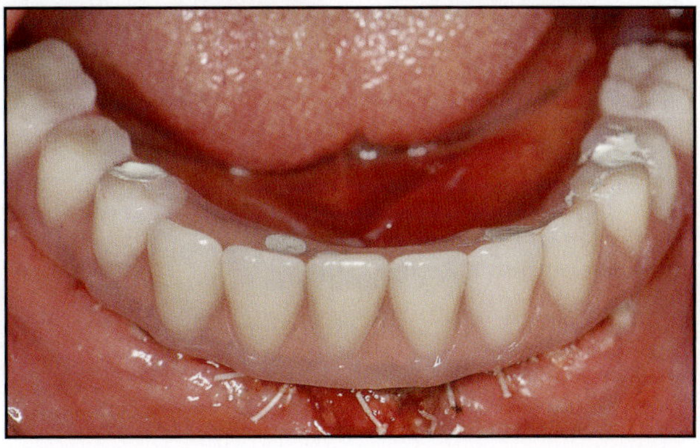

Abb. 19 Am gleichen Tag eingesetzte fertige Versorgung.

Weitere Beobachtung

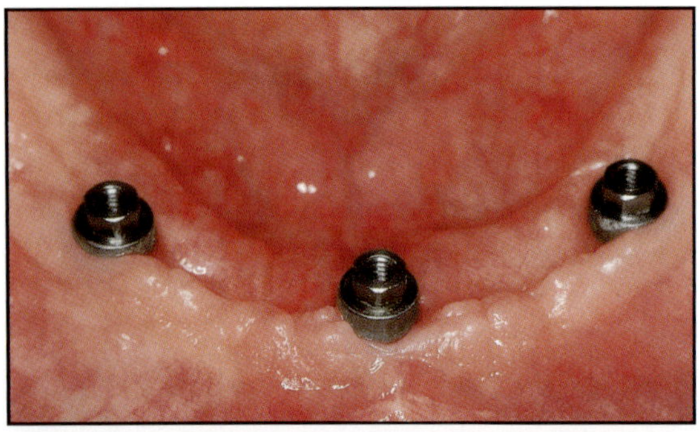

Abb. 20 Stabile Zahnfleischsituation zwei Monate nach der Implantation.

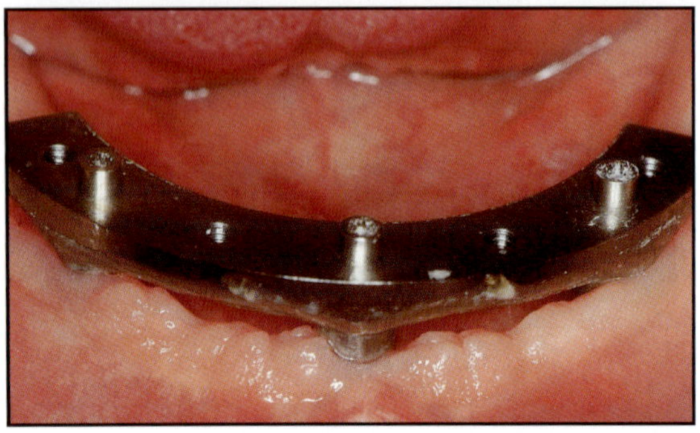

Abb. 21 Austausch von Befestigungsschrauben aus Titan für den unteren Steg gegen Goldschrauben.

Okklusion und Artikulation werden direkt nach der Eingliederung eingestellt und bei Nachkontrollterminen überprüft und verfeinert. Die Schrauben für den unteren Steg werden mit 45 und für den oberen mit 32 N/cm angezogen. Trotz des Anziehens der Schrauben mit dem Torque Controller® kam es mehrmals zur Lockerung aller drei Schrauben des unteren Steges. Zu einer Lockerung der vier Schrauben des oberen Steges ist es zwar nicht gekommen, sie mussten aber jedes Mal abgeschraubt werden, um die Schrauben des unteren Steges wieder festziehen zu können. Gleichzeitig konnte auch die Zahnfleischsituation kontrolliert werden (Abb. 20). Erst als die Titanschrauben durch die passenden Goldschrauben ersetzt worden sind und mit 45 N/cm angezogen wurden (Abb. 21), kam es zu keinen weiteren Schraubenlockerungen mehr. Auch der obere Steg wurde dauerhaft eingegliedert und die Schraubenöffnungen mit Kunststoff verschlossen (Abb. 22). Ab diesem Zeitpunkt ist der Patient sehr zufrieden (Abb. 23).

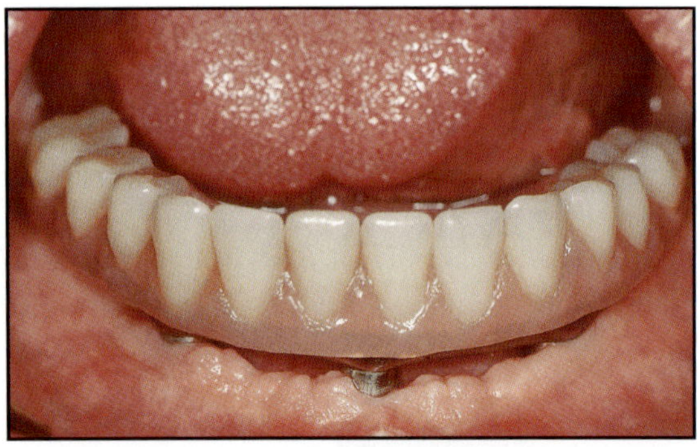

Abb. 22 Klinische Situation vier Jahre nach der Implantation.

Abb. 23 Der zufriedene Patient.

Behandlungsablauf:
Implantation und sofortige Fertigstellung am gleichen Tag

Chirurgie:
Dr. Christoph T. Sliwowski

Prothetik:
Dr. Michael Weber

Zahntechnik:
Ivonne Lewik

AUSGANGSSITUATION

Vor kurzem wurden bei der jetzt zahnlosen Patientin die beiden Eckzähne extrahiert, welche noch zur Verankerung der Unterkieferprothese dienten (Abb. 1 und 1a, 1b). Für die Patientin war der Verlust der Prothesenstabilität eine schmerzhafte Erfahrung und sie wünschte so schnell wie möglich eine stabile Neuversorgung.

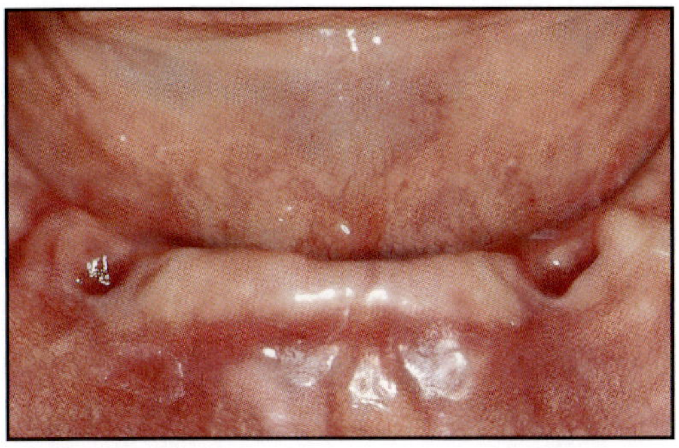

Abb. 1 Zahnloser Unterkiefer nach Verlust der Eckzähne.

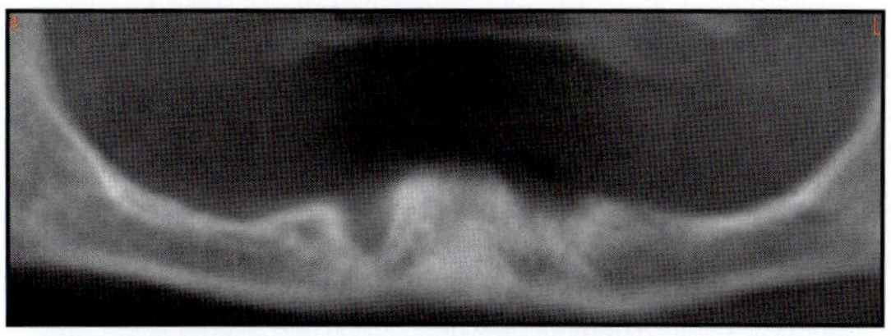

Abb. 1a Panoramadarstellung vor der Implantation.

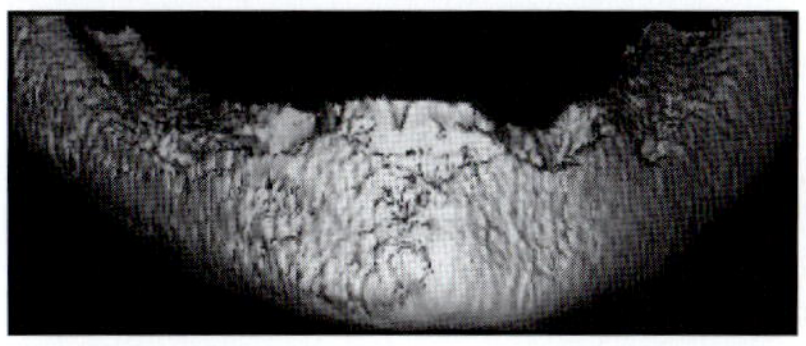

Abb. 1b 3-D-Rekonstruktion des Unterkiefers.

DIAGNOSTISCHE MITTEL

- Klinische Untersuchung
- DVT
- SimPlant®-Planung
- Modellanalyse

THERAPIEPLAN

- Insertion von sechs Implantaten und Extensionsbrücke als Langzeitprovisorium
- Verschraubte VMK-Extensionsbrücke

Implantation und Abformung

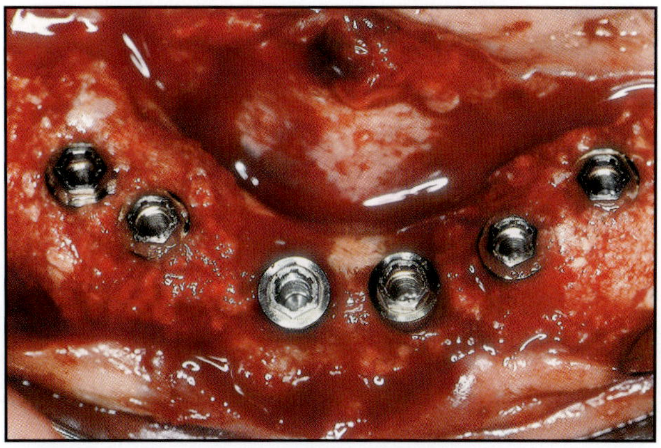

Abb. 2 Inserierte sechs definitive Brånemark-Implantate.

Nach dem Freilegen des Kiefers werden für die geplante festsitzende Brückenversorgung sechs 21 mm lange Brånemark-Implantate mit konischem Hals im interforaminären Bereich inseriert (Abb. 2). Zur unmittelbar postoperativen Abdrucknahme werden Registrierpfosten auf die Implantate geschraubt und die Wundränder an einigen Stellen mit adaptierenden

Nähten zusammengefasst (Abb. 3). Der Abdruck wird mit einem individuellen Löffel mit Perforationen, die einen Zugang zu den Abdruckpfostenschrauben ermöglichen, genommen. Nach Aushärten des Abdruckmaterials (Impregum®) werden die Abdruckpfostenschrauben vollständig gelöst, leicht abgehoben und der Abdrucklöffel entfernt. Unmittelbar danach werden die Heilungsdistanzhülsen aufgeschraubt und das Wundgebiet mit Gore®-Fäden endgültig dicht vernäht (Abb. 4).

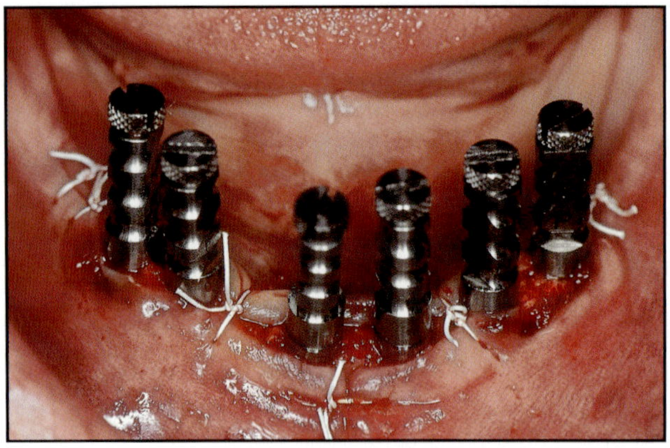

Abb. 3 Aufgeschraubte Abdruckpfosten.

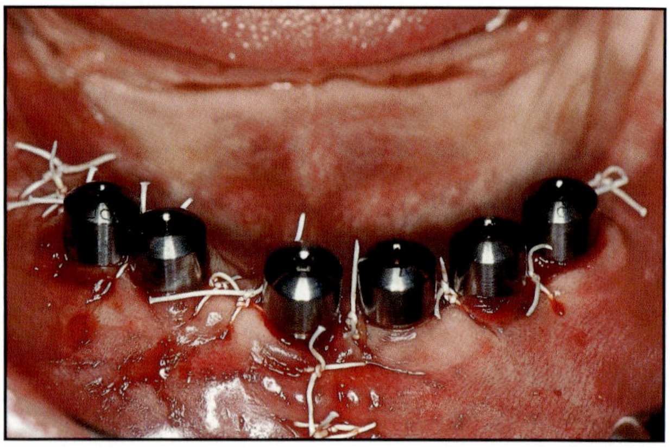

Abb. 4 Nahtverschluss um die Heilungsdistanzhülsen.

Provisorische Sofortbrücke und definitive Versorgung

Im Labor wird ein Provisorium angefertigt und noch am gleichen Tage eingegliedert (Abb. 5). Zur Nahtentfernung nach ca. zehn Tagen wird das Provisorium abgenommen (Abb. 6), es kann dann

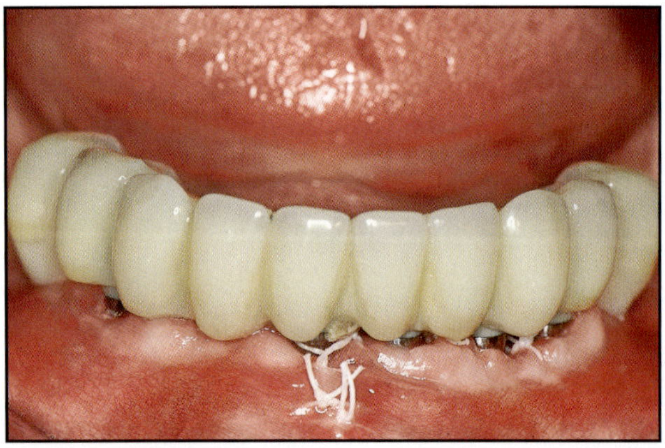

Abb. 5 Eingegliedertes Provisorium.

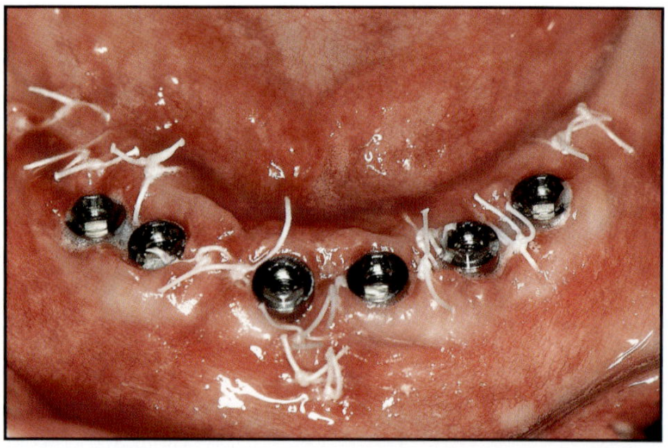

Abb. 6 Situation bei der Nahtentfernung.

Freilegung und prothetische Versorgung

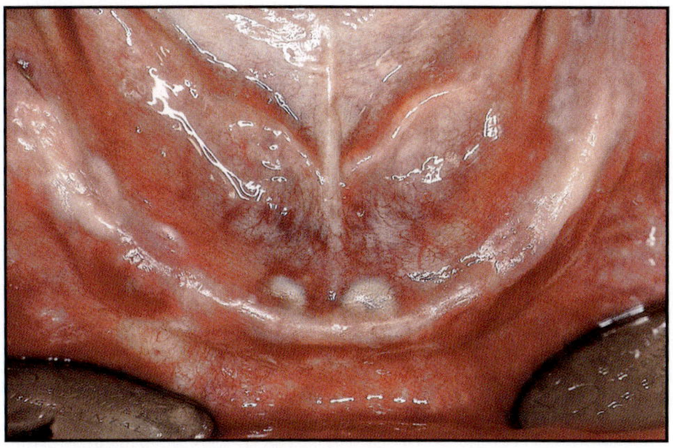

Abb. 7 Situation vor der Freilegung.

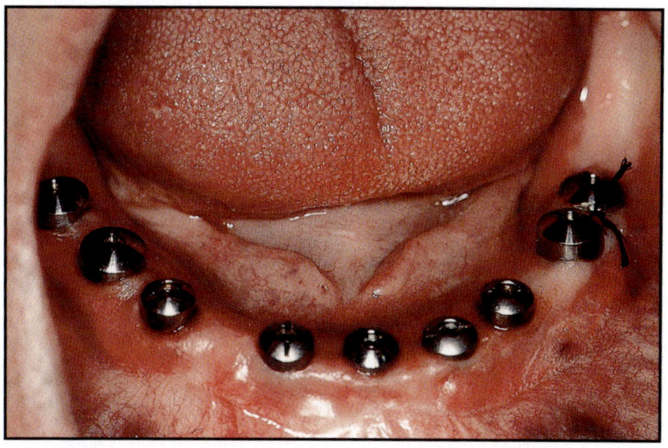

Abb. 8 Aufgeschraubte Heilungsdistanzhülsen.

Für die Einheilung der Implantate werden fünf Monate vorgesehen (Abb. 7). Bei der Freilegungsoperation werden die Deckschrauben abgenommen und Heilungsdistanzhülsen aufgeschraubt (Abb. 8). Die definitive prothetische Versorgung besteht aus drei keramisch verblendeten Metallbrücken (VMK-Brücken), verschraubt auf jeweils drei Implantaten. Das Abschlussfoto zeigt die klinische Situation zehn Jahre nach der Eingliederung der Brücken (Abb. 9).

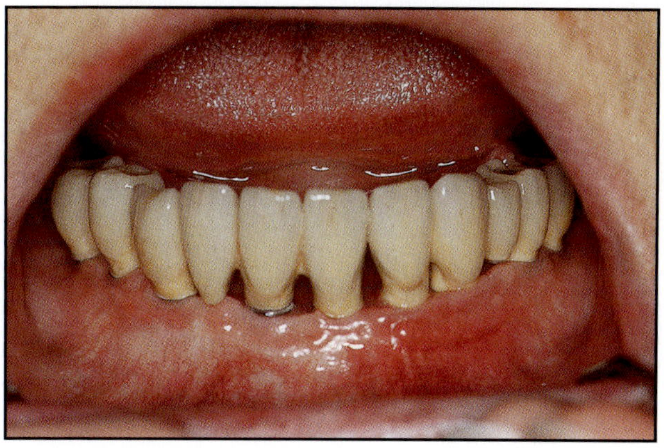

Abb. 9 Drei definitive VMK-Brücken.

Behandlungsablauf:

Implantation – 5 Monate bis zur Freilegung – 3 Wochen bis zur Abdrucknahme und Fertigstellung

Chirurgie:

Dr. Christoph T. Sliwowski

Prothetik:

Dr. Eberhard Helbig

AUSGANGSSITUATION

Der 51-jährige Patient mit einem dringend sanierungsbedürftigen Gebiss hat die erforderliche zahnärztliche Behandlung lange Zeit hinausgeschoben (Abb. 1 bis 4). Da der Patient einen herausnehmbaren Zahnersatz strikt ablehnt, kommt für ihn nur ein implantatgetragener Zahnersatz in Frage. Hierzu wird als definitive Versorgung eine Brücke auf acht Implantaten geplant. Um eine festsitzende Versorgung auch während der Einheilphase zu ermöglichen, ist eine Interimsversorgung auf provisorischen Implantaten vorgesehen.

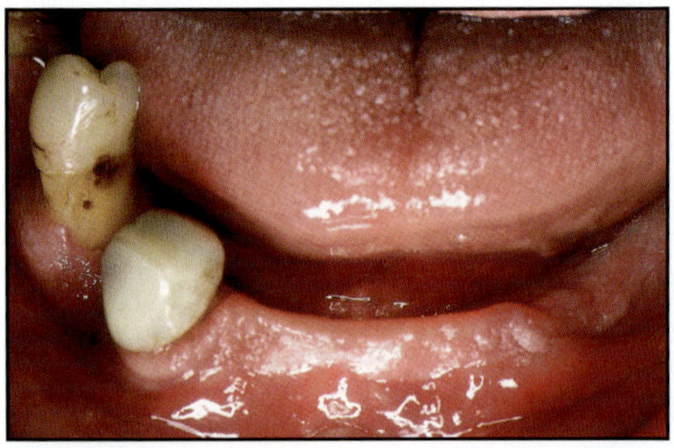

Abb. 1 Klinische Ausgangssituation.

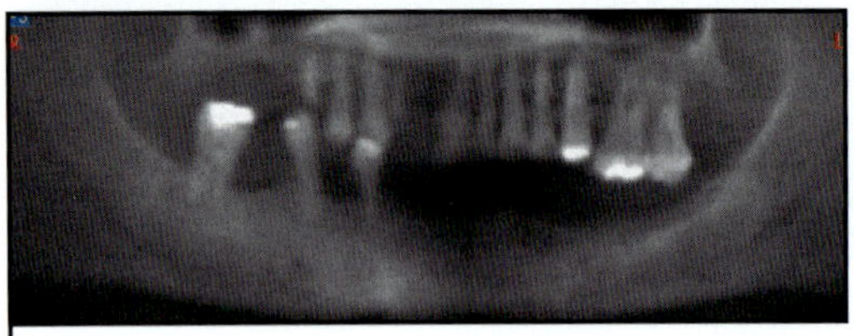

2

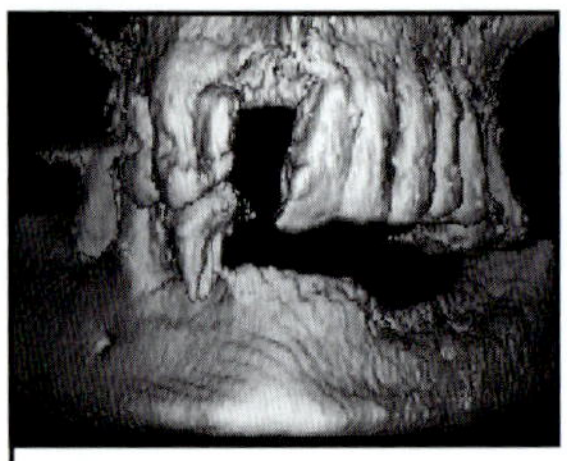

3

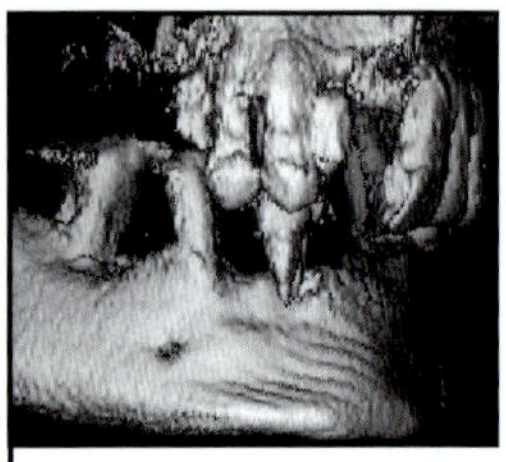

4

Abb. 2 Panoramaaufnahme. Nichterhaltungsfähige Restbezahnung im Ober- und Unterkiefer.
Abb. 3 3-D-Rekonstruktion. Frontalansicht.
Abb. 4 3-D-Rekonstruktion. Seitenansicht rechts.

DIAGNOSTISCHE MITTEL

- Klinische Untersuchung
- OPG
- DVT
- SimPlant®-Planung
- Modellanalyse

THERAPIEPLAN

- Insertion von acht definitiven Implantaten und Sofortprovisorium auf provisorischen Implantaten
- Sekundäre Freilegung
- Verschraubte VMK-Brücke

Extraktion und Implantation

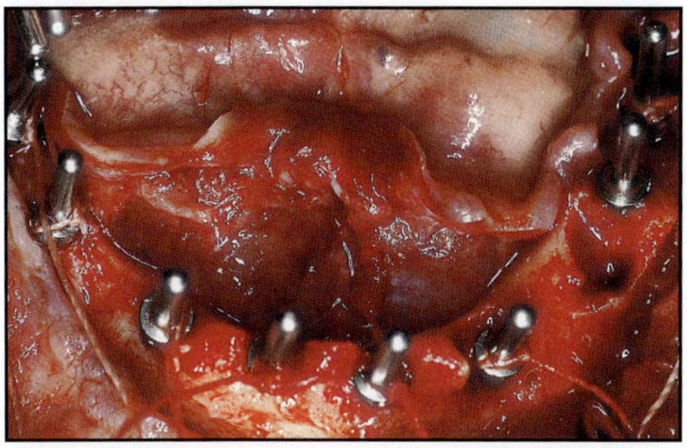

Abb. 5 Kontrolle der acht Implantatbetten mit Richtungsindikatoren.

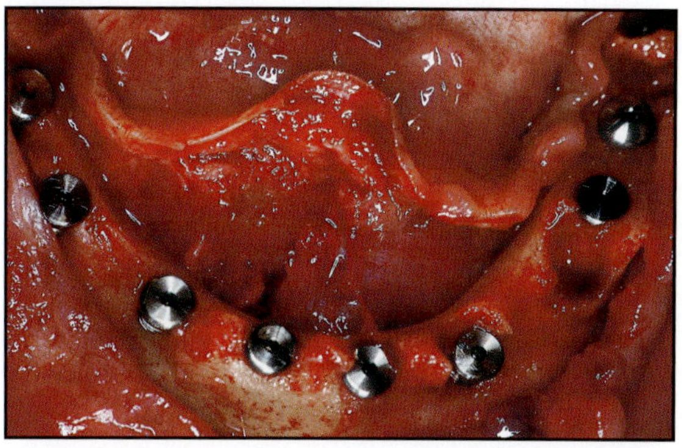

Abb. 6 Inserierte definitive Brånemark-Implantate.

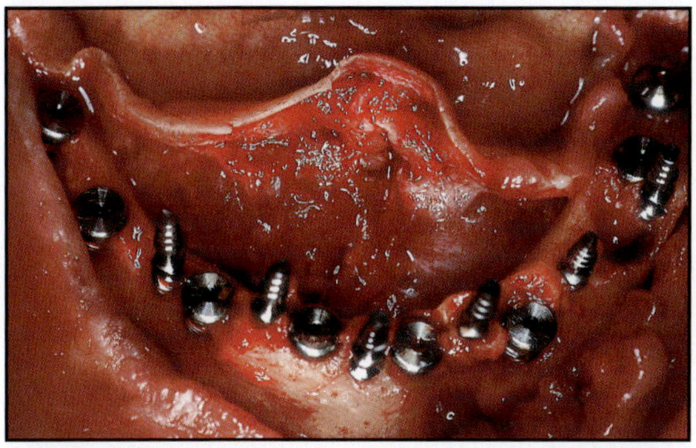

Abb. 7 Inserierte provisorische IPI®-Implantate.

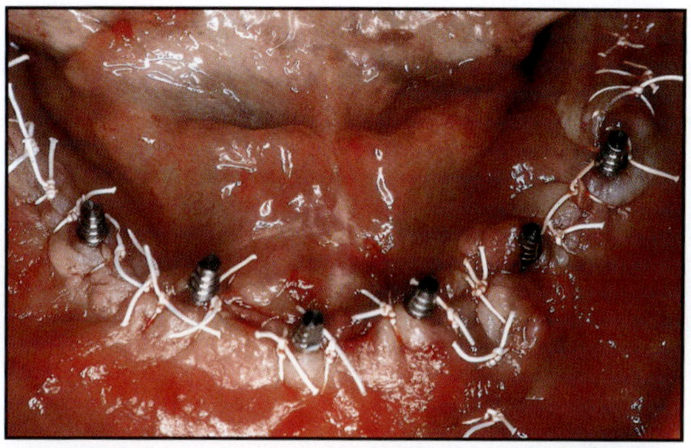

Abb. 8 Dichter Nahtverschluss.

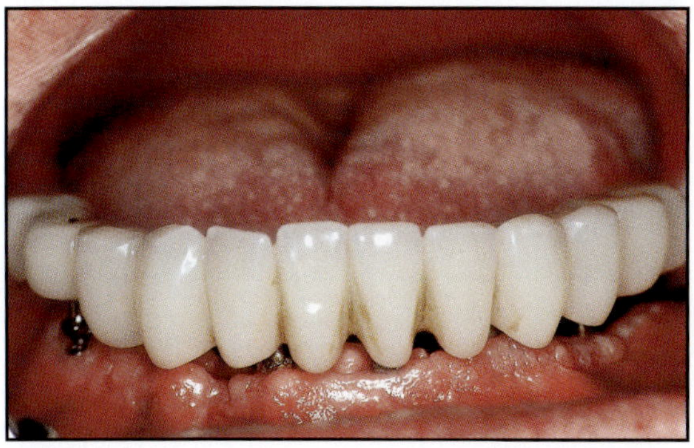

Abb. 9 Eingegliedertes Langzeitprovisorium.

Direkt nach der Extraktion werden acht Implantatbetten im Unterkiefer präpariert (Abb. 5). Vier Implantate werden interforaminär und jeweils zwei Implantate im Seitenzahnbereich inseriert (Abb. 6). Um eine festsitzende Interimsversorgung bei gleichzeitig ungestörter Einheilung der definitiven Implantate zu ermöglichen, werden zwischen die permanenten Implantate sechs provisorische IPI®-Implantate inseriert (Abb. 7). Die Wunde wird dicht vernäht und die provisorischen Implantate zueinander parallelisiert (Abb. 8). Nach der Anfertigung des schnellen Sofortprovisoriums wird von den provisorischen Implantaten eine Abformung genommen, sodass bereits bei der Nahtentfernung das in der Zwischenzeit im Labor angefertigte Langzeitprovisorium eingegliedert werden kann (Abb. 9).

Freilegung und prothetische Versorgung

Nach fünf Monaten werden die permanenten Implantate freigelegt und Heilungsdistanzhülsen aufgeschraubt (Abb. 10). Das Langzeitprovisorium wird basal ausgeschliffen und kann so weiterhin getragen werden, ohne mit den Heilungsdistanzhülsen zu kollidieren (Abb. 11). Nach der Abdrucknahme wird die definitive VMK-Brücke angefertigt. Die Brückenkonstruktion wird in zwei Teilen, in der Mitte geteilt, jeweils auf vier Implantaten von 37 bis 47 hergestellt und transokklusal verschraubt. Die prothetische Versorgung des Unterkiefers wird zeitnah mit der Insertion von zehn Brånemark System®-Implantaten im Oberkiefer (mit beidseitigem Sinuslift) abgeschlossen. Der korrekte spaltfreie Sitz der Suprakonstruktion wird nach der Eingliederung radiologisch kontrolliert (Abb. 12). Die Abschlussaufnahme zeigt die klinische Situation nach der Fertigstellung des Unterkiefers und vor der Freilegung der Implantate im Oberkiefer (Abb. 13).

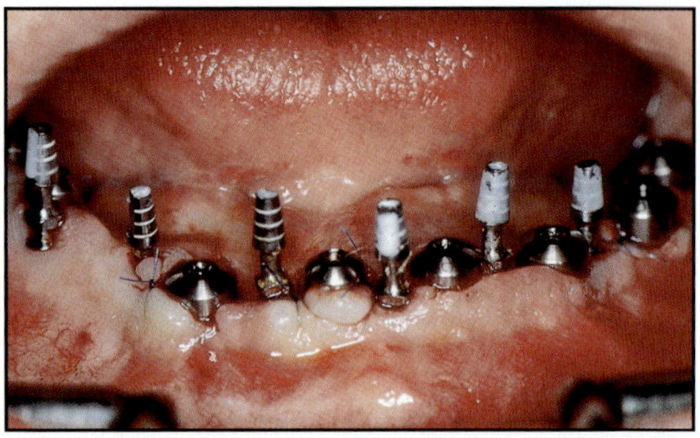

Abb. 10 Freilegung der Implantate.

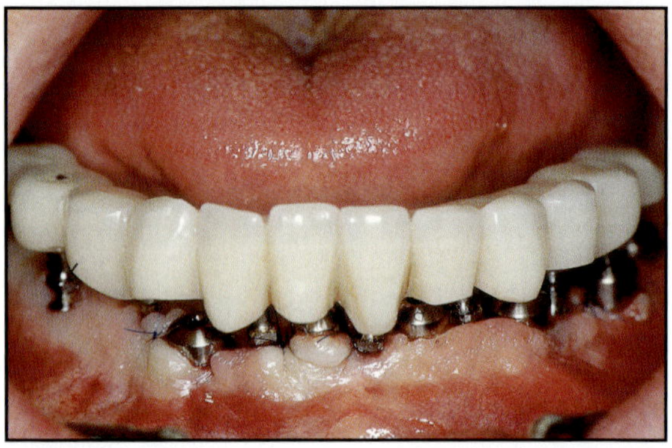

Abb. 11 Basal ausgeschliffenes Langzeitprovisorium.

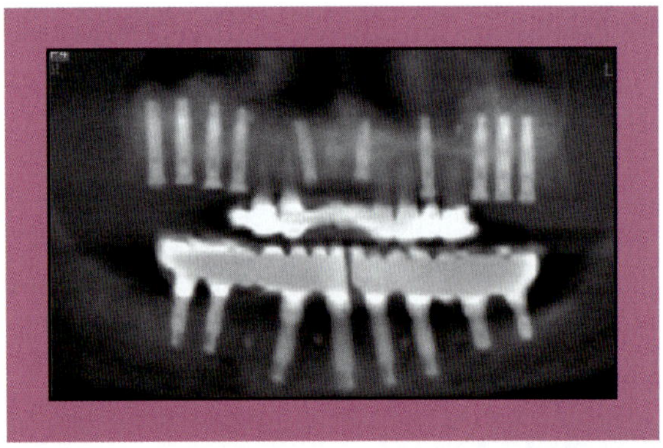

Abb. 12 Radiologische Kontrolle nach der Fertigstellung.

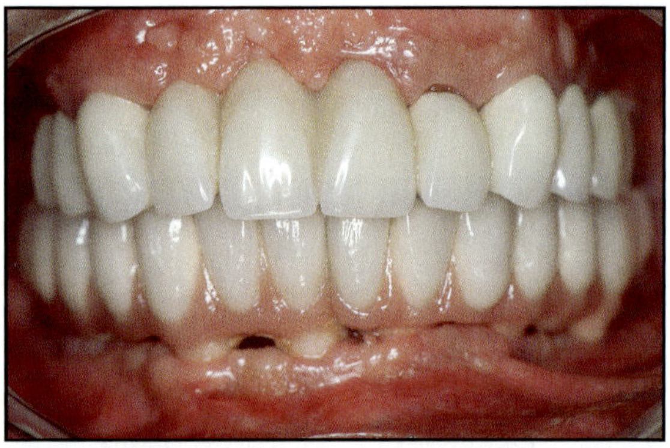

Abb. 13 Abschlussbild der Versorgung im Unterkiefer.

Behandlungsablauf:
Implantation und Sofortversorgung auf provisorischen Implantaten – 5 Monate bis zur Freilegung – 3 Wochen bis zur Abdrucknahme und Fertigstellung

Chirurgie:	Prothetik:	Zahntechnik:
Dr. Christoph T. Sliwowski	Dr. Michael Weber	Horst Mosch

Festsitzende Sofortversorgung nach umfangreicher Sanierung und Augmentation

Ausgangssituation

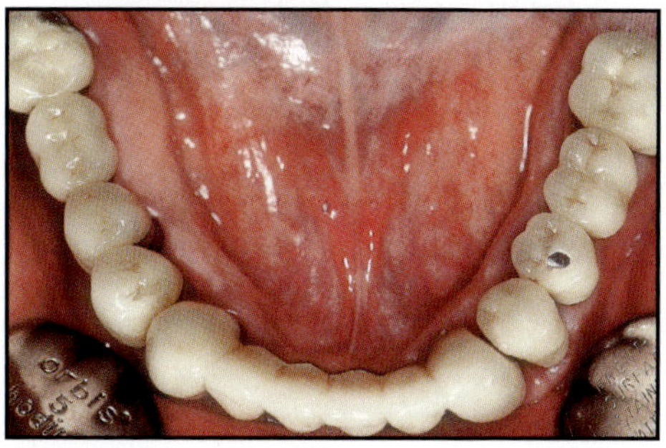

Abb. 1 Nichterhaltungsfähige Restbezahnung im Unterkiefer.

Der Patient mit einer umfangreichen prothetischen Versorgung im Unterkiefer muss wegen Lockerung der Pfeilerzähne saniert werden. Die vorhandenen drei Brücken sind aufgrund starker parodontaler Schädigung der Pfeilerzähne nicht mehr zu erhalten (Abb. 1 und 2a-d). Das Ziel der Behandlung ist eine rein implantatgetragene festsitzende Brückenkonstruktion. Um die Anzahl der Behandlungsschritte möglichst gering halten zu können, ist die chirurgische Sanierung und Implantation in einer Sitzung in Narkose vorgesehen. Weiterhin lehnt der Patient eine herausnehmbare provisorische Lösung auch während der Einheilphase der Implantate ab, sodass die Insertion provisorischer Implantate mit einer festsitzenden Interimsversorgung vorgesehen wird.

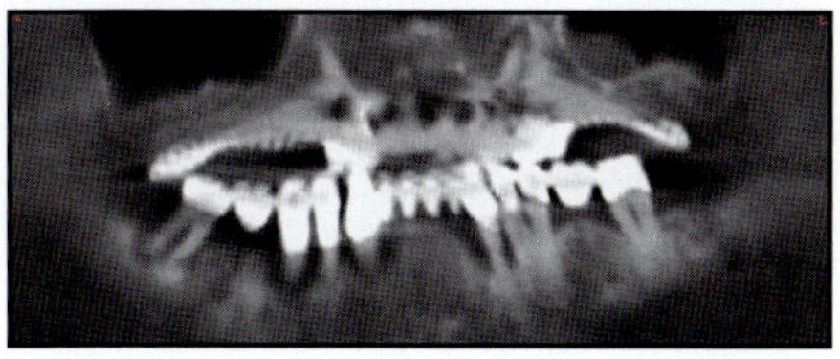

Abb. 2a Radiologische Ausgangssituation – Panoramadarstellung.

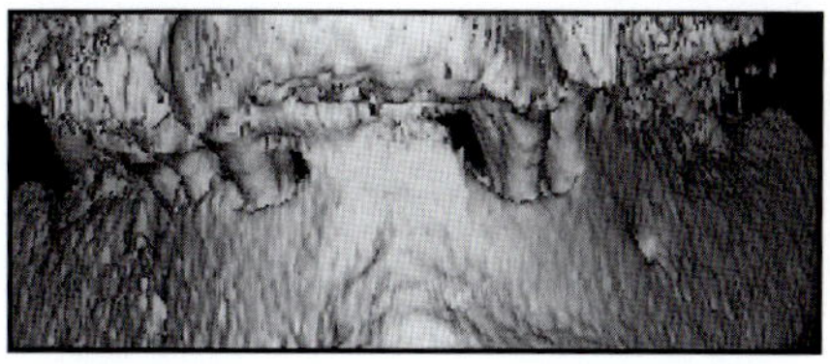

Abb. 2b 3-D-Rekonstruktion – Frontalansicht.

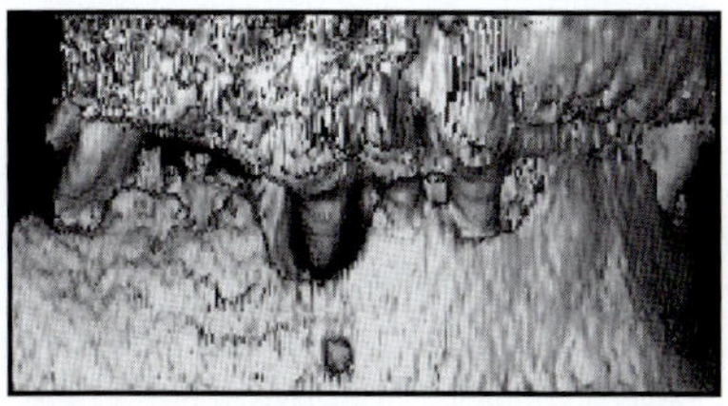

Abb. 2c Seitenansicht rechts.

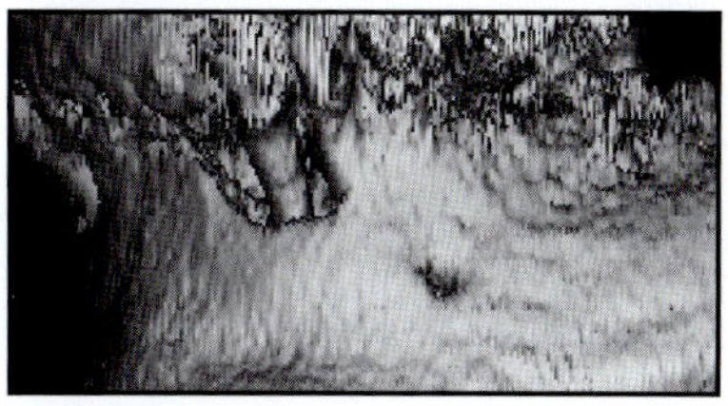

Abb. 2d Seitenansicht links.

Diagnostische Mittel

- Klinische Untersuchung
- OPG
- DVT
- SimPlant®-Planung
- Modellanalyse

Therapieplan

- Insertion von acht definitiven Implantaten und Augmentation, Sofortprovisorium auf provisorischen Implantaten
- Sekundäre Freilegung
- Zementierte VMK-Brücke auf individuellen Abutments

Sanierung und Implantation

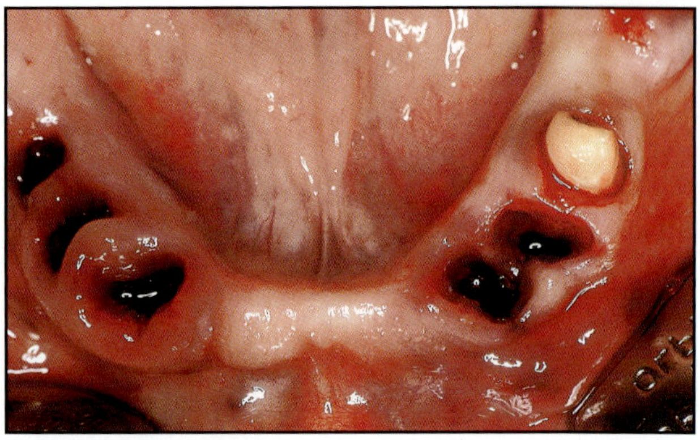

Abb. 3 Unterkiefer nach Sanierung mit zunächst belassenem Zahn 35.

Nach Abnahme der Brücken zeigt sich, dass der Zahn 35 als einziger noch stabil ist und als Retentionselement für eine provisorische Versorgung verwendet werden kann (Abb. 3). Trotz ausgedehnter Knochendefekte ist das lokale Knochenangebot noch ausreichend für die Eingliederung von acht definitiven Implantaten. Im interforaminären Bereich werden vier und auf jeder Seite zwei definitive Implantate im Molarenbereich inseriert (Abb. 4). Die noch intakten nicht von Resorption betroffenen Knochenareale werden für die Verankerung der provisorischen IPI®-Implantate genutzt (Abb. 5).

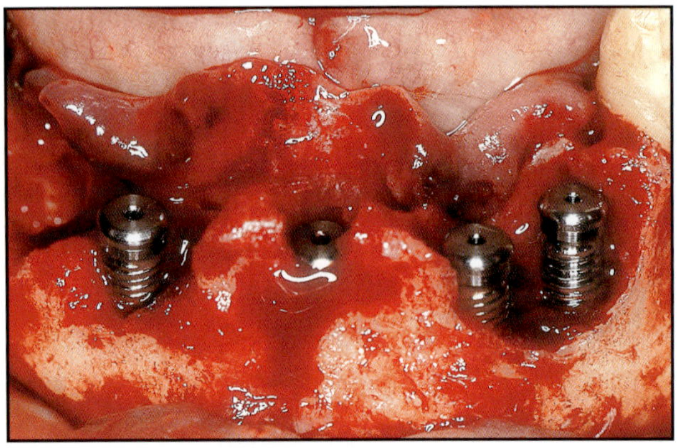

Abb. 4 Definitive Brånemark-Implantate inseriert nach prothetischen Gesichtspunkten.

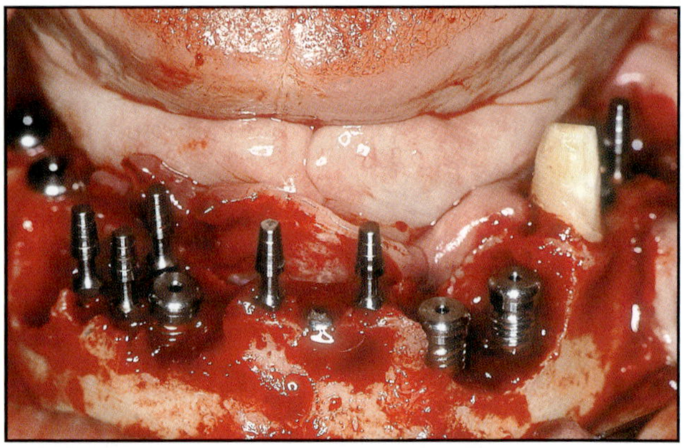

Abb. 5 Inserierte provisorische Implantate.

Augmentation

Auf der rechten Seite sind zwei ausgedehnte Defekte im Bereich der ehemaligen Pfeilerzähne 43 und 45 vorhanden (Abb. 6 und vergleiche Abb. 4). Alle Defekte werden mit einem Gemisch aus den gesammelten Knochenspänen und einem alloplastischen Knochenaufbaumaterial Cerasorb® aufgefüllt und mit resorbierbaren Kolla-

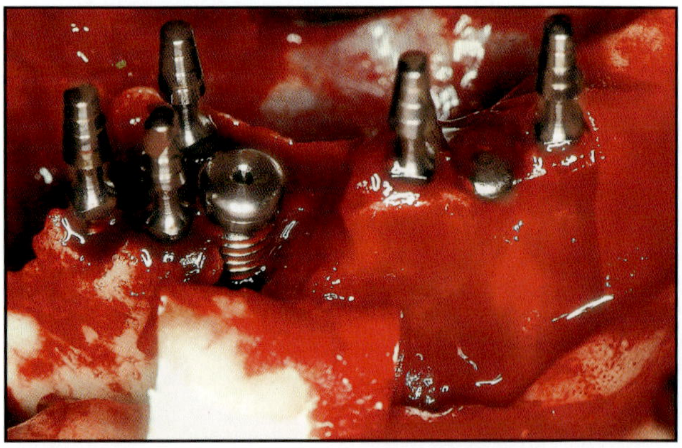

Abb. 6 Knochendefekte vor Augmentation.

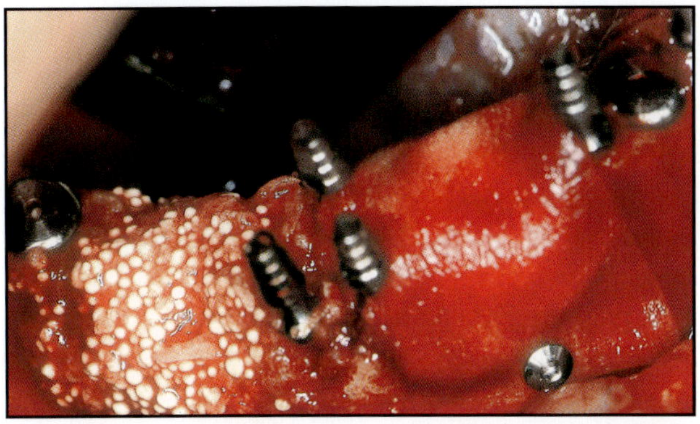

Abb. 7 Augmentation mit Knochenspänen und Cerasorb®.

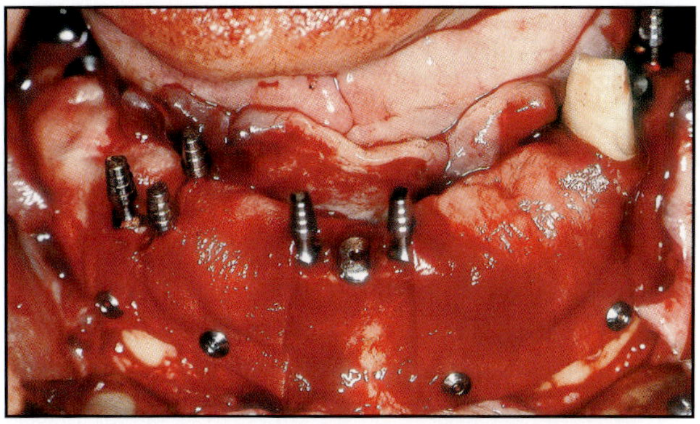

Abb. 8 Mit Nägelchen befestigte BioGide®-Membranen.

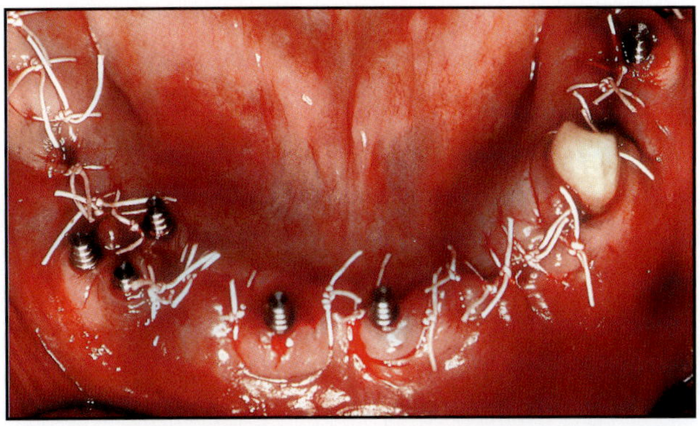

genmembranen BioGide® abgedeckt (Abb. 7). Die Membranen werden mit Titannägelchen am Kieferkamm fixiert (Abb. 8). Um einen spannungsfreien Wundverschluss über den augmentierten Arealen zu ermöglichen, wird der Mukoperiostlappen durch Periostschlitzungen mobilisiert und die Wunde mit Gore®-Fäden speicheldicht verschlossen (Abb. 9).

Abb. 9 Speicheldichter Nahtverschluss.

Provisorische Versorgung

Die sechs provisorischen IPI®-Implantate müssen parallel zu dem Zahn 35 ausgerichtet werden, um eine gemeinsame Einschubrichtung für die provisorische Brücke zu ermöglichen. Der operative Eingriff endet mit der Abdruck- und Bissnahme für ein laborgefertigtes Langzeitprovisorium und der Anfertigung eines ersten Sofortprovisoriums (Abb. 10). Bei der Nahtentfernung wird das Sofortprovisorium gegen ein laborgefertigtes Langzeitprovisorium ausgetauscht. Aufgrund der umfangreichen Augmentation beträgt die Einheilzeit ca. sechs Monate, während der das Langzeitprovisorium nicht abgenommen wird (Abb. 11).

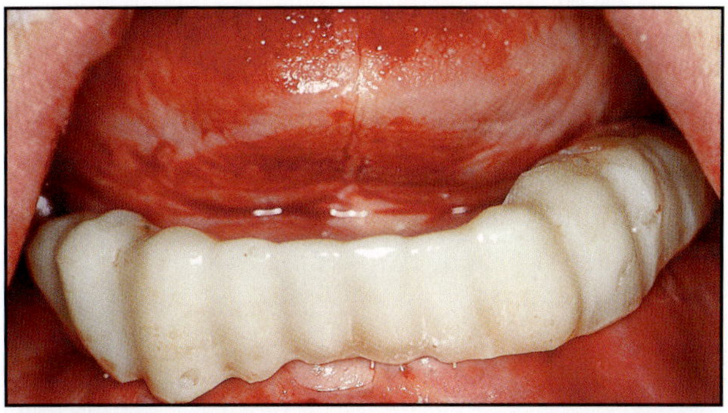

Abb. 10 Sofortprovisorium.

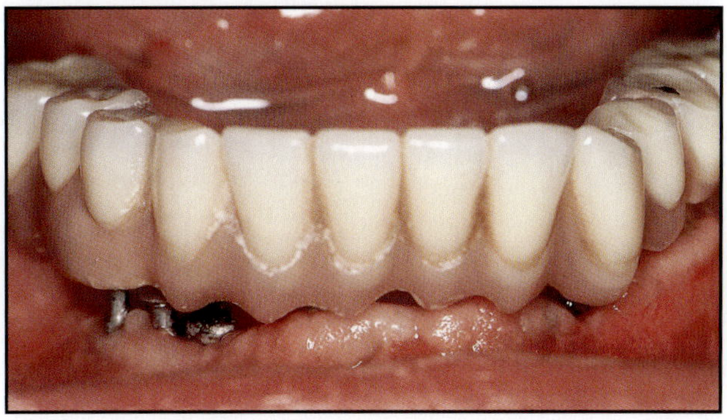

Abb. 11 Langzeitprovisorium.

Freilegung und prothetische Versorgung

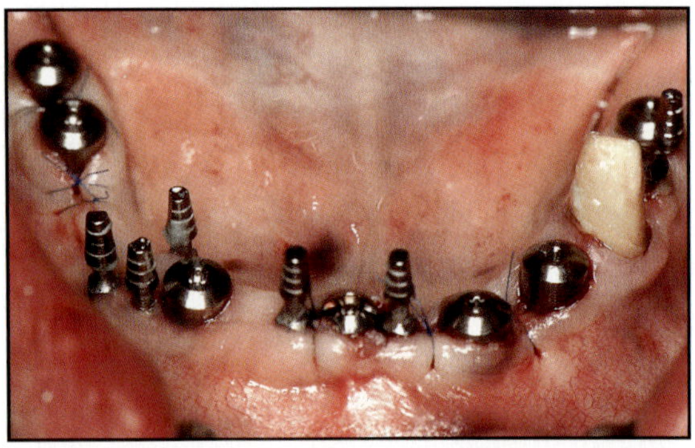

Abb. 12 Nach Freilegung eingegliederte Healing-abutments.

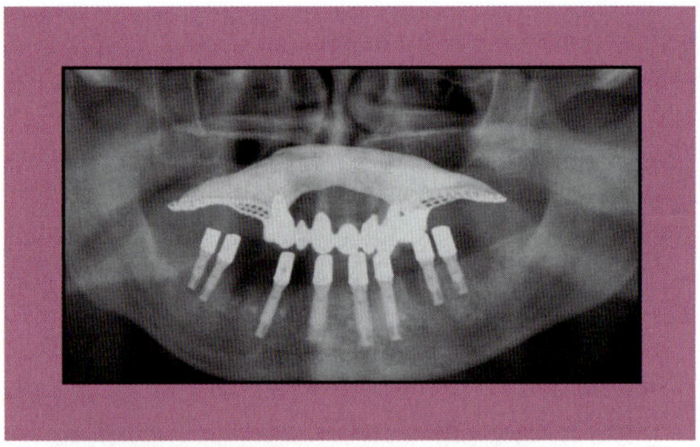

Abb. 13 Radiologische Kontrolle des Sitzes der individuellen Abutments.

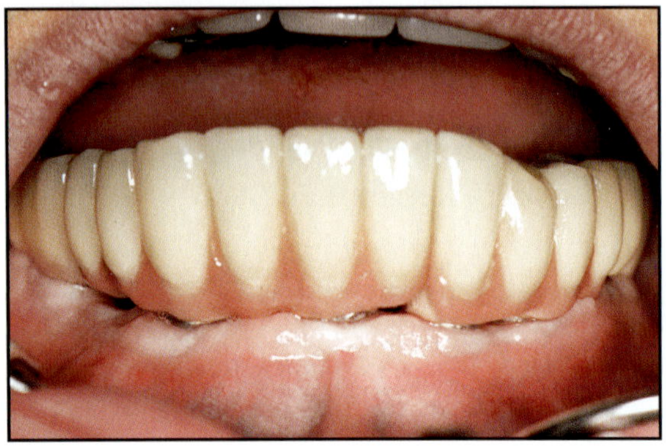

Abb. 14 Eingegliederte VMK-Brücke von vestibulär.

Abb. 15 Zufriedener Patient nach der Behandlung.

Bei der Freilegungsoperation werden Heilungsdistanzhülsen auf die definitven Implantate aufgeschraubt (Abb. 12). Die provisorische Brücke kann nach kleinen Anpassungen der Unterseite wieder eingesetzt werden und bis zur Fertigstellung der definitiven Brücke weiter getragen werden. Um eine kontinuierliche festsitzende Versorgung des Patienten zu gewährleisten, werden die provisorischen Implantate erst nach Fertigstellung der definitiven Brücke durch einfaches Herausdrehen entfernt. Als definitive Versorgung ist eine zwischen 31 und 32 geteilte zementierbare Brücke vorgesehen. Vor Eingliederung wird der spaltfreie Sitz der Zementierpfosten radiologisch durch eine OPG-Aufnahme überprüft (Abb. 13). Zwischen dem Unterrand der Brücke und dem Kieferkamm ist ein kleiner Spalt für die Durchführung der Hygienemaßnahmen vorgesehen (Abb. 14). Der Patient fühlt sich nach dem Abschluss der Behandlung viel sicherer (Abb. 15).

Behandlungsablauf:
Implantation, Augmentation und Sofortversorgung – 6 Monate bis zur Freilegung – 3 Wochen bis zur Abdrucknahme und Fertigstellung

Chirurgie:	Prothetik:	Zahntechnik:
Dr. Christoph T. Sliwowski	Dr. Michael Weber	Fernando Abrantes

AUSGANGSSITUATION

Der 40-jährige Patient mit dringend sanierungsbedürftigem Restgebiss im Ober- und Unterkiefer (Abb. 1) konnte sich aus zwei wesentlichen Gründen bislang nicht zu einer zahnärztlichen Behandlung entschließen. Zum einen besteht eine generelle Zahnbehandlungsphobie, zum anderen wurde ihm bislang nur die Totalsanierung des Ober- und Unterkiefers mit der Eingliederung von Vollprothesen als Behandlungsvorschlag angeboten. Eine auch nur vorübergehende Zahnlosigkeit wird von dem Patienten aber kategorisch abgelehnt. Das Behandlungskonzept muss also darauf ausgelegt werden, dem Patienten während der gesamten Behandlungsphase eine festsitzende Versorgung zu ermöglichen. Die genaue klinische und radiologische Diagnostik dient zunächst der Evaluation der Wertigkeit der Restbezahnung als Halteelement für eine provisorische Versorgung bis zum Abschluss der Gesamtbehandlung (Abb. 2a-d).

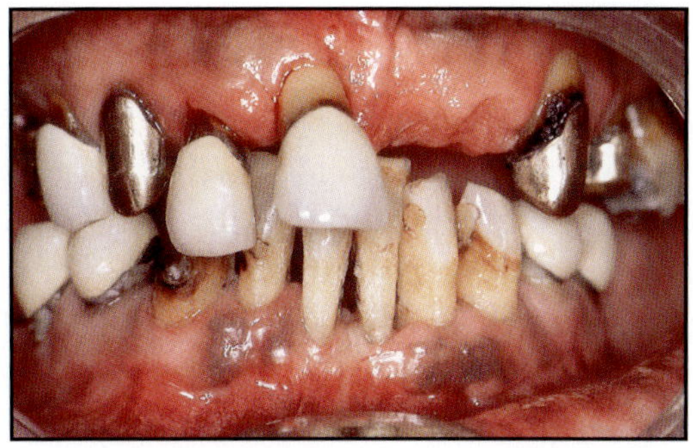

Abb. 1 Klinische Ausgangssituation. Sanierungsbedürftiges Gebiss.

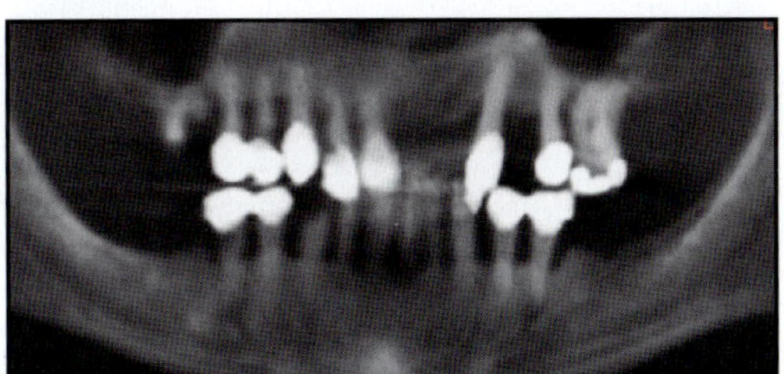

2a

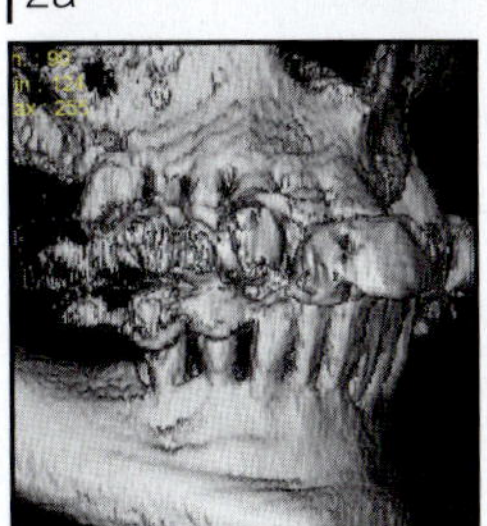

2b

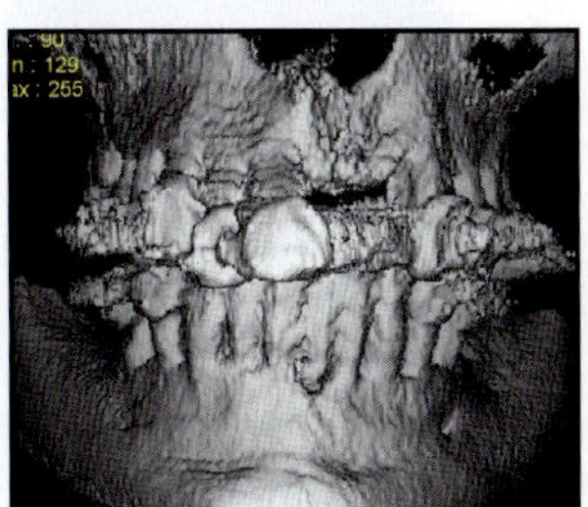

2c

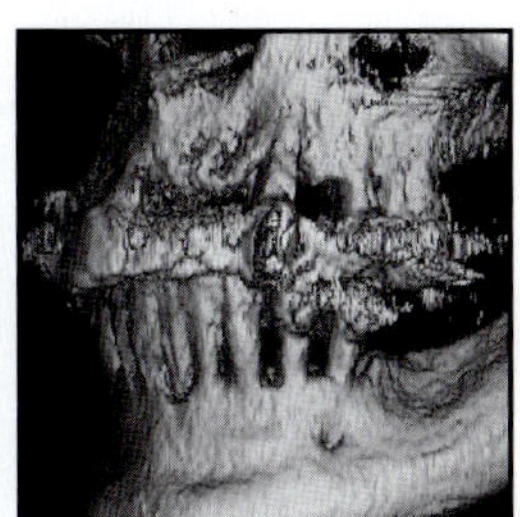

2d

Abb. 2a DVT-Panoramadarstellung
Abb. 2b 3-D-Rekonstruktion. Ansicht rechts.
Abb. 2c 3-D-Rekonstruktion. Ansicht frontal.
Abb. 2d 3-D-Rekonstruktion. Ansicht links.

DIAGNOSTISCHE MITTEL

- Klinische Untersuchung
- OPG
- DVT
- SimPlant®-Planung
- Modellanalyse

THERAPIEPLAN

- Selektive Extraktionen, Sofortimplantation Front, provisorische Implantate mit Sofortversorgung
- Spätimplantation im Seitenzahnbereich
- Sekundäre Freilegung
- Zementierte und lingual verschraubte implantatgetragene Brücken

Sanierung, Implantation und Augmentation

Im Unterkiefer sollen zunächst die Zähne 35, 33 und 43, 45 erhalten werden, da diese als Halteelemente für eine provisorische Versorgung genutzt werden können und zugleich einer prothetisch optimalen strategischen Implantatpositionierung nicht im Wege stehen (Abb. 3).

Um eine festsitzende provisorische Versorgung zu ermöglichen, ist dennoch die zusätzliche Insertion von Interimsimplantaten für die Phase der Osseointegration der definitiven Implantate erforderlich.

Bei der Operation in Intubationsnarkose werden zunächst nach Abnahme der Brücken die nicht erhaltungsfähigen Zähne entfernt (Abb. 4). Nach gründlicher Entfernung des Granulationsgewebes werden zunächst im interforaminären Bereich die permanenten Brånemark-Implantate an den prothetisch geforderten Positionen regio 32, 34 und 42, 44 inseriert. Anschließend werden unter Ausnutzung des lokalen Knochenangebotes in die Zwischenräume vier weitere provisorische IPI®-Implantate zur zusätzlichen Stabilisierung des Provisoriums gesetzt (Abb. 5). Kleinere Defekte werden mit den gesammelten Bohrspänen augmentiert. In der gleichen Operation werden nach dem Wundverschluss des Unterkiefers im Oberkiefer die nicht erhaltungswürdigen Zähne entfernt und beidseitige Sinusbodenelevationen durchgeführt (Abb. 6). Um auch im Oberkiefer eine provisorische Brückenversorgung zu ermöglichen, werden analog der Konzeption im Unterkiefer sechs IPI®-Implantate inseriert. In beiden Kiefern werden provisorische Sofortversorgungen angefertigt.

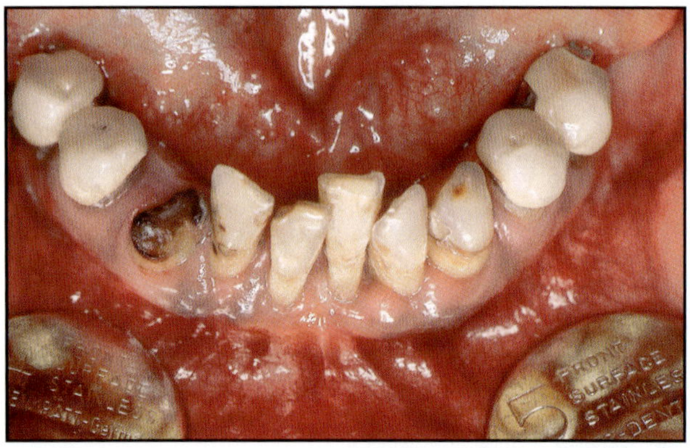

Abb. 3 Unterkiefer vor der Sanierung.

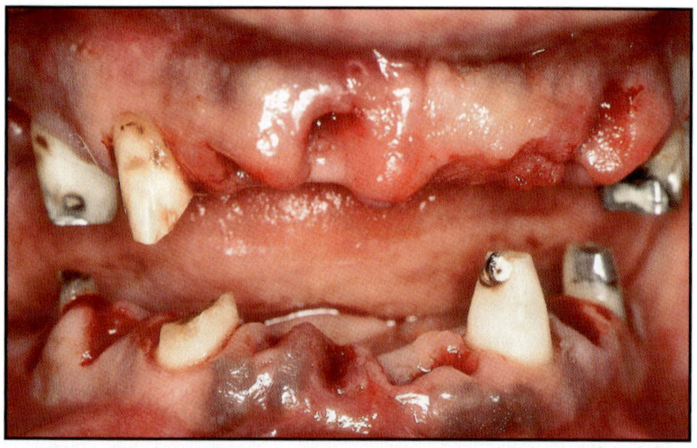

Abb. 4 Vorübergehende Erhaltung einiger Zähne.

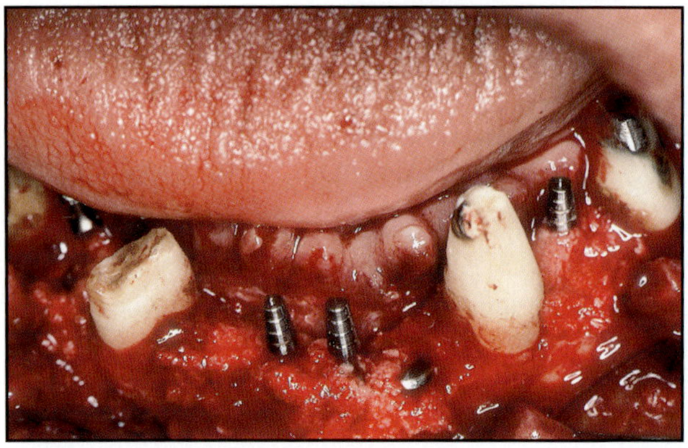

Abb. 5 Insertion von vier definitiven Brånemark-System®- und vier provisorischen Implantaten in der Front.

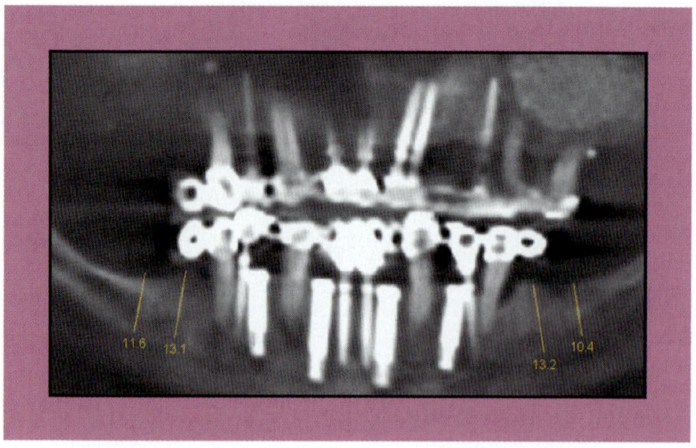

Abb. 6 Röntgenkontrolle nach der Implantation.

Langzeitprovisorium

Zeitgleich mit der Nahtentfernung, ca. zehn Tage postoperativ (Abb. 7), werden die nach postoperativer Abdrucknahme im Labor gefertigten, metallverstärkten provisorischen Brücken eingegliedert (Abb. 8). Die festsitzende ästhetische Interimsversorgung auf den provisorischen Implantaten und den noch erhaltenen Restzähnen erlaubt es, die neunmonatige Phase der knöchernen Konsolidierung der Augmentationen im Sinusbereich in Ruhe abzuwarten (Abb. 9).

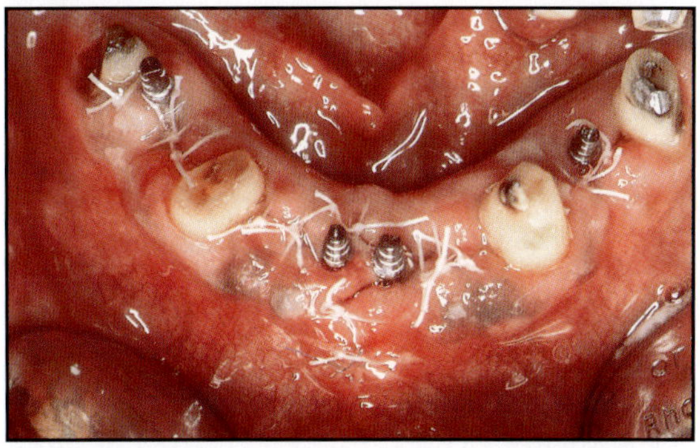

Abb. 7 Klinische Situation bei der Nahtentfernung.

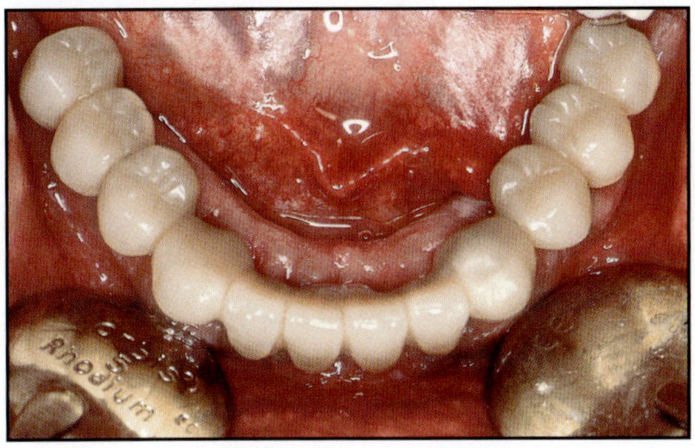

Abb. 8 Langzeitprovisorium im Unterkiefer.

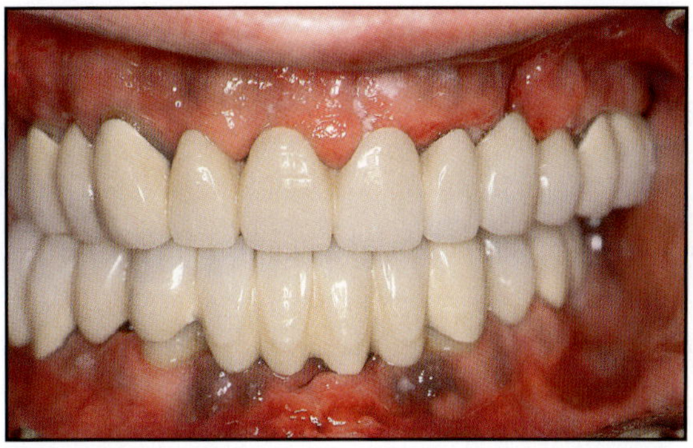

Abb. 9 Situation nach neun Monaten mit Langzeitprovisorium (LZP).

Implantation in Seitenzahnbereichen des Unterkiefers und im Oberkiefer

In der dann stattfindenden zweiten Operation werden zunächst die Brücken des Ober- und Unterkiefers abgenommen und die Festigkeit der provisorischen Implantate überprüft (Abb. 10). Die eigentliche Implantation der definitiven Implantate wird in einer Sitzung quadrantenweise durchgeführt und beginnt im Oberkiefer mit der Insertion von zehn Neoss®-Implantaten. Nach Abschluss der Implantation im Oberkiefer wird die Implantation im Unterkiefer fortgesetzt

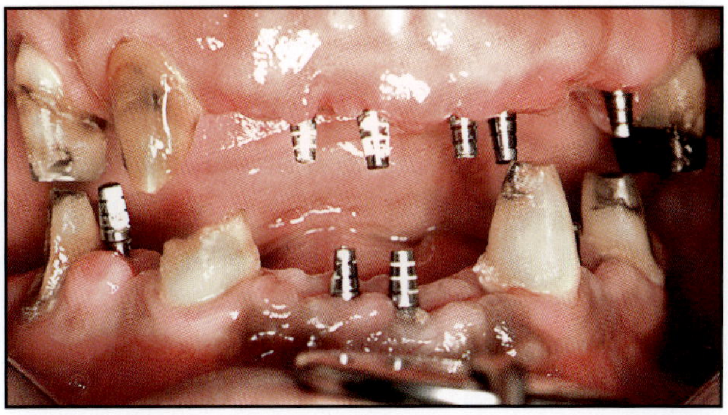

Abb. 10 Klinische Situation nach Abnahme der Provisorien.

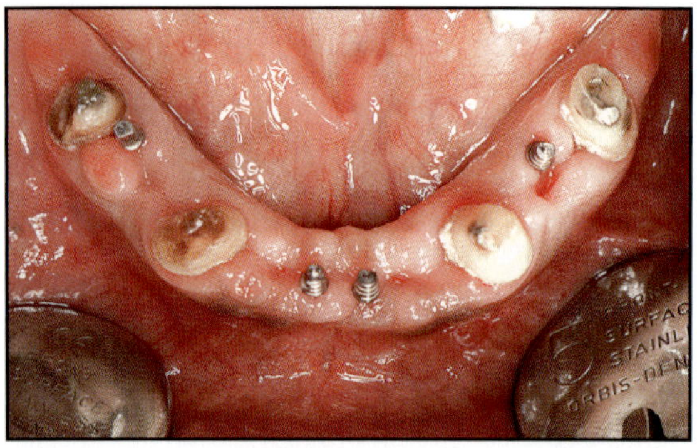

Abb. 11 Provisorische Pfeiler im Unterkiefer.

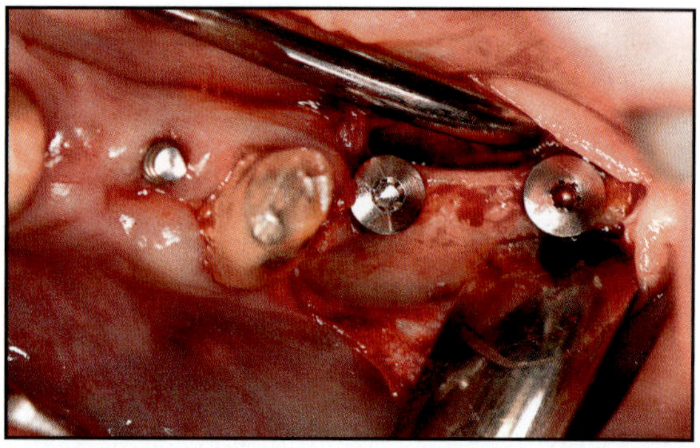

Abb. 12 Inserierte zwei Neoss®-Implantate regio 36 und 37.

(Abb. 11). Die Insertion von jeweils zwei Neoss®-Implantaten auf beiden Seite erfolgt ebenso quadrantenweise (Abb. 12 und 13). Eine erneute Eröffnung des interforaminären Areals ist nicht erforderlich, da die definitiven Implantate hier bereits bei der ersten Operation inseriert wurden. Nach speicheldichtem Wundverschluss werden die provisorischen Brücken erneut eingegliedert, sodass der Patient für die sechsmonatige Phase der Einheilung wieder festsitzend versorgt ist.

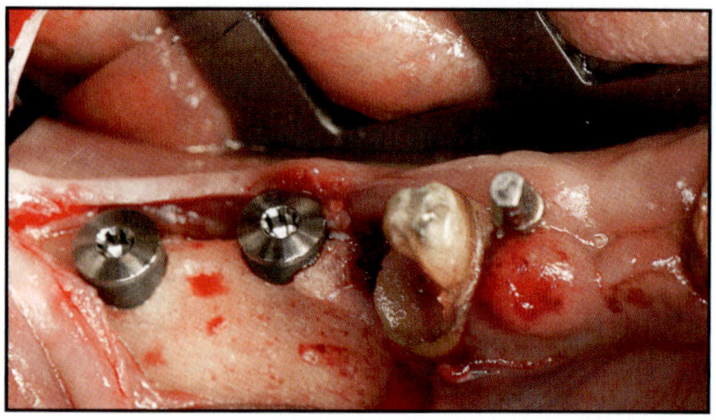

Abb. 13 Inserierte zwei Neoss®-Implantate regio 46 und 47.

Freilegung

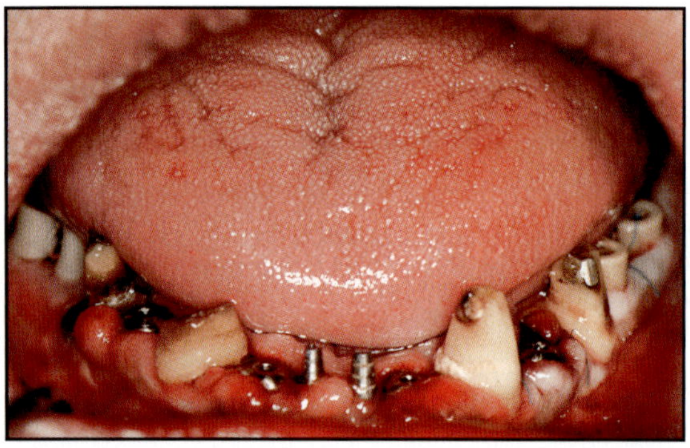

Abb. 14 Freilegung der Unterkieferimplantate.

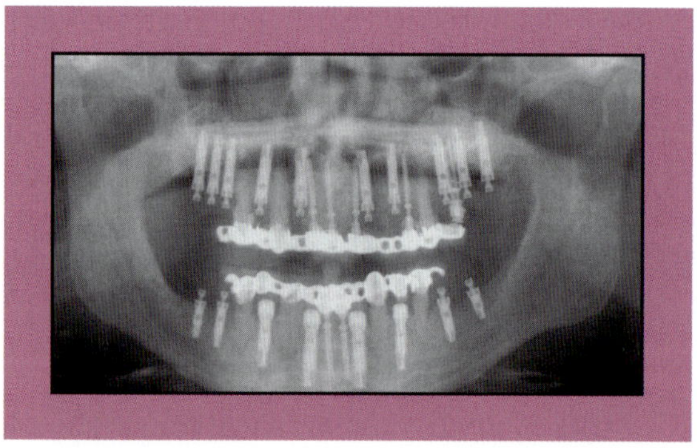

Abb. 15 OPG nach der Freilegung.

Die Freilegung der Implantate erfolgt zunächst im Unterkiefer durch krestale Inzisionen über den Implantaten. Auf die vier Brånemark-Implantate in der Front werden Titanheilungsabutments und auf die vier seitlichen Neoss®-Implantate die in der Packungseinheit der Implantate bereits enthaltenen Kunststoffabutments aus Polyetheretherketon (PEEK) aufgeschraubt (Abb. 14). In diesem Fall wurden in einem Patientenkiefer zwei verschiedene Implantatsysteme verwendet, aber durch die kompatiblen Aufbauteile ist das Neoss®-System problemlos mit dem Brånemark-System® kombinierbar. Dann werden im Oberkiefer die Implantate ebenso durch Kieferkammschnitte über den Implantaten freigelegt und die PEEK-Heilungsabutments eingegliedert (Abb. 15).

Prothetische Versorgung

Nach vollständiger Abheilung der periimplantären Weichgewebe wird der Abdruck für die definitive prothetische Versorgung genommen. Die prothetische Versorgung erfolgt wegen der besseren Gestaltungsmöglichkeit der Okklusionsebene in beiden Kiefern gleichzeitig. Nach Abdrucknahme mit individuellen Löffeln werden Meistermodelle erstellt und auf allen 18 Implantaten individuelle Gold-Abutments nach dem Anguss-Coping-Verfahren gefertigt (Abb. 16). Um die Gerüste vor der endgültigen Fertigstellung der Restauration anprobieren zu können, müssen Aussparungen für die provisorischen Implantate und die nicht mit in die definitive Versorgung einzubeziehenden natürlichen Zähne eingearbeitet werden. Zur Eliminierung von Abdruck- und Modellungenauigkeiten werden auf die individuellen Primärteile Galvanokäppchen angefertigt, die intraoral in das Brückengerüst eingeklebt werden. Auf diese Weise kann ein absolut passiver Sitz der Brückenkonstruktion gewährleistet werden. Unmittelbar vor Eingliederung der fertiggestellten Restaurationen im Ober- und Unterkiefer werden die provisorischen Implantate und die noch vorhandenen Restzähne entfernt und die intraorale Verklebung durchgeführt (Abb. 17). Die Brücken werden auf die Primärteile aufgesetzt und transversal mit Minischrauben von lingual bzw. palatinal gegen unerwünschte Lockerung gesichert, so dass keine Schraubenöffnungen von okklusal zu sehen sind (Abb. 18). Der direkte Vergleich der Ausgangsituation mit dem Endergebnis weist nicht nur auf eine Verbesserung der Gebisssituation, sondern vor allem auf eine

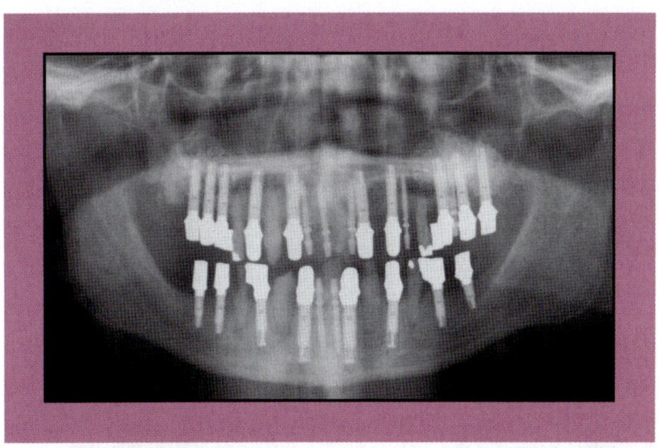

Abb. 16 Radiologische Prüfung des Sitzes der individuellen Abutments.

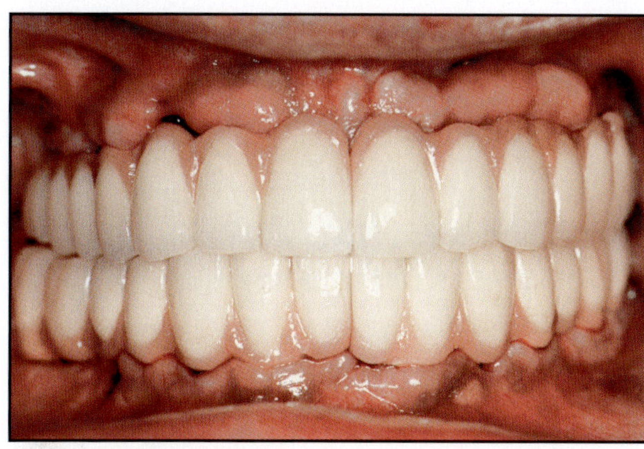

Abb. 17 VMK-Brücken in beiden Kiefern direkt nach Eingliederung.

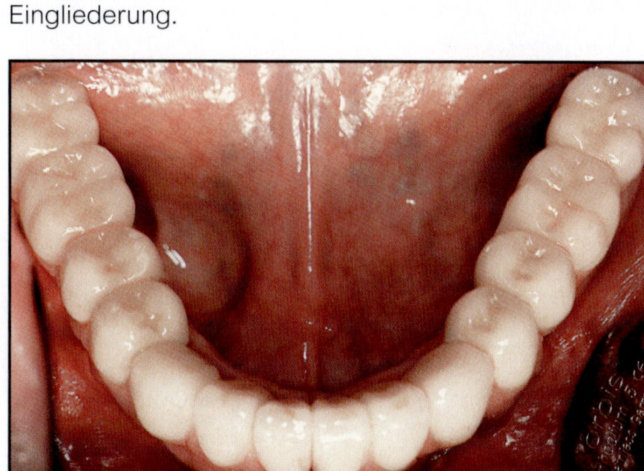

Abb. 18 Geteilte Brücke von 37 bis 47 auf acht Implantaten.

Verbesserung der Lebensqualität hin (vgl. Abb. 1 und 17). Ein Jahr nach der Eingliederung erscheint die klinische Situation stabil (Abb. 19). Der feste Sitz und die gelungene Ästhetik lassen den Patienten mit der neuen Versorgung überglücklich lächeln und sich wörtlich äußern: „Das war bis jetzt die beste Investition in meinem Leben“ (Abb. 20).

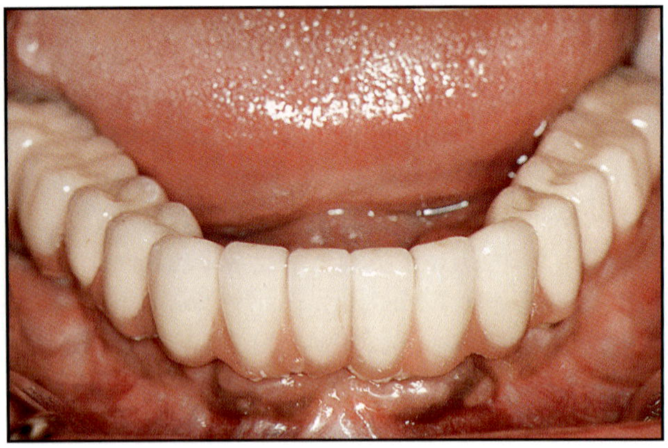

Abb. 19 Klinische Situation nach einem Jahr.

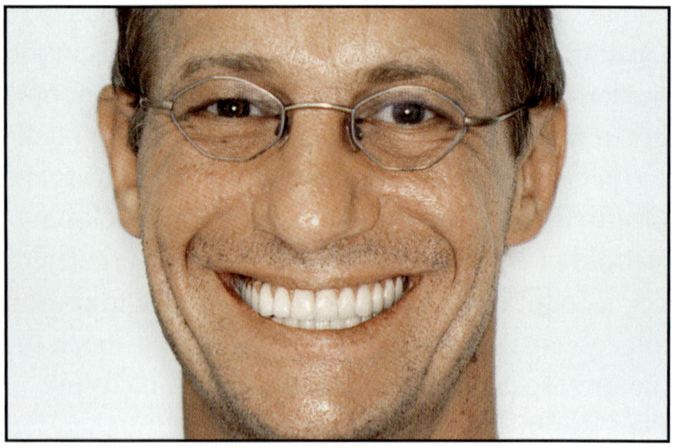

Abb. 20 Lächeln des Patienten.

Behandlungsablauf:
Implantation, Augmentation und Sofortversorgung – 6 (Seite) bzw. 15 (Front) Monate bis zur Freilegung – 3 Wochen bis zur Abdrucknahme und Fertigstellung

Chirurgie:	Prothetik:	Zahntechnik:
Dr. Christoph T. Sliwowski	Dr. Michael Weber	Horst Mosch

Vorzeitige Lockerung provisorischer Implantate

Ausgangssituation

Der Patient (kräftig, über 2 m groß), mit einer nichterhaltungswürdigen Frontbezahnung im Unterkiefer, wünscht eine festsitzende Neuversorgung des Unterkiefers und möchte auch für die Phase der Einheilung der definitiven Implantate ein festsitzendes Provisorium (Abb. 1 und 2). Das Konzept sieht als Endversorgung eine festsitzende Brücke auf zehn, nach statischen Aspekten verteilten, definitiven Implantaten vor. Um auch während der Phase der Osseointegration eine festsitzende Versorgung zu ermöglichen, ist eine Interimsbrücke auf provisorischen Implantaten vorgesehen.

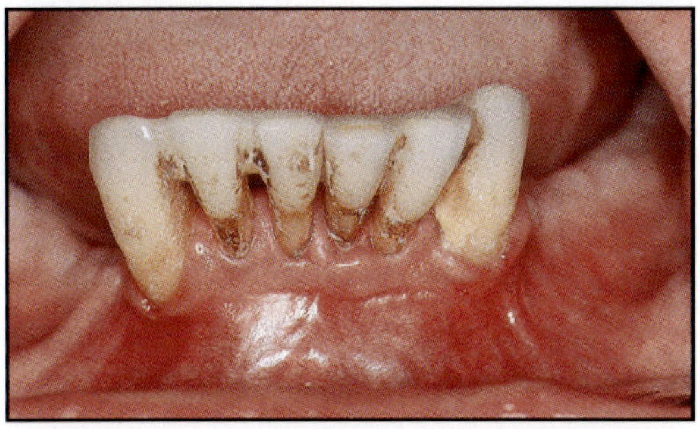

Abb. 1 Ausgangssituation.

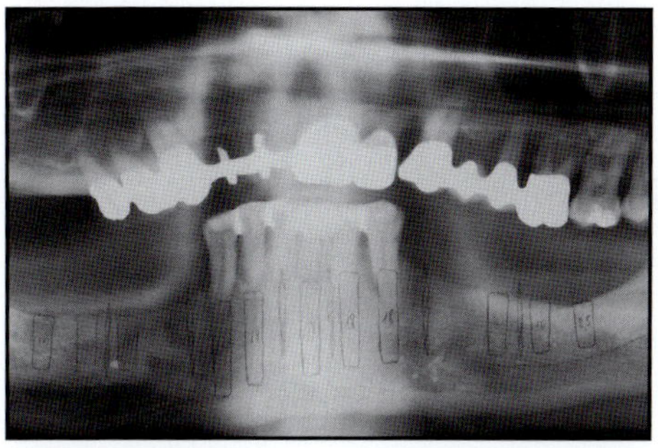

Abb. 2 OPG-Aufnahme mit den geplanten Implantaten.

Diagnostische Mittel

- Klinische Untersuchung
- OPG
- CT
- SimPlant®-Planung
- Modellanalyse

Therapieplan

- Extraktion der nicht erhaltungswürdigen Zähne, Sofortimplantation mit Augmentation, provisorische Implantate mit Sofortversorgung
- Sekundäre Freilegung
- Keramisch verblendete transokklusal verschraubte Procera®-Brücke

Extraktion und Implantation

Nach Extraktion der Zähne werden zehn definitive Implantate, vier in der Front und jeweils drei distoforaminär im Molarenbereich inseriert. Im interforaminären Bereich werden zusätzlich vier provisorische Implantate eingesetzt (Abb. 3).

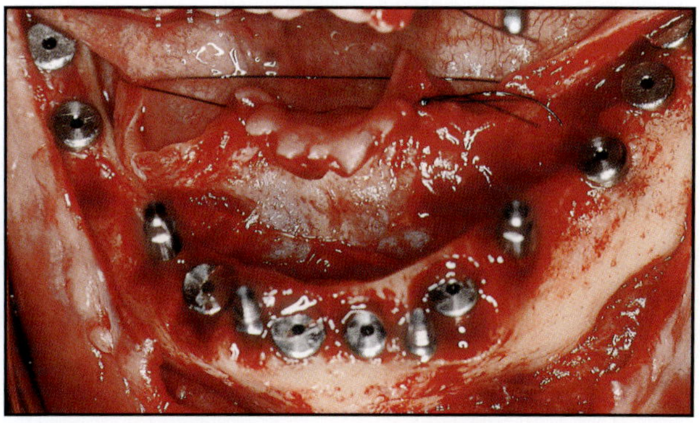

Abb. 3 Insertion von zehn definitiven Brånemark-System®- und vier provisorischen Implantaten.

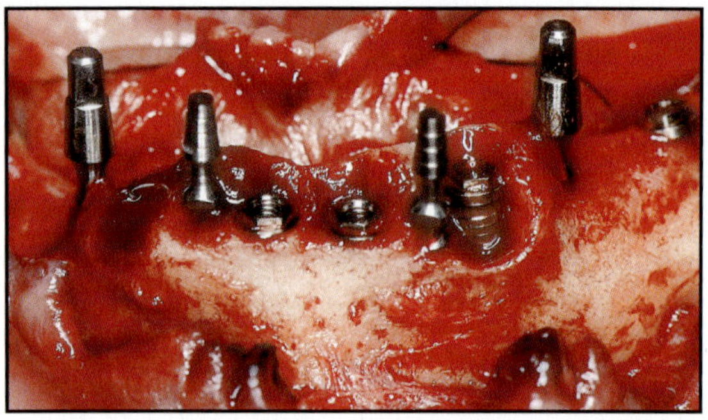

Abb. 4 Unterschiedliche Typen von provisorischen Implantaten: IPI® und KSI-Bauer-Schraube®.

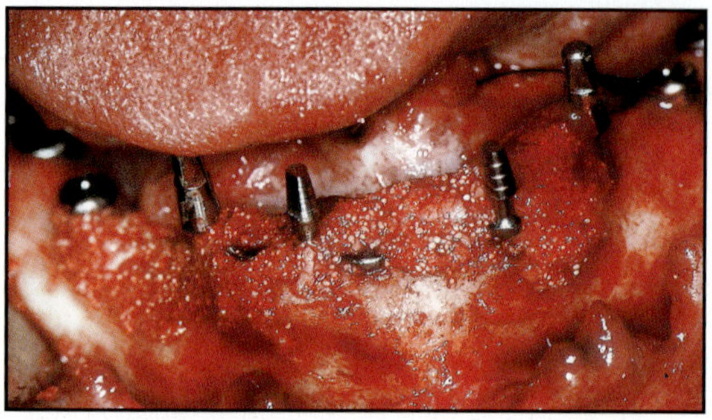

Abb. 5 Augmentation.

Distal werden stärkere KSI-Bauer-Schrauben® und mesial IPIs® als provisorische Implantate verwendet (Abb. 4). Nach der Implantation werden die Knochendefekte mit Knochenspänen gemischt mit Knochenersatzmaterial (Cerasorb®) aufgefüllt (Abb. 5) und die Wundränder dicht vernäht (Abb. 6).

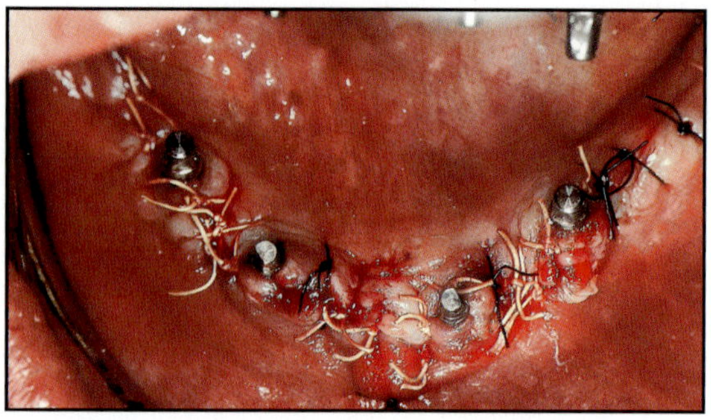

Abb. 6 Speicheldichter Nahtverschluss.

Provisorische Sofortversorgung

Auf die IPI®-Implantate werden die Prothetikkäppchen aufgesetzt und mit einer Ligatur zur Stabilisierung des Sofortprovisoriums miteinander verbunden (Abb. 7). Auf die KSI-Bauer-Schrauben® werden individuell hergestellte Käppchen positioniert. Mithilfe einer vorbereiteten Tiefziehfolie wird ein schnelles Sofortprovisorium hergestellt und eingegliedert (Abb. 8), welches bei der Nahtentfernung gegen ein laborgefertigtes Langzeitprovisorium ausgetauscht wird (Abb. 9). Dieses Provisorium ersetzt nur zehn Zähne (35 bis 45) und wird nach distal kaum über die Implantate extendiert.

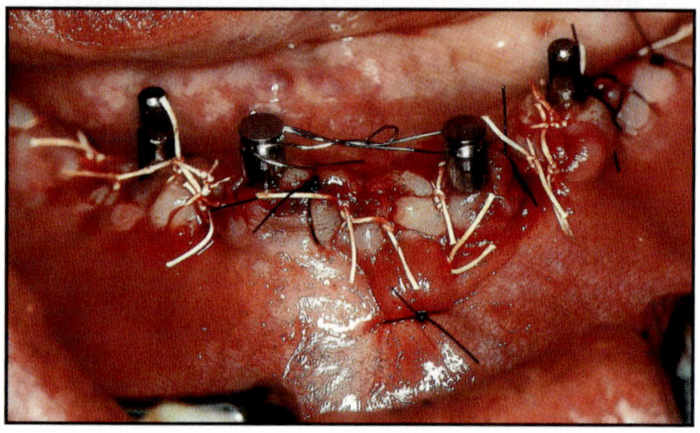

Abb. 7 IPI® mit aufgesetzten Prothetikkäppchen.

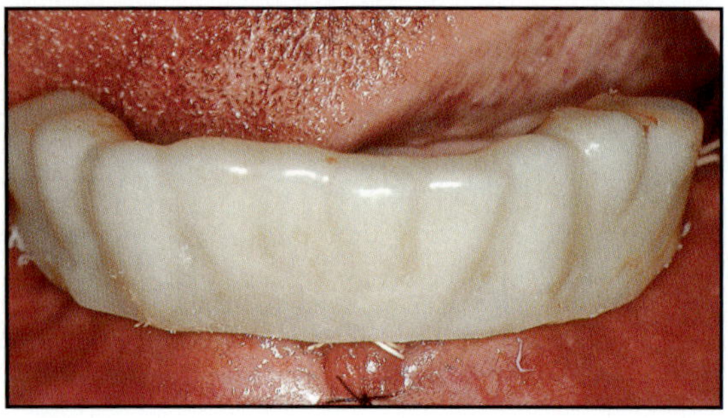

Abb. 8 Sofortprovisorium.

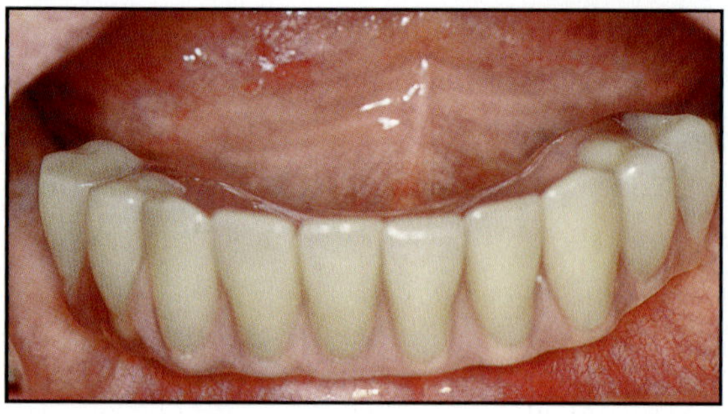

Abb. 9 Langzeitprovisorium.

Freilegung und Komplikation

Bei der Freilegungsoperation nach fünf Monaten zeigt sich eine Lockerung der provisorischen Implantate 32 und 44, sodass sie explantiert werden müssen (Abb. 10). Die verbliebenen provisorischen Implantate reichen für die Fixierung der Interimsbrücke nicht mehr aus, sodass zwei definitive Implantate mit in die provisorische Versorgung einbezogen werden müssen. Um das vorhandene Langzeitprovisorium zu retten und weiterhin verwenden zu können, werden auf die definitiven Implantate regio 33 und 43 provisorische Kunststoffzylinder aufgeschraubt (Abb. 11). Im Labor werden in dem metallverstärkten Langzeitprovisorium an den im Mund markierten Stellen Hohlräume geschaffen, sodass das Provisorium beim Aufsetzen die Zylinder nicht berührt (Abb. 12). Die korrekte Positionierung des Provisoriums wird durch die noch vorhandenen provisorischen Implantate ermöglicht. Die Kunststoffzylinder werden im Mund einpolymerisiert und das Provisorium im Labor ausgearbeitet und auf den definitiven und provisorischen Implantaten wiederbefestigt (Abb. 13). Das so umgearbeitete Langzeitprovisorium kann der Patient bis zur Fertigstellung der endgültigen Suprakonstruktion weiter tragen.

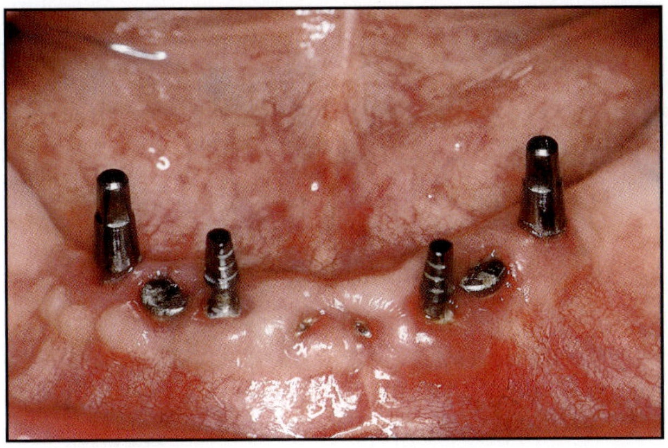

Abb. 10 Lockerung der provisorischen Implantate 32 und 44.

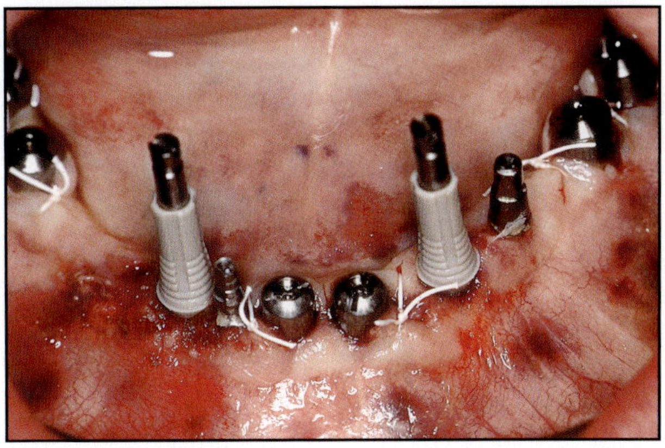

Abb. 11 Aufschrauben von provisorischen Zylindern 33 und 43.

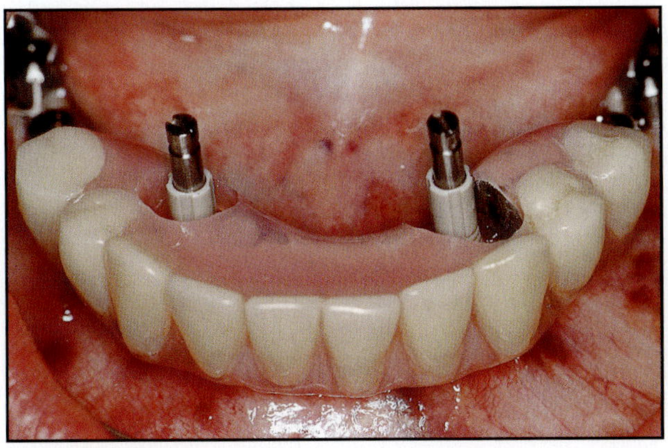

Abb. 12 Perforationen des Provisoriums regio 33 und 43.

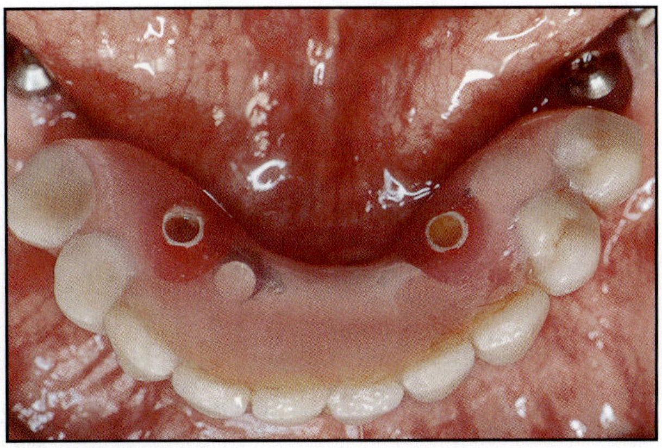

Abb. 13 Einpolymerisieren von Kunststoffzylindern in das Langzeitprovisorium.

Prothetische Versorgung

Die definitive Suprakonstruktion besteht aus einer keramisch verblendeten Procera®-Titanbrücke von 37 bis 47 (Abb. 14). Die klinische und radiologische Situation zeigt sich sieben Jahre nach der prothetischen Versorgung des Unterkiefers auf der OPG-Kontrollaufnahme (nach der Insertion von zehn Neoss®-Implantaten im durch Sinuslift rekonstruierten Oberkiefer) stabil (Abb. 15 und 16).

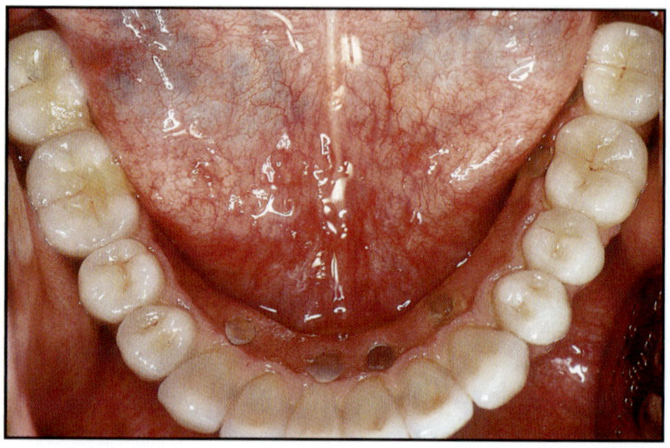

Abb. 14 Procera®-Titanbrücke von 37 bis 47.

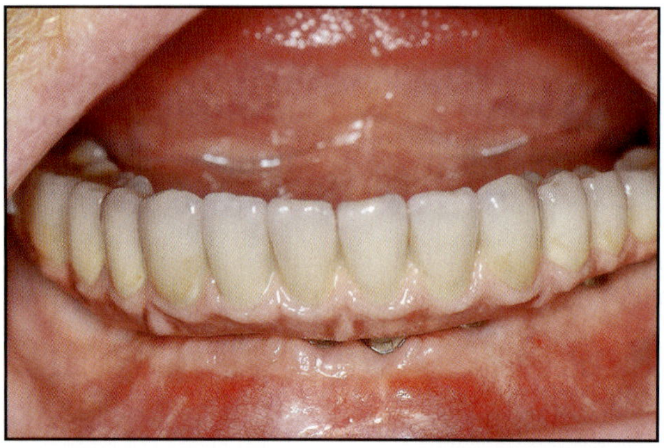

Abb. 15 Klinische Situation nach sieben Jahren in Funktion.

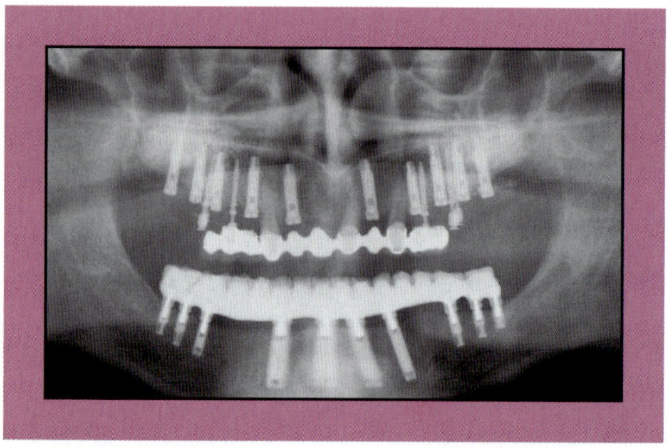

Abb. 16 OPG nach sieben Jahren.

Behandlungsablauf:
Implantation, Augmentation und Sofortversorgung – 5 Monate bis zur Freilegung – 3 Wochen bis zur Abdrucknahme und Fertigstellung

Chirurgie:	Prothetik:	Zahntechnik:
Dr. Christoph T. Sliwowski	Dr. Michael Weber	Olaf van Iperen

AUSGANGSSITUATION

Der Patient mit einer Prothesenphobie schob wegen der drohenden Zahnlosigkeit die erforderliche Sanierung so lange wie möglich hinaus (Abb. 1 und 2). Bei vorhergehenden Beratungsgesprächen alio loco wurde als Konzept vorgesehen, alle Zähne zu extrahieren und zunächst eine Totalprothese einzugliedern. Erst später sollte dann über eine definitive Versorgung ggf. unter Einbeziehung von Implantaten entschieden werden. Aufgrund der bestehenden Prothesenphobie stand der Patient diesem Konzept jedoch ablehnend gegenüber. Das Konzept sieht nun vor, in einer Sitzung in Narkose die erforderliche chirurgische Sanierung und Insertion der definitiven Implantate im Unterkiefer durchzuführen. Eine festsitzende Interimsversorgung soll durch provisorische Implantate im Unter- und Oberkiefer erfolgen. Im Oberkiefer wird in dieser ersten Sitzung neben der Insertion der provisorischen Implantate eine beidseitige Sinusbodenelevation mit dem vom Patienten gezüchteten Eigenknochen „BioSeed® – Oral Bone“ durchgeführt.

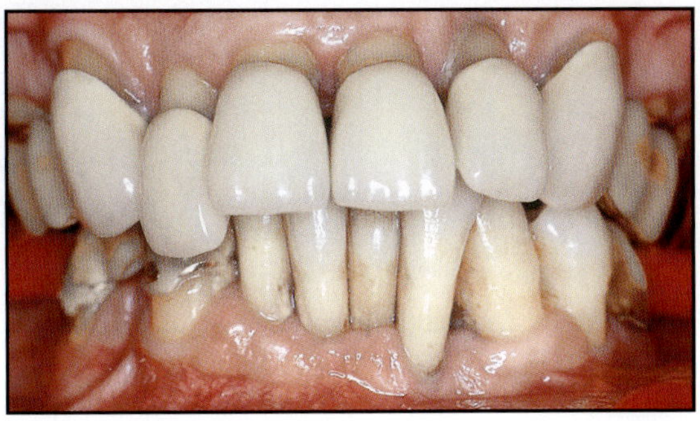

Abb. 1 Ausgangssituation: Sanierungsbedürftiges Restgebiss.

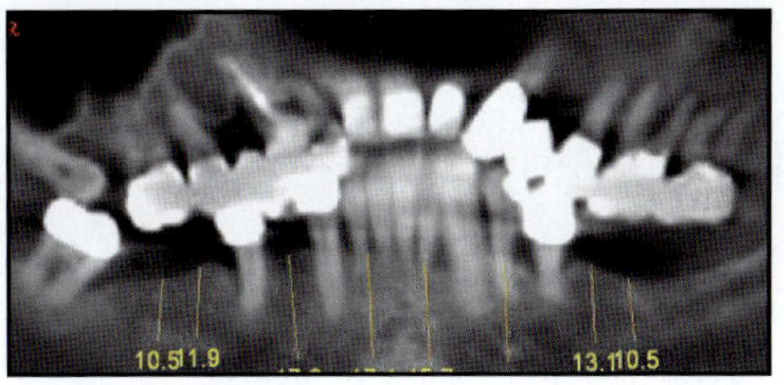

Abb. 2 Radiologische Ausgangsituation (DVT-Panoramadarstellung).

DIAGNOSTISCHE MITTEL

- Klinische Untersuchung
- OPG
- DVT
- SimPlant®-Planung
- Modellanalyse

THERAPIEPLAN

- Selektive Extraktion der nicht erhaltungswürdigen Zähne, Sofortimplantation von acht Implantaten mit Augmentation, provisorische Implantate mit Sofortversorgung
- Sekundäre Freilegung
- Zementierte keramisch verblendete Brücke auf individuellen Abutments

Sanierung und Implantation

Nach präoperativer antibiotischer Prophylaxe werden zuerst die nicht erhaltungswürdigen Zähne im Unterkiefer, außer Eckzähnen, extrahiert. Sowohl vestibulär als auch lingual werden Lappen gebildet, die Extraktionsalveolen von Granulationsgewebe befreit und die Implantatbetten präpariert (Abb. 3). An den geplanten Stellen werden acht permanente Brånemark-Implantate inseriert und das noch vorhandene Knochenangebot für die Eingliederung von fünf provisorischen Implantaten genutzt (Abb. 4). In den Bereichen 35 und 45 werden jeweils „paarig" IPI®-Implantate, eins lingual und eins vestibulär, eingesetzt (Abb. 5).

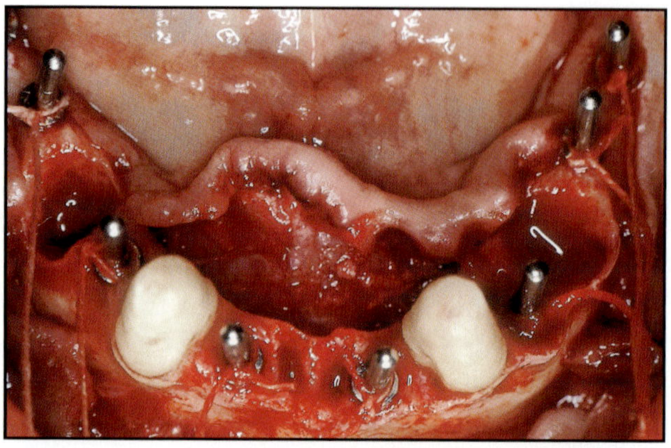

Abb. 3 Kontrolle der Ausrichtung der acht Implantatbetten.

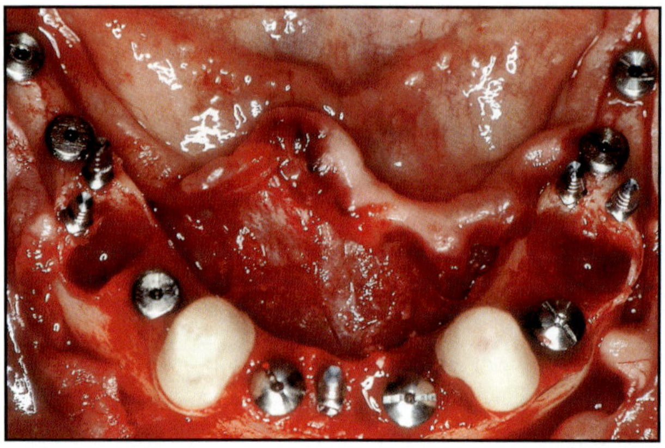

Abb. 4 Inserierte acht definitive und fünf provisorische Implantate.

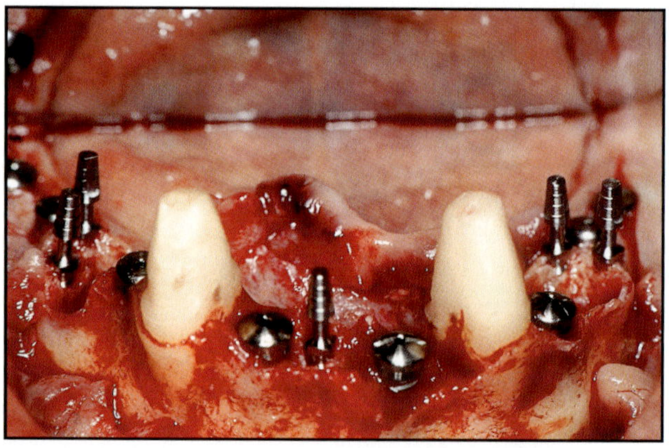

Abb. 5 Paarweise inserierte IPI®-Implantate regio 35 und 45.

Augmentation und provisorische Versorgung

Die Knochendefekte werden mit den gesammelten Knochenspänen aufgefüllt, mit BioGide®-Membranen abgedeckt (Abb. 6) und die Membranen mit Titannägelchen von vestibulär fixiert

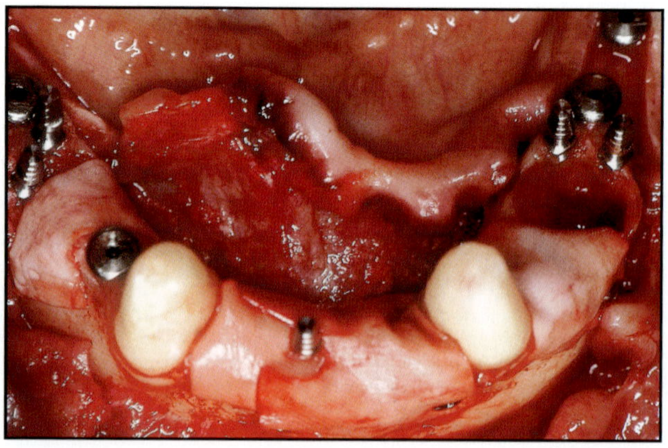

Abb. 6 Augmentation.

(Abb. 7). Die Wundränder werden aneinander adaptiert und mit Gore®-Fäden dicht vernäht (Abb. 8). Die vorbereiteten Eierschalenprovisorien werden an die Situationen sowohl im Unter- als auch im Oberkiefer in situ angepasst, mit selbsthärtendem Kunststoff unterfüttert und unmittelbar postoperativ eingegliedert (Abb. 9). Diese Provisorien werden später gegen die im Labor gefertigten metallverstärkten Langzeitprovisorien ausgetauscht (Abb. 10).

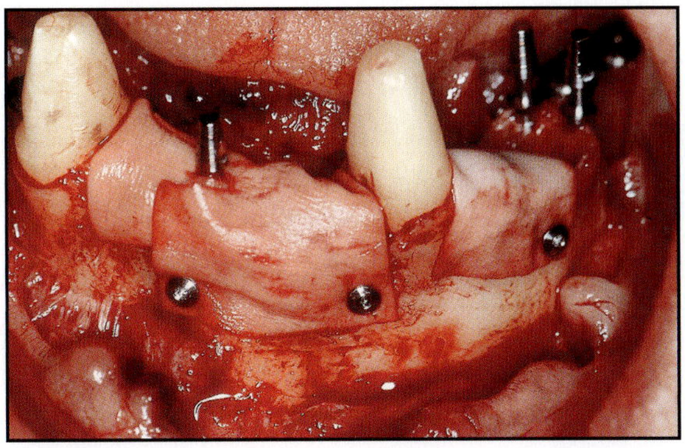
Abb. 7 Mit Titannägelchen fixierte Membranen.

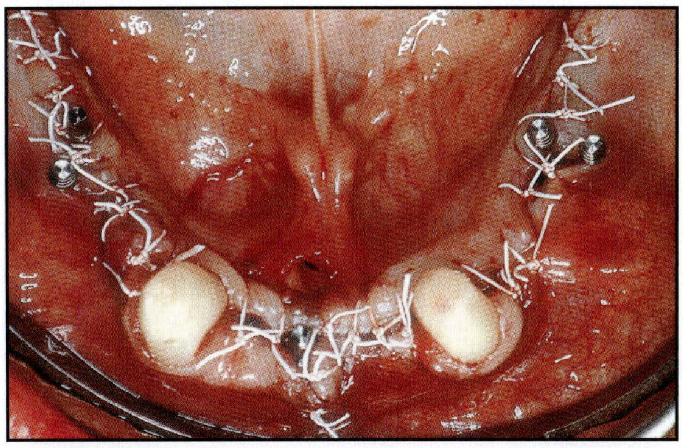
Abb. 8 Dichter Nahtverschluss.

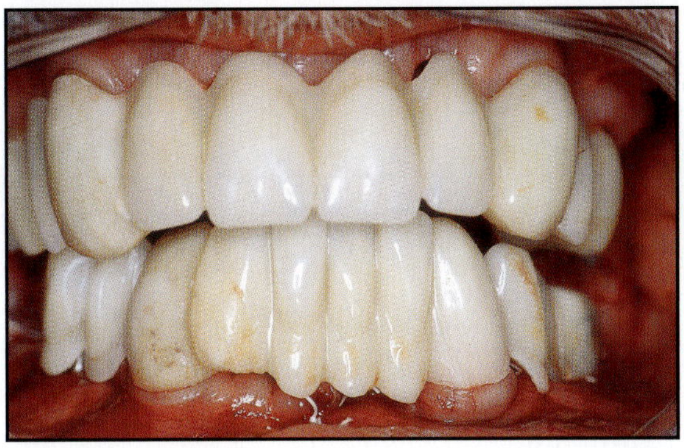
Abb. 9 Unterfütterte Eierschalenprovisorien.

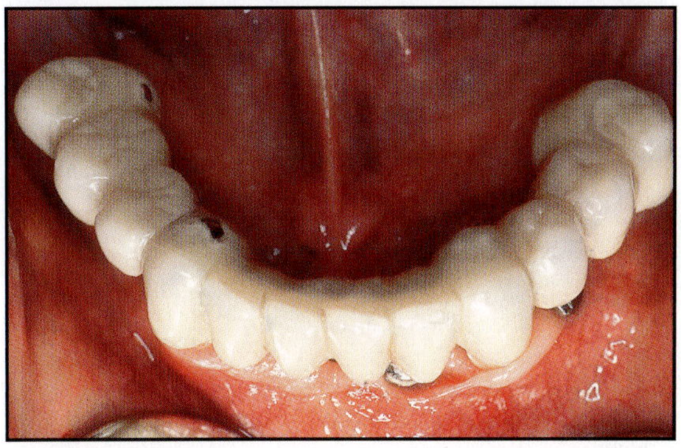
Abb. 10 Langzeitprovisorium auf Metallbasis.

Freilegung und prothetische Versorgung

Die Implantate im Unterkiefer werden noch vor der Implantation im Oberkiefer (nach durchgeführtem beidseitigem Sinuslift) freigelegt (Abb. 11). Als Suprakonstruktion wird in diesem Fall eine auf individuellen Abutments über transversale Verschraubungen fixierte Brücke gewählt. Bei der Abdrucknahme wird der präzise Sitz der Abdruckpfosten durch eine OPG-Aufnahme

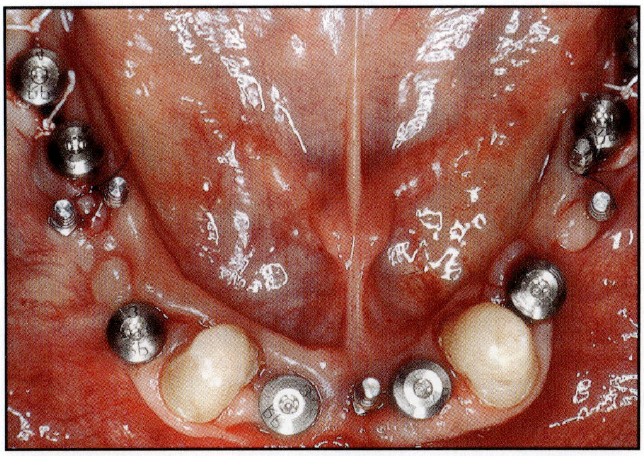
Abb. 11 Freilegung im Unterkiefer.

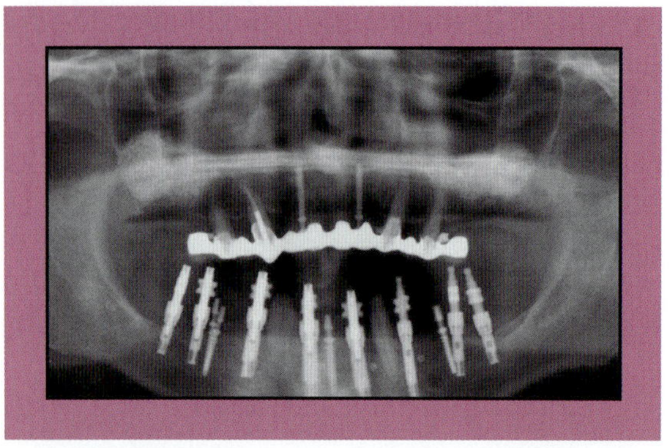

Abb. 12 OPG-Kontrolle bei der Abdrucknahme.

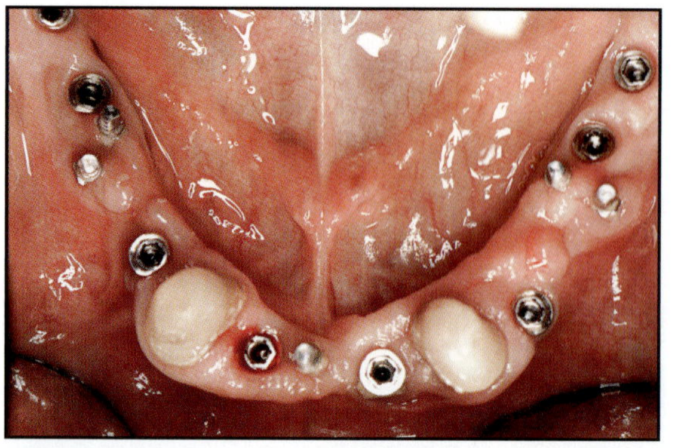

Abb. 13 Abgeschraubte Heilungsabutments.

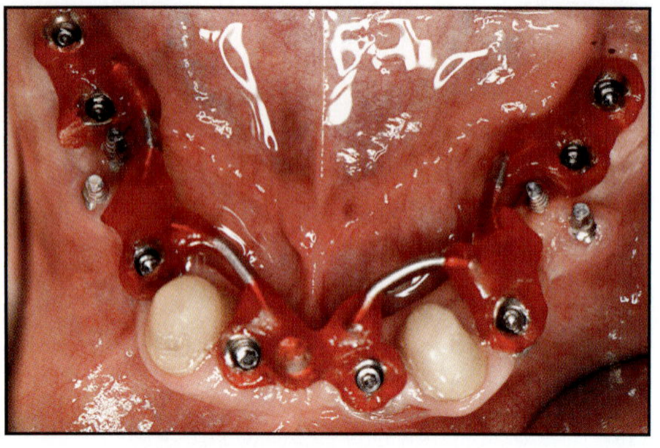

Abb. 14 Mit einem Transfer (Schlüssel) positionierte individuelle Abutments.

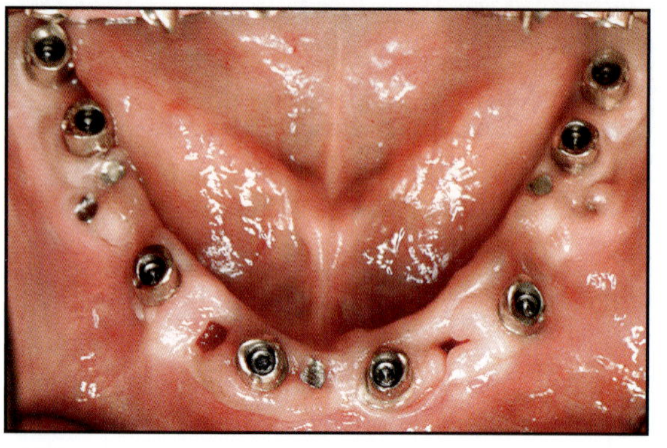

Abb. 15 Abgesägte provisorische IPI®-Implantate in situ.

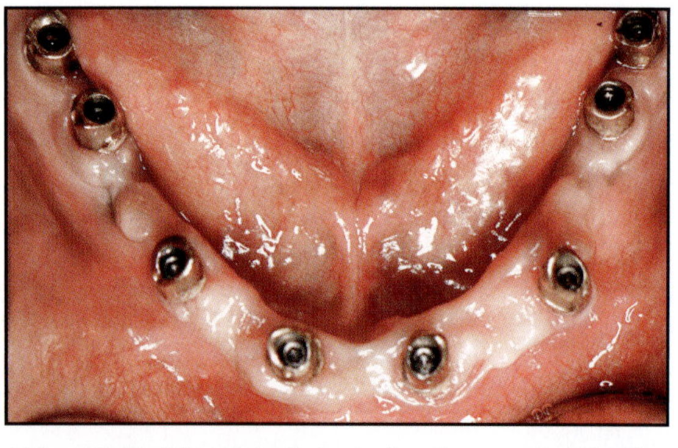

Abb. 16 Stabile Zahnfleischsituation nach Nivellierung der IPI®-Implantate.

kontrolliert (Abb. 12). Vor der Anprobe der individuellen Abutments werden die Heilungsdistanzhülsen abgeschraubt (Abb. 13). Für die korrekte Positionierung der Abutments wird ein Transferschlüssel vorbereitet, der die Zähne und provisorischen Implantate ausspart (Abb. 14). Für die Fertigstellung der Suprakonstruktion müssen die noch vorhandenen Zähne und provisorischen Implantate entfernt werden. Da der behandelnde Prothetiker gerade zu diesem Zeitpunkt im Urlaub war und der Patient es sehr eilig hatte, wurde dieser Schritt durch einen anderen Zahnarzt durchgeführt. Der Kollege war mit den provisorischen Implantaten jedoch nicht vertraut, und statt sie herauszudrehen, hat er sie einfach bündig auf Gingivaniveau abgesägt. So gekürzte Implantate, wenn sie noch fest integriert sind, lassen sich nicht ohne erheblichen operativen Aufwand herausdrehen (Abb. 15). Um einen Schleimhautverschluss über den verbliebenen Stümpfen zu erreichen, wurden sie nachträglich noch weiter bis auf Knochenniveau reduziert (Abb. 16). Das Behandlungsziel einer festsitzenden Brückenkonstruktion unter Vermeidung eines totalprothetischen Interimsersatzes konnte dennoch erreicht werden. Die Brücke wird in einem Stück hergestellt und mit Keramik verblendet. Als sekundäre Teleskopteile werden Galvanokäppchen in die Brücke eingeklebt und der sichere Sitz wird durch transversale Minischrauben von lingual im Molarenbereich gesichert (Abb. 17). Vorteilhaft ist bei dieser Art der Konstruktion, dass okklusal keine Schraubenzugänge sichtbar sind, die Brücke aber über die transversale Verschraubung bei Bedarf herausgenommen werden kann (Abb. 18). Die ein halbes Jahr später bei der Abdrucknahme der zehn Neoss®-Implantate im Oberkiefer durchgeführte OPG-Aufnahme zeigt einen präzisen Sitz der Suprakonstruktion und die im Kiefer verbliebenen Titanreste von den IPI®s und die Titannägelchen. Da es sich wie bei definitiven Implantaten um Titan handelt, erwartet man dadurch keine Komplikationen. Dennoch ist diese „Methode" nicht weiterzuempfehlen. Die Abschlussaufnahme zeigt die klinische Situation drei Jahre nach Eingliederung der Restauration (Abb. 20).

Abb. 17 Von basal gesehene Brücke mit prothetisch günstigen Implantatpositionen.

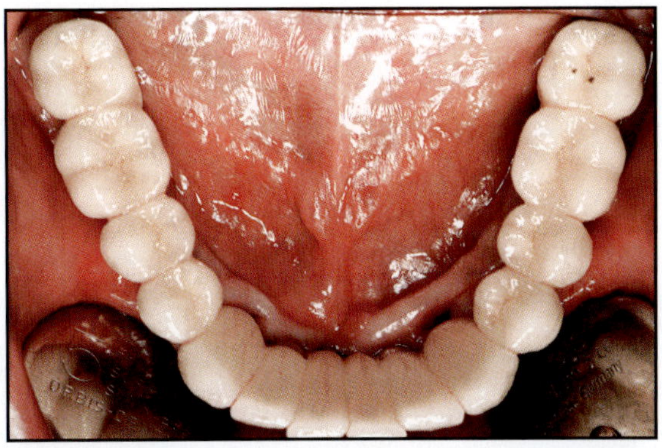

Abb. 18 Ästhetische Kauflächengestaltung ohne okklusale Perforationen.

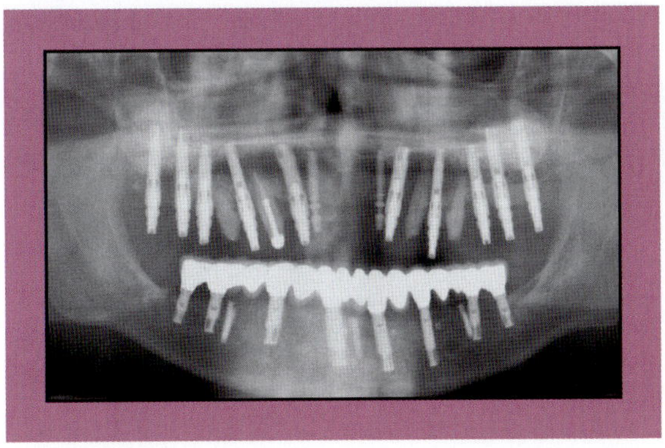

Abb. 19 OPG-Kontrolle mit den Titanresten (der provisorischen Implantate und Nägelchen).

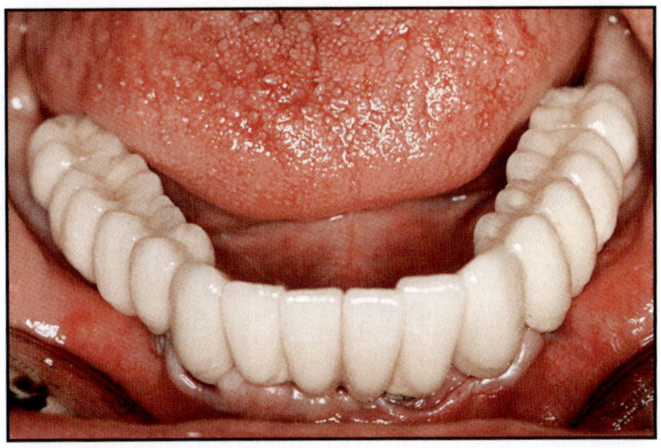

Abb. 20 Periimplantäre Verhältnisse drei Jahre nach der Eingliederung.

Behandlungsablauf:
Implantation, Augmentation und Sofortversorgung – 8 Monate bis zur Freilegung – 3 Wochen bis zur Abdrucknahme und Fertigstellung

Chirurgie:	Prothetik:	Zahntechnik:
Dr. Christoph T. Sliwowski	Dr. Michael Weber	Horst Mosch

Sofortversorgung permanenter Implantate durch eine Brücke

Ausgangssituation

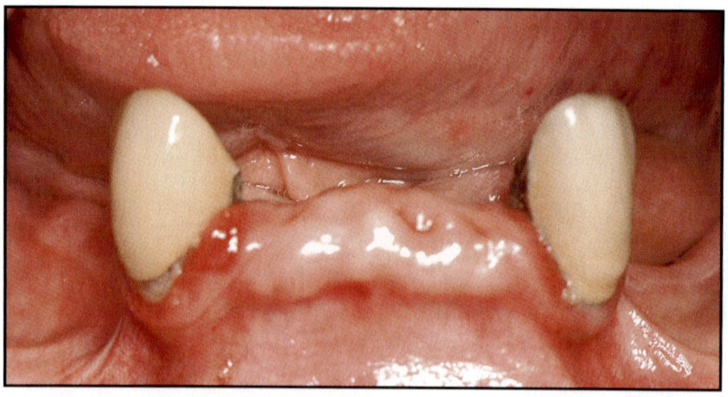

Abb. 1 Klinische Ausgangssituation.

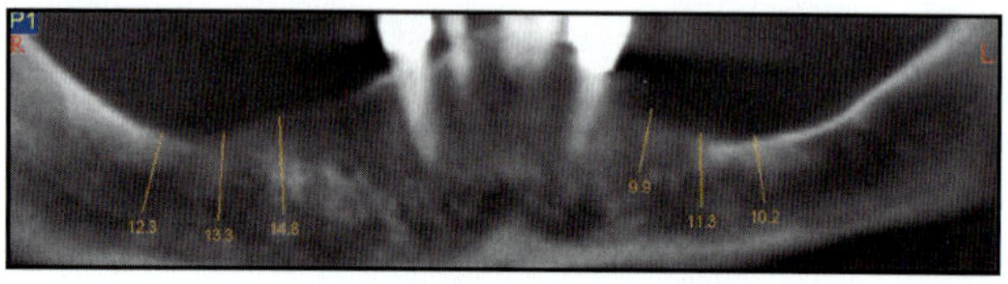

Abb. 2 Große Höhendiskrepanz zwischen Front- und Seitenzahnbereich – DVT-Panoramadarstellung.

Abb. 3 3-D-Rekonstruktion.

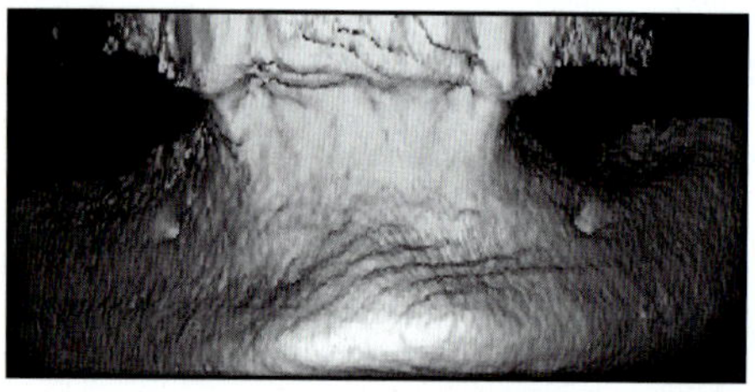

Der Patient mit noch zwei überkronten Eckzähnen im Unterkiefer wünscht eine festsitzende Versorgung (Abb. 1). Da er aufgrund einer kardialen Erkrankung auf eine antikoagulative Therapie mit einer Marcumar®-Medikation angewiesen ist, die für operative Eingriffe aufwändig umgestellt werden muss, wird eine einzeitige Implantation mit transgingivaler Einheilung vorgesehen, obgleich bereits in der Planungsphase erkennbar ist, dass eine Augmentation im Seitenzahnbereich erforderlich wird. Der Kieferkamm ist im anterioren Bereich sehr gut erhalten, während er im Seitenzahnbereich beidseits bereits stark atrophiert ist (Abb. 2 und 3). Um die Implantate auf einem einheitlichen Niveau platzieren zu können, muss der Kieferkamm in der Front reduziert und in distalen Bereichen aufgebaut werden.

Diagnostische Mittel

- Klinische Untersuchung
- Internistisches Konsilium
- OPG
- DVT
- SimPlant®-Planung
- Modellanalyse

Therapieplan

- Nivellierung des Knochenniveaus im Frontbereich, Implantation im Front- und Seitenzahnbereich mit Augmentation im Seitenzahnbereich, provisorische Sofortversorgung über anteriore Implantate und Eckzähne
- Definitive prothetische Versorgung durch eine transokklusal verschraubte, keramisch verblendete Brücke

Implantation und Augmentation

Bei der Operation in einer Intubationsnarkose werden nach Reduktion der Kieferkammhöhe zwei Neoss®-Implantate regio 32 und 42 sowie drei weitere Implantate distal des Eckzahns im dritten Quadranten inseriert (Abb. 4). Die distalen Implantate werden ca. 2 mm suprakrestal inseriert (Abb. 5). Um eine schnellere Revaskularisation des Augmentats zu erreichen, wird die Kortikalis an mehreren Stellen perforiert. Auf die Implantate werden die Heilungsdistanzhülsen aufgeschraubt und die Augmentation mit einem Gemisch aus Eigenknochen und BioOss® durchgeführt. Zur Stabilisierung wird das Augmentat vor dem speicheldichten Wundverschluss mit einer BioGide®-Membran abgedeckt, die wiederum durch die Abutments und ein Titannägelchen gehalten wird (Abb. 6). Nach dem Wundverschluss erfolgt die Implantation auf der kontralateralen Seite in gleicher Weise. Da die Atrophie hier noch weiter fortgeschritten ist und weitere Teile der Gewinde freiliegen, muss hier noch mehr Volumen augmentiert werden (Abb. 7). Die Membran wird ebenfalls durch die Heilungsdistanzhülsen und ein zusätzliches Nägelchen fixiert (Abb. 8).

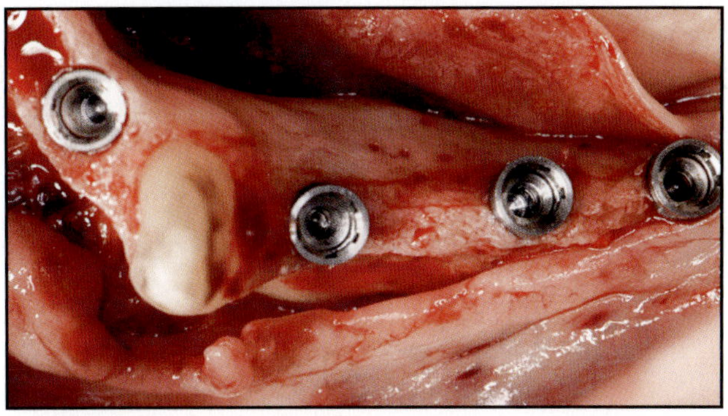

Abb. 4 Insertion von Neoss®-Implantaten regio 32, 34, 36 und 37.

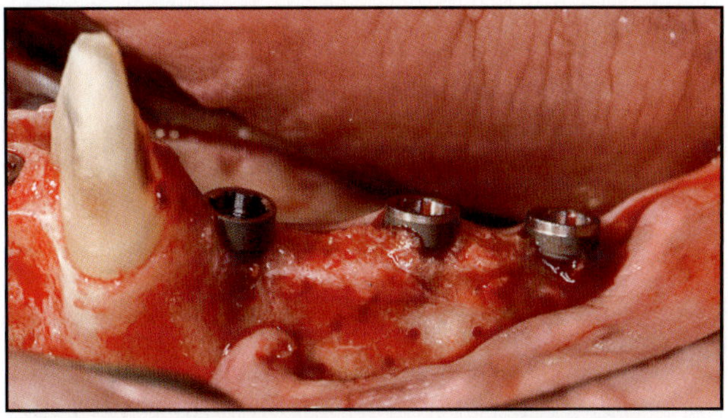

Abb. 5 Suprakrestale Positionierung der Implantate.

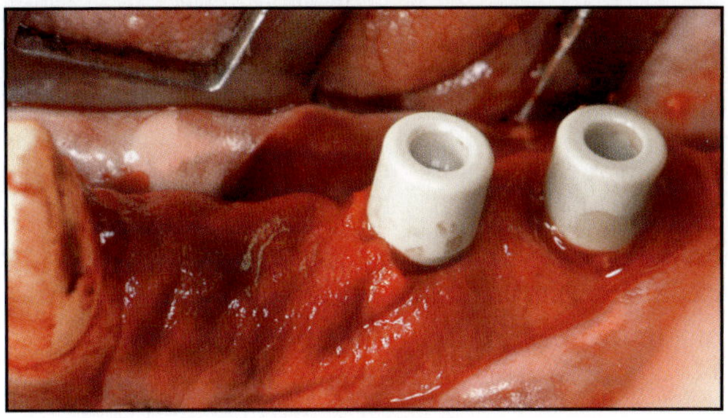

Abb. 6 Aufgeschraubte PEEK-Heilungsdistanzhülsen, die Membran und Augmentat stabilisieren.

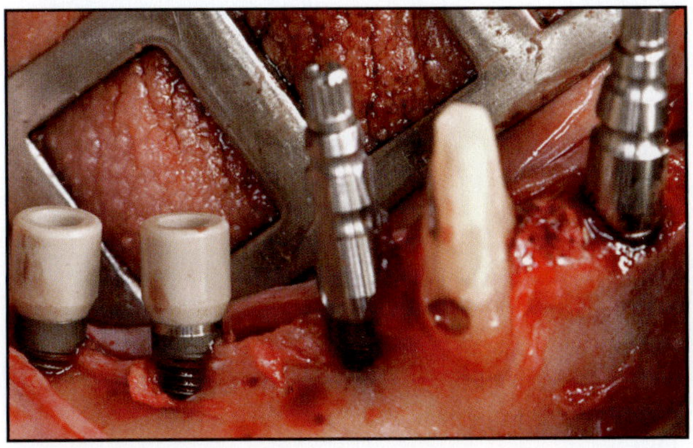

Abb. 7 Implantation auf der kontralateralen Seite. Perforierte Kortikalis.

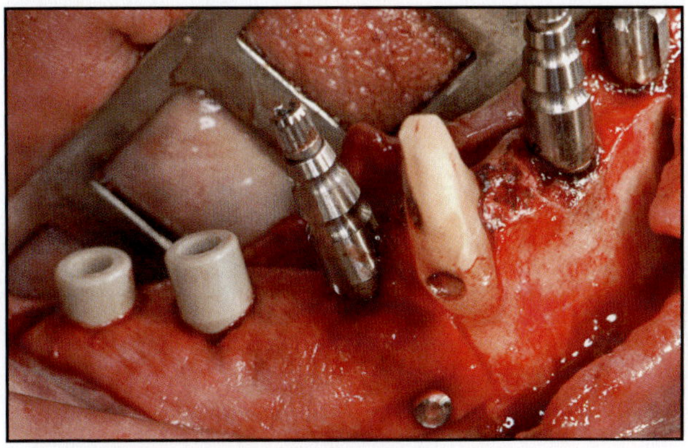

Abb. 8 Augmentation mit fixierter Membran.

Provisorische Sofortversorgung

Zur Abdrucknahme für ein laborgefertigtes Langzeitprovisorium werden noch vor dem Nahtverschluss auf die vier anterioren Implantate Abdruckpfosten aufgeschraubt (Abb. 9). Der Abdruck erfolgt mit einem offenen individuellen Löffel, durch den die Abdruckpfostenschrauben gelöst werden können und der Abdruck nach der Pick-up-Technik durchgeführt werden kann. Nach der Abdrucknahme werden die Heilungsdistanzhülsen aufgeschraubt (Abb. 10) und mithilfe einer vorbereiteten Tiefziehfolie über alle acht Implantate und beide Eckzähne ein Schnellprovisorium angefertigt (Abb. 11). Das Provisorium reicht von 36 bis 46, okklusale Kontakte bestehen aber nur von 34 bis 44. Die Verteilung der Implantate im Kiefer und deren Relation zueinander und zum Mandibularkanal ist auf der postoperativen Röntgenkontrolle erkennbar (Abb. 12).

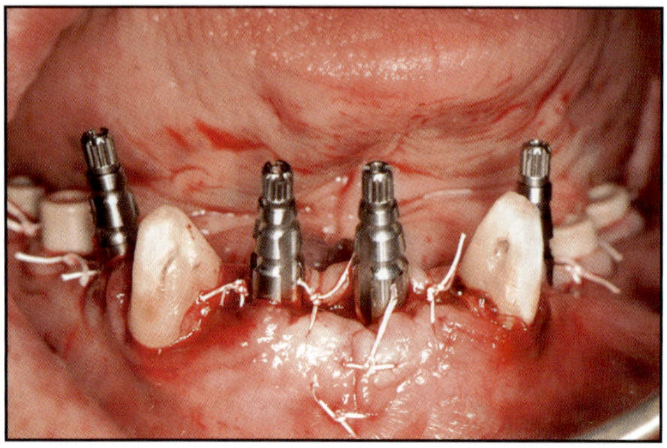

Abb. 9 Abdruckpfosten auf den anterioren Implantaten.

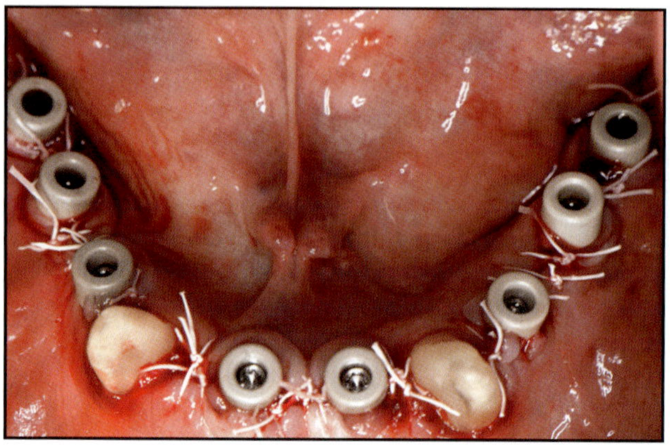

Abb. 10 Nahtverschluss.

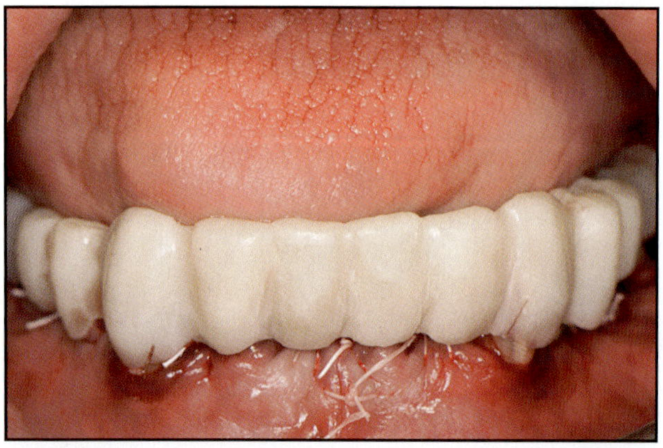

Abb. 11 Sofortprovisorium.

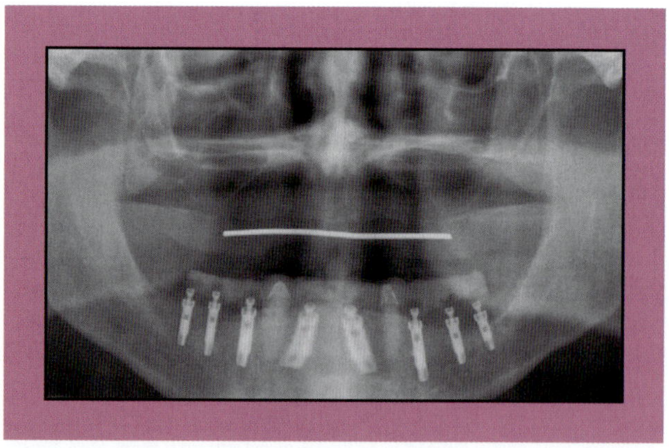

Abb. 12 OPG-Kontrolle.

Laborverfahren

Nach Modellerstellung werden im Labor auf die Modellimplantate provisorische Zylinder aufgeschraubt und individualisiert (Abb. 13). Hierüber wird eine metallverstärkte provisorische Brücke gefertigt, die dann intraoral mit den provisorischen Abutments verklebt werden kann (Abb. 14). Die Schraubenkanäle über den Implantaten verbleiben offen, um nach der Verklebung die Abutmentschrauben weiterhin erreichen zu können (Abb 15).

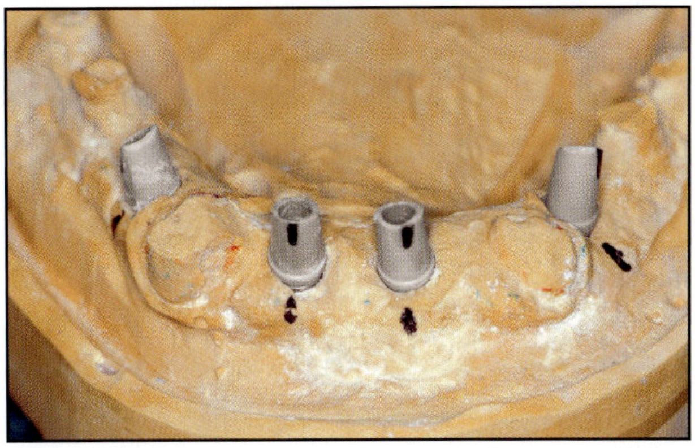

Abb. 13 Individualisierte provisorische Zylinder.

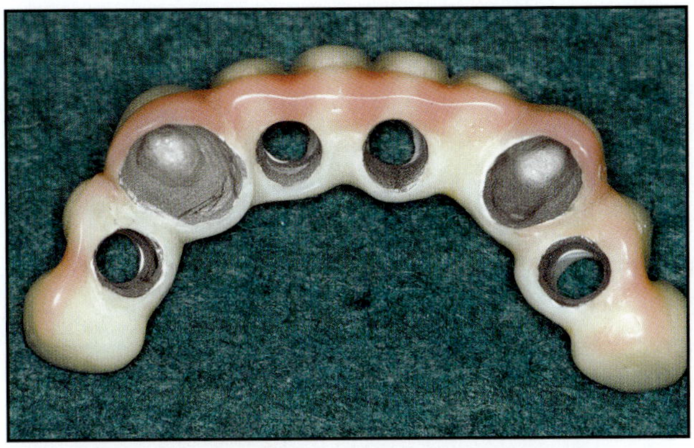

Abb. 14 Metallverstärktes Langzeitprovisorium.

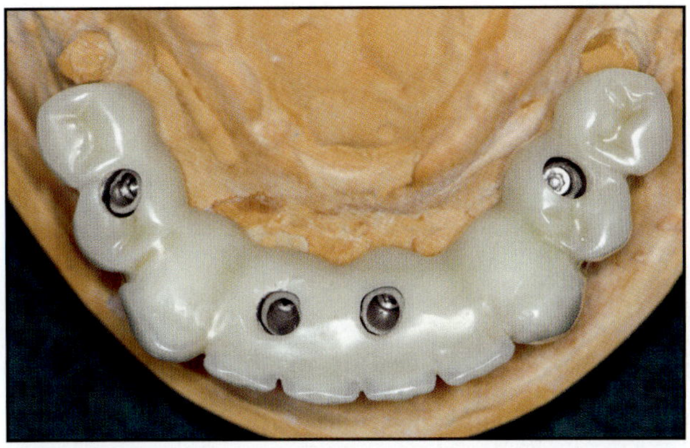

Abb. 15 Zugang zu den Verschraubungen.

Langzeitprovisorium und prothetische Versorgung

Nach der ersten Stabilisierung der Gingivasituation ca. zehn Tage postoperativ wird das Langzeitprovisorium eingesetzt und die vorbereiteten Konstruktionsteile im Mund verklebt und abschließend im Labor ausgearbeitet (Abb. 16).

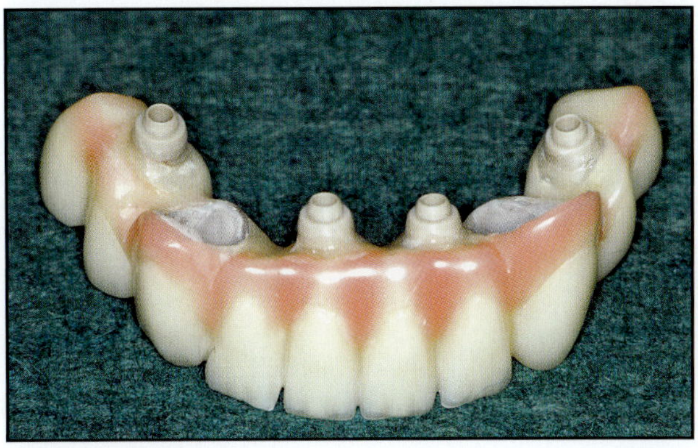

Abb. 16 Fertiges Langzeitprovisorium.

Das Langzeitprovisorium wird auf den Eckzähnen mit TempBond® zementiert und auf den Implantaten verschraubt (Abb. 17). Das Provisorium reicht von 35 bis 45, sodass die vier kurzen distalen Implantate zwar transgingival, aber unbelastet einheilen können. Sechs Monate nach der Implantation wird eine verschraubte Brücke von 37 bis 47 angefertigt (Abb. 18). Dank der Kombination der Methoden Augmentation und Nivellierung des Kieferkammes war es möglich, die Höhenunterschiede zwischen Front- und Seitenzahnbereich mindestens teilweise auszugleichen (Abb. 19). Das gewählte einzeitige Vorgehen ist zwar mit einem größeren Komplikationsrisiko verbunden, kann aber dem Marcumarpatienten eine zusätzliche Operation ersparen (Abb. 20).

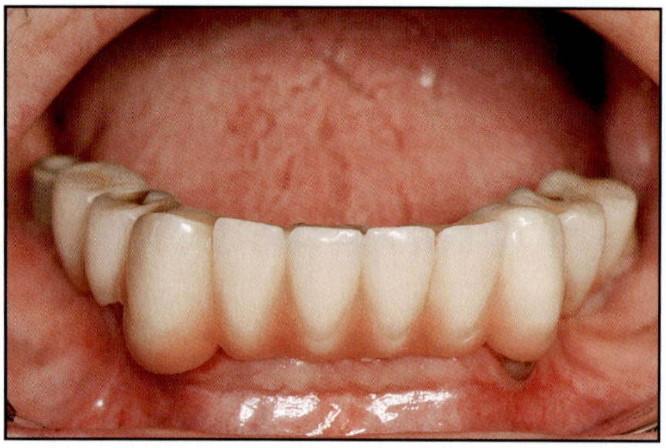

Abb. 17 Langzeitprovisorium in situ.

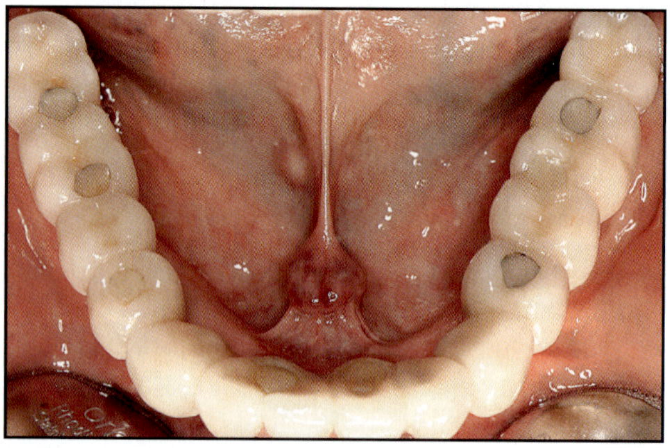

Abb. 18 Transokklusal verschraubte VMK-Brücke als definitive prothetische Versorgung.

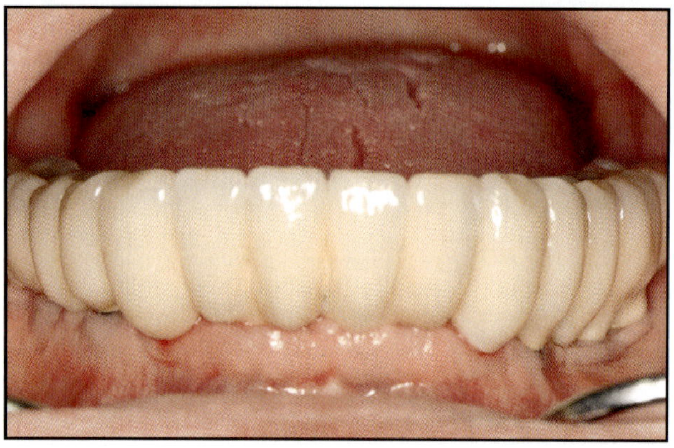

Abb. 19 Stabile und harmonische Kiefer- und Gingivasituation nach Augmentation.

Abb. 20 Patient nach Abschluss der Behandlung.

Behandlungsablauf:

Implantation, Augmentation und Sofortversorgung – 6 Monate bis zur Abdrucknahme und Fertigstellung

Chirurgie:	Prothetik:	Zahntechnik:
Dr. Christoph T. Sliwowski	Dr. Michael Weber	Ute Olbers

Literatur

Implantologie

1. *Balshi, T.J., Hernandez, R.E., Pryszlak, M.C. et al.:* A comparative study of one implant versus two replacing a single molar. Int J Oral Maxillofac Implants, Vol.11/3; 372–8 (May1996)

2. *Balshi, T.J. and Wolfinger, G.J.:* Two-implant-supported single molar replacement: interdental space requirements and comparison to alternative options. Int J Periodontics Restorative Dent, Vol.17/5; 426–35 (Oct 1997)

3. *Becker, W., Becker, B.E., Alsuwyed, A. et al.:* Long-term evaluation of 282 implants in maxillary and mandibular molar positions: a prospective study. J Periodontol, Vol. 70/8; 896-901 (Aug 1999)

4. *Blatz, M.B., Strub, J.R., Glaser, R. et al.:* Use of wide-diameter and standard-diameter implants to replace single molars: two case presentations. Int J Prosthodont, Vol.11/4; 356–63 (July 1998)

5. *Ganz, S.D.:* Replacing four mandibular incisors with an implant supported prosthesis. Implant Soc, Vol. 4/3; 2–4 (1993)

6. *Griffin, T.J. and Cheung, W.S.:* The use of short, wide implants in posterior areas with reduced bone height: a retrospective investigation. J Prosthet Dent, Vol. 92/2; 139–44 (Aug 2004)

7. *Iplikcioglu, H. and Akca, K.:* Comparative evaluation of the effect of diameter, length and number of implants supporting three-unit fixed partial prostheses on stress distribution in the bone. J Dent, Vol.30/1; 41–6 (Jan 2002)

8. *Jemt T.:* Restoring the gingival contour by means of provisional resin crowns after single-implant treatment. Int J Periodontics Restorative Dent 19; 21–29 (1999)

9. *Lekholm U. et al.:* Survival of the Branemark Implant in Partially Edentulous Jaws: A 10-Year Prospective Multicenter Study. Int J Oral Maxillofac Implants 14; 639–645 (1999)

10. *Majewski, S., Majewski, P.:* Współczesna implantoprotetyka dentystyczna. Mag Stom, 12, 21 (1998)

11. *Marlin, G.M. and Baraban, D.:* Restoring the single lower incisor implant with esthetics, antirotation, and retrievability. Compendium, Vol.15/5; 624, 626, 628-4, 626, 629 (May 1994)

12. *Parein, A.M., Eckert, S.E., Wollan, P.C. et al.:* Implant reconstruction in the posterior mandible: a long-term retrospective study. J Prosthet Dent, Vol. 78/1; 34–42 (July 1997)

13. *Petropoulos, V.C., Wolfinger, G.J., and Balshi, T.J.:* Complications of mandibular molar replacement with a single implant: a case report. J Can Dent Assoc, Vol. 70/4; 238–42 (Apr 2004)

14. *Polizzi, G., Rangert, B., Lekholm, U. et al.:* Brånemark System Wide Platform implants for single molar replacement: clinical evaluation of prospective and retrospective materials. Clin Implant Dent Relat Res, Vol. 2/2; 61–9 (2000)

15. *Sato, Y., Shindoi, N., Hosokawa, R. et al.:* Biomechanical effects of double or wide implants for single molar replacement in the posterior mandibular region. J Oral Rehabil, Vol. 27/10; 842–5 (Oct 2000)

16. *Schwartz-Arad, D., Samet, N., and Samet, N.:* Single tooth replacement of missing molars: a retrospective study of 78 implants. J Periodontol, Vol. 70/4; 449–54 (Apr 1999)

17. *Śliwowski C.T.:* Anfertigung einer provisorischen Krone zur sofortigen Eingliederung nach Freilegung eines eingeheilten Implantats. Quintessenz Zahntech 25; 2; 143–150 (1999)

18. *Śliwowski C.T.:* Ersatz fehlender seitlicher Schneidezähne mit der Narrow Platform. Nobel Biocare Heute, 2, 10 (1997)

19. *Śliwowski C.T.:* Die Gingiva mit der „Kosinus-Kurve" – Freilegungstechnik modellieren. DZW Spezial 10; 26–28 (2000)

20. *Wojtowicz A,:* Stomatologia geriatryczna – możliwości leczenia implantologicznego. Implants dti 1, 24 (2006)

21. *Yamashita, J., Wang, Q., and Dechow, P.C.:* Biomechanical effects of fixed partial denture therapy on strain patterns of the mandible. J Prosthet Dent, Vol. 95/1; 55–62 (Jan 2006)

22. *Zablocki J.:* Implantacja – uzupełnienia stałe. Monografia. Galdent, Lwów (2006)

Augmentation

1. *Araujo, M.G., Sonohara, M., Hayacibara, R. et al.:* Lateral ridge augmentation by the use of grafts comprised of autologous bone or a biomaterial. An experiment in the dog. J Clin Periodontol, Vol. 29/12; 1122–31 (Dec 2002)

2. *Buser, D., Dahlin, C., Schenk, R.K.:* Guided Bone Regeneration in Implant Dentistry. Quintessence Book (1994)

3. *Carmagnola, D., Berglundh, T., Araujo, M. et al.:* Bone healing around implants placed in a jaw defect augmented with Bio-Oss. An experimental study in dogs. J Clin Periodontol, Vol. 27/11; 799–805 (Nov 2000)

4. *Carpio, L., Loza, J., Lynch, S. et al.:* Guided bone regeneration around endosseous implants with anorganic bovine bone mineral. A randomized controlled trial comparing bioabsorbable versus non-resorbable barriers. J Periodontol, Vol. 71/11; 1743–9 (Nov 2000)

5. *Chiapasco, M., Abati, S., Romco, E., Vogel, G.:* Clinical outcome of autugenous bone blocks or guided bone regeneration with e-PTFE membranes for the reconstruction of narrow edentulous ridges. Clin Oral Implants Res, 10; 278–288 (1999)

6. *Cornelini, R., Cangini, F., Martuscelli, G. et al.:* Deproteinized bovine bone and biodegradable barrier membranes to support healing following immediate placement of transmucosal implants: a short-term controlled clinical trial. Int J Periodontics Restorative Dent, Vol. 24/6; 555–63 (Dec 2004)

7. *Fugazzotto, P.A.:* Guided bone regeneration at immediate implant insertion and loading: a case report. Implant Dent, Vol. 13/3; 223–7 (Sept 2004)

8. *Hammerle, C.H., Chiantella, G.C., Karring, T. et al.:* The effect of a deproteinized bovine bone mineral on bone regeneration around titanium dental implants. Clin Oral Implants Res, Vol. 9/3; 151–62 (June 1998)

9. *Hellem, S., Astrand, P., Stenstrom, B. et al.:* Implant treatment in combination with lateral augmentation of the alveolar process: A 3-year prospective study. Clin Implant Dent Relat Res, Vol. 5/4; 233–40 (2003)

10. *Hollinger, J.O., Schmitt, J.M., Hwang, K., Buck, D.:* Impact of nicotine on bone healing. J Biomed Mater Res, 45; 4; 294–301 (1999)

11. *Lekholm, U., Wannfors, K., Isaksson, S., Adielsson, B.:* Oral implants in combination with bone grafts. A 3-year retrospective multicenter study using the Brånemark implant system. Int J Oral Maxillofac Surg, 28; 181–187(1999)

12. *Lorenzoni, M., Pertl, C., Keil, C. et al.:* Treatment of peri-implant defects with guided bone regeneration: a comparative clinical study with various membranes and bone grafts. Int J Oral Maxillofac Implants, Vol. 13/5; 639–46 (Sept 1998)

13. *Lytle, J.L.:* Freeze-dried demineralized bone in dental implant reconstruction. J Calif Dent Assoc, Vol. 22/5; 47–51 (May 1994)

14. *Maiorana, C., Beretta, M., Salina, S. et al.:* Reduction of autogenous bone graft resorption by means of bio-oss coverage: a prospective study. Int J Periodontics Restorative Dent, Vol. 25/1; 19–25 (Feb 2005)

15. *Moses, O., Pitaru, S., Artzi, Z. et al.:* Healing of dehiscence-type defects in implants placed together with different barrier membranes: a comparative clinical study. Clin Oral Implants Res, Vol. 16/2; 210–9 (Apr 2005)

16. *Nevins, M., Mellonig, J.T., Clem, D.S., Reiser, G.M., Buser, D.A.:* Implantate in regeneriertem Knochen: Langzeitüberlebens-Studie. Int J Par Rest Zahnheikd, 18; 35–45 (1998)

17. *Palacci, P.:* Ästhetische Implantologie. Weich- und Hartgewebe Management. Quintessenz Buch (2001)

18. *Proussaefs, P. and Lozada, J.:* The use of resorbable collagen membrane in conjunction with autogenous bone graft and inorganic bovine mineral for buccal/labial alveolar ridge augmentation: A pilot study. J Prosthet Dent Vol.90/6; 530–8 (Dec 2003)

19. *Simion, M., Jovanovic, S.A., Trisi, P., Scarano, A., Piatelli, A.:* Vertikale Kieferkammerhöhung um Implantate mit einer Membrantechnik und autogenem Knochen oder Allografts am Menschen. Int J Par Rest Zahnheilkd, 18; 9–23 (1998)

21. *Śliwowski, C.T.:* Hohe Lachlinie – eine Herausforderung für den Implantologen. Dent Implantol 4; 182–188 (2000)

22. *Śliwowski, C.T.:* Immediatkronen auf CerAdapt Distanzhülsen - Fallpräsentation. ZMK, 14, 6, 12–16 (1998)

23. *Zitzmann, N.U., Schärer, P., and Marinello, C.P.:* Factors influencing the success of GBR. Smoking, timing of implant placement, implant location, bone quality and provisional restoration. J Clin Periodontol, Vol. 26/10; 673–82 (Oct 1999)

Sofortimplantation

1. *Aalam, A.A., Nowzari, H., and Krivitsky, A.:* Functional restoration of implants on the day of surgical placement in the fully edentulous mandible: a case series. Clin Implant Dent Relat Res, Vol.7/1; 10–6 (2005)

2. *Albrektsson, T., Sennerby, L.:* Einphasiges Implantatverfahren und Sofortbelastung von Implantaten. Implantologie 2; 145–160 (2000)

3. *Barone, A., Covani, U., Cornelini, R. et al.:* Radiographic bone density around immediately loaded oral implants. Clin Oral Implants Res, Vol. 14/5; 610–5 (Oct 2003)

4. *Basten, C.H.J, Engelhardt, J.P., Schuppan, K., Willms, H.:* Von der Extraktion zur implantatgetragenen Versorgung ohne herausnehmbaren Zahnersatz – Eine Falldarstellung. Implantologie, 4; 379–391 (1997)

5. *Calandriello, R., Tomatis, M., Vallone, R. et al.:* Immediate occlusal loading of single lower molars using Brånemark System Wide-Platform TiUnite implants: An interim report of a prospective open-ended clinical multicenter study. Clin Implant Dent Relat Res, Vol. 5 Suppl. 1/74–80 (2003)

6. *Chaimattayompol, N., Emtiaz, S., and Woloch, M.M.:* Transforming an existing fixed provisional prosthesis into an implant-supported fixed provisional prosthesis with the use of healing abutments. J Prosthet Dent, Vol. 88/1; 96–9 (July 2002)

7. *Chiapasco, M., Abati, S., Romeo, E. et al.:* Implant-retained mandibular overdentures with Br?nemark System MKII implants: A prospective comparative study between delayed and immediate loading. Int J Oral Maxillofac Implants, Vol.16/4; 537–46 (July 2001)

8. *Chiapasco, M.:* Early and immediate restoration and loading of implants in completely edentulous patients. Int J Oral Maxillofac Implants, Vol.19 Suppl./76-91 (2004)

9. *Cooper, L. F., Rahman, A., Moriarty, J.et al.:* Immediate mandibular rehabilitation with endosseous implants: simultaneous extraction, implant placement, and loading. Int.J.Oral Maxillofac.Implants. Vol.17/ 4; 517-25 (July 2002)

10. *Cornelini, R., Cangini, F., Covani, U.et al.:* Immediate restoration of single-tooth implants in mandibular molar sites: a 12-month preliminary report. Int J Oral Maxillofac.Implants. Vol.19/ 6; 855-60 (Nov 2004)

11. *Degidi, M., Scarano, A., Piattelli, M.et al.:* Bone remodeling in immediately loaded and unloaded titanium dental implants: a histologic and histomorphometric study in humans. J Oral Implantol Vol.31/ 1; 18-24 (2005)

12. *Derbabian, K. and Simonian, K.:* Immediate loading dental implants: overview and rationale. J.Calif.Dent.Assoc. Vol.33/ 4; 337-41 (Apr. 2005)

13. *Friberg, B., Henningsson, C., and Jemt, T.:* Rehabilitation of edentulous mandibles by means of turned Br?nemark System implants after one-stage surgery: A 1-year retrospective study of 152 patients. Clin Implant Dent Relat Res, Vol. 7/1; 1–9 (2005)

14. *Gapski, R., Wang, H.L., Mascarenhas, P. et al.:* Critical review of immediate implant loading. Clin Oral Implants Res, Vol. 14/5; 515–27 (Oct 2003)

15. *Grunder, U. et al.:* A 3-Year Prospective Multicenter Follow-up Report on the Immediate and Delayed-Immediate Placement of Implants. Int J Oral Maxillofac Implants, 14; 210–216 (1999)

16. *Hanisch, O., Wöhrle, P.S., Abuzayeda, M., Yildirim, M., Spiekermann, H.:* Einzeitige, ungedeckte Sofortimplantation zur Erhaltung der Weichgewebemorphologie bei Einzelzahnimplantaten. Implantologie, 2; 131–142 (2000)

17. *Hanisch, O., Yildirim, M., Höfer, S., Spiekermann, H.:* Sofortbelastung von Einzelzahnimplantaten – Experimentelle und klinische Ergebnisse. Implantologie, 2; 163–172 (2000)

18. *Hruska, A., Borelli, P., Bordanaro, A.C. et al.:* Immediate loading implants: A clinical report of 1301 implants. J Oral Implantol, Vol. 28/ 4; 200–9 (2002)

19. *Kawahara, H., Kawahara, D., Hayakawa, M.et al.:* Osseointegration under immediate loading: biomechanical stress-strain and bone formation–resorption. Implant Dent, Vol. 12/1; 61–8 (2003)

20. *Kinsel, R.P., Lamb, R.E.:* Development of Gingival Esthetics in the Edentulous Patient with Immediately Loaded, Single-Stage, Implant-Supported Fixed Prostheses: A Clinical Report. Int J Oral Maxillofac Implants,15; 711–721 (2000)

21. *Meyer, U., Joos, U., Mythili, J .et al.:* Ultrastructural characterization of the implant/bone interface of immediately loaded dental implants. Biomaterials, Vol. 25/10; 1959–67 (May 2004)

22. *Misch, C.E., Wang, H.L., Misch, C.M. et al.:* Rationale for the application of immediate load in implant dentistry: Part II. Implant Dent, Vol. 13/4; 310–21 (Dec 2004)

23. *Morton, D., Jaffin, R., and Weber, H.P.:* Immediate restoration and loading of dental implants: clinical considerations and protocols. Int J Oral Maxillofac Implants, Vol. 19 Suppl./103–8 (2004)

24. *Randow, K., Ericsson, I., Nilner, K. et al.:* Immediate functional loading of Brånemark dental implants. An 18-month clinical follow-up study. Clin Oral Implants Res, Vol. 10/1; 8–15 (Feb 1999)

25. *Rocci, A., Martignoni, M., and Gottlow, J.:* Immediate loading of Brånemark System TiUnite and machined-surface implants in the posterior mandible: a randomized open-ended clinical trial. Clin Implant Dent Relat Res, Vol. 5 Suppl. 1/57–63 (2003)

26. *Romanos, G.E.:* Present status of immediate loading of oral implants. J Oral Implantol, Vol. 30/3; 189–97 (2004)

27. *Stricker, A., Gutwald, R., Schmelzeisen, R. et al.:* Immediate loading of 2 interforaminal dental implants supporting an overdenture: Clinical and radiographic results after 24 months. Int J Oral Maxillofac Implants, Vol. 19/6; 868–72 (Nov 2004)

28. *Śliwowski, C.T.:* Implantatprothetik: Provisorisch, aber festsitzend. Praxiserfahrungen mit den IPI-Implantaten. Implantologie Journal, 3; 70–75 (2001)

29. *Vanden Bogaerde, L., Pedretti, G., Dellacasa, P. et al.:* Early function of splinted implants in maxillas and posterior mandibles, using Brånemark System TiUnite implants: An 18-month prospective clinical multicenter study. Clin Implant Dent Relat Res, Vol. 6/3; 121–9 (2004)

30. *Vidjak, F.M. and Zeichner-David, M.:* Immediate-loading dental endosteal implants and the elderly patient. J Calif Dent Assoc, Vol. 31/12; 917–24 (Dec 2003)

31. *Winter, W., Heckmann, S.M., and Weber, H.P.:* A time-dependent healing function for immediate loaded implants. J Biomech, Vol. 37/12; 1861–7 (Dec 2004)

32. *Wolfinger, G.J., Balshi, T.J., and Rangert, B.:* Immediate functional loading of Br?nemark system implants in edentulous mandibles: Clinical report of the results of developmental and simplified protocols. Int J Oral Maxillofac Implants, Vol.18/2; 250–7 (Mar 2003)

DVT und Navigation

1. *Besimo, C.E, Marinello, C.P.:* Implantatprothetische Planung mit Computertomogrammen – Präzision durch schablonengeführte digitale Bildauswertung. Implantologie, 4; 341–353 (1997)

2. *Birkfellner, W., Solar, P., Gahleitner, A. et al.:* In-vitro assessment of a registration protocol for image guided implant dentistry. Clin Oral Implants Res, Vol. 12/1; 69–78 (Feb 2001)

3. *Casap, N., Tarazi, E., Wexler, A. et al.:* Intraoperative computerized navigation for flapless implant surgery and immediate loading in the edentulous mandible. Int J Oral Maxillofac Implants, Vol. 20/1; 92–8 (Jan 2005)

4. *Casap, N., Wexler, A., Persky, N. et al.:* Navigation surgery for dental implants: assessment of accuracy of the image guided implantology system. J Oral Maxillofac Surg, Vol. 62/9 Suppl. 2; 116–9 (Sept 2004)

5. *Cavalcanti, M.G., Yang, J., Ruprecht, A., and Vannier, M.W.:* Validation of spiral computer tomography for dental implants. Dentomaxillofac Radiol, 27; 329–333 (1998)

6. *Cohnen, M., Kemper, J., Mobes, O., Pawelzik, J., and Modder, U.:* Radiation dose in dental radiology. Eur Radiol, 12; 634–637 (2002)

7. *Cucchiara, R., Franchini, F., Lamma, A., Lamma, E., Sansoni, T., and Sarti, E.:* Enhancing implant surgery planning via computerized image processing. Int J Comput Dent, 4; 9–24 (2001)

8. *Di Giacomo, G.A., Cury, P.R., de Araujo, N.S. et al.:* Clinical application of stereolithographic surgical guides for implant placement: preliminary results. J Periodontol, Vol. 76/4; 503–7 (Apr 2005)

9. *Ewers, R., Schicho, K., Truppe, M. et al.:* Computer-aided navigation in dental implantology: 7 years of clinical experience. J Oral Maxillofac Surg, Vol. 62/3; 329–34 (Mar 2004)

10. *Ewers, R., Schicho, K., Undt, G. et al.:* Basic research and 12 years of clinical experience in computer-assisted navigation technology: A review. Int J Oral Maxillofac Surg, Vol. 34/1; 1–8 (Jan 2005)

11. *Fortin, T., Bosson, J.L., Coudert, J.L. et al.:* Reliability of preoperative planning of an image-guided system for oral implant placement based on 3-dimensional images: An in vivo study. Int J Oral Maxillofac Implants; Vol. 18/6; 886–93 (Nov 2003)

12. *Fortin, T., Isidori, M., Blanchet, E. et al.:* An image-guided system-drilled surgical template and trephine guide pin to make treatment of completely edentulous patients easier: A clinical report on immediate loading. Clin Implant Dent Relat Res, Vol. 6/2; 111–9 (2004)

13. *Gaggl, A., Schultes, G., and Karcher, H.:* Navigational precision of drilling tools preventing damage to the mandibular canal. J Craniomaxillofac Surg, Vol. 29/5; 271–5 (Oct 2001)

14. *Ganz, S.D.:* Use of stereolithographic models as diagnostic and restorative aids for predictable immediate loading of implants. Pract Proced Aesthet Dent, Vol.15/10; 763–71 (Nov 2003)

15. *Gomez-Roman, G., Lukas, D., Beniashvili, R., Schulte, W.:* Area-Dependent Enlargement Ratios of Panoramic Tomography on Orthograde Patient Positioning and Its Significance for Implant Dentistry. Int J Oral Maxillofac Implants 14; 248–257 (1999)

16. *Hirsch, E., Visser, H., and Graf, H.-L.:* Präimplantäre Röntgendiagnostik- Informationsbedarf versus Strahlenbelastung. Implantologie, 10; 291–302 (2002)

17. *Hoffmann, J., Westendorff, C., Schneider, M. et al.:* Accuracy assessment of image-guided implant surgery: an experimental study. Int J Oral Maxillofac Implants, Vol. 20/3; 382–6 (May 2005)

18. *Hümmeke, S. and Vosshans, J. Esser E.:* Navigierte Implantatchirurgie im klinischen Einsatz. Zeitschrift für Zahnärztliche Chirurgie, Vol. 20/2; 80–5 (2004)

19. *Jacobs, R., Adriansens, A., Naert, I., Quirynen, M., Hermans, R., and van Steenberghe, D.:* Predictability of reformatted computed tomography for pre-operative planning of endosseous implants. Dentomaxillofac Radiol, 28; 37–41 (1999)

20. *Kopp, K.C., Koslow, A.H., and Abdo, O.S.:* Predictable implant placement with a diagnostic/surgical template and advanced radiographic imaging. J Prosthet Dent, Vol. 89/6; 611–5 (June 2003)

21. *Kornas, M., Hassfeld, S., Mende, U., and Zöller, J.:* Metrische Genauigkeit der CT – Analyse vor enossaler Implantation. Dtsch Zahnärztl Z, 53; 120– 126 (1998)

22. *Kraut, R.A.:* Interactive CT Diagnostics, Planning and Preparation for Dental Implants. Implant Dentistry, 7; 1; 19–25 (1998)

23. *Möbes, O., Becker, J., Schnelle, C., Ewen, K., Kemper, J., and Cohnen, M.:* Strahlenexposition bei der digitalen Volumentomographie, Panoramaschichtaufnahme und Computertomographie. Dtsch Zahnärztl Z, 55; 336–339 (2000)

24. *Mozzo, P., Procacci, C., Tacconi, A., Martini, P.T., and Andreis, I.A.:* A new volumetric CT machine for dental imaging based on the cone-beam technique: preliminary results. Eur Radiol, 8; 1558–1564 (1998)

25. *Owings, J.R., Jr.:* Virtual imaging guiding implant surgery. Compend Contin Educ Dent, Vol. 24/5; 333–6, 338, 340 (May 2003)

26. *Randelzhofer, P., de la Barrera, J.M., Spielberg, M. et al.:* Three-dimensional navigation in oral implantology: A preliminary investigation. Int J Periodontics Restorative Dent, Vol. 21/6; 617–26 (Dec 2001)

27. *Sammartino, G., Della, Valle A., Marenzi, G. et al.:* Stereolithography in oral implantology: a comparison of surgical guides. Implant Dent, Vol. 13/2; 133–9 (June 2004)

28. *Sarment, D.P., Al Shammari, K., and Kazor, C.E.:* Stereolithographic surgical templates for placement of dental implants in complex cases. Int J Periodontics Restorative Dent, Vol. 23/3; 287–95 (June 2003)

29. *Schermeier, O., Hildebrand, D., Lueth, T. et al.:* Accuracy of an Image Guided Systen for Oral Implantology. Vol. Computer assisted Radiology and Surgery CARS (2002)

30. *Shohat, M. and Tal, C.:* Image guided dental implantology. Refuat Hapeh Vehashinayim, Vol. 22/1; 60–4, 87 (Jan 2005)

31. *Siessegger, M., Schneider, B.T., Mischkowski, R.A. et al.:* Use of an image-guided navigation system in dental implant surgery in anatomically complex operation sites. J Craniomaxillofac Surg, Vol. 29/5; 276–81 (Oct 2001)

32. *Solar, P. and Gahleitner, A.:* Dental CT in the planning of surgical procedures. Its significance in the oro-maxillofacial region from the viewpoint of the dentist]. Radiologe, 39; 1051–1063 (1999)

33. *Stockham, C.D.:* Using CT and SIM/Plant to Plan Implant Therapy. Alpha Omega, 89; 35–38 (1996)

34. *Tardieu, P.B., Vrielinck, L., and Escolano, E.:* Computer-assisted implant placement. A case report: treatment of the mandible. Int J Oral Maxillofac Implants, Vol. 18/4; 599–604 (July 2003)

35. *Verstreken, K., Van Cleynenbreugel, J., Martens, K. et al.:* An image-guided planning system for endosseous oral implants. IEEE Trans Med Imaging Vol. 17/5; 842–52 (Oct 1998)

36. *Wanschitz, F., Birkfellner, W., Watzinger, F. et al.:* Evaluation of accuracy of computer-aided intraoperative positioning of endosseous oral implants in the edentulous mandible. Clin Oral Implants Res, Vol. 13/1; 59–64 (Feb 2002)

37. *Watzinger, F., Birkfellner, W., Wanschitz, F. et al.:* Positioning of dental implants using computer-aided navigation and an optical tracking system: case report and presentation of a new method. J Craniomaxillofac Surg Vol. 27/2; 77–81 (Apr 1999)

38. *Weinberg, L.A.:* CT scan as a radiologic data base for optimum implant orientation. J Prosthet Dent, 69; 381–385 (1993)

Materialliste

CHIRURGIE

Medikamente
Amoxicillin, Ratiopharm, Ulm, Deutschland
Arnica D 12, DHU Karlsruhe, Deutschland
Bromelain, Ursapharm, Saarbrücken, Deutschland
Dormicum, Roche, Grenzach, Schweiz
Fortecortin Inject, Merck, Deutschland
Gentamicin, Ratiopharm, Ulm, Deutschland
Gelonida, Gödecke AG, Berlin, Deutschland
Solcoseryl Dental Adhäsivpaste, Solco, Grenzach-Wyhlen, Schweiz

Knochenfilter
AstraTech, Mölndal, Schweden
Autogenous Tissue Collector, 3i, Palm Beach, USA
Bone Collector Anthogyr Implants, Sallanches, Frankreich
Bone Collector, Imtec, Ardmore, USA

Nägelchen
Bio Pin, Imtec, Ardmore, USA
Bone Tack – 3 mm, Imtec, Ardmore, USA
Bone Tack – 5 mm, Imtec, Ardmore, USA
Frios Nägel, Friatec, Mannheim, Deutschland

Implantate
Brånemark-System, Nobel Biocare, Göteborg, Schweden
Neoss, Neo Implant System Ltd, HG1 2PW, GB
Replace Select, Nobel Biocare, Yorba Linda, USA
3i Implant System, Implant Innovation Inc., Palm Beach, USA

Provisorische Implantate
Arrow Titanium Implant, Alpha-Bio, Tikva, Israel
Immediat Provisional Implant (IPI), Nobel Biocare, Yorba Linda, USA
K.S.I.-Bauer-Schraube, Bad Nauheim, Deutschland

Knochenaufbaumaterialien
Biogran, 3i, Implant Innovation Inc., Palm Beach, USA
Bio-Oss, Geistlich, Wolhusen, Schweiz
Cerasorb, Curasan, Kleinostheim, Deutschland
Ostim, Bone grafting material, Heraus Kulzer, Hanau, Deutschland
Nanobone, Dentaurum, Ispring, Deutschland
TutoDent mikrochips, Tutogen Medical GmbH, Neunkirchen, Deutschland
Tutoplast spongiosa, Tutogen Medical GmbH, Neunkirchen, Deutschland

Membranen
Atrisorb, Atrix Lab., Fort Collins USA
Bio-Gide, Geistlich, Wolhusen, Schweiz
Bio-Tape, Geistlich, Wolhusen, Schweiz
Gore Resolut, Gore, Flagstaff, USA
Gore-Tex, Gore, Flagstaff, USA
OsseoQuest, Gore, Flagstaff, USA
Ossix, Implant Innovation Inc., USA
Resodont, Resorba Clinicare GmbH, Nürnberg, Deutschland
TutoDent Membran, Tutogen Medical GmbH, Neunkirchen, Deutschland
Vicryl Mesh, Ethicon, Johnson & Johnson, Brüssel, Belgien

Nahtmaterial
Gore-Tex Suture CV-5, Gore, Flagstaff, USA
Gore-Tex Suture CV-6, Gore, Flagstaff, USA
6-0 Polyprophylene, Resorba Clinicare GmbH, Nürnberg, Deutschland
Surgipro, USSC, Norwalk, USA

Chirurgische und prothetische Geräte
Osseocare, Nobel Biocare, Schweden
Osstel mentor, Integration Diagnostics AB, Göteborg, Schweden
Torque Controller, Nobel Biocare, Göteborg, Schweden

PROTHETIK

Zemente (definitiv und provisorisch)
AGC Cem, Wiegand, Pforzheim, Deutschland
Cavit-G, Espe, Seefeld, Deutschland
Guttapercha weiß, Roeco, Deutschland
Harvard Cement, Berlin, Deutschland
ImProv, Nobel Biocare, Yorba Linda, USA
TempBond, Kerr, Bobillot, Italien

Abdruckmaterialien
Exabite II NDS, GC, Aichi, Japan
Exaflex, GC, Aichi, Japan
Examix, GC, Aichi, Japan
Impregum, Espe, Seefeld, Deutschland
Imprint SBR, 3M, St. Paul, USA
Permadyne, Espe, Seefeld, Deutschland
Silicon-Knetmasse, Orbis dental, Offenbach, Deutschland

Selbstpolymere
Pattern Resin, GC, Aichi, Japan
Trim, Bosworth Company, Skokie, USA
Visco-gel, Dentsply De Trey, Konstanz, Deutschland
Protemp™, 3M ESPE

ZAHNTECHNIK

Artikulatoren
SAM 2, SAM Präzisionstechnik, München, Deutschland
Artex Typ TK, Girrbach, Pforzheim, Deutschland

Tiefziehfolien
Erkodur Tiefziehfolien und -platten 1,5 mm (hart), Erkodent, Pfalzgrafenweiler, Deutschland
Erkoleu 1,0 mm (elastisch), Erkodent, Pfalzgrafenweiler, Deutschland

Gips
Alabaster I, Wiegelmann Dental, Bonn, Deutschland
Ultra Rock (extra hart), Dentona, Dortmund, Deutschland

Abutments
CeraOne, Nobel Biocare, Schweden
EsthetiCone, Nobel Biocare, Göteborg, Schweden
Micro Mini, 3i, Implant Innovation Inc., Palm Beach, USA
Neolink, Neo Matrix System Ltd, HG1 2PW, GB
Standard, Nobel Biocare, Göteborg, Schweden
STR, Nobel Biocare, Göteborg, Schweden
TiAdapt, Nobel Biocare, Schweden

Individuelle Löffel
Gebdi Löffelmaterial lichthärtend, Gebdi Dental, Engen, Deutschland
LC-Tray, Roos Dental, Mönchengladbach, Deutschland
Gematray-LC, Gema Dental, Breisach, Deutschland

Zahnfleischmasken
Gi Mask, Coltene, Konstanz, Deutschland
Gingitech, Williams, Italien
Vestogum, Espe, Seefeld, Deutschland

Acrylat-Kunststoffe
Forma Tray (für Bissschablonen), Kerr, Karlsruhe, Deutschland
Metal Primer II (bonding), GC, Girrbach, Pforzheim, Deutschland
Palapress farblos (für chir. Schablonen), Kulzer, Wehrheim, Deutschland
RoPak UV-P (rosa), Bredent, Senden, Deutschland
Selecta Plus (für Prothesen), DeTrey, Dreieich, Deutschland

Keramiken
Ducera All Ceram, Degussa, Hanau, Deutschland
Finesse, Dentsply De Trey, USA

Mikroschrauben
Pontilock, ZL, Breckerfeld, Deutschland

Technische Turbine mit Wasserkühlung
Shape-Air, Nobel Biocare, Göteborg, Schweden

Wachs
Fräs- und Modellierwachs, Gebdi Dental, Engen, Deutschland
Modellierwachs, Gebdi Dental, Engen, Deutschland
ProArt Wax, Express, Ivoclar Vivadent, Deutschland

Geschiebe
Degusafe, Degussa, Hanau, Deutschland
MK 1, MK Sanden, Deutschland

Prothesenzähne
Genios, Dentsply De Trey, USA
Vitapan Zähne, Vita, Bad Säckingen, Deutschland

Gold
Bio Ponto Star (Keramik), Bego, Deutschland
Platin Lloyd (Frästechnik), Bego, Deutschland